AF325401

Les audaces
de Léonard de Vinci

DU MÊME AUTEUR

Léonard de Vinci, homme de guerre, *Alma, Paris, 2013.*

Louise de Savoie 1476-1531, *(sous la direction de Pascal Brioist, Laure Fagnart et Cédric Michon), Presses universitaires François Rabelais, Tours, 2015.*

Le Prince et les Arts *(en collaboration avec Patrick Boucheron et Mélanie Traversier) Atlande, Neuilly-sur-Seine, 2012.*

La Renaissance, *Atlande, Neuilly-sur-Seine, 2003.*

Croiser le fer: violence et culture de l'escrime du XVIe au XVIIIe siècle *(en collaboration avec Hervé Drévillon et Pierre Serna), Champvallon, 2002.*

Pascal Brioist

Les audaces de Léonard de Vinci

Stock

Ouvrage publié sous la direction de Vincent Duclert

Note au lecteur

Il eût été impossible d'illustrer chacune des œuvres ou des inventions de Léonard citées dans cet ouvrage. Toutefois, chaque référence aux manuscrits pourra être retrouvée dans un site précieux réalisé par le musée de Vinci : http://www.leonardodigitale.com/. Par ailleurs, pour retrouver toute l'œuvre peinte de Léonard, on pourra se servir d'un site anglophone, the web gallery of art : https://www.wga.hu/.

Couverture : Coco bel œil

Illustration de couverture : Luisa Ricciarini/Leemage

ISBN : 978-2-234-08638-8

Introduction

Les énigmes de Léonard de Vinci

Le 22 août 1911, *La Joconde* disparaît de son mur du musée du Louvre. La préfecture de police, en émoi, fait appel au très savant Alphonse Bertillon pour des relevés d'empreintes. Apollinaire et Pablo Picasso sont chacun à leur tour suspectés de vol et recel[1]. La France entière se passionne à présent pour cette œuvre qui n'avait jusque-là jamais suscité tant d'intérêt. Quelques mois plus tard, un antiquaire italien reçoit une lettre étrange lui proposant d'acquérir un tableau qui, aux dires de l'auteur, n'aurait jamais dû quitter l'Italie. Le voleur, dénoncé, est immédiatement arrêté et l'on découvre que le fauteur de troubles est un peintre en bâtiment italien, Vincenzo Peruggia, qui travaillait au Louvre et estimait que Napoléon avait dérobé la propriété inaliénable des siens. Le patriote, peut-être manipulé par un faussaire argentin, paie d'un an de prison son enthousiasme et son ignorance. Mona Lisa, elle, refranchit les Alpes pour regagner les bords de Seine. Sa célébrité est désormais assurée, elle passe du statut de simple tableau d'un fameux peintre toscan à celui de merveille absolue auréolée de mystère.

Qu'avait donc de si extraordinaire *La Joconde* pour que chacun se soit ainsi préoccupé de son sort? À bien y regarder, comme le dit Daniel Arasse, la réponse n'a rien d'évident. L'historien, pourtant brillant spécialiste de Léonard, confesse avoir mis vingt ans à aimer le tableau[2]. En vérité, *La Joconde* est pour tous une illustre incomprise[3].

La Joconde, une énigme à plusieurs dimensions

Tout d'abord, qui est le modèle? Est-ce l'Isis d'une religion cryptique, comme le clamait Théophile Gautier et comme le croient encore certains auteurs fervents d'ésotérisme[4]? Ses yeux plissés sont-ils ceux d'une Chinoise comme l'a assuré un improbable interprète récent de l'œuvre léonardienne[5]? La Joconde est-elle, comme le suggère Sigmund Freud, une vision idéalisée de la mère du peintre[6]? Est-elle une version androgyne de l'amant de Léonard, comme le prétend Sophie Herfort dans *Le Jocond* avec pour seul argument que la Joconde ressemble un peu, par ses yeux, au saint Jean-Baptiste dont le modèle aurait été Salai, le jeune apprenti de Léonard[7]? Il est sans doute facile de gagner une certaine notoriété avec des hypothèses farfelues, que la Mona Lisa attire comme un aimant. Il faut bien avouer que, parfois, les sources elles-mêmes prêtent à confusion. Ainsi, lors de sa visite au Clos Lucé en 1517, Antonio de Beatis, secrétaire du cardinal d'Aragon, nota dans ses carnets de voyage avoir vu un panneau représentant «une certaine dame florentine, faite d'après le modèle à la demande de Julien de Médicis, le Magnifique». Si le portrait en question correspond à *La Joconde*, est-ce à dire que son modèle pourrait être une maîtresse de Julien, Pacifica Brandani d'Urbino[8] ou une Napolitaine comme Isabella Gualandi? À cette dernière hypothèse, l'historien Carlo Vecce rétorque que la « Gualanda » correspond à un autre tableau de Léonard perdu, évoqué d'ailleurs par un poète napolitain, Enea Erpino[9]. D'autres auteurs encore ont souligné la ressemblance du visage de Mona Lisa avec celui de Catherine Sforza, comtesse de Forli, peinte par Lorenzo di Credi, ou d'Isabelle d'Este, qui fut un temps l'hôtesse et le modèle de Léonard[10]. La toute première identification du portrait remonte à Giorgio Vasari, un contemporain de Léonard de Vinci:

> Il accepta également de faire, pour Francesco del Giocondo, le portrait de Mona Lisa, sa femme, et après y avoir travaillé 4 ans, il le laissa inachevé. Ce tableau est à présent près du roi de France, à Fontainebleau[11].

Or une toute récente découverte vient corroborer les dires de Vasari: en 2011, un chercheur allemand a publié avoir identifié, dans un manuscrit de Cicéron trouvé dans une bibliothèque de Heidelberg, des notes marginales d'un lecteur nommé Agostino Vespucci indiquant que Léonard, son ami, est en 1503 en train de réaliser le portrait de Mona Lisa del Giocondo[12]. Même si les théories bizarres ont la vie dure, ces annotations manuscrites closent définitivement le débat pour la plupart des historiens d'art, notamment pour ceux qui ont établi les relations étroites entre Léonard et la famille de Francesco del Giocondo, et ont même identifié le lieu de sépulture de l'épouse de ce dernier[13]. *La Joconde* serait donc bien ce qu'elle a toujours semblé être depuis Vasari, le portrait de l'épouse d'un marchand de soie florentin, proche du milieu notarial de la famille de Vinci. Lisa Maria, qui naquit en 1479, était la fille du marchand Antonio Maria Gherardini. Elle avait épousé en 1495 Francesco del Giocondo, veuf déjà de deux femmes mortes en couche, et lui avait donné trois enfants, dont le dernier était né en 1502. C'est semble-t-il pour célébrer cette heureuse nouvelle et le déménagement dans un nouveau logis, Via della Stufa, que Francesco commande à Léonard un tableau célébrant son amour pour cette tendre épouse qui réalise toutes ses espérances.

Les portraits en buste, vus de trois quarts, à la manière flamande, sont courants dans les ateliers florentins mais Léonard innove à plus d'un titre. Pour commencer, le modèle, assis dans une loggia sur un fauteuil à accoudoirs sans dossier, est placé dans l'espace du spectateur, devant le parapet, et c'est son bras replié dans une pose modeste qui forme barrière. Toutefois, ce n'est pas la lumière naturelle qui éclaire le personnage mais celle d'une source lumineuse située en haut à gauche du tableau. C'est elle qui crée des effets d'ombre étonnants[14].

Les sourcils et le front sont par ailleurs curieusement épilés, ce qui, selon Daniel Arasse, évoque l'esthétique des prostituées de l'époque mais cette théorie n'est pas très crédible, d'autant qu'on a découvert récemment que la jeune femme était couverte d'un voile quasi transparent soulignant symboliquement son statut de jeune mère.

Le regard de Mona Lisa, couplé à la torsion du corps, donne par ailleurs l'impression de suivre celui qui admire le tableau, grâce à un artifice de construction. Le sourire, enfin, dans lequel Freud a voulu reconnaître une nostalgie de l'amour maternel, a depuis fait couler beaucoup d'encre. Si le peintre Antonello de Messine avait déjà, avant le Toscan, choisi de représenter un de ses modèles, Antonello da Messina, souriant, le rictus qu'il avait figé était très différent de celui de *La Joconde* qui est bien unique dans l'histoire de l'art. Ici encore, bien des élucubrations ont prétendu résoudre le mystère de ce sourire en invoquant une maladie, des dents gâtées ou en analysant la commissure des lèvres à la lumière des neurosciences[15]. Rien de tout cela ne parvient vraiment à convaincre et c'est en fin de compte une remarque de Daniel Arasse qui retient l'attention : le sourire, avec sa commissure droite légèrement remontée, est ce qui lie le personnage à son arrière-plan en créant un trait d'union entre deux étendues d'eau placées à diverses altitudes.

C'est bien dans le paysage étrange qui se trouve derrière le modèle que le peintre est le plus créatif et invite le mieux le spectateur à la méditation. On y semble en effet projeté dans un espace chaotique, préhumain, terrifiant. Tout au fond se découpent des montagnes bleues, déchiquetées, dont les sommets se perdent dans le blanc selon les règles de la perspective atmosphérique. Plus on se rapproche du premier plan, plus le bleu est foncé puis l'on découvre un paysage brun, moins flou, où circulent deux cours d'eau. Ces derniers naissent dans les lointains, à droite, d'un grand lac pratiquement situé au niveau des yeux du modèle, et à gauche d'une zone aquatique plus basse. Le fleuve de gauche zigzague paresseusement, le torrent de droite passe sous un pont. Ici encore, les critiques ont voulu à toute force trouver la source d'inspiration de Léonard pour cette représentation. Passons sur les improbables karsts chinois, les Toscans ont prétendu par exemple que le pont était tout à fait identifiable à celui de Gubbio et Daniel Arasse a suggéré un rapprochement avec une carte de la Toscane exécutée par Léonard, assimilant le lac à celui de Thrasymène et les fleuves à ceux du Val d'Arno[16]. En somme, le paysage représenterait la Toscane préhistorique, au moment où l'action de l'eau en pétrirait peu à peu les formes. Le critique d'art suggère à partir de ces remarques une interprétation très forte : le tableau serait en fait une méditation profonde sur le temps, semblable à celle d'Ovide qui, dans les *Métamorphoses*, déplore la disparition de la beauté d'Hélène de Troie (un texte cité précisément par Léonard).

L'âge qui inscrit ses marques cruelles sur une femme encore jeune évoque le temps qui façonne les plaines et les montagnes. Le parallèle entre le personnage représenté et la nature qui l'environne est souligné par des ressemblances entre les plis des manches et du bustier et les méandres des rivières et, comme l'explique magnifiquement Daniel Arasse, le sourire par nature éphémère insiste sur la fugitivité du moment. Enfin, comme le souligne Carlo Pedretti, le pont qui enjambe la rivière, seul élément humain de ce décor des premiers jours du monde, n'a de sens que parce qu'il figure une métaphore transparente du *tempus fugit* cher aux Anciens.

L'énigme Léonard

L'énigme de *La Joconde* fait écho à l'énigme de l'identité de Léonard lui-même. Pour commencer, bien que l'image du vieillard barbu aux sourcils broussailleux ait aujourd'hui atteint le rang d'icône, il n'est pas même certain que le soi-disant *Autoportrait de Turin* que nous associons tous à Léonard soit véritablement un autoportrait[17]. En effet, cette figure de sagesse universelle et profonde qui nous est là offerte n'a jamais été légendée par son auteur, pas plus d'ailleurs que le dessin de Windsor représentant un vieillard adossé à un arbre semblant observer des tourbillons[18].

Le doute s'insinue lorsque l'on sait que le dessin de Turin est réalisé en 1512-1513, et que Léonard n'a alors que soixante ans[19]. Se peut-il qu'il ait choisi un autre modèle que lui-même, d'autant qu'il recommande souvent à l'artiste, dans son *Traité de la peinture*, d'éviter de se représenter? On rétorquerait volontiers que d'autres portraits donnent à voir un Léonard tout aussi chenu, en particulier une sanguine attribuée à Francesco Melzi, cette fois légendée LEONARDO VINCI en lettres capitales, datant de 1510[20]. Les traits du personnage sont toutefois beaucoup moins marqués que dans le dessin turinois réalisé à seulement deux ans d'écart et l'on se prend à se demander s'il s'agit bien du même modèle. Une autre source classique contribuant à accréditer la théorie de l'autoportrait est la fameuse œuvre de Raphaël intitulée *L'École d'Athènes*. Le risque est ici celui d'un raisonnement circulaire, car qui dit que le Platon de cette fresque du Vatican épouse les traits de Léonard? Cette hypothèse, née de l'imagination de l'historien Adolfo Venturi, date de 1926 mais elle a ses faiblesses. Ainsi, le carton préparatoire qui, déjà, donnait ses traits à Platon remonte à 1510; or, à cette époque, Léonard se trouve à Milan et Raphaël l'a vu pour la dernière fois à Florence en 1501. Léonard n'avait alors pas tout à fait cinquante ans et ne campait certainement pas un noble vieillard aux cheveux longs, peut-être n'était-il même pas barbu. Et si, dans ce cas, Raphaël avait simplement voulu représenter le philosophe antique? Peut-être, alors, n'est-ce qu'après coup que Léonard a adopté sciemment l'aspect du Platon raphaëlesque. En 1590, Gian Paolo Lomazzo décrit Léonard en disant qu'il «avait les cheveux longs et les sourcils et la barbe si longs qu'il paraissait incarner la noblesse de l'étude»; toutefois, Lomazzo n'a pas connu Léonard de son vivant et il est possible qu'il s'inspire lui aussi du portrait de Turin pour se représenter son héros spirituel.

Et si tout cela, suggère Daniel Arasse, n'était qu'un masque? Trop de doutes planent encore sur le portait de trois-quarts conservé à Turin. En 1980, on a même suggéré qu'il s'agissait d'un faux du début du XIXe siècle destiné à illustrer le texte de Lomazzo et les profils réalisés au XVIe siècle pour l'édition des *Vies* de Vasari[21]. Plus récemment, un autre auteur a proposé que le visage turinois soit plutôt celui de l'oncle Francesco de Léonard, car un inventaire notarié des biens du père conserve la trace d'un tel portrait[22].

Si la figure emblématique du philosophe âgé reste problématique, combien davantage encore est-elle aux autres âges de sa vie, éclipsés par l'image devenue incontournable de « l'autoportrait ». Vasari, dans ses *Vies*, a pourtant laissé quelques indices en louant sa grande beauté physique, sa dextérité et sa force (il était, dit le biographe, capable de tordre un fer à cheval de ses mains nues)[23]. Plusieurs suggestions ont cependant été émises pour capturer les traits de Léonard plus jeune : adolescent, il a été identifié au *David* en bronze de Verrochio, à trente ans, il serait reconnaissable dans ce personnage qui est le seul à regarder vers nous dans *L'Adoration des mages*, à quarante ans, il est peut-être figuré dans l'*Homme de Vitruve*[24]. De Léonard enfant, on ne sait presque rien en dehors de ce qu'écrit Vasari, mais l'historien est très démuni face aux sources uniques que l'on ne peut croiser avec d'autres. Aucun texte de Léonard, aucun dessin précoce n'a de fait survécu. À peine dispose-t-on de quelques croquis fort rares datant de la fin des années 1470.

L'intimité de Léonard est tout aussi difficile à cerner, notamment parce que ses manuscrits, très factuels, contiennent très rarement l'expression de ses sentiments. C'est là une caractéristique du temps où les mémoires et autres journaux privés, ces *libri di ricordanze* que l'on trouve chez les marchands florentins par exemple, ne disent que rarement les passions. Parfois, cependant, au moment de la mort de sa mère ou de celle de son père par exemple, la plume de Léonard bégaye, rature, reformule, mais ces hésitations demeurent le seul indice de son trouble. On ne peut pas pour autant en conclure que Léonard soit froid et crée des barrières entre lui et les autres. Le dire du for privé, historiquement, correspond à une sensibilité qui ne s'impose que peu à peu à la Renaissance et trop d'étapes sont encore à franchir pour qu'on en arrive à la merveilleuse et émouvante introspection d'un Montaigne[25].

Pour aller plus loin, il faut braconner entre les lignes les informations lâchées avec parcimonie par Léonard lui-même, mais les données semblent contradictoires. À la fois affable, enjoué et plein d'humour, friand de compagnie, que ce soit celle de courtisans, de paysans ou d'hommes de métier, il chérit tout autant la retraite et la solitude nécessaire à l'étude. Grand ami des animaux, il n'hésite pas, comme le rapporte Vasari, à acheter des oiseaux en cage pour le plaisir de les libérer, mais cela ne l'empêche pas de dessiner sans frémir des machines de guerre qui couperont les bras et les jambes de ses contemporains. Il est tour à tour hyperactif et enthousiaste puis profondément pessimiste voire déprimé. Ses nuits sont alors peuplées de cauchemars à base de déluges, de monstres affreux et d'oiseaux fouettant son visage de leur queue.

Son orientation sexuelle est elle aussi problématique. Après une période de déni, on a longtemps pensé, à partir de quelques indices, que ses goûts le poussaient plutôt vers d'autres hommes. À Florence en 1476, après dénonciation, il fut en effet poursuivi pour crime de sodomie, ce qui faillit lui coûter fort cher. Loin de se repentir toutefois, il confie deux ans plus tard, de façon un peu cryptique, sa passion pour un jeune homme, sur un feuillet conservé aux Offices :

> Fioravanti di Domenico à Florence qui semble m'aimer beaucoup, est une vierge que je pourrais moi-même aimer[26].

Son atelier continue d'accueillir des jeunes gens à la réputation sulfureuse, et une page du *Codex Atlanticus*[27], un des textes qu'a écrits Léonard, porte des graffitis salaces suggérant que Salai, son protégé à Milan, entretenait avec lui des relations homosexuelles. Vasari, pour sa part, note avec retenue que Léonard appréciait beaucoup les cheveux bouclés du jeune apprenti. Un dessin des années 1513-1515, appartenant à une collection privée, représente d'ailleurs Salaï nu, dans la pose de saint Jean-Baptiste mais avec des éléments androgynes : un sein découvert et un sexe en érection[28]. Gian Paolo Lomazzo, dans ses *Sogni e Raggionamenti* (1590), par ailleurs plutôt bien renseigné sur Léonard grâce à ses sources milanaises, l'imagine en grande discussion avec Phidias, le sculpteur de l'antiquité grecque, au sujet de Salaï justement :

> Phidias : As-tu jamais joué avec lui au jeu de la bête à deux dos que les Florentins aiment tant ?

Léonard : Bien des fois ! Il faut que tu saches
qu'il s'agissait d'un très beau jeune homme spécialement quand il avait quinze ans.

Phidias : N'as-tu pas honte de l'avouer ?

Léonard : Non, de quoi devrais-je avoir honte ?
Parmi les hommes de valeur, il n'est pas plus grande
cause d'orgueil[29].

La référence aux goûts des Florentins rappelle que les milieux néoplatoniciens de la cour médicéenne exaltaient le culte de l'androgyne et favorisaient l'amour à la grecque décrit par Platon dans *Le Banquet*.

C'est en 1982 seulement que ces certitudes sur Léonard furent quelque peu bousculées à la faveur de la mise au jour d'une référence à une certaine Cremona. En effet, en publiant les écrits de Giuseppe Bossi (1777-1815), un peintre qui avait travaillé sur les manuscrits de Léonard dont il était un fervent admirateur, l'éditeur Roberto Paolo Ciardi découvrit une phrase étonnante :

Que Léonard [...] ait aimé les plaisirs de la vie
est démontré par une note de sa main concernant
une courtisane nommée la Cremona, une note qui
m'a été communiquée par une source d'autorité[30].

Cette source, non précisée, est soit le bibliothécaire de la collection ambrosienne, soit un collègue napolitain de Bossi alors que ce dernier travaillait à son édition du *Codex Arundel*. Mais qui était cette mystérieuse Cremona ? Il ne fallut pas longtemps pour que les experts relèvent dans les feuillets de Windsor une liste de membres de l'entourage de Léonard à Milan vers 1509 où apparaissait une certaine

« chermonese[31] ». Carlo Pedretti souligna que les mentions d'expériences hétérosexuelles ne manquaient pas dans l'œuvre de Léonard et même qu'il décrivait parfois des rapports tarifés[32]. Il signala aussi que, vers 1503-1505, Léonard enregistre dans ses cahiers la dépense de six ducats pour qu'on lui « dise la bonne aventure ». Ailleurs, à l'occasion d'une plaisanterie, Léonard rapporte que le prix d'une passe à Florence était de dix ducats, d'où le soupçon du biographe à propos de la somme dépensée. On avança également que la Cremona, qui semble-t-il logeait chez un riche Milanais nommé Jacopo Alfei, servit à diverses reprises de modèle pour Léonard qui la dessine avec des tresses (la coiffure reconnaissable d'une prostituée) pour une étude de la *Léda* et qui la peint entièrement nue dans le tableau éponyme perdu dont nous n'avons que des esquisses et une copie magnifique réalisée par Melzi[33]. Certains dessins anatomiques du sexe féminin auraient la même origine, selon d'aucuns[34].

De plus, vers 1513, Léonard conçoit pour Julien de Médicis un tableau érotique aujourd'hui égaré mais connu sous le titre de *Monna Vanna* (il en existe une copie par Salaï au musée de l'Hermitage de Saint-Pétersbourg), représentant la maîtresse du commanditaire libertin[35]. Cette synthèse entre la pose de la Joconde et la nudité de la Léda était semble-t-il très réussie puisque Léonard évoque dans son *Traité de la peinture* ses clients si amoureux de l'image érotique acquise qu'ils veulent l'étreindre.

Au vrai, comme Freud l'a montré, Léonard de Vinci entretient avec le sexe une relation très ambiguë, faite de fascination et de répulsion, y compris lorsqu'il représente le processus de procréation sur un étrange dessin d'un coït vu en coupe où apparaît également un schéma de sexe en érection découpé en tranches qu'on ne peut interpréter autrement que comme une peur panique de la castration[36].

Mais ce qui nous intéresse par-dessus tout chez Léonard, c'est la naissance non pas d'un homme parmi d'autres mais de l'homme universel, de l'artiste/savant absolu. Qui est le vrai Léonard, comment résoudre ses contradictions ? Y a-t-il chez lui, entre les années de jeunesse, la maturité et les dernières années à Amboise, une permanence du moi qui serait lisible ? Peut-on retrouver ce moi dans les interstices des écrits du maître ? Mais, ici encore, l'historien n'est-il pas confronté à un masque de plus quand, par exemple, Michelet campe la vision héroïque de l'homme qui incarnait le mieux la Renaissance ?

> Personne ne fut plus admiré que Léonard de Vinci. Personne ne fut moins suivi. Ce surprenant magicien, le frère italien de Faust, étonna et effraya. Il ne fut encouragé ni de Florence ni de Rome. Milan imita ses peintures, faiblement, de loin. Ce fut tout. Il resta seul, comme prophète des sciences, comme le créateur hardi, qui, en face de la nature, enfante et combine comme elle, lui rend vie pour vie, monde pour monde, la défie[37].

Au fil du temps s'est dessinée une biographie dont la trajectoire ascendante a fini par recueillir l'unanimité des éloges : tous les lieux communs associent désormais cet envol d'un esprit libre à la figure archétypale du génie.

Mais comment naît la figure d'un génie ? La question est paradoxale car la notion de génie renvoie à une sorte de transcendance qui se refuse à une quelconque recette (même si certains ouvrages de divulgation promettent aujourd'hui de livrer à leur public le secret pour penser et réussir sa vie « à la manière de Léonard de Vinci »). La renommée de Léonard est si forte que des multinationales ont jugé qu'adopter le nom de sa ville natale (le groupe Vinci en France) ou simplement son prénom (le groupe Leonardo en Italie) constituait une stratégie gagnante, même aux antipodes de l'Europe. En 2017, un tableau attribué, non sans quelques hésitations, au maître s'est vendu 450 millions de dollars, devenant ainsi la toile la plus chère du monde. Des fictions à succès ont utilisé le nom du Toscan et détourné ses idées pour se donner du crédit et, chaque année, le fétichisme attaché à la figure de Léonard produit une nouvelle interprétation, plus ou moins farfelue, de l'une de ses œuvres. Indéniablement, Léonard de Vinci est l'un des hommes les plus illustres ayant jamais vécu sur cette planète, à cause, dit-on, de son génie et de sa capacité surhumaine à se saisir de tous les domaines du savoir et de la pratique.

Comment la légende est née

Pourtant, la construction de la légende s'est inscrite dans la durée. Dès le XVIᵉ siècle, Giorgio Vasari et l'Anonyme Gaddiano ont entrepris d'ériger par leurs écrits une statue à la louange de leur compatriote. Les grands de ce temps, d'Isabelle d'Este à François Iᵉʳ, en passant par les Médicis, tenaient absolument à devenir les mécènes de cet être d'exception. Au XVIIᵉ siècle, alors que *La Joconde*, la *Sainte Anne* et le *Saint Jean-Baptiste* étaient bien installés dans les collections royales, des bourgeois d'Amiens se vantaient de posséder chez eux un Léonard, preuve de la justesse de leur goût.

Dans les années 1880-1900, la publication par Richter des planches du *Codex Atlanticus* fit l'effet d'un véritable tsunami en révélant au grand public la figure de l'architecte-ingénieur. À l'époque où Jules Verne écrivait ses romans d'aventures peuplés de sous-marins et de machines volantes, Léonard devint celui qui avait eu l'intuition du futur technologique. Lecteur assidu de la philosophie médiévale, il incarnait, aux yeux du philosophe Pierre Duhem, le génie latin qui avait permis de passer des sciences médiévales à la science moderne. Paul Valéry, en 1894, écrit quant à lui les premières lignes d'un livre intitulé *La Méthode de Léonard de Vinci*. Le tournant des XIXe et XXe siècles est également la période durant laquelle des chercheurs comme Edmondo Solmi, Francesco Malaguzzi, ou dans les années 1920, Gerolamo Calvi, ont consacré leur énergie à établir à partir des sources disponibles le contexte de la vie et de l'œuvre de Léonard, offrant généreusement les bases de toutes les études ultérieures. C'est encore l'époque où le symboliste russe Dimitri Merejkovski (1865-1941) donna corps, dans son *Roman de Léonard de Vinci* au demeurant excellemment informé, à toute une série de mythes sur le génie créateur, dont une fantaisiste expérience de vol à Fiesole, qui inspirèrent Eisenstein aussi bien que Freud[38].

En 1910 paraît en effet à Leipzig et à Vienne un texte de l'inventeur de la psychanalyse intitulé *Un souvenir d'enfance de Léonard de Vinci*[39]. L'auteur tente de percer le mécanisme de la création chez l'artiste/scientifique à partir d'un rêve obsessionnel rapporté par Léonard concernant un vautour (en réalité un milan) qui l'avait agressé, enfant, dans son berceau. Il en tire des conclusions sur la sexualité de son sujet, sa relation à la mère et son opposition au père. Pour Freud, le travail créateur et la curiosité de Léonard procèdent à la fois du hasard et d'un effet de sublimation[40].

Loin de ces considérations, en 1939, Benito Mussolini souhaita que la grande Exposition universelle de Milan fît honneur au «*genio italiano*» et à sa figure tutélaire. On fabriqua donc des maquettes extraordinaires pour explorer, notamment, le rôle de Léonard dans la conquête de l'air (maquettes qui, prêtées au Japon, furent détruites à Nagasaki en 1945).

En 1952, la France commémora la naissance de Léonard de Vinci avec un cycle d'expositions et un colloque intitulé «Léonard de Vinci et l'expérience scientifique au XVIe siècle». L'époque étant au «déboulonnage» des statues dans le domaine des sciences et des techniques, Alexandre Koyré, organisateur de l'événement parisien avec Lucien Febvre, voulut démontrer que Duhem était allé trop loin en prêtant à Léonard la stature d'un érudit[41]. Pour lui, le Toscan appartenait plus à l'univers empirique et à la pensée confuse des artisans qu'à celui de la Science. Un jeune spécialiste d'histoire technique présent au colloque, Bertrand Gille, contribue à cette entreprise de désacralisation en reprenant les remarques du chimiste Marcelin Berthelot, adversaire de Duhem : non seulement Léonard n'a pas inventé toutes les machines qu'on lui attribue (sont ici cités les précurseurs que furent Kyeser, Taccola ou Francesco di Giorgio Martini) mais, qui plus est, il lui manque le cadre conceptuel d'une véritable démarche théorique. C'était sans doute pousser trop loin le balancier historiographique et René Dugas, présent au colloque, défendit l'idée qu'il y avait bien une méthode dans l'approche technique de Léonard. C'est à la même époque que, dans le domaine de l'art, alors que les progrès de l'analyse chimique permettent d'authentifier avec plus de certitude les œuvres peintes véritablement réalisées par l'artiste, Bernard Berenson et Roberto Longhi s'attachent à souligner les erreurs et les «difficultés de Léonard».

Le corpus manuscrit

Depuis 1952, la plupart des manuscrits de Léonard ont été transcrits, édités et datés grâce à la méthode philologique de Carlo Pedretti et d'Augusto Marinoni. Il est même désormais possible pour les chercheurs de travailler sur un corpus complet disponible sur Internet (e-Leo). Les études léonardiennes se sont par ailleurs constituées en un champ vaste et différencié avec des spécialistes de la peinture, de la sculpture, de la musique, de la technique, des sciences, de la philosophie, des spectacles ou de la littérature.

Que reste-t-il à présent de la célébration du génie léonardien ? Les critiques de Bertrand Gille, reprises par Paolo Galluzzi en 1997 lors d'une exposition internationale sur les *Ingénieurs de la Renaissance,* doivent être prises en compte : on n'invente jamais seul et, au moins dans le domaine des techniques, crier au génie falsifie l'histoire et inhibe toute une partie de notre compréhension de la créativité. Mais qu'en est-il des réflexions scientifiques ou philosophiques de Léonard, de ses intuitions anatomiques et de sa compréhension du vivant, de ses performances artistiques ? En dehors des meilleures biographies récentes comme celles de Carlo Vecce ou de Charles Nicholl, rares sont ceux qui, comme Martin Kemp en 1981 ou Daniel Arasse en 2003, ont tenté d'embrasser la totalité du tableau. De nos jours, à la veille du cinq-centième anniversaire de la mort de Léonard, le mystère de celui qui fut le « premier peintre, ingénieur et architecte » de François Ier ne cesse de s'épaissir tandis que les critiques des années 1950 semblent perdre un peu de leur crédibilité, nécessitant une approche renouvelée.

Le façonnage léonardien, infiniment complexe, a connu de multiples étapes. De fait, pour lui, rien n'était joué d'avance : l'enfant illégitime qu'il était se heurtait à de nombreuses portes closes, à commencer par celles de l'université. Ce sera le grand regret de sa vie, sur lequel il revient encore à l'âge de trente-huit ans, en 1490 :

> Moi, homme sans lettre. Je sais bien que, n'étant pas cultivé, certains présomptueux trouveront raisonnable de pouvoir me blâmer en alléguant que je suis un homme sans lettre. Gens imbéciles ! Ils ne savent pas que je pourrais leur répondre, comme Marius le fit aux magistrats romains : ceux qui trouvent dans les fatigues des autres un ornement, ne veulent pas me concéder l'existence des miennes. Ils diront que, pour n'avoir pas eu de lettres, je ne pourrais pas bien parler de ce que je veux traiter. Or, ils ne savent pas que mes idées ont plus de valeur parce qu'elles naissent de l'expérience et non de la parole d'autrui, produit de qui sait bien écrire, maîtresse qu'ils pillent à volonté, ce que j'alléguerai dans tous les cas[42].

Ces lignes véhémentes et amères tout autant qu'ironiques vis-à-vis des « lettrés », correspondent assez mal à l'image universellement admise du génie et de l'humaniste. Comment expliquer cette expression « d'homme sans lettre » par laquelle Léonardse désigne et que l'historienne Giuseppina Fumagalli fut la première à relever en 1938[43] ?

Il faut tout d'abord prendre conscience qu'à Florence, Léonard n'avait pas pu réellement intégrer la cour des

Médicis, sauf peut-être vers 1479 où un humaniste anonyme, cité dans le *Codex Atlanticus*, semble indiquer que la guerre, et plus précisément le siège de Colle di Val d'Elsa, ont rapproché Léonard des maîtres de la Toscane[44]. Les origines illégitimes de l'artiste, l'impossibilité qui fut la sienne de fréquenter l'université, d'apprendre le latin expliquent l'exclusion relative des débuts. À la différence d'un Botticelli (1442-1515) qui fréquente le cercle restreint des platoniciens de Careggi, tels Marsile Ficin, Ange Politien et Cristoforo Landino, Léonard est clairement cantonné au monde des corporations et ses seuls contacts avec les Médicis viennent des commandes d'objets qu'il doit leur livrer[45]. Les premières années en Lombardie sont tout aussi difficiles et l'intellectualisme excessif de la cour de Ludovic le More agace le Toscan. Aussi oppose-t-il les « bonnes lettres » à celles des « littérateurs, grammairiens et commentateurs » de son temps, incapables d'autre chose que de paraphrase pédante – sa propre originalité contre leur vanité.

Léonard ne tarde toutefois pas à se rapprocher de la cour et devient intime de Ludovic Sforza ; il s'efforce alors d'acquérir la culture qui lui manque. La première difficulté, pour lui, est d'avoir accès aux textes savants rédigés en latin. À l'âge de trente ans, l'artiste ingénieur se met à étudier cette langue ancienne. Il passe également par toute une série d'intermédiaires parmi ses amis, tels Fuzio Cardano ou Luca Pacioli, qui lui expliquent les traités compliqués de la médecine médiévale, de l'optique ou des mathématiques euclidiennes. Une querelle historiographique a opposé ceux qui voyaient en Léonard un grand lecteur et ceux qui, au contraire, clamaient qu'il n'avait jamais rien lu, mais cet affrontement est aujourd'hui très daté et l'on a parfaitement reconstitué la bibliothèque de Léonard grâce à ses citations et aux différentes listes de livres en sa possession dressées dans ses manuscrits[46]. On a ainsi constaté un accroissement rapide de sa collection. Si l'on recoupe les trois listes des codex et si l'on élimine les redondances, on compte en tout 123 titres… soit bien plus que le nombre moyen de livres habituellement recensé dans la strate culturelle intermédiaire des avocats, notaires et marchands. Cela est d'autant plus remarquable que les livres de Léonard sont onéreux, comme le laisse entendre la comptabilité d'un feuillet de la fin des années 1490 qui mentionne une dépense de 248 sols[47]. Sachant qu'une livre vaut 20 sols et qu'un ingénieur milanais gagne alors 10 livres par mois, on aura une idée précise de ce que représente une telle somme. Si Léonard a dépensé un peu plus de 12 livres, il a donc consacré l'équivalent de plus d'un mois de salaire à sa passion[48]. Il est désormais impossible d'opposer strictement, comme on le faisait jusqu'alors, l'autodidacte et le lecteur savant.

La pensée de Léonard est celle d'un homme qui a su contourner les obstacles créés par ses origines. Sa formation autodidacte lui a fourni les bases, certes imparfaites, de la culture savante cependant que sa culture hybride, étayée sur l'expérience et l'observation, caractéristiques du monde des métiers, l'a rendu capable d'un regard critique sur les autorités. Léonard revendique d'ailleurs avec audace cette posture étonnante :

> Si bien que, si tu ne savais pas te servir des auteurs, comme eux [les lettrés], il serait bien plus grand et plus digne de lire en te servant de l'expérience, maîtresse de leurs maîtres. Ceux-là sont

gonflés d'orgueil et pompeux, vêtus et ornés, non
pas de leurs fatigues mais de celles d'autrui ; et mes
propres fatigues, ils ne les reconnaissent pas, et s'ils
me méprisent moi l'inventeur ils méritent d'être
blâmés, eux qui ne sont que les trompettes et les
récitants des œuvres d'autrui[49].

Si le Toscan s'auto-définit comme « disciple de l'expérience », comment la curiosité de l'enfant de Vinci s'est-elle
éveillée ? En enquêtant sur les lectures de Léonard, on ne
fait que poser les fondations d'une autre recherche : retrouver les méthodes originales de Léonard, voire sa méthode.
Cette ambition était déjà celle de Paul Valéry en 1887, de
Cesare Luporini, auteur de *La Mente di Leonardo* en 1953,
ou encore de Paolo Galluzzi lors de l'exposition éponyme
donnée au Palazzo Vecchio en 2007. Tel est le défi que nous
nous proposons de relever dans cet ouvrage en procédant de
façon thématico-chronologique.

Il s'agira tout d'abord de revenir sur les origines familiales
de Léonard et leurs conséquences psychiques puis sur ses
premières années d'apprentissage dans un bourg de Toscane
blotti au cœur de collines d'oliviers.

Entre douze et quatorze ans, Léonard quitte ce cadre
champêtre pour rejoindre son père à Florence, une ville de
40 000 habitants peuplée de marchands et d'artisans, de
riches familles adeptes du luxe, de bâtiments gigantesques
et de machines de chantier. C'est le théâtre d'une seconde
formation très particulière, dans l'atelier de Verrocchio.
Le jeune homme, assez excentrique, s'intègre difficilement
dans un univers où la concurrence entre artistes est extrêmement sévère. C'est dans ce monde relativement hostile que
Léonard apprend à exploiter les artifices de son maître et

de ses condisciples puis à développer ses dispositions exceptionnelles dans le domaine de l'expression figurative.

Le troisième chapitre s'attache à résoudre une autre énigme: pourquoi Léonard en est-il venu, vers 1490, à revendiquer la dignité supérieure de l'inventeur, à une époque où le «vil mécanique» est constamment rejeté? La Toscane est alors un terrain d'expérimentation extraordinaire avec le chantier du dôme de Florence, bien sûr, mais aussi avec les ateliers textiles qui font la richesse de la province. Comment les savoirs des grands techniciens toscans du Quattrocento ont-ils filtré dans l'œuvre de Léonard? Ce dernier s'est-il contenté d'imiter ses prédécesseurs ou bien est-il allé au-delà, comme le suggère l'historien Bertrand Gille, en lançant les délinéaments d'une première pensée technologique globale[50]?

Le chapitre suivant est consacré au rôle de l'observation dans l'approche que Léonard a du monde et de ses éléments. Observer, pour lui, c'est mesurer car tout est nombre, mais c'est aussi comprendre la mutation des formes. Il est persuadé qu'il existe dans le monde des lois harmoniques et que des formes identiques peuvent se retrouver dans des domaines très différents, dessinant une longue chaîne des êtres. Cette pensée analogique, qui prête attention aux échos entre le macrocosme et le microcosme, est profondément médiévale mais Léonard la pousse aussi loin que possible dans un grand nombre de domaines.

«Disciple de l'expérience», se proclame donc Léonard: nombreux sont alors ceux qui l'ont présenté comme le père des sciences modernes en insistant sur l'originalité de son approche expérimentale[51]. Or, si les multiples significations données au mot par Léonard ne sont pas disséquées avec précision, dans le contexte de la pensée médiévale qui est la sienne, le risque d'anachronisme est élevé. C'est néanmoins par cette approche assez rare chez les universitaires de son temps, moins rare cependant dans le monde des métiers, que Léonard développe des audaces critiques vis-à-vis d'une pensée consolidée par des siècles de certitudes, par exemple dans les domaines de la physique, de l'optique, de la géologie ou de la médecine.

Léonard expérimente deux stratégies différentes de façonnage de soi pour échapper au monde des corporations[52]. La première, la plus connue, consiste à investir le monde de la cour, une possibilité relativement bloquée à Florence mais plus ouverte à Milan. Nombreux sont les grands dont Léonard se rapprocha au cours de sa vie : Ludovic Sforza, Isabelle d'Este, César Borgia, Charles d'Amboise, Julien de Médicis, Louis XII et François Ier. La période milanaise, de 1482 à 1500, est à cet égard fondatrice et permet de comprendre comment notre personnage a appris le langage et les manières des courtisans. L'instrumentalisation de son talent au service de Sforza est multiple et suit des logiques opportunistes : pavillon et bains de la duchesse, projet de statue équestre en bronze, Cène, décors peints (Sala delle Asse), portraits de cour, fêtes à grand spectacle, automates, projets de ville idéale ou d'éléments architecturaux, littérature néoplatonicienne et musique… C'est un langage socio-politique original que Léonard acquit alors, qu'il sut par la suite exploiter auprès d'autres princes.

La seconde stratégie léonardienne, moins connue du grand public, fut initiée en 1482, lorsqu'il proposa ses services à Ludovic Sforza en tant qu'ingénieur militaire, alors qu'il n'avait pas reçu la formation adéquate[53]. Des années 1490 jusqu'en 1510, sa vie est profondément affectée par le contexte des guerres d'Italie et il est toujours plus ou moins impliqué dans des opérations militaires. La façon dont Léonard construisit sa nouvelle identité professionnelle en lisant les bons auteurs et en fréquentant les bons milieux, en utilisant sa culture technique et sa culture savante pour répondre aux défis de la révolution militaire, fut extrêmement efficace. Malgré sa fascination pour la performativité des armes et des machines de siège, l'expérience de la guerre est pour lui traumatisante, ce que trahissent ses écrits et surtout sa grande œuvre disparue dans la grande salle du Palazzo Vecchio : la bataille d'Anghiari. Peut-être la question n'est-elle pas d'identifier quelle fut la stratégie la plus payante pour lui car il est clair qu'à la fin de sa vie, Léonard est reconnu dans ses deux identités de courtisan et d'ingénieur militaire.

Toutefois, l'affirmation de soi la plus intime de Léonard, qui correspond moins à un rôle opportuniste qu'à un besoin profond, est toute différente : c'est celle du créateur, cet artiste inspiré dont plus tard Giorgio Vasari campera l'identité nouvelle, exploitant la figure emblématique de Léonard pour démontrer que le grand artiste se situe bien au-dessus du monde des corporations[54]. Les dernières œuvres du peintre manifestent les ambitions qu'explicite le *Traité de la peinture* : rien de moins qu'ouvrir des fenêtres sur des univers réalisés avec tant de soin que l'artiste y atteint pour ainsi dire le statut de démiurge. Impossible ici de distinguer art et sciences car la connaissance du monde et sa représentation doivent pour Léonard être en constante interaction. La peinture est avant tout « *cosa mentale* », affirme-t-il, « chose de l'esprit », fondée sur une science de la vision et de la lumière. Daniel Arasse a montré que la méthode employée par Léonard pour réaliser un tableau (esquisse, définition des lignes et des proportions puis estompage des lignes par le fameux sfumato) a beaucoup à voir avec celle utilisée pour ses dessins techniques ou anatomiques[55]. Inversement, les savoirs de Léonard sur le mouvement, sur les tourbillons, sur la géologie, la botanique, l'anatomie ou l'âme humaine informent particulièrement les œuvres ultimes.

L'extraordinaire parcours de vie du fils illégitime du notaire de Vinci l'amène en 1517 à s'approcher du jeune roi de France, François Ier, au point d'entretenir bientôt avec lui une relation de confiance amicale. Le dernier chapitre de notre ouvrage analyse cette réussite qui montre que Léonard a su, de son vivant, bâtir sa réputation de génie universel et capter l'attention d'un jeune monarque. Les ressources utilisées pour ce succès sont nombreuses : curiosité inextinguible, discussions philosophiques, humour, certes, mais aussi un travail constant et sans doute harassant. Lors de ses dernières années, Léonard entreprend en effet de donner à son maître un palais immense grâce auquel il n'aurait plus à rougir de la magnificence des palais italiens[56]. Quand ce projet, qui aurait dû donner naissance au palais et à la ville nouvelle de Romorantin, finit par s'écrouler, Léonard passe la main à de plus jeunes que lui qui reprendront ses idées pour une solution de rechange à peine moins somptueuse : Chambord. Mais ce n'est pas tout, les talents de Léonard sont sans cesse requis pour amuser la cour, avec un lion automate, par exemple, et pour célébrer la gloire du roi, telle la grande fête du baptême du dauphin, donnée à Amboise en 1518, au cours de laquelle les hauts faits du « subjugateur des Helvètes » sont reproduits à grande échelle, avec un faux château fort et un parc d'artillerie impressionnant. La visite du cardinal d'Aragon, la même année, relatée par son secrétaire, donne lieu à un portrait du grand homme, ouvert à tous les savoirs. Le mythe est déjà en marche.

Notes

1. Jérôme Coignard, *Une femme disparaît. Le vol de* La Joconde *au Louvre en 1911*, Le Passage, 2010.

2. Daniel Arasse, *Histoires de peintures*, France Culture/Denoël, coll. «Médiations», 2004 (réimp. Gallimard, coll. «Folio essais», 2006).

3. André Chastel, *L'Illustre Incomprise. Mona Lisa*, Gallimard, coll. «L'Art et l'Écrivain», 1988 ; et Jérôme Coignard, «L'énigme de *La Joconde*», *Connaissance des arts*, n° 626, avril 2005.

4. Théophile Gautier, *Guide de l'amateur au musée du Louvre, suivi de la vie et les œuvres de quelques peintres*, 1882, p. 27 et Thierry Gallier, *Isis, la Joconde révélée 500 ans après sa création*, Marly-le-Roi, Maxiness, 2011.

5. Angelo Paratico, *Leonardo da Vinci. A Chinese Scholar Lost in Renaissance Italy*, Lascar Publishing, 2015.

6. Sigmund Freud, *Un souvenir d'enfance de Léonard de Vinci* [1910], texte traduit par Dominique Tassel, Seuil, coll. «Essais», 2011.

7. Sophie Herfort, *Le Jocond. Qui était vraiment Mona Lisa ?*, Michel Lafon, 2011.

8. Voir Roberto Zapperi, *Mona Lisa addio. La vera storia della Gioconda*, Naples, Le Lettere, 2012.

9. Carlo Vecce, *Léonard de Vinci*, Flammarion, 2001, p. 287-288.

10. *Portrait d'Isabelle d'Este* sur papier au pastel et à la craie, Musée du Louvre.

11. Giorgio Vasari, *Vies des peintres*, tome I, Les Belles Lettres, 2002.

12. Armin Schlechter, «*Leonardo* da Vinci's "Mona Lisa" in a Marginal Note in a Cicero Incunable», in *Early Printed Books as Material Object*, éd. Bettina Wagner et Marcia Reed, Berlin et New York, International Federation and Library Associations, 2011.

13. Frank Zöllner, «Leonardo's Portrait of Mona Lisa del Giocondo», *Gazette des Beaux-Arts*, vol. 121, 1993, p. 115-138. D'après Giuseppe Pallanti, *Mona Lisa Revealed. The True Identity of Leonardo's Model*, Milan, Skira, 2006, les archives prouvent que «l'épouse de Francesco del Giocondo» fut enterrée en 1452 au couvent Sant'Orsola. Des fouilles récentes ont même permis d'exhumer le squelette et de faire rêver les amateurs de recherche sur l'ADN. Cécile Scaillierez, *Léonard de Vinci : La Joconde*, RMN, 2003.

14. Frank Zöllner, *Léonard de Vinci, tout l'œuvre peint et graphique*, Cologne, Taschen, 2007, p. 161.

15. Luca Sciortino, «Le regard et la bouche de la Joconde», *Cerveau & Psycho*, n° 12, novembre 2005 ; Joseph E. Borkowski, «Mona Lisa: The Enigma of the Smile», *Journal of Forensic Sciences*, vol. 37, n° 6, 1992, p. 1706-1711 ; et

«Software Decodes Mona Lisa's Enigmatic Smile», *The New Scientist*, n° 2530, 17 décembre 2005, p. 25.

16. Carla Glori et Ugo Cappell, *Enigma Leonardo*, Cappello Edizioni, 2011.

17. Léonard de Vinci, *Autoportrait?*, vers 1512-1513, sanguine, Bibliothèque royale de Turin.

18. «Vieil homme assis de profil et études de tourbillons», vers 1513, plume et encre, Windsor, RL 12579r.

19. La démonstration qui suit appartient à Daniel Arasse, *Histoires de peintures*, *op. cit.*, p. 25-31.

20. Profil de Léonard de Vinci attribué à Francesco Melzi, Windsor, RL 12321r.

21. Hans Ost, *Das Leonardo-Porträt in der Kgl, Bibliothek Turin und andere Fälschungen des Giuseppe Bossi*, Berlin, 1980.

22. Louis A. Waldman, «Leonardo and His Two "Fathers": The Artist through the Lens of His Lost Works», *XLIX Lettura Vinciana*, 2009.

23. Giorgio Vasari, *Vies des peintres*, *op. cit.*

24. Charles Nicholl, *Leonardo da Vinci. Flights of the Mind*, Londres, Penguin Books, 2005.

25. Nous ne souscrivons pas ici à l'analyse de Ludwig Heydenreich, dans son *Leonardo da Vinci*, Londres, Macmillan, 1954, qui conclut à l'impersonnalité de Léonard, thèse reprise par Daniel Arasse, *Histoires de peintures*, *op. cit.*, p. 384.

26. Uffizi, GDS 446E, cité par Jens Thiis, in *Leonardo, the Florentine Years*, Londres, 1913; ce Fioravanti di Domenico désigne peut-être l'apprenti de Domenico Ghirlandaio, un autre peintre florentin de sa génération. Voir aussi, pour le déni, Giuseppina Fumagalli, *Eros di Leonardo*, Milan, 1952.

27. *Codex Atlanticus*, fol. 133^v. Le *Codex Atlanticus* sera ultérieurement mentionné par ses initiales, *CA*.

28. Carlo Pedretti, «The Angel in the Flesh», *Achademia Leonardi Vinci*, IV, 1991, p. 34-48.

29. Texte cité par Charles Nicholl, *Leonardo da Vinci. Flights of the Mind*, *op. cit.*, p. 115.

30. Biblioteca Ambrosiana, Milan, SP6/13^E/B1 fol. 100, 196. Giuseppe Bossi, *Scritti sulle arti*, a cura di Roberto Paolo Ciardi, Florence, 1982. Texte cité par Charles Nicholl, *op. cit.*, p. 439.

31. Windsor, RL 12280. Carlo Pedretti, «La Cremona», in *Leonardo & io*, Milan, Modadori, 2008, p. 478-488 et du même auteur, «*Quella puttana di Leonardo*», Achademia Leonardi Vinci, IX, 1996, p. 201-219.

32. *Codex Arundel*, fol. 205^v.

33. La *Léda*, par Francesco Melzi (?), vers 1505, huile sur bois, Florence, musée des Offices.

34. Charles Nicholl, *Leonardo da Vinci. Flights of the Mind*, *op. cit.*, p. 442.

35. David Brown et Konrar Oberhuber, « Monna Vanna and the Fornarina : Leonardo and Raphael in Rome », in *Essays Presented to Myron P. Gilmore*, Florence, 1978, p. 25-37.

36. Windsor, RL 19096. Sigmund Freud, *Un souvenir d'enfance de Léonard de Vinci, op. cit.*, et Daniel Arasse, *Léonard de Vinci. Le rythme du monde*, « Sur Léonard et Freud », Hazan, 1997, p. 389-400.

37. Jules Michelet, *Renaissance et Réforme,* collection « Bouquins », Robert Laffont, Paris, 1998, p. 66.

38. Dimitri Merejkovski, *Le Roman de Léonard de Vinci* [1900], Perrin et Cie, 1926. Le texte de Merejkovski fut traduit en allemand dès 1903 et fut ainsi accessible à Freud.

39. Sigmund Freud, *Un souvenir d'enfance de Léonard de Vinci, op. cit.*

40. Élisabeth Roudinesco et Michel Plon, *Dictionnaire de la psychanalyse*, entrée « Souvenir d'enfance de Léonard de Vinci (Un) », Le livre de Poche, coll. « La Pochothèque », 2011, p. 1471-1477.

41. Alexandre Koyré et Lucien Febvre (éd.), *Léonard de Vinci et l'expérience scientifique au XVIe siècle*, colloque international du CNRS, Paris, 4 au 7 juillet 1952, PUF, 1953.

42. *CA,* fol. 327^v-a.

43. Giuseppina Fumagalli, *Leonardo Omo senza lettere*, Florence, 1938, rééd. 1952 et 1970.

44. *CA,* fol. 80^r.

45. Erwin Panovsky, *La Renaissance et ses avant-courriers dans l'art d'Occident* [1960], Flammarion, coll. « Champs arts », 2008.

46. Gerolamo d'Adda, *Leonardo da Vinci e la sua libreria. Note di un bibliofilo*, Milan, Bernardoni, 1873 ; Pierre Duhem, *Études sur Léonard de Vinci : ceux qu'il a lus et ceux qui l'ont lu* [1906-1913], Éditions des Archives contemporaines, Paris, 1984 ; Edmondo Solmi, « Le fonti dei manoscritti di Leonardo da Vinci : contributi », in *Giornale storico della letteratura italiana*, suppl. 10-11, 1908 ; et Edmondo Solmi, *Scritti vinciani* [1911], Florence, 1976. Pour la thèse inverse, voir Giorgio de Santillana, « Léonard et ceux qu'il n'a pas lus », in Alexandre Koyré et Lucien Febvre (dir.), *Léonard de Vinci et l'expérience scientifique au XVIe siècle, op. cit.*, p. 43-57 ; nuancée par Eugenio Garin, « Il problema delle fonti del pensiero di Leonardo », in *Atti del convegno di studi vinciani*, Florence, 1953 et Carlo Maccagni, « Riconsiderando il problema delle fonti di Leonardo », in *Lettura Vinciana*, vol. X, Florence, 1971, texte complété par Augusto Marinoni, « Note sulla ricerca delle fonti dei manoscritti vinciani », in *Raccolta Vinciana*, vol. XXV, 1993, p. 3-38. Pour les publications les plus récentes, voir Romain Descendre, « La biblioteca di Leonardo » in Sergio Luzzatto et Gabriele Pedullà, *Atlante della letteratura italiana*, vol. I, Einaudi, p. 592-595 ; et surtout Carlo Vecce, *La biblioteca perduta : i libri di Leonardo*, Rome, Salerno, 2017.

47. *CA*, fol. 288ʳ : « 68 nella Chronica/61 in Bibbia/119 in Arithmetica di Maestro Luca/248 ».

48. Cf. Monica Pedralli, Novo, grande, coverto e ferrato. Gli inventari di biblioteca e la cultura a Milano nel Quattrocento, Milan, Vita e Pensiero, 2002, p. 190-192.

49. *CA*, fol. 322ʳ.

50. Bertrand Gille, *Les Ingénieurs de la Renaissance*, Seuil, coll. « Points Sciences », 1978.

51. William Barclay Parsons, *Engineers and engineering in the Renaissance*, The Williams & Wilkins Company, 1939 ; Alexandre Koyré et Lucien Febvre (dir.), *Léonard de Vinci et l'expérience scientifique au XVIᵉ siècle, op. cit.* ; et Vassili P. Zubov, *Leonardo da Vinci* [1962], traduit du russe par David H. Krauss, New York, Metrobooks, 2002.

52. Stephen Greenblatt, *Renaissance Self-Fashioning*, University of Chicago Press Libri, 1980.

53. Pascal Brioist, *Léonard de Vinci, homme de guerre*, Alma, 2013.

54. Giorgio Vasari, *Vies des peintres, op. cit.*

55. Daniel Arasse, *Léonard de Vinci. Le rythme du monde, op. cit.*

56. Carlo Pedretti, *Léonard de Vinci et la France*, Florence, Cartei & Bianchi, 2010.

I

Souvenirs d'enfance

Presque aucun document de la main du jeune Léonard de Vinci n'a survécu. Un souvenir d'enfance, où il décrit un rapace venant l'agresser dans son berceau, est sujet à caution car, de l'avis de tout psychologue, une réminiscence aussi précoce ne peut être qu'une reconstruction. En voici tout de même le texte :

> Écrire ainsi de façon si détaillée à propos du milan [*nibbio*] semble être mon destin, car le premier souvenir que j'ai de mon enfance, est qu'il me semble que lorsque j'étais dans mon berceau, un milan vint à moi et ouvrit ma bouche de sa queue et me percuta plusieurs fois de sa queue à l'intérieur des lèvres[1].

Ce récit inspira à Sigmund Freud une célèbre étude mais ne peut en aucun cas être retenu comme un souvenir réel[2]. Pour reconstruire des éléments biographiques sur l'enfance de Léonard, il faut donc avoir recours à des sources extérieures à ses manuscrits.

Les registres baptismaux ne sont plus accessibles de nos jours, mais un document cadastral rédigé en 1470, consulté par les érudits en 1746 (introuvable aujourd'hui), fait état d'un « Lionardo, fils illégitime de Ser Piero, âgé de dix-sept ans[3] ». Un document fiscal, daté de 1457, indique que Léonard comptait parmi les bouches à nourrir de la maisonnée d'Antonio da Vinci, son grand-père, dans le quartier de Santa Croce de la commune de Vinci[4].

Un document des archives de Florence, contenant les mémoires de Ser Antonio da Vinci placés à la toute fin du livre notarial de Ser Guido da Vinci, fournit d'autres éléments précieux permettant de compléter cette déclaration :

> Me naquit un petit-fils, fils de Ser Piero, mon fils, le 15 avril, samedi, à la 3e heure de la nuit [soit 10 h 30, N.D.T.]. Celui-ci fut nommé, et fut baptisé par le prêtre Piero di Bartolomeo da Vinci, [témoins :] Papinno di Nanni Bantti, Meo di Tonino, Piero di Malvoltto, Nanni di Venzo, monna Antonia di Giuliano, monna Niccholosa del Barna, monna Maria fille de Nanni di Venzo, monna Pippa (fille de Nannj di uenzo) de Previchone[5].

Plus tardivement, en 1542, l'Anonyme Gaddiano, premier biographe de Léonard, nous renseigne sur la mère de Léonard :

> Léonard de Vinci, citoyen florentin, bien que fils naturel de Ser Piero da Vinci, était par sa mère de bonne origine[6].

Ces quelques lignes sont les seules traces à notre disposition éclairant les origines de notre personnage. Ces indices permettent de poser le cadre d'une énigme. En résumé, Léonard est né en 1452, hors mariage, d'un père nommé Ser Piero et d'une mère mystérieuse portant le prénom de Catherina et qui serait « de bonne famille ». Cette jeune fille de seize ans finit par épouser un homme surnommé Accatabriga (« le bagarreur ») tandis que le père, lui, convole en justes noces avec une certaine Albiera. Dans sa prime enfance, à cinq ans, Léonard vit chez son grand-père paternel Antonio et sa grand-mère Lucia.

Les origines

Passons en revue les *dramatis personae* de ce récit. Le grand-père, tout d'abord (1373-1464 ?), dont le souvenir transcrit à la manière des *libri di ricordanze* des bourgeois florentins nous permet de dater précisément la naissance de Léonard, est lui-même fils de notaire : son ascendant Guido a droit au titre de « Ser » qui caractérise alors les hommes de loi. L'on trouve aussi à Florence au XIVe siècle un Ser Michele da Vinci, également notaire. La famille est donc bien établie dans la profession, et ce depuis l'époque de Dante[7].

Antonio, cependant, n'a pas embrassé la carrière de ses aïeux. N'ayant pas fait d'études, il a préféré venir s'installer à Vinci pour vivre de ses terres, assez modestement si l'on a la naïveté de prendre au pied de la lettre la déclaration du registre fiscal. En réalité, il cultive du blé, des olives et de la vigne qui lui procurent une honnête aisance[8]. Sa vie quotidienne est celle d'un paysan aisé qui vit au rythme des saisons et qui a la chance de ne pas connaître les ravages de la guerre. À l'âge avancé de cinquante ans, il épouse la fille d'un notaire de Monte Albano nommée Lucia di Ser Piero

Zosi da Bachereto (1393-1469). De leur union naissent cinq enfants dont l'aîné est Piero (1426-1505) et le cadet Francesco (1436-1507).

Depuis 1433, Antonio habite une maison dans le bourg mais dispose d'une maisonnette dans la campagne et entretient aussi une ferme à Costereccia. Dans le cadastre de 1442, son fils Piero n'apparaît plus, peut-être parce qu'il est parti faire ses études de droit à Florence afin de perpétuer la tradition familiale et devenir tabellion. En 1449, la signature d'un contrat privé à propos de la vente d'un pressoir montre Antonio jouant avec des amis « à table » (au jeu de jacquet ?) dans le hameau d'Anchiano, au milieu des oliviers, à trois kilomètres de l'église du bourg[9]. De là peut-être est née la légende de la naissance de Léonard à Anchiano, mais en tout état de cause, la maison qui porte la cotte d'armes de la famille et que l'on présente de nos jours comme étant la « maison natale », ne fut achetée par Ser Piero qu'en 1482, bien après la naissance de Léonard[10]. En 1449, ce n'est encore que la maison d'amis d'Antonio. Cette bâtisse était à cette époque un *frantoio*, c'est-à-dire un moulin à huile[11]. Il est en fait envisageable que Léonard soit plutôt né dans le bourg, non loin de l'église Santa Croce où il fut baptisé le lendemain de sa naissance, dans une maison dont le cadastre précise qu'elle était « avec terrain ».

Si l'on veut absolument accréditer la tradition orale locale, on peut admettre que la mère de Léonard ait souhaité accoucher discrètement chez les amis du grand-père à Anchiano[12]. Mais si le secret était recherché, comment expliquer qu'il y ait eu autant de témoins, cinq hommes et cinq femmes, pour le baptême de l'enfant ? Peut-être, comme le suggère Carlo Vecce, la mère est-elle elle-même native d'Anchiano ou liée à ce hameau, ce qui expliquerait que les témoins y aient été majoritairement choisis[13].

Qu'en est-il du père de Léonard, celui, en tout cas, qui est désigné comme tel par Antonio dans son mémoire, conservé aux archives de Florence? Piero est l'aîné de sa fratrie, la guilde des notaires de Florence l'a reconnu comme l'un des siens en 1448. Avant la naissance de son fils, Piero habite via Ghibellina, dans la capitale toscane, chez un ami banquier nommé Ser Vanni. Son activité professionnelle l'amène à traiter des affaires dans les localités voisines de Pise et de Pistoia[14]. Il s'en retourne à Vinci à l'été 1451, date de la conception de Léonard. Toutefois, quelques lignes des *Vies des peintres* de Vasari viennent jeter le doute sur cette hypothèse en indiquant à plusieurs reprises Ser Piero comme étant non le père mais l'oncle de Léonard :

> Lionardo, neveu de Ser Piero da Vinci, qui vraiment fut pour lui un très bon oncle et parent pour l'aider dans sa jeunesse [...]. S'apprêtant, dans son enfance, par le biais de Ser Piero son oncle, à s'initier à l'art auprès d'Andrea Verrochio [...]. Il se dit que Ser Piero da Vinci, l'oncle de Léonard, étant en ville [...][15].

La répétition de l'affirmation interdit que l'on ait affaire à un lapsus. Carlo Vecce note que Vasari corrige cette étonnante identification dans la version de 1568 des *Vies*, mais l'historien trouve malgré tout la confusion curieuse. Il la met en relation avec d'autres observations et formule l'idée que Ser Piero puisse ne pas avoir été réellement le père[16]. Nous n'entrerons pas dans ce débat délicat, faute de certitudes.

Ser Piero se marie en tout cas dès septembre 1452 avec Albiera di Giovanni, une Florentine de seize ans issue d'une famille aisée de notaires et de fabricants de chaussures. Cette jeune femme n'eut pas le bonheur d'avoir d'enfant (elle mourut en couches en 1473) et, comme elle résidait entre Vinci et Anchiano, on peut imaginer qu'elle se soit attachée au jeune fils de son mari, malgré son illégitimité[17].

La mère

L'identification de la mère de Léonard n'est pas moins difficile que celle de son père. Nos documents nomment une certaine Caterina, mais qui est-elle exactement ? Son nom n'apparaît pas dans le document où Antonio fait référence à la naissance de son petit-fils et n'est finalement mentionné que dans un registre fiscal cinq ans plus tard, parce que l'on a besoin de déclarer toutes les bouches à nourrir si l'on veut obtenir des réductions de taxes. Était-elle, comme le veut la tradition, une fille de paysans pauvres ou alors une fille de marchands ou de nobles déchus, comme le suggère l'Anonyme Gaddiano, un ami d'Antonio ? À moins que le « de bonne naissance » de cet auteur ne soit là que pour désarmer une accusation d'illégitimité au sujet de Caterina elle-même ?

Des recherches récentes ont proposé d'autres solutions, farfelues (Caterina serait une esclave marocaine, azerie ou même chinoise) ou mieux circonstanciées[18]. L'identification de Caterina à une esclave vient du fait que l'historien Francescco Cianchi a découvert dans les archives de Florence le legs en 1449, par Vanni di Niccolo di Ser Vanni, d'une maison en pleine « propriété » en faveur de son ami Ser Piero. Dans cette belle demeure vit une jeune domestique du nom de Catherina[19]. Selon Cianchi, l'esclave aurait été mise enceinte et ramenée à Vinci après la mort de Vanni en 1451[20]. L'argument, qui repose sur la seule ressemblance des prénoms, est un peu faible dans la

mesure où le prénom Caterina est un des plus communs au
xve siècle (12 Caterina entre dix et trente-cinq ans dans le
cadastre de 1451 pour la seule ville de Vinci qui ne compte
pourtant que 350 habitants). Ceci n'a pas empêché d'autres
auteurs que Cianchi de se lancer dans des élucubrations sur
les origines orientales de cette esclave.

Beaucoup plus récemment, Martin Kemp, professeur
émérite à Oxford, s'associant à un fin connaisseur des
archives florentines, Giuseppe Pallanti, a échafaudé une autre
hypothèse à partir d'une analyse des documents communaux
et paroissiaux du bourg de Vinci[21]. La mère de Léonard serait
une certaine Caterina di Meo Lippi, fille de Bartolomeo
Lippi, qui apparaît en 1451 dans les archives paroissiales
comme une pauvre orpheline de quinze ans élevée avec son
frère par sa grand-mère. La modestie de son milieu expliquerait que l'on n'ait pas reconnu cette Caterina jusqu'à présent,
car elle n'est pas citée dans le cadastre de 1451. Après la
mort de la grand-mère, lorsqu'elle rencontre SerPiero, en
juillet, la vulnérable jeune fille vi chez son oncle et sa tante.
Même si cette version semble désormais faire autorité,
elle laisse des zones d'ombre[22]. Par exemple, il y a la question de l'âge[23]. D'après une déclaration fiscale du mari de
Caterina, en 1484, celle-ci aurait à cette date soixante ans,
ce qui signifierait qu'en 1451 elle avait vingt-sept ans ; si en
revanche on prend comme référence le certificat de décès de
Caterina à Milan en 1494, où elle est aussi déclarée comme
ayant soixante ans, elle avait dix-sept ans en 1452, alors
que Caterina Lippi en avait seize d'après Kemp et Pallanti.
Les personnages de Caterina di Meo Lippi et de l'épouse
d'Accatabriga ne coïncident décidément pas.

Plus récemment encore, une analyse serrée de toutes les
archives fiscales de 1451 et 1459 a conduit une chercheuse
de l'université de Florence, Elisabetta Ulivi, à proposer une

autre solution assez séduisante : Caterina serait en fait plutôt Caterina di Antonio di Cambio, née en 1438 (elle avait donc environ quinze ans en 1452), fille de petits cultivateurs propriétaires de leurs terres à San Pantaleo, dont la famille était en rapport avec les Buti (Accatabriga), et par la suite avec les Vinci[24].

En 1453, après avoir enfanté, la mère de Léonard s'est retrouvée mariée, probablement par l'intervention de la famille de Ser Piero, avec un modeste fils de paysan endetté, briquetier et chaufournier du hameau de Mercatale, sur la route d'Empoli. Cet Antonio di Piero di Andrea di Giovanni Buti, surnommé également « le querelleur » (Accatabriga) et alors âgé de vingt-quatre ans, permet à la famille de Ser Piero de laver le scandale d'une naissance hors mariage. C'est lui que cite le grand-père Antonio da Vinci dans le document de 1457 comme étant le beau-père de son petit-fils. Accatabriga et Caterina vivent alors dans le hameau de Campo Zeppi, au bas du village, à l'opposé d'Anchiano, au bord de la rivière du Vincio où poussent des joncs d'osier dont on fait des paniers. L'activité de chaufournier inspirera plus tard à Léonard un dessin extrêmement détaillé sur les outils et les gestes du métier ; il est possible que l'attitude du modèle présenté nu capture le souvenir de la silhouette du beau-père au travail[25].

Probablement Léonard, dans sa prime enfance, est-il resté en nourrice avec sa mère, mais cinq ans plus tard, il se trouve déjà à la charge de son grand-père. Caterina, de son côté, donne naissance à une ribambelle d'enfants qui seront les demi-sœurs et les demi-frères de son aîné : Piera (née en 1455), Maria (1459), Lisabetta (1460), Francesco (1461) et Sandra (1463).

Peu de sources nous permettent d'éclairer la vie d'Antonio Butti dit Accatabriga. Un procès qui eut lieu en 1470 pour juger des responsabilités d'une émeute le montre, avec un ami d'Anchiano, prêt à faire le coup de poing lors d'une fête votive dans la région de Massa Piscatoria, près de Fuccechio[26]. Sa réputation de « bagarreur » n'est donc pas usurpée. Ser Piero se constitue néanmoins garant de la bonne réputation de son « ami ». Assurément, Accatabriga n'est par ailleurs pas riche et a du mal à entretenir sa nombreuse famille ; il doit même, pour se désendetter, vendre aux notables locaux que sont les Ridolfi quelques arpents qu'il exploitait jusque-là à San Pantaleone. Malgré les petites affaires que lui permettent ses liens noués grâce à un mariage de convenance avec le notaire de Vinci, il se trouve sur une pente économiquement descendante, ne possédant plus en 1487 qu'une demi-maison valant 6 florins et « 5 staia » de terre. Son fils Francesco, en 1490, doit même louer ses bras comme mercenaire dans la guerre entre Florence et Pise et décède d'un malencontreux coup d'espringale[27]. La même année, Accatabriga décède à son tour, laissant Caterina veuve et dans le dénuement.

La figure maternelle chez le jeune Léonard

Comment Léonard enfant a-t-il vécu l'éloignement d'avec sa mère et la fondation par celle-ci d'une nouvelle famille où lui-même n'avait pas totalement sa place ? Sigmund Freud y voyait la source de son obsession pour le souvenir infantile du sourire maternel que l'on retrouve dans nombre de ses tableaux et notamment dans *La Joconde*[28]. D'autres ont lu dans les énigmes que Léonard posait bien plus tard, à la cour de Milan, les traces d'une souffrance indélébile : « De nombreux enfants seront arrachés aux bras de leur mère avec des coups impitoyables », prédit-il pour ne faire en réalité allusion qu'aux olives et aux noix. Dans une autre prédiction il énonce la charade suivante : « Mère tendre et gentille pour certains de tes enfants, tu es une cruelle marâtre pour d'autres. Je vois tes fils vendus en esclavage » – c'est à une ânesse qu'il fait ici référence. Et enfin il prophétise : « Le temps d'Hérode reviendra, car des enfants innocents seront arrachés à leur mère en nourrice et mourront de blessures infligées par des hommes cruels[29]. » Cette fois, il parle de chevreaux.

Il est possible que Léonard ait éprouvé de la rancune vis-à-vis de son infortunée mère ayant refait sa vie, on ne trouve en effet aucune trace d'affection envers Caterina dans ses carnets. En 1493 pourtant, lorsqu'une femme ainsi prénommée se présente chez lui à Milan, il la loge à la Corte Vecchia. Elle y demeurera trois ans jusqu'à son décès en 1495. Léonard s'occupe alors de son enterrement, ainsi que des messes et des chandelles qui lui assureront un temps de purgatoire réduit[30]. Les preuves que cette Caterina ait été sa mère sont ténues et indirectes (le trouble psychologique que révèle l'écriture par des répétitions maladroites, la mention des prénoms sur la page relatant l'arrivée de la famille), mais les indices vont tous dans le même sens[31]. L'ambiguïté de la relation est pourtant encore lisible dans le fait que Léonard ne dépense pas plus pour la mise en bière de celle qui lui a donné le jour que pour le manteau qu'il offre à Salaï deux ans plus tard[32].

L'enfance de Léonard fut sans doute quelque peu traumatique, partagée entre l'humble chaumine de Campo Zeppi, pleine d'enfants, et le bourg ou le hameau d'Anchiano, entouré de ses grands-parents et de sa jeune marâtre. La bâtardise n'était pas un problème à cette époque pour les grands de ce monde : Leon Battista Alberti par exemple, qui se trouvait dans la même situation, avait pu fréquenter l'université grâce à ses appuis à la cour pontificale. C'était en revanche un sévère désavantage dans les familles plus bourgeoises[33]. Léonard devait se sentir à la fois inclus et rejeté, aussi bien par la famille auprès de laquelle il vivait que par la nouvelle famille de sa génitrice. Une phrase d'un demi-frère, Lorenzo, né plus tard d'un second mariage du père, exprimée dans le *Confessionnale* de ce dernier, est peut-être symptomatique de la sensibilité fort peu amène des autres fils de Ser Piero à l'égard de leur père et de leur frère bâtard : « Il est des hommes qui prennent du bon temps avec certaines femmes, tant et si bien que des enfants naissent […] de ces hommes qui ont des enfants avec une concubine ou une domestique, comme cela arrive chaque jour[34]. » Le ressentiment de Léonard face aux accusations de bâtardise dont il était l'objet transparaît dans l'une des facéties qu'il rapporte vers 1504 :

> D'un homme bon qui était critiqué par un autre en raison de son illégitimité. Il répondit : d'après les lois de l'humanité et de la nature je suis légitime, tandis que toi tu es un bâtard, car tu as les attitudes d'une bête plutôt que celles d'un humain[35].

Qu'il y ait eu par ailleurs chez Léonard une certaine idéalisation de la figure maternelle perdue, cela apparaît clairement dans certaines des remarques qu'il formule sur la splendeur des paysannes en haillons ou sur la beauté des enfants (lui-même était réputé magnifique) qui naissent d'un coït de deux personnes amoureuses[36]. Freud a sans doute raison d'écrire que le thème de la mère (et de la grand-mère), ainsi que celui de la confusion des figures maternelles dans la *Sainte Anne* du Louvre, évoquent une relation per-sonnelle et singulière du peintre à sa procréatrice.

Il est en outre curieux que Léonard n'en ait pas voulu à son père d'avoir, de son côté aussi, construit une nouvelle famille. En effet, en 1465, un an après la mort en couches, à l'âge de vingt-huit ans, d'Albiera (sa première fille était morte en bas âge), Ser Piero se remarie avec Francesca di ser Giuliano Lanfredini, puis, après le décès de celle-ci en 1475, avec une nouvelle compagne nommée Margerita di Francesco di Jacopo Giulli. Cette Florentine met au monde sept enfants entre 1476 et 1486[37]. Léonard, désormais adolescent et qui vit dans la même ville que son père, ne semble pas avoir été affecté par ces naissances qui pourtant le marginalisent et l'éloignent de toute possibilité de reconnaissance. Après 1490, il eut six nouveaux demi-frères et sœurs d'une autre marâtre, quand son père, veuf pour la troisième fois, se remaria avec Lucrezia di Guglielmo Cortigiani (1464-1520). Conséquence de toutes ces naissances sans doute, Ser Piero ne laissa rien dans son testament à son aîné. Tout se passe comme si la famille qui a élevé Léonard à Vinci et Anchiano avait porté le père sur un piédestal et traîné plus bas que terre la malheureuse Caterina qui n'eut que de rares occasions de voir son premier-né.

L'oncle Francesco

Un personnage de l'enfance semble avoir cependant pu être l'occasion d'un pont entre les Vinci et les Buti : l'oncle Francesco. Ce dernier avait seize ans à la naissance de Léonard. En 1457, Antonio dit de lui qu'il vit en ville et se trouve sans emploi, façon de dire au fisc qu'il est à sa charge. Francesco n'en est pas moins une personne à laquelle on peut se fier et lorsqu'Accatabriga a besoin d'un témoin pour vendre ses terres, c'est à lui qu'il fait appel. Dans le cadastre de 1469, on découvre Francesco marié avec une certaine Alessandra, vivant à Florence dans le palais urbain de son frère, Via delle Prestanze (aujourd'hui Via Gondi). Ses activités sont assez mystérieuses : il ne se forma pas au métier de notaire puisque son aîné occupait déjà le terrain, mais il semble qu'il se soit intéressé à la culture des mûriers et à la production de soie[38]. Ce qui importe cependant, c'est que ce jeune oncle ait été présent à Vinci durant l'enfance de Léonard et peut-être est-ce lui que décrit Vasari quand il parle d'un « parent plein de bonté pour l'aide qu'il lui prodigua dans sa jeunesse, et dans l'érudition et les principes des lettres dont il aurait pu tirer grand profit[39] ». Nous ne savons en réalité pas grand-chose de Francesco même si un historien de l'art, Louis Waldman, a découvert en 2009, dans un inventaire du logis de Ser Piero pour l'année 1504, la mention suivante : « la tête, c'est-à-dire le portrait de Francesco ». Il en a déduit, non sans une certaine audace, que le portrait de l'oncle correspondait en fait au soi-disant autoportrait de Turin (il avait déjà été démontré qu'ayant été réalisé vers 1490, époque à laquelle Léonard avait cinquante ans, le visage iconique du sage vieillard aux sourcils expressifs ne pouvait lui appartenir)[40]. Nous posséderions donc l'image d'une des deux figures paternelles de Léonard.

Compte tenu de l'âge avancé des grands-parents, on peut imaginer que c'est Francesco qui initia son neveu à l'observation de la nature lors de grandes promenades dans la campagne environnante. Cette curiosité, que nous reconstruisons bien sûr *a posteriori* à partir de ce que nous savons de l'œuvre de Léonard, a conduit ce dernier à garder les yeux grands ouverts sur les travaux et les jours des habitants de sa bourgade.

Son espace, marqué par la silhouette du bourg dominé par la forteresse des comtes Guidi et l'église Santa Croce, ne dépassait pas les quelques kilomètres qui le séparaient à pied, en charrette ou à dos de mulet des villages proches : Vitolini sur le mont Santalbano, le val di Nievole et sa chapelle de la Madone de la Neige, Fucecchio et ses marais, Serravalle, Faltognano, Sovigliana, Mercatale et San Pantaleo[41]. En 1473, un dessin de Léonard conservé à la galerie des Offices prouve son attachement profond au territoire qui le vit naître[42]. Léonard a alors vingt-deux ans et le 5 août, il se rend à la fête de la Madone de la Neige au pied du Montalbano, un de ces événements votifs qui, du temps de son enfance, lui permettait peut-être de rencontrer sa mère. Il observe alors, certainement depuis un belvédère qui surmonte la petite chapelle en contrebas, l'endroit où la vallée de l'Arno entre en contact avec la zone marécageuse de Fuccechio.

L'historien Romano Nanni a été le premier à identifier avec précision les éléments du paysage : le cône de Monsumanno in Alto, le village de Montevettolini et, entre les deux, l'espace dépressionnaire de ce qui était à son époque des étangs et des marécages. Léonard y représente même, au mépris des proportions, des barques que l'on ne pourrait voir à cette distance.

Il n'existe en réalité aucun point de vue réel d'où l'on pourrait saisir cet ensemble dans l'axonométrie présentée : le jeune dessinateur a simplement opéré une synthèse de mémoire. Les traits sont vifs, la perspective complexe et dynamique (on repère divers points de fuite qui suggèrent un mouvement du regard de l'observateur). Un mouvement d'ensemble du feuillage et de l'eau est donné par des hachures nerveuses qui sont assurément de la main d'un gaucher. Plusieurs éléments, tels la cascade qui n'est qu'ébauchée ou les montagnes à l'horizon, sont purement conventionnels et appartiennent au répertoire de la peinture du temps, mais le rendu de la perspective atmosphérique, les jeux du proche et des lointains calmes, offrent une véritable narrativité à ce qui constitue un des premiers paysages autonomes de l'histoire de l'art[43]. Voilà pour l'espace.

La temporalité de Léonard était celle, cyclique, des paysans, de leurs activités et de leurs fêtes patronales : de juillet à décembre, moissons, labours, vendanges, battage des oliviers et cueillette des olives, broyage des fruits et extraction de l'huile, puis à partir de décembre les courts jours de l'hiver où l'on récolte les châtaignes, où l'on abat le cochon d'un poinçon dans le cœur et où l'on reste chez soi pour tresser l'osier de la rivière en paniers et récipients variés[44]. Plusieurs dessins de Léonard prouvent que son imagination en fut profondément impressionnée. Ainsi, sur une sanguine, on peut admirer des paysans conduisant une paire de bœufs ou s'activant avec leurs bêches. Sur d'autres feuillets encore, d'autres gestes agraires sont figés en un instantané saisissant : piochage, arrachage d'une souche, portage de fagots, récolte des olives[45]…

Ailleurs, dans des rébus, ces images de la campagne sont récurrentes : bœufs au labour, ânes, épis de blé, millet, têtes d'ail s'y côtoient en une joyeuse cacophonie visuelle[46]. Les croquis préparatoires à *L'Adoration des bergers*, réalisés à Florence vers 1481, montrant un âne et un bœuf, sont quant à eux d'un réalisme étonnant. Il n'est pas jusqu'aux fables et prophéties dont Léonard divertit la cour de Milan dans les années 1490, qui ne racontent les besognes et les animaux de la campagne : ici le battage des olives, là une fourmi transportant son fardeau (un grain de millet) ou encore l'araignée qui tisse sa toile dans les ceps de vigne[47].

Que Léonard ait été associé par son oncle et son père aux travaux de la campagne, nous en détenons une preuve, de nouveau dans les archives notariales. Toute l'affaire tourne autour d'un moulin qui se trouvait pratiquement à l'ombre du château des comtes Guidi : le moulin della Doccia. La Toscane de Léonard est un pays d'oliviers et les moulins sont donc nombreux ; on n'en comptait pas moins de 25 dans le village à la fin du XVIe siècle[48]. Leur technologie utilise des turbines horizontales actionnées par une conduite d'eau qu'alimentent des mares, ainsi le mât solidaire de la roue n'a-t-il pas besoin d'engrenage à renvoi d'angle pour faire tourner la meule mobile.

C'est un moulin de ce genre que Léonard dessine en 1504 au folio 765ᵛ du *Codex Atlanticus*, avec la mention « Moulin della Doccia de Vinci ». Il se trouve que le moulin en question a été confié en mai 1478 par la commune à Ser Piero et son frère, Francesco, avec la clause étonnante de garantir la transmission de la propriété, en cas de décès, au fils illégitime de Ser Piero, Leonardo, même si d'autres fils sont nés après[49]. À la mort de leur père et de leur oncle, les demi-frères de Léonard contesteront cette disposition légale, mais sans succès, ce qui explique que Léonard, dans son feuillet, imagine pouvoir transformer le moulin à huile en moulin de rapport, capable aussi bien de produire de l'huile de lin ou de noix que de broyer les couleurs pour les peintres de Florence[50].

Traditionnellement, l'éducation primaire était assurée dans les campagnes par la famille et par le prêtre. Nous connaissons le nom de ce dernier grâce à la déclaration de naissance de Léonard par Antonio : don Piero di Bartolomeo. Il ne semble pas que la commune ait payé un maître, aussi ce fut sans doute le curé qui s'occupait d'apprendre l'alphabet aux petits paroissiens entre trois et cinq ans, sans doute en référence au psautier et avec pour enjeu d'enseigner d'abord le *Credo*, le *Pater* et l'*Ave Maria*. La péninsule italienne était relativement en avance pour l'alphabétisation et l'on estime qu'à cette époque, 15 % des Florentins savaient lire et écrire, le chiffre étant plus bas dans les campagnes[51]. Autour de lui, ses grands-parents et son oncle Francesco durent aider Léonard à compléter cette instruction de base, peut-être avec des fables.

Quand il fallut apprendre à manier la plume, Léonard dut faire face à un handicap : il était gaucher, or la main du gaucher passe nécessairement sur l'encre encore humide, produisant des taches disgracieuses. Le cerveau du jeune garçon trouva sa propre solution, il écrirait de droite à gauche en écriture miroir. Nous savons à présent qu'environ 15 % des gauchers ont leur centre du langage dans les deux hémisphères du cerveau et qu'ils ont la possibilité de rétablir le sens d'un texte écrit de façon spéculaire, que les droitiers ne peuvent lire qu'en le regardant dans un miroir[52]. Rares sont les individus qui développent réellement cette disposition (10/65 000, disent certaines études contemporaines), mais c'est bien ce que fit Léonard spontanément, se rendant compte, peut-être, qu'une telle écriture renforçait ses capacités cognitives de mémorisation. Il est douteux que l'écriture spéculaire lui ait servi de code, ne serait-ce que parce que ce chiffrement est bien facile à éventer. Il ne faut sans doute pas non plus trop insister sur le caractère autodidacte de son apprentissage, puisque son écriture (une fois renversée), tout à fait typique de la *mercantesca* que l'on pratiquait dans le milieu des notaires et des marchands qui tenaient des mémoires (*libri di ricordanze*), démontre des qualités calligraphiques évidentes.

Il faut sans doute en conclure que la famille joua un rôle important dans sa formation initiale. Il était malgré tout évident que Léonard ne pourrait jamais être notaire à son tour, car son illégitimité empêchait qu'il soit accepté dans ce milieu où la moindre tache de réputation rendait impossible toute habilitation[53].

Vers 1462 ou 1463, Ser Piero décida de compléter la formation de son fils en l'emmenant avec lui à Florence, peut-être avec l'espoir de l'intégrer au monde des affaires. À cette époque, Antonio, le *pater familias*, est déjà mort et l'oncle Francesco s'installe à Florence où il épouse une sœur d'Albiera, Alessandra Amadori. Albiera vit alors avec son mari vers la Piazza di Parte Guelfa. C'est sans doute vers cette époque qu'il faut situer les cours de mathématiques donnés par un précepteur privé. Un certain Pietro Banco est cité comme témoin dans une affaire traitée par Ser Piero en 1463 ; il n'est pas interdit de penser que ce soit le nom du maître en question[54].

Interprétation freudienne

La séparation d'avec la mère est à présent consommée pour le jeune Léonard qui se prépare à une autre vie. L'entreprise de la reconstruction psychologique à un demi-millénaire de distance est une tâche à laquelle l'historien se résout toujours avec réticence, mais dans le cas particulier de Léonard, l'entreprise est d'autant plus périlleuse que Sigmund Freud lui-même s'y est risqué… et s'est à l'évidence trompé, malgré toute sa finesse.

Revenons au souvenir d'enfance par lequel nous avons ouvert ce chapitre. Le psychanalyste rejetait l'idée qu'il se soit agi d'un souvenir réel et y voyait plutôt un fantasme obsédant. L'essentiel de l'erreur de Freud tient à l'identification du *nibbio* (milan) à un vautour à cause d'une traduction fautive du texte en allemand[55]. De là dérivait toute une série d'interprétations sur le vautour qui, dans la mythologie égyptienne (!), est un oiseau femelle qui se reproduit sans qu'il y ait acte sexuel, l'animal étant fécondé par le vent. En insistant sur la queue de l'oiseau qui vient heurter la bouche de l'enfant (*coda*, le terme est sémantiquement chargé en italien), Léonard, clame Freud, donne à la mère la virilité qui lui manque et rêve donc d'aller vivre avec elle de façon fusionnelle, sans père, et de rejoindre le moment idyllique de la prime enfance. Tous les sourires féminins des tableaux du Toscan rejoueraient ce même fantasme.

Ici intervient chez Freud, pour renforcer cette théorie, une lecture étonnante du tableau du Louvre *La Vierge et l'enfant avec sainte Anne*. Il fait tout d'abord remarquer que la grand-mère de Jésus et sa mère semblent avoir le même âge et que les jambes des deux femmes sont difficilement distinctes. Se pourrait-il que nous ayons là confusion de deux figures, celles des deux mères de Léonard, Caterina et Albiera? Autre élément: le thème du tableau, qui est l'acceptation par les deux femmes du sacrifice de leur enfant qui se penche vers l'agneau, symbolisant le Christ embrassant son destin; le sourire de Marie et sainte Anne est alors à la fois une promesse de tendresse et un consentement au malheur à venir[56]. Troisième élément, repris par Freud en 1919 des travaux d'Oskar Pfister : on pourrait reconnaître dans les plis du manteau bleu de la Vierge la silhouette d'un vautour dont, précisément, la queue viendrait toucher les lèvres de l'enfant… La boucle est bouclée.

Dès lors, le psychanalyste interprète la scène comme un fantasme de fellation lié à une nostalgie du sein maternel. Tous les éléments biographiques connus de Freud, tirés des *Vies* de Vasari et des publications du premier XXe siècle, sont lues à l'aune de ce cadre : le fait que Léonard ne finissait jamais ses œuvres, sa répugnance pour la sexualité (analysée par Freud à partir d'un feuillet montrant la coupe verticale d'un coït[57]), son attrait pour les jeunes hommes, etc. La production artistique de Léonard serait une réponse par voie de sublimation à la répression de ses pulsions profondes et les œuvres laissées inachevées seraient la preuve de ses inhibitions. La démonstration semble extrêmement cohérente, mais son cœur même repose sur un château de cartes et sur l'identification fautive de l'oiseau du souvenir à la mère. Après Meyer Schapiro, qui fit valoir que *nibbio* signifiait « milan » et non vautour, l'historien d'art Daniel Arasse envisagea une autre proposition à partir d'une fable concernant ce rapace que Léonard avait pu découvrir chez Pline l'Ancien et qu'il avait rapportée dans le *Codex Atlanticus :*

> Une guenon, trouvant un nid de jeunes oiseaux, s'approcha d'eux, pleins de joie. Ils étaient en âge de voler et elle ne put attraper que le plus jeune d'entre eux. Remplie d'allégresse, elle le prit dans ses bras et retourna dans sa tanière ; ayant commencé à regarder cet oisillon, elle commença à l'embrasser ; et à cause de l'amour effréné qu'elle lui portait, elle le baisa et le retourna et le serra tant et si bien qu'elle lui ôta la vie[58].

Pour l'historien, la fable est non moins signifiante que le souvenir : le nid, l'abandon, la nostalgie de l'oralité, mais aussi la mère d'adoption étouffante, peut-être identifiable à Donna Albiera. Notons toutefois que ni Freud ni Arasse n'analysent dans le souvenir la violence de la queue percutant les lèvres du bébé. Dans un article fondateur, James Beck est allé encore plus loin en indiquant que le feuillet rapportant le souvenir est exactement contemporain de deux autres feuillets décrivant la mort de Ser Piero[59] :

> Mercredi, à 7 heures est mort Ser Piero de Vinci, le 9 juillet 1504/mercredi vers 7 heures et le 9 juillet 1504 est mort Ser Piero de Vinci, notaire au palais du podestat. Mon père, à 7 heures. Il avait 80 ans. Il laisse 10 fils mâles et 2 filles[60].

L'historien d'art fait aussi remarquer que Léonard possédait dans sa bibliothèque une copie des *Songes de Daniel le prophète* et que, dans ce livre sur l'interprétation des rêves, l'auteur déclare que rêver du *milan* annonce la mort de ses parents. Le rapprochement de la réminiscence infantile et du récit ému du décès paternel ne serait donc pas fortuit. Surtout, une nouvelle équation se dessine alors où le *milan* devient le père. Les pistes à explorer deviennent proprement vertigineuses, surtout quand James Beck rapproche sa remarque du bestiaire constitué par Léonard dans le *Codex H* où le milan est l'oiseau envieux et égoïste qui pique de son bec l'oisillon trop gras et l'affame. Les connotations négatives liées au rapace diraient-elles quelque chose sur la relation de Léonard à son père ? Il est peut-être significatif que Ser Piero n'ait jamais tenté de légitimer son aîné, ce qui aurait été un geste juridique assez simple devant un fonctionnaire de Florence[61]. Avant 1462, il n'avait encore aucun fils, mais l'espérance d'un héritier issu du mariage avec Albiera était peut-être un mobile suffisant pour l'inaction.

L'arrivée à Florence

La Florence où entre Léonard lorsqu'il est âgé de dix ou douze ans est une ville en chantier qui compte quelque 40 000 habitants, un changement d'échelle étourdissant pour qui n'a connu qu'un bourg de 350 âmes[62]. En empruntant la route parallèle à l'Arno qui passe par Prato, la vieille Via Aurelia entre Pise et Florence, dont son oncle et son père sont familiers, l'enfant a d'abord découvert les remparts du XIIIe siècle qui entourent la cité d'une ceinture de quarante pieds de haut et la Porta al Prato, l'un des nombreux passages fortifiés protégés d'une tour où l'on paye l'octroi pour avoir le droit de commercer en ville[63]. De loin, déjà, le jeune voyageur a pu admirer la silhouette massive de la cathédrale Santa Maria del Fiore dont on est en train d'achever la construction. Un détail de l'arrière-plan d'un tableau de Biagio di Antonio intitulé *Tobie et les archanges* (1470) montre les échafaudages qui grimpent sur le dôme dont Brunelleschi, en 1420, a prévu de coiffer l'édifice[64].

La ville est d'une inimaginable richesse et la plupart de ses palais abritent au rez-de-chaussée des échoppes, des ateliers ou des tavernes. Beaucoup de maçons s'affairent d'ailleurs encore autour des demeures aristocratiques qui leur ont été commandées. Le palais Médicis a été achevé dix ans plus tôt sous la direction de l'architecte Michelozzo, le palais Rucellai sous celle de Leon Battista Alberti et chaque grande famille se doit de rivaliser. Cette prospérité dérive du commerce et de la banque, mais surtout de l'industrie de la laine et de la soie, car Florence est connue pour la transformation et la teinture des laines des moutons du Mugello (270 ateliers dans la ville). C'est d'ailleurs l'*Arte della Lana* qui a financé l'essentiel de la construction du *duomo*. L'édifice gigantesque de Santa Maria del Fiore – plus de 114 mètres de haut, 153 mètres de long – est pratiquement achevé, même si diverses machines du chantier de Brunelleschi sont toujours sur place. On imagine la stupeur de l'enfant face à la prouesse technique que représente la coupole qui monte jusqu'au ciel.

Entre la Porta al Prato et la Via delle Prestanze, où les Vinci ont élu domicile en 1462, Léonard est peut-être passé le long du vieux marché, par la rue de Calimala où sont alignées les échoppes de vêtements ; il n'a certainement pas perdu de temps à découvrir ensuite les libraires et les papetiers de la Via dei Librai ou de la Via dei Cartolai, indispensables à la profession de son père, à côté de la Piazza della Signoria[65]. Des trésors se dévoilent aussi à ses yeux dans les quartiers de l'artisanat de luxe : orfèvrerie non loin du Ponte Vecchio, broderies fines près de Santa Maria Novella, objets en bois et cabinets en marqueterie de l'autre côté de l'Arno, Piazza Santo Spirito.

L'éducation qu'il reçoit dans les mois qui suivent, on l'a vu, semble être essentiellement assurée par un précepteur. Il apprend les bases d'une arithmétique qui pourrait lui être utile s'il devenait commerçant ou agent de change, ou encore clerc de notaire, mais son esprit indépendant se rebelle. Vasari écrit : « S'étant mis quelques mois aux mathématiques, il y fit tant de progrès qu'il embarrassait souvent son maître en soulevant des questions difficiles[66]. » Peut-être est-ce dans ces années qu'il rencontre chez lui le grand maître Paolo dal Pozzo Toscanelli (1397-1482), qui, à plus de soixante-cinq ans, avait connu Brunelleschi, était un ami de Leon Battista Alberti, et s'intéressait à l'astronomie autant qu'à la cartographie et aux mathématiques[67]. En 1468, Toscanelli est un personnage très en vue qui a fait réaliser un gnomon en pratiquant un trou dans la carapace du Dôme afin de projeter l'image du soleil sur une ligne méridienne tracée sur le pavement de l'église[68]. Le petit miracle astronomique qui en résultait, notamment le jour du solstice, devait ébahir les Florentins.

Léonard est sans doute à la fête mais il n'est, en tout cas, pas inscrit dans une de ces écoles de grammaire où les jeunes nobles apprennent le latin auprès d'humanistes. L'accès aux livres est néanmoins devenu beaucoup plus facile et cette période peu documentée de la vie de Léonard est sans doute celle où il a pu lire dans la bibliothèque familiale ou chez des amis toute une littérature populaire en langue vulgaire dont il se délectait : chansons de geste, fabliaux, romans, contes fantastiques et vers de Dante, Boccace ou Pétrarque.

L'univers visuel de Florence instruit également le garçon. L'imagerie religieuse des églises ou du baptistère fonctionne comme un art de la mémoire pour celui qui n'a pas lu *La Légende dorée* de Jacques de Voragine. Une autre culture, nouvelle, empruntée à l'Antiquité, est aussi distillée par les artistes modernes. N'est-ce pas sur le campanile de Giotto, par exemple, que Léonard découvre des décors sculptés d'Andrea Pisano ou d'Andrea della Robbia figurant Orphée et sa lyre, Hercule et Cacus, ou Icare, tombant du ciel, ses ailes de cire commençant à fondre sous le soleil ? Qui douterait de l'influence d'une telle vision sur un jeune esprit ? Sur la façade nord de la tour, en 1437, Lucca della Robbia a aussi sculpté dans d'autres médaillons en relief Platon et Aristote, pour figurer la philosophie, Apelle, le peintre attitré d'Alexandre, pour la peinture, Donatus pour la grammaire, Euclide pour la géométrie et Pythagore pour l'astrologie.

Léonard apprend donc l'importance des anciens Grecs pour le savoir moderne. Il est vrai que toute la ville en parle depuis que des exilés byzantins affluent à Florence, riches d'un savoir antique que les élites se targuent de pouvoir retrouver. Constantinople est en effet tombée aux mains des Ottomans en 1453, et ses érudits trouvent refuge dans la ville où leur empereur était venu en ambassade en 1439 pour réclamer en vain de l'aide militaire[69]. L'un des exilés, Johannes Argyropulos, grand spécialiste d'Aristote et professeur du philosophe Marsile Ficin (1433-1499), sera cité par Léonard dans les années 1470 comme une ressource intellectuelle à fréquenter absolument[70].

Certes, le jeune Léonard est bien extérieur aux cercles humanistes de la villa de Careggi qui, depuis Cosme de Médicis, ont formé vers 1440-1450 une académie pour traduire les textes de Platon ou du mythique Hermès Trismégiste inconnus de l'Occident. Les noms d'Aristote et Platon, emblématiques de la très désirable culture des grands de ce monde et des idées nouvelles, ne sont pas toutefois étrangers à l'apprenti clerc de notaire[71]. Pour l'instant il appartient à cette strate culturelle intermédiaire entre les lettrés et les non-lettrés, tout comme l'avait été Filippo Brunelleschi avant lui, issu d'une famille d'orfèvres, mais qui aspirait à être reconnu comme un *architectus*, c'est-à-dire à la fois comme un praticien et comme un savant[72].

Notes

1. *CA*, fol. 186[v].

2. Sigmund Freud, *Un souvenir d'enfance de Léonard de Vinci, op. cit.*

3. G. Uzielli, *Ricerche intorno a Leonardo da Vinci : serie prima, voulume primo, con unafotolithografia e due aquaforti*, Turin, 2e éd., 1890, p. 4.

4. *Ibid.*, p. 38.

5. Ce document fut découvert par l'érudit Emil Möller qui le publia dans un article intitulé « Der Geburstag Lionardo da Vinci », *Jahrbuch der Preussische Kunstammlungen*, 60, 1939, p. 71. L'écrit, de la main de Ser Antonio, est inscrit au bas du protocole de Ser Piero (l'arrière-grand-père) à la date du 15 avril 1452 (Notarile Anticosimiano, 16912, fol. 105^v).

6. Anonyme Gaddiano. Florence, Bibliothèque nationale centrale, Magliabeciano XVII, 17, fol. 88^r-91^v et 121^v-122^r. Ce texte a été édité : voir « Anonyme Gaddiano, Vie de Léonard de Vinci », in *Léonard de Vinci, Traité de la peinture*, textes traduits et présentés par André Chastel, Berger-Levrault, 1937, p. 34-38.

7. Renzo Cianchi, « La casa natale di Leonardo », *Università Populare*, 9-10, 1960 et Charles Nicholl, *Leonardo da Vinci. The flights of the mind*, Penguin Books, 2004, p. 20. Pour une généalogie complète de cette famille de notaires, voir Carlo Vecce, *Leonardo da Vinci*, Flammarion, Paris, p. 23.

8. « Moi, le susnommé Antonio, âgé de cinquante-neuf ans, déclare être inactif et n'avoir jamais occupé de charge publique, j'ai une femme et un enfant âgé de quatorze mois. J'ai trois bouches à nourrir et suis sans domicile », déclaration citée par Cianchi, *op. cit.*, p. 70. Carlo Vecce se livre à l'inventaire du produit de ses fermes : 50 boisseaux de blé, 26 barils et demi de vin, 2 jarres d'huile et 6 boisseaux de millet, *op. cit.*, p. 24.

9. Cianchi, 1960, *op. cit.*, p. 73.

10. Voir Charles Nicholl, *op. cit.*, p. 19 et Martin Kemp et Giuseppe Pallanti, *Mona Lisa : The People and the Painting*, Oxford University Press, 2017.

11. Gustavo Uzielli, *Ricerche intorno a Leonardo da Vinci*, 1871, 1884 et 1891, Turin pour la dernière série. Ce dernier note qu'à la fin du XIXe siècle, une grosse meule était encore présente sur le site de la maison.

12. Uzielli I et Cianchi, *op. cit.* 1960, p. 72.

13. Alberto Malvolti, « In Search of Malvolto Piero. Notes on the Witnesses of the Baptism of Leonardo da Vinci », in *Erba d'Arno*, 141, 2015, p. 37.

14. ASF, Notarile anticosimimiano, 16826.

15. Giorgio Vasari. *Le vite de piu eccellenti architetti, pittori, et scultori…*, Florence, 1550, vol. 2, p. 564-565.

16. Carlo Vecce, *La biblioteca perduta di Leonardo da Vinci*, Roma, 2017, p. 169.

17. Les informations sur Albiera se trouvent dans le mémoire pour le castato de 1457 où Antonio écrit qu'elle a 21 ans en 1457 et qu'elle réside avec lui.

18. Francesco Cianchi, *La Madre di Leonardo era una schiava ?* Museo Ideale Leonardo Da Vinci (ed.), Vinci, 2008, Angelo Paratico, *Leonardo da Vinci. A Chinese Scholar Lost in Renaissance Italy*, Lascar, 2015, Anna Zamejc, « Was Leonardo da Vinci's Mother Azeri ? », Radio Free Europe, 25 novembre 2009.

19. *ASF, Testament de Vanni, 19 septembre 1449.* L'affaire prouve la familiarité de Ser Piero et de Vanni et sans doute la fréquentation par Ser Piero de la maison du banquier Via Ghibellina. Toutefois, Ser Piero ne récupéra la maison qu'après la mort de la veuve de Vanni, Mona Agnola di Piero Baroncelli, en 1480.

20. Pour une discussion très détaillée sur l'identification de Caterina, voir Elisabetta Ulivi, «Su Caterina madre di Leonardo, vecchie e nuove ipotesi», http://www.colombaria.it/rivistaonline/wp-content/uploads/2017/11/Su-Caterina-madre-di-Leonardo_E.-Ulivi.pdf, site consulté le 4 août 2018. Ce texte dérive lui-même d'un article de la même auteure déjà publié pratiquement dix ans plus tôt: «Sull'identità della madre di Leonardo», *Bulletino storico pistoiese*, vol. 111, 2009, p. 17-50.

21. Martin Kemp et Giuseppe Pallanti, *Mona Lisa. The people and the painting*, Oxford University Press, 2017, p. 85.

22. Walter Isaacson, *Leonardo da Vinci*, Simon & Schuster, New York, 2017.

23. Voir à ce propos le blog d'Angelo Paratico «L'irrisolto enigma di Leonardo da Vinci» pour le *Corriere della Sera* à la date du 20 juin 2017.

24. Cf. Elisabetta Ulivi, «Su Caterina madre di Leonardo, vecchie e nuove ipotesi», *op. cit.*, p. 29 à 34. Dans son livre *Living with Leonardo, Fifty years of Sanity and Insanity in the Art World and Beyond*, Thames and Hudson, Londres, 2018, Martin Kemp reconnaît le sérieux des travaux d'Elisabeta Ulivi, mais campe néanmoins sur sa position.

25. Windsor, RL 12668[r], étude d'instruments de chantier, vers 1488.

26. Carlo Vecce, *op. cit.*, p. 30. On pense qu'Accatabriga lui-même et deux de ses frères avaient précédemment également exercé le métier de soldat.

27. Renzo Cianchi, *Ricerche e documenti sulla madre di Leonardo*, Florence, 1975, cité par Charles Nicholl, *op. cit.*, p. 29.

28. Sigmund Freud, *Un souvenir d'enfance, op. cit.*

29. *CA* fol. 370[r], fol. 145[r] et *Codex Forster*, II, fol. 9v. Passages cités par Michael White, *Leonardo da Vinci, the first scientist*, Abacus, Londres, 2000, p. 20. Respectivement, les solutions de ces énigmes sont: les noix, les glands et les olives, les ânes et les chevreaux.

30. Sur l'arrivée de Caterina à la Corte Vecchia, voir *Codex Forster III*, 88[r] et pour l'enterrement, voir *Codex Forster* II, 61[v].

31. Carlo Vecce, *op. cit.*, 1988, p. 126.

32. Cette remarque pertinente appartient à Charles Nicholl, *op. cit.*, p. 186.

33. Thomas Kuehn, *Illegitimacy in Renaissance Florence*, Ann Arbor, University of Michigan Press, 2002, p. 80. Sur Alberti, voir Thomas Kuehn, «Reading between the Patrilines. Leon Battista Alberti's «Della Famiglia» in Light of His Illegitimacy», in *I Tatti Studies in the Italian Renaissance*, I, 1985, p. 161-87.

34. Florence, Bibliothèque Riccardienne, *Codex* 1420, fol. 80ʳ. Voir aussi P. D. Pacetti, *Lorenzo di Ser Piero da Vinci, fratello di Leonardo da Vinci e il suo «confessionale» autografo*, Florence, 1952.

35. *Codex de Madrid II*, fol. 65ʳ.

36. Cité par Heinrich Ludwig, *Das Buch von der Malerei*, Berlin, 1882, paragraphe 404. Windsor, RL 19052 : « L'homme qui a une relation sexuelle agressive et difficile donnera naissance à des enfants qui seront irritables et peu fiables ; mais si le rapport est pratiqué avec amour et désir des deux côtés, alors l'enfant sera intellectuellement brillant, spirituel, vivant et adorable. »

37. Ces enfants se nomment : Antonio, Maddalena, Giuliano, Lorenzo, Violante, Domenico et Bartolomeo, d'après Elisabetta Ulivi, *Per la genealogia di Leonardo. Matrimoni e altre vicende nella famiglia Da Vinci sullo sfondo della Firenze rinascimentale*, a cura di Agnese Sabato e Alessandro Vezzosi, Museo Ideale Leonardo Da Vinci, Vinci, 2008.

38. Charles Nicholl, *op. cit.*, p. 25. Des découvertes récentes d'Alessandro Vessozzi, dont nous attendons impatiemment la publication, semblent indiquer que Francesco ait aussi été, un temps, marchand au Maroc, ce qui expliquerait peut-être la curiosité de Léonard pour la science arabe.

39. Giorgio Vasari, *Le Vite, op. cit.*, p. 564-565.

40. Louis A. Waldman, « Leonardo and His Two « Fathers » : The Artist through the Lens of His Lost Works », *XLIX Lettura Vinciana*, 2009.

41. Paolo Santini, « The villages near Vinci », in Romano Nanni et Elena Testaferrata (ed.), *Vinci : the Town of Leonardo. History and Memories*, Pacini editore, Vinci, 2004, p. 285-300. Sur une carte de la vallée de l'Arno, conservée à Windsor, RL 12685, certains de ces villages sont dessinés en axonométrie.

42. *Paysage*, Galerie des Offices, Florence, Cabinet des dessins et des estampes n°8P.

43. Romano Nanni, « Osservazione, convenzione, ricomposizione nel paesaggio leonardiano del 1473 », in *Raccolta Vinciana*, vol. 28 (1999), p. 3-37.

44. Charles Nicholl, *op. cit.*, p. 40-41, écrit à ce propos de belles pages sur l'inspiration de cette activité artisanale pour les nœuds (*vinci* en latin) et entrelacs dont Léonard avait fait une signature.

45. Windsor, RL 12643ʳ (scène avec les bœufs, vers 1492), RL 12644ʳ et 12645ʳ (vers 1506-1508).

46. Windsor, RL 15692ʳ. Augusto Marinoni, *I rebus di Leonardo da Vinci raccolti e interpretati. Con un saggio su « Una virtù spirituale »*, Olschki, Florence, 1954.

47. Leonardo da Vinci, *Scritti*, a cura di Carlo Vecce, Mursia ed, Milano, 1995. Voir notamment le bestiaire du Ms H, p. 71-95.

48. Emmanuela Ferreti, « The Mills of Vinci », in *Vinci : the Town of Leonard, op. cit.*, p. 301-313.

49. «Etiam post dictum lineam ad vitam Leonardi spurii filii dicti ser Petri, ibidem presentis», 1478, document de l'Archivio di Stato di Firenze ASF, Notarile Antecosimiano, 6173, fol. 231ᵛ e 232ʳ.

50. *CA*, fol. 765ʳ, «da macinare colori ad acqua».

51. Paul F. Grendler, *Schooling in Renaissance Italy : Literacy and Learning 1300-1600*, Baltimore et Londres, 1989, 4, et Derville Alain, «L'alphabétisation du peuple à la fin du Moyen Age» in *Revue du Nord*, tome 66, n° 261-262, Avril-septembre 1984.

52. G. Abt «Sur l'écriture en miroir», *L'Année psychologique*, Année 1901, volume VIII, Numéro 1, p. 221-255. I. Mathewson, «Mirror writing ability is genetic and probably transmitted as a sex-linked dominant trait : it is hypothesised that mirror writers have bilateral language centres with a callosal interconnection», *Med. Hypotheses*, 2004, n° 62 (5), p. 733-9.

53. Thomas Kuehn, «Illegitimacy in Renaissance Florence», *op. cit.* p. 80.

54. Elisabetta Ulivi, *op. cit.*, p. 12.

55. Voir à ce sujet Meyer Schapiro, *Style, artiste et société*, Gallimard, 1982.

56. Sur les interprétations récentes de ce tableau, voir le catalogue de l'exposition du Louvre de 2012 intitulé *La Sainte Anne, l'ultime chef d'œuvre de Léonard de Vinci*, (Vincent Delieuvin, dir.), Louvre Editions, 2012. Voir notamment le chapitre «Exploration du sujet, du carton de Londres au tableau du Louvre», p. 46-115.

57. Windsor, RL 19097ᵛ.

58. *CA*, fol. 187ʳ, soit à une page de distance du souvenir d'enfance fol. 186ᵛ.

59. James Beck, «I sogni di Leonardo», XXXII *Lettura Vinciana*, Giunti, Florence, 1992.

60. *CA*, fol. 186ᵛ et fol. 196ᵛ.

61. Thomas Kuehn, *Illegitimacy*, *op. cit.*, p. 52 ; Robert Genestal, *Histoire de la légitimation des enfants naturels en droit canonique*, Paris, Leroux, 1905, p. 100. Carlo Vecce, dans *La biblioteca perduta di Leonardo da Vinci*, Roma, 2017, avance à la dernière page du livre une hypothèse plus grave sur l'origine génétique de Léonard qui serait une autre explication plausible pour la non-légitimation.

62. S. G. Bruce, *Ecologies and Economies in Medieval and Early Modern Europe : studies in Environmental History for Richard C. Hoffmann*, Brill, Leiden Boston, 2010, p. 48.

63. H. Acton et E. Chaney, *Florence, a traveller's companion*, Londres, 1986 et *Renaissance Florence, a Social History*, ed. par Roger H. Crum et John T. Paoletti, Cambridge University Press, 2006. En français, on consultera plutôt *Florence et la Toscane XIVᵉ-XIXᵉ siècles. Les dynamiques d'un Etat italien*, sous la direction de Jean Boutier, Sandro Landi et Olivier Bouchon, PUR, Rennes, 2004 et Paul Larivaille, *La vie quotidienne en Italie au temps de Machiavel. Florence et Rome*, Hachette, Paris, 1979.

64. Biagio di Antonio, « Tobias et les archanges » (1470), huile sur toile 155x155 cm, Collection Bartolini Salimbeni, Florence.

65. Sur les adresses de la famille Vinci, voir Gerolamo Calvi, « Spigolature vinciane », in *Raccolta Vinciana*, vol. XIII, 1926-1929, p. 39-40.

66. Texte cité par Carlo Vecce, *op. cit.*, p. 35.

67. Le lien fort entre Léonard et Toscanelli est assuré parce que Léonard cite le nom du maître dans ses carnets (*CA*, fol. 42^v) mais aussi parce qu'un folio (*CA*, fol. 915a^r) sur les coniques dérive de notes prises par Toscanelli sur les travaux de Regiomontanus et Alhazen. Voir Raynaud D., « A fragment of De speculis comburentibus of Regiomontanus copied by Toscanelli and inserted in the books of Leonardo », *Annals of Science*, Jul. 2015, 72, p. 306-336.

68. Jane L. Jervis, « The Mathematics of Paolo Toscanelli » in *Annali dell'Istituto e Museo di Storia della Scienza di Firenze*, Florence, 1979, vol. 4, n° 1, p. 3-14.

69. Lisa Jardine, *A New History of the Renaissance*, W.W. Norton & co, Londres, 1998.

70. *CA*, fol. 42^v.

71. Stéphane Toussaint (éd.), *Marsile Ficin ou les mystères platoniciens*, actes de colloque, Les Belles Lettres, Paris, 2002 ainsi que André Chastel, *Marsile Ficin et l'art*, Droz, 1954. 3e éd., Droz, 1996.

72. Sur le concept de strate culturelle intermédiaire, voir Carlo Maccagni, « Considerazioni preliminari alla lettura di Leonardo », in *Leonardo e l'età della ragione*, Enrico Bellone et Paolo Rossi (éditeurs), Milan, Scientia, 1982, p. 53-67 et, du même auteur, « Leggere, scrivvere et designare la « scienza volgare » nel Rinascimento », *Annali della Scuola Normale Superiore di Pisa. Classe di Lettere e Filosofia*, Serie III, vol. 23, n° 2, 1993, p. 631-675.

II

La Florence des ateliers

Au début de l'adolescence, Léonard semble lassé de l'étude notariale sise près du palais du Podestà (l'actuel musée du Bargello) et de la Badia Fiorentina, raison pour laquelle, peut-être, Ser Piero décida, d'après Vasari, de choisir pour lui une carrière artistique chez un de ses clients, Andrea Verrochio.

L'apprentissage

Il est difficile de dater ce moment fondateur, mais la date de 1466 n'est pas absurde, car l'âge de quatorze ans était traditionnellement celui de l'entrée en apprentissage. Léonard rejoint sans doute alors l'atelier de Verrochio dans le quartier de San Ambrogio, près des remparts. Le peintre-sculpteur y disposait d'un assez vaste espace Via dell'Agnolo, à l'angle de la Via Pentolini et de la Via Malborghetto[1]. Dans cette zone à l'écart du centre-ville d'alors, on se trouvait non loin de la prison, et il était facile de disposer d'un terrain où bâtir, par exemple, des fours de fonderie, des fours de potier, ou encore des ateliers de plâtrier ou de menuiserie. Un atelier d'artiste en ce temps-là, comme le fait justement remarquer Charles Nicholl, ressemble plus à un garage ou à une usine d'aujourd'hui qu'à un délicat atelier montmartrois, parce que l'on y réalise toutes sortes de travaux allant de la peinture à la scénographie de spectacles religieux ou civils, aux pierres tombales ou aux sculptures, en passant par le travail de la terracotta[2]. Ne soyons donc pas surpris que ce genre d'espace existe *intra muros* : aux XIIIe et XIVe siècles, avant la grande peste qui décima un tiers de la population, la ville était bien plus peuplée et l'enceinte en tenait compte.

Une gravure de Baccio Baldini dédiée à Mercure, dieu de l'artisanat et du commerce, présente la version idéalisée d'un atelier florentin vers 1465 et l'on reconnaît le dôme de la cathédrale dont le lanternon est achevé[3]. Sur la droite, des orfèvres au travail proposent leur production aux clients ; au-dessus d'eux, sur un échafaudage, des maçons appliquent sur le mur un décor au stuc, et au premier plan un sculpteur, auteur déjà d'un chapiteau orné, finit au burin un buste de riche dame florentine. Derrière lui, des astronomes sont en grande discussion devant une sphère armillaire. Sur la droite, un arithméticien lit des comptes à un copiste tandis qu'un horloger règle un mécanisme à poids. À l'étage, un musicien joue de l'orgue. Les arts majeurs du *quadrivium* (géométrie, absente ici, arithmétique, astronomie, musique) sont donc associés ici aux arts mineurs des artisans (mécanique, sculpture, orfèvrerie, maçonnerie).

Si le mélange des genres est conçu pour anoblir les métiers de Florence, un inventaire de l'atelier de Verrochio, beaucoup plus réaliste que l'œuvre de Baldini, atteste des croisements entre culture savante et culture populaire :

Il y avait donc [...] une maquette de coupole,
un beau luth, une bible en langue vulgaire, un
exemplaire des *Cento Novelle*, une édition imprimée du Moschino [un traité de sculpteur N.D.T.],
les *Trionfi* de Pétrarque, les *Épitres* d'Ovide, une
représentation de la tête d'Andrea, une terre cuite
représentant un nourrisson, une grande peinture,
une sphère, deux vieux coffres, une figure de saint
Jean, deux soufflets d'une valeur de quinze florins,
deux petits soufflets, deux têtes en bas-relief, une
enclume, une statue de Notre-Dame, une tête de
profil, deux pilons de mortier en porphyre, une
pince, un monument funéraire pour le cardinal de
Pistoia, une grande figure sculptée, trois ébauches
de *putti* et leurs modèles en terre, plusieurs marteaux de différentes tailles, un four avec divers
instruments en fer, une quantité de bois de chauf-
fage de pin et d'autres espèces, et cinq moules pour
faire des boulets de canon, gros et petits[4].

La boutique de la Via dell'Agnolo est en réalité un
centre expérimental où l'on travaille plusieurs matériaux à
la fois : marbre, bronze, terre cuite, bois, métaux précieux
et, bien sûr, toile et peinture[5]. Loin de se borner à dessiner
et peindre, Verrochio coule des animaux dans le bronze,
sculpte un panneau en argent pour le baptistère à la manière
des orfèvres, fond des figures de bronze tels le Christ et saint
Thomas (commandés par la guilde des marchands de la ville
pour une niche de la façade est de l'église Orsanmichele[6]),
travaille la terre cuite et la céramique comme les artisans de
son quartier, et réalise même des monuments funéraires.
Ainsi, en 1469, il est chargé de concevoir la tombe de
Côme l'Ancien pour la basilique San Lorenzo en matériaux

composites : marbre blanc, porphyre rouge et vert, bronze, *pietra serena* et briques[7]. La gestion des transferts constants de savoir-faire d'un domaine à l'autre convainc les commanditaires que l'atelier est capable de tout réaliser. N'a-t-on pas demandé par exemple à son patron, en 1468, de façonner et de souder la sphère dorée de six mètres de diamètre et de deux tonnes qui doit coiffer le lanternon de la coupole de Santa Maria del Fiore ? Léonard est impliqué dans cette honorable entreprise et en 1515, alors qu'il travaille sur la géométrie des miroirs paraboliques, il se recommande à lui-même : « Souviens-toi de la soudure employée pour souder la boule sur Santa Maria del Fiore[8]. »

Une statue de bronze coulée dans l'atelier du quartier San Ambrogio vers 1466 révèle justement, pense-t-on, l'aspect physique de Léonard à l'époque où il intègre l'équipe de Verrocchio. Il s'agit de la statue du jeune David commandée par Pierre de Médicis pour les jardins de la villa de Careggi, conservée aujourd'hui au musée du Bargello[9]. Le modèle, habillé à l'antique d'une jupe courte, d'une cuirasse de cuir imitant les contours du torse et de jambières, est armé d'un glaive et la tête de Goliath gît à ses pieds. L'adolescent qui a posé pour le sculpteur a les cheveux bouclés et ses traits fins et doux ressemblent à ceux d'un personnage de *L'Adoration des mages* où Léonard pourrait s'être représenté[10]. Un cahier de dessin tardif de Lorenzo di Credi, où l'on découvre un échantillon de l'écriture de Léonard, montre par ailleurs un personnage nu dans une pose identique à celle du David ; il se peut que ce soit la reprise de l'un des croquis préparatoires de la statue originelle en argile[11]. La tenue de page du héros biblique et l'idéalisation de sa beauté sont appropriées à l'ambiance néoplatonicienne de Careggi. Le sourire modeste contredit la certitude nonchalante de la pose du jeune vainqueur et capture pour le spectateur l'intériorité psychologique audacieuse de l'apprenti de quatorze ans qui joue ici à être David, le futur roi des Juifs.

Parmi les apprentis

Qui Léonard était-il susceptible de fréquenter en dehors de son maître dans un tel atelier ? Tout d'abord d'autres apprentis, comme ce Lorenzo di Credi (1459-1537) mentionné dans le cahier, fils d'orfèvre et cadet de Léonard de sept ans. D'autres encore, comme Pietro Vanucci, dit le Pérugin (1446-1523), ou Agnolo di Polo (1470-1528), complètent l'équipe à divers moments, mais ne sont jamais cités dans les carnets de Léonard. Toutefois, Giovanni Santi, dans un poème, évoque la proximité de Léonard et du Pérugin : « Deux jeunes hommes du même âge et animés des mêmes passions, Léonard et le Pérugin[12]. » Les apprentis qui nous sont connus ne sont pas très nombreux et ils sont issus de familles assez aisées (notaires, orfèvres) qui versent en général une somme assez élevée pour que le maître assure la formation du disciple. Celui-ci entre en apprentissage entre douze et quatorze ans. Assez vite, cependant, l'apprenti peut recevoir des gages modestes ; ainsi Lorenzo di Credi touchait-il 12 florins par an, soit neuf fois moins qu'un bon tailleur, mais il était nourri et logé[13]. L'atelier accueillait également des ouvriers journaliers et des assistants qui mangeaient à la table commune, en « famille ».

Léonard rencontre aussi à l'atelier les collègues avec lesquels le maître s'associe pour telle ou telle affaire – peintres ou sculpteurs. La plupart sont un peu plus âgés que lui : Sandro Botticelli (1445-1501), Antonio del Pollaiuolo (1429-1498), Domenico Ghirlandaio (1448-1494), Francesco Botticini (1446-1498), Francesco di Simone

Ferrucci (1437-1493) ou Biagio d'Antonio (1466-1516). Certains appartiennent à des ateliers concurrents, comme celui très organisé des frères Pollaiuolo, grands rivaux de Verrocchio, à la mode à cette époque pour les portraits de la bonne société, ou encore celui de Benozzo Gozzoli (1420-1497), qui a réalisé à la fresque la fameuse cavalcade du palais Médicis[14]. La compétition est féroce dans tous les domaines, mais selon une certaine segmentation. Dans celui des céramiques, le marché est dominé par les Della Robbia père et neveu, Luca et Andrea, nés respectivement en 1400 et 1435 ; dans celui de la fresque, Domenico Ghirlandaio (1448-1494) devient incontournable dans les années 1470-1480.

Les couleurs et le tracé

Qu'apprend-on dans ces ateliers ? Tout d'abord, le dessin, la perspective et les proportions du corps humain, par exemple en plaçant les yeux, le nez et la bouche sur la surface d'un œuf[15]. On s'initie aussi à l'anatomie pour pouvoir reproduire des musculatures ou des mouvements. La copie de dessins du maître, comme on l'a vu chez Lorenzo di Credi, est la base du travail. Léonard confesse raffoler des séances en équipe : « Dessiner en compagnie est bien meilleur que seul[16]. » Pour ne pas gâcher de papier, cependant, chacun s'exerce au stylet sur de petits panneaux de bois enduits d'une préparation à base d'os de poulet réduits en cendre blanche.

Le programme d'enseignement intègre par ailleurs les nouvelles règles de la perspective géométrique, qui dérivent des théories savantes de Piero della Francesca (1412-1492) et d'Alberti (1404-1472) dans le *De prospectiva pingendi* et le *De pictura*. C'est en réalité Filippo Brunelleschi (1337-1446) qui avait imposé aux Florentins la supériorité mimétique de la perspective. Son biographe du XVe siècle, Antonio Manetti, raconte qu'en 1415, le fameux architecte avait invité la population de sa ville à assister à une fort curieuse expérience sur les marches de Santa Maria del Fiore. En regardant dans une certaine boîte en direction du baptistère, il était possible de voir, à la place de la porte du paradis, un œil gigantesque menacer l'utilisateur de la boîte. Ce dispositif illusionniste fonctionnait grâce à un miroir et un dessin en perspective monté sur une planchette. Là où l'on croyait voir le baptistère par un opercule ménagé dans la planchette, on voyait en réalité sa figure peinte en trompe-l'œil[17]. Cinquante ans plus tard, la perspective géométrique, connue des Grecs, avait été restaurée comme un procédé indispensable aux peintres[18]. Les Italiens ont en outre emprunté aux Flamands la perspective aérienne, celle qui estompe les lointains et utilise le blanc et le bleu pour figurer l'épaisseur de l'air qui change l'aspect des objets éloignés.

L'obtention d'un clair-obscur par technique d'ombrage est une autre obsession de l'atelier dans laquelle Léonard excelle particulièrement et dont il souligne l'importance dans son *Traité de peinture*[19]. De l'art du dessin relevait également la figuration des drapés dont Léonard maîtrisa rapidement les arcanes.

On peut encore admirer aujourd'hui au collège Christ Church d'Oxford un dessin préparatoire de *L'Annonciation* (1470-1472), qui démontre parfaitement cette maestria précoce[20].

Une fois le dessin maîtrisé, on pouvait passer à l'usage du pinceau, mais avant cela, il avait fallu apprendre la préparation des supports, tâche qui incombait aux apprentis.

À la base, on utilisait des panneaux de bois, en peuplier par exemple, ou en chêne, en assemblant des planches à joints vifs ou avec des chevilles[21]. Ensuite, on préparait un enduit à partir de sulfate de calcium nommé *gesso*, que l'on pouvait éventuellement recouvrir de blanc de plomb. L'étape suivante consistait à mettre en place, au fusain ou à la pierre noire, un dessin sous-jacent reporté d'un carton préparatoire sur papier par la technique dite du *spulvero*, également en vigueur dans les ateliers de céramique. Il s'agissait d'utiliser un calque percé par piquetage et de passer sur les trous un chiffon rempli de poudre de carbone afin de laisser une trace sur le *gesso*. Le tracé grossier était ensuite repris à la pierre noire ou au fusain. Il fallait à présent disposer des couleurs pour appliquer la couche picturale.

Connaître les pigments de la palette était un passage obligé pour chaque apprenti. Certains traités ont survécu qui nous permettent de les identifier, tels le *Libro del'arte* de Cennino, mais Léonard lui-même a l'obligeance de donner ses propres recettes dans ses carnets[22]. Certaines couleurs sont à base végétale ou à base de terres locales, d'autres à base animale comme le *kermes vermillo*, obtenu en broyant un insecte parasite du chêne, d'autres, plus précieuses encore, à base minérale. Le lapis-lazuli, importé d'Afghanistan, produit un bleu des plus profonds et la malachite donne le vert des paysages ou des plantes.

D'autres pigments étaient alchimiquement manufacturés : le blanc de plomb, le sulfate de mercure qui donne le vermillon en faisant bouillir ensemble du soufre et du mercure, les oxydes de plomb ou d'étain qui donnent le jaune, etc. En 1515, un tableau d'un peintre nommé Niklaus Manuel Deutsch, conservé au Kunst Museum de Berne, sur lequel saint Luc exécute le portrait de la Vierge, montre justement un apprenti en train de broyer les couleurs à l'arrière-plan tandis que le peintre s'active face à un chevalet[23]. Les pigments ainsi préparés étaient généralement conservés dans des coquilles de moules ou de petits pots en terre avant d'être mélangés sur la palette à un liant.

Dans le cas de la technique *a tempera*, utilisée par exemple dans le *Tobie et l'Ange* de Verrochio, les couleurs sont mélangées à du blanc et du jaune d'œuf servant de colle. Le problème ici est que l'on doit travailler à petites touches pour éviter les craquelures et que l'on doit peindre rapidement à cause du séchage sans pouvoir beaucoup revenir sur une couche. De ce point de vue, l'autre technique de la peinture à l'huile, introduite par les Flamands, est beaucoup plus intéressante, car on peut aussi bien étaler à la brosse de larges empâtements de couleur que réaliser des finitions délicates avec des pinceaux adaptés. Surtout, on peut empiler des couches successives, après séchage, et obtenir de magnifiques effets de transparence, de relief, d'ombre et de lumière accentuant le réalisme. L'emploi des huiles et des vernis en peinture nécessite cependant la maîtrise de toute une technologie nouvelle[24].

Naissance d'une méthode

Comme l'indique Vasari, Léonard a eu aussi l'occasion d'apprendre dans cet atelier polyvalent les bases de la sculpture. Comme aucune sculpture autographe authentifiable de Léonard n'a survécu, les critiques en sont réduits à des conjectures, mais on pense que certaines œuvres peuvent se rapprocher du travail de Léonard sculpteur, que ce dernier enregistre partiellement dans une liste datée de 1482 mentionnant un Christ adolescent, des portraits d'enfants aux visages variés, un médaillon orné d'un Christ enfant avec saint Jean-Baptiste, des reliefs de *condottieri* antiques et une allégorie de la Victoire et de la Fortune[25].

Malgré son mépris déclaré pour la peinture comparée à la sculpture, dans le *paragone* de son traité de peinture, plusieurs indices prouvent l'intérêt de l'apprenti de Verrochio pour l'art du relief[26]. Tout d'abord, un dessin de lampe rappelle par exemple le chandelier en argent réalisé par le maître en 1468 et conservé aujourd'hui au Rijksmuseum d'Amsterdam[27]. Ensuite, plusieurs dessins de drapés peuvent être rapprochés de statues de Verrochio ou de Donatello ; par exemple, une draperie du musée des Offices a clairement pour modèle le relief de *Saint Thomas et le Christ* commandé à Verrochio pour Orsanmichele[28]. La perfection atteinte par Léonard dans le dessin ombré de plis finit par désigner une de ses grandes caractéristiques stylistiques. Le portrait de *Ginevra de' Benci* de la galerie de Washington ressemble aussi trait pour trait à une statue de marbre de Verrochio nommée *La Dame aux Primevères*. Enfin, le profil bien connu d'un guerrier au lion, conservé au British Museum, offre de grandes similarités avec un des bas-reliefs de *condottieri* antiques réalisés par Verrochio et repris par Della Robbia en porcelaine avec le nom de Darius[29].

Certains rapprochements stylistiques encouragent aussi les experts à penser que les œuvres plus tardives de Giovanni Drancesco Rustici (1475-1554) reprennent des modèles léonardiens, par exemple le bas-relief de saint George et du dragon conservé au musée de Budapest, ou encore les petites sculptures de chevaux en bronze[30]. Martin Kemp, enfin, qui a consacré une belle *Lettura Vinciana* au sujet, démontre que Léonard est allé assez loin dans la théorisation de la sculpture, sur les traces du *De Statua* de Leon Battista Alberti, en inventant ses propres méthodes de croquis et de mesures en relief[31]. Sa technique, inspirée de Pollaiuolo,

Donatello ou Desiderio da Settignano, partirait de plusieurs vues en séquence autour du sujet, et de relevés portés sur le modèle en glaise permettant d'étudier reliefs, ombres et lumières. Cette méthode, que l'on retrouve dans les trois vues simultanées de *César Borgia* réalisées vers 1502, est aussi celle que Léonard décrit pour ses travaux anatomiques :

> Si tu veux bien connaître les parties anatomiques d'un homme, fais-le tourner, ou fais tourner ton œil, pour en prendre divers aspects, de dessus, de dessous ou des deux côtés, en tournant et en cherchant l'origine de chaque membre[32].

Les instruments de la fête

Outre la peinture et la sculpture, Léonard eut l'occasion d'apprendre d'autres techniques, notamment celles liées à la création de décors de fêtes.

En février 1469, par exemple, eurent lieu les joutes données en l'honneur du mariage de Laurent de Médicis et de Clarice Orsini, une noble romaine. Les maîtres de Florence organisèrent une de ces somptueuses cavalcades dont ils avaient le secret, semblables à celle dépeinte par Bennozzo Gozzoli dans leur palais où l'on admire la famille en costumes luxueux de rois mages. Cette fois, il s'agissait de montrer, à la mode bourguignonne des romans courtois, la fine fleur de la chevalerie florentine. Peu importait que les héros du jour soient en fait des marchands dont la richesse venait de la laine des collines du Mugello, on porterait des armures de luxe et de somptueux armets. Chez Verrochio, on s'affaira à confectionner la plus splendide des bannières. Peindre sur taffetas demandait une certaine pratique et la commande spécifiait qu'il fallait montrer un soleil et un arc-en-ciel, une jeune femme vêtue à l'antique d'une robe dorée brodée de fleurs au milieu d'une prairie, tandis qu'à l'arrière-plan, un laurier bien vert (jeu de mots sur le nom du futur époux) prodiguerait son ombre bienfaisante à la scène[33]. La tonalité carnavalesque de la fête serait accentuée par des chants de métiers (chant des parfumeurs, chant des tailleurs, etc.) et des chants de triomphe typiquement florentins, tel le tantinet hors-saison *Ben Venga Maggio* écrit par Ange Politien.

Léonard eut peut-être l'occasion de travailler au « gonfalon sauvage » de ce jour de fête ; nous avons en tout cas de bonnes raisons de croire qu'en janvier 1475, à l'occasion d'un nouveau tournoi auquel participa Julien de Médicis, Léonard contribua à la finition d'un nouvel étendard commandé par les Médicis[34]. Le jeune frère du marié portait en guise de Vénus l'effigie de la belle Simonetta Vespucci, sa dame d'honneur, ainsi que celle d'un Cupidon entouré de roseaux assez léonardien[35].

Pour Pâques, d'après son biographe Lomazzo qui écrivait en 1584, Léonard réalisa des oiseaux mécaniques descendant du Duomo sur un fil[36]. L'apprenti fut aussi sans doute impliqué dans diverses représentations sacrées dont le public était friand. Par exemple, pour le jour de l'Annonciation à Santa Maria del Carmine, on avait pris l'habitude depuis Brunelleschi de mettre en scène l'arrivée du ciel d'un comédien costumé en ange Gabriel, avec ce genre d'ailes artificielles que Léonard figura plus tard dans sa propre *Annonciation*.

En mars 1472, le duc de Milan, Galéas Marie Sforza, vint en musique, avec un somptueux cortège de 800 courtisans, rendre visite aux Médicis. Cette scène fut probablement marquante pour le jeune Léonard, qui entr'aperçut pour la première fois à cette occasion le jeune Ludovic le More. Verrochio avait été alors chargé de la forge d'une armure à l'antique et de la réalisation d'une scénographie, dans l'église de San Lorenzo, où l'on verrait le Saint-Esprit descendre du plus haut des cieux jusqu'aux apôtres. Les spectacles à machines, avec des apparitions et des disparitions obtenues à l'aide de contrepoids et de *mandorle* pyrotechniques (cerceaux en amande où se plaçait la Vierge ou l'archange, descendant magiquement d'un plafond), étaient suffisamment fréquents pour que Botticelli représente une ronde céleste d'anges suspendus dans l'un de ses tableaux, *La Nativité mystique*[37].

Au demeurant, Verrocchio n'était pas le seul artiste à concevoir ce genre de trucages. Ainsi, le menuisier Francesco d'Angelo, dit le Cecca (1447-1488), élaborait à cette époque des mécanismes étonnants avec des chérubins émergeant de nuages artificiels pour adorer l'image du Christ[38]. L'inspiration venait notamment des réalisations des années 1430 de l'architecte Filippo Brunelleschi, qui avait imaginé divers dispositifs de vol artificiel pour des représentations particulières[39]. En 1472, toutefois, la pyrotechnie faillit tourner au drame et l'on dut même évacuer l'église de Santo Spirito à cause d'un départ d'incendie.

À peu près à la même époque, Verrocchio commença à associer Léonard à des commandes de peintures. Les experts pensent en effet que le *Tobie et l'Ange* du maître (commencé vers 1470) a bénéficié de la capacité de Léonard à peindre des animaux au naturel, en l'occurrence un petit chien et un poisson dont les entrailles, selon la prédiction du messager divin, devaient rendre la vue au père de Tobie[40]. Les qualités de ces figures peintes *a tempera*, aussi bien le regard du chien que le scintillement des écailles de l'animal fraîchement pêché, et l'évidence de coups de pinceau d'un gaucher convainquent les critiques de l'intervention d'une main différente de celle de l'auteur déclaré. Les quelques doutes que cette théorie pourrait susciter s'évanouissent totalement dans le cas d'un second tableau, *Le Baptême du Christ*, commandé par le couvent de San Salvi, résultat incontestable d'une collaboration entre le maître et le disciple ; car cette fois Vasari témoigne :

> Celui-ci [Verrocchio] travaillait à un baptême du Christ, Léonard y peignit un ange porte-vêtement, et malgré son extrême jeunesse, il fit si bien que son ange était meilleur que les figures d'Andrea. À la suite de quoi, humilié de voir qu'un enfant en savait plus que lui, il ne voulut plus jamais toucher un tableau[41].

Vasari, en faisant de Léonard un enfant lors de l'exécution de l'œuvre, exagère de manière à construire un *lieu commun*, car on date l'ultime phase du *Baptême* de 1472-1475, le garçon étant donc déjà assez mûr, ce qui explique la certitude de sa main. Il n'empêche que le visage au sourire radieux, la sensibilité psychologique à la stupeur du sujet, le mouvement dynamique, le raccourci de la main et même le paysage estompé de l'arrière-plan signent un talent qui n'est pas celui de Verrocchio[42]. La technique utilisée cette fois est celle, flamande, du liant à l'huile et la radiographie atteste des jeux de transparence obtenus par de multiples couches[43].

Les demandes des Médicis à l'atelier continuent d'affluer ; outre le tournoi des noces de Julien, il s'agit parfois aussi de cadeaux diplomatiques, par exemple lorsque Laurent veut honorer le roi du Portugal d'une tapisserie de prestige qui sera tissée en Flandre. Léonard est l'auteur du carton préparatoire à l'aquarelle représentant le jardin d'Éden et la scène du péché originel. Vasari rapporte avoir admiré son magnifique paysage chez Ottaviano de Médicis[44].

Le « *dipintore* »

Léonard, à vingt ans passés, est donc désormais un peintre assez reconnu. En octobre 1472, d'ailleurs, il a été intronisé dans la guilde de Saint-Luc, la confrérie laïque des médecins et des pharmaciens, mais aussi des peintres, aux côtés de Botticelli, du Pérugin, de Filippino Lippi, des frères Pollaiuolo, de Domenico Ghirlandaio et bien sûr de son maître Verrocchio. Le jeune homme venu de Vinci porte désormais le titre officiel de *dipintore*, qui implique de payer une cotisation.

C'est, ainsi honoré, qu'il répond à la commande du monastère Bartolomeo de Monte Olivieto pour une *Annonciation*. Dans les drapés, les ombrages aussi bien que les décorations monumentales (notamment le lutrin de marbre rappelant par ses volutes un tombeau de Verrocchio pour Pierre de Médicis) et le respect scrupuleux d'une perspective régulière centrée, on reconnaît le style de Verrocchio[45]. Mais pour capter le moment singulier où Marie, plongée dans la lecture de l'Ancien Testament prophétisant la venue du Messie, est arrachée à sa méditation par la visite de l'ange Gabriel, Léonard tient à dire l'état d'esprit de la jeune fille. Pour cela, il s'inspire des interprétations des théologiens qui discutent des divers « attributs » de la Vierge : l'inquiétude (*conturbatio*), la réflexion sur le salut dont elle est l'objet (*cogitatio*), le questionnement sur la conception miraculeuse (*interrogatio*), la soumission à la volonté divine (*humiliatio*) et la valeur qui conduit à sa béatification (*meritatio*).

L'Annonciation est un thème très prisé des peintres et les grands prédécesseurs de Léonard ont tous plus ou moins fait leur choix sur le sentiment qu'ils souhaitaient mettre en avant, mais Léonard se refuse à choisir[46]. Il montre Marie à la fois inquiète, la main levée, presque en défense, et prête à se soumettre à son destin, ce qu'indiquent la douceur et la tranquillité de son visage. À l'arrière-plan, de part et d'autre d'un fleuve qui se perd dans le lointain, une digue ainsi que quelques navires évoquent un passage non encore accompli entre les deux rives, métaphore visuelle qui double en quelque sorte l'Annonciation, vue comme un voyage inachevé entre le monde d'en haut et celui d'ici-bas. De petites maladresses comme le raccourci raté du bras droit de la Vierge ou encore l'angle de la maison caché par un cyprès qui en bonne logique mathématique ne devrait pas se trouver là, trahissent une certaine inexpérience du peintre.

Léonard a en effet parfaitement retenu les leçons du traité d'Alberti sur la perspective, il connaît magnifiquement la nature qu'il dépeint dans les plantes et les paysages, il saisit avec intelligence l'enjeu de la narration d'une histoire sacrée, mais il doit encore progresser en étudiant notamment l'anatomie et en donnant à sa vision plus d'unité. Il travaille d'ailleurs déjà avec Verrocchio et d'autres apprentis à d'autres projets. L'un d'entre eux, vers 1473, est une *Madone à l'œillet*, où l'Enfant Jésus prête une attention particulière à la fleur que tient sa mère[47]. À la lumière de la tradition selon laquelle les œillets seraient nés des larmes de Marie après la crucifixion, l'œuvre, très influencée dans sa forme par Verrocchio, prend tout son sens : comme dans la *Sainte Anne*, l'enfant embrasse ici son destin. Derrière les deux personnages, une loggia laisse apercevoir un paysage chaotique de montagne très léonardien tandis qu'au premier plan, une carafe ouvragée sert de vase à des fleurs

botaniquement exactes sur lesquelles perle la rosée. Les difficultés de la représentation anatomique signalent que l'auteur
n'a pas encore surmonté les problèmes déjà rencontrés dans
l'*Annonciation*. Vasari attribue clairement l'œuvre à Léonard.

Plus tard, l'atelier de Verrocchio produisit d'autres
Madones telle la *Madone Benoist* du musée de
l'Hermitage (1478-1482), ou la *Madone Dreyfus* du musée
de Washington, plus difficiles à attribuer sans réserve à
Vinci. La *Madone aux fuseaux*, plus tardive, échappe à ces
doutes, mais l'original a été perdu et nous n'en possédons
que deux copies[48].

La beauté orne la vertu

C'est vers 1475 que Léonard se consacre à un portrait
mondain, celui de *Ginevra de' Benci*, une jeune fille de dix-
sept ans issue d'une riche famille de banquiers dont le père,
Amerigo Benci, servait les intérêts des Médicis à Gênes.
La beauté et l'intelligence de Ginevra, qui s'était mariée
l'année précédente, étaient louées par les poètes proches de
l'académie platonicienne de Marsile Ficin, et le diplomate
vénitien Pietro Bembo, défenseur du beau style cicéronien,
s'éprit platoniquement de la jeune poétesse et comman-
dita son portrait au meilleur disciple de Verrocchio.
Nous savons que Léonard releva le défi car l'Anonyme
Gaddiano et Vasari l'attestent[49]. Au revers de l'œuvre,
conservée à la National Gallery of Art de Washington,
sous des rameaux de laurier, de palmier et de genévrier, on
lit la devise « *Virtutem For/ma Decorat* » (la beauté orne la
vertu). À l'endroit, toutes les qualités du jeune peintre se
déploient[50]. La jeune femme réservée aux cheveux blonds
et bouclés pose à l'ombre d'un genévrier, emblème de son

prénom. Le dessin des yeux et de la bouche, en dépeignant avec une grande profondeur psychologique la tristesse du modèle, répond à la demande de Bembo de voir représenté le mystère de la beauté de celle qui va se retirer à la campagne dans une pieuse solitude. Dans ce tableau, Ginevra est Vénus et incarne l'amour spirituel prisé par l'académie de Ficin. Dans un paysage apaisé, presque crépusculaire, un étang construit la profondeur en direction d'un village et de collines dont les contours se dissipent par le prodige de la perspective atmosphérique. La sérénité du tableau lui donne toute l'unité d'un premier chef-d'œuvre, véritable talisman alchimique capable d'exalter par l'amour l'esprit de l'amant, et explique la réception louangeuse dont il a été très vite l'objet[51].

En 2016, un *Saint Sébastien* jusque-là méconnu a été identifié par les conservateurs du Metropolitan de New York comme étant une œuvre de Léonard commencée en 1478[52].

« Dénoncé »

Dans ces années-là, tout semble donc aller pour le mieux pour Léonard : il n'a jamais été aussi proche des puissants de sa ville et le monde de leur haute culture platonicienne semble à sa portée. Il vient même de se rendre à Vinci à la fête de la Madone de la Neige et y a peut-être revu sa mère ; mais une triste affaire vient bousculer sa réussite et remettre en cause la relation de confiance qui le lie jusque-là à son père, alors puissant notaire en titre de la seigneurie de Florence.

En avril 1476, Léonard est en effet signalé aux autorités et à la police du Bargello pour crime de sodomie. Le dénonciateur anonyme a fait savoir, par une lettre glissée dans un *tambour*, qu'un certain Jacopo Saltarelli, jeune orfèvre de dix-sept ans vivant dans le quartier de Santa Croce, se serait rendu coupable de commerce charnel avec plusieurs hommes de diverses conditions, parmi lesquels quatre individus sont nommément cités, dont Léonard de Ser Piero da Vinci[53]. Ces personnes sont laissées en liberté à condition de comparaître devant leurs juges le 7 juin. Giovanni Paolo Lomazzo confirme, en 1564, l'homosexualité de Léonard dans un dialogue fictif entre ce dernier et le sculpteur grec Phidias. Comme l'un des personnages incriminés par la dénonciation appartenait à la famille Tornabuoni, et se trouvait donc lié familialement à la mère de Laurent de Médicis, et comme Léonard lui-même était le fils d'un notaire en vue, il est assez compréhensible que l'affaire ait été rapidement enterrée par les juges, malgré une seconde dénonciation très explicite. Léonard put facilement s'abriter en prétendant que Saltarelli n'était qu'un modèle auquel son atelier faisait appel[54]. L'imprécateur, furieux de voir sa demande ignorée, était de plus en plus acharné contre Jacopo. Si les accusés n'avaient pas été acquittés, ils auraient de fait risqué gros, car la peine encourue pour leur crime impliquant un tout jeune homme était le bûcher. En réalité, au XVe siècle, les autorités de la ville de Florence étaient plutôt tolérantes vis-à-vis de l'homosexualité, surtout quand elle concernait les catégories sociales les plus huppées, et bien des artistes ou même des banquiers comme Filippo Strozzi étaient ouvertement homophiles. Certes, la grande majorité des habitants, craignant Dieu, vouait, comme Dante d'ailleurs, les sodomites à l'enfer et aux pires condamnations, mais le néoplatonisme protégé par les Médicis avait adouci le jugement que les élites portaient sur l'homoérotisme[55].

L'accusation eut néanmoins des conséquences traumatiques sur Léonard. Sa peur de l'enfermement ou des peines corporelles, dont le danger était réel, se traduit quelques années plus tard par les dessins qu'il produit de machines à vis pour forcer les barreaux de prison[56]. Psychologiquement, la mise en cause de sa vie dissolue et d'une sexualité interdite par les moralisateurs dut aussi le troubler. De plus, le scandale de la comparution devant des juges avait éclaboussé le père. Ser Piero venait de donner naissance à un fils légitime (baptisé Antonio en hommage au patriarche familial), contexte difficile pour Léonard qui perdait tout espoir d'être jamais reconnu. Lui qui vivait déjà seul dans une chambre Via dell'Agnolo (si l'on en croit l'anecdote rapportée par Vasari où son père vint un jour frapper à sa porte pour récupérer le bouclier peint d'une Méduse), il ne pourrait plus à présent compter sur l'héritage paternel. À vingt-quatre ans, il était temps d'ouvrir son atelier et de voler de ses propres ailes, d'autant qu'il continuait d'être séduit par la beauté des éphèbes qu'il prenait comme modèles chez Verrocchio. L'un d'entre eux, qui s'appelait Fioravanti di Domenico, lui inspire ces lignes griffonnées au-dessus d'un portrait à la plume conservé aux Offices : « Fioravanti di Domenico, et mon compère. Je l'aime comme un frère[57]. »

La commande en 1476-1477 d'un nouveau tableau d'autel et d'un cénotaphe en mémoire de l'évêque de Pistoia sut sans doute le distraire de ses problèmes judiciaires en cours. Une prédelle de Lorenzo di Credi représentant une *Annonciation* inspirée de Léonard, aujourd'hui au Louvre, appartiendrait à cette pièce. À Pistoia, Léonard indique avoir passé du bon temps en compagnie de quelques amis et il semble qu'il ait alors modelé un buste d'ange en terre cuite pour l'église du village proche de San Gennaro[58]. À son retour à Florence, en 1477, débarrassé des accusations qui le terrifiaient, Léonard s'installa enfin à son compte et commença à recevoir ses propres commandes. Une lettre destinée à Laurent de Médicis envoyée par le seigneur de Bologne, Giovanni Bentivoglio, nous a récemment dévoilé le prénom d'un des premiers apprentis de Léonard en 1479 : Paolo. L'objet de la missive était de demander la réintégration de ce Paolo à Florence, dont il avait été exilé pour mauvaise conduite (certainement pour sodomie). Le jeune homme, spécialiste de marqueterie, avait été au service de Léonard dès 1477, au moment où on lui reprochait justement ses fréquentations et ses mœurs[59]. L'atelier au parfum de scandale reçut curieusement la première commission de la seigneurie de Florence, l'atelier de Pollaiuolo ayant décliné la proposition et Ser Piero étant peut-être intervenu. Elle concernait un autel pour la chapelle de San Bernardo du Palazzo Vecchio. La commande ne fut, semble-t-il, jamais honorée malgré les 25 florins d'avance versés, mais le carton préparatoire servit à Filippino Lippi qui prit le relais et d'autres tableaux furent entamés alors, car Léonard écrit : « ... mbre 1478, je commençai les deux Marie[60]. »

Peut-être l'une d'entre elles était-elle *La Madone Litta*, achevée finalement par Boltrafio à Milan, et l'autre la *Madone Benoist* ou *La Madone et enfant avec un chat*[61]. Plusieurs dessins préparatoires de Madones baignant les pieds de l'Enfant Jésus ou tenant un enfant jouant effectivement avec un félin sont de cette période qui accoucha aussi des premières idées autour de saint Jean enfant utilisées plus tard pour la *Sainte Anne*[62].

L'année 1478 fut au demeurant une année troublée pour Florence. Fin avril, en effet, au moment où Léonard était censé commencer son tableau d'autel, une conjuration de familles hostiles aux Médicis, au cœur desquelles les Pazzi, déboucha sur un attentat contre Laurent et son frère Julien. Alors qu'on célébrait la messe dans la cathédrale Santa Maria del Fiore, des hommes en armes surgirent et passèrent Julien par le fil de l'épée. Laurent s'en tira grâce à l'intervention de ses partisans qui l'abritèrent dans la sacristie, mais au prix de la vie de son ami, Francesco Nori, qui se sacrifia pour lui en faisant barrage de son corps.

La répression fut féroce, car la population de Florence, favorable aux Médicis, s'empara des conjurés qui avaient raté la prise du Palazzo della Signoria, en hurlant le cri de guerre « Palle, palle » (la devise des Médicis). Vingt conspirateurs furent immédiatement pendus aux balcons du Palazzo della Signoria et du Bargello, dont l'archevêque de Pise. Soixante autres furent exécutés les jours suivants. Les quatre assassins de Julien connurent un sort particulièrement horrible, castrés avant d'être pendus. Pour célébrer son amère victoire, Laurent commanda quatre effigies en cire grandeur nature de lui-même dans les habits qu'il portait lors du coup d'État, afin d'affirmer son invincibilité.

Léonard se tint sagement à l'écart de ces tumultes, se rendant à Vinci pour régler quelques affaires d'argent avec son oncle Francesco[63]. Pendant ce temps, le pape Sixte IV, fâché d'apprendre la pendaison d'un de ses archevêques et l'emprisonnement d'un de ses neveux, frappa les Florentins d'interdit religieux, puis déclara la guerre aux Toscans en s'alliant avec Naples. Les troupes coalisées pénétrèrent dans le Chianti et dans le Val d'Arno et Laurent dut embaucher des mercenaires qui s'avérèrent plus ou moins efficaces. En septembre 1479, l'armée pontificale, commandée par le duc-condottiere Frédéric de Montefeltro, mit le siège devant la forteresse de Colle Val d'Elsa[64]. Le poème d'un humaniste appartenant au cénacle de Laurent de Médicis a suscité dans les écrits de Léonard quelques lignes qui semblent faire référence à l'événement et à l'artillerie lourde du duc d'Urbin :

> Ouvrez à présent les portes, ô misérables, et levez les ponts-levis car Frédéric approche suivi par moi, la Gibeline. Dis-moi, pourquoi avoir abattu les remparts avec des bombes meurtrières ? Les cœurs de la multitude se dresseront pour défendre les murs. Vos remparts renversés ont cédé sous nos bombes ; de même vos cœurs renversés céderont à nos cœurs[65].

Sur la base de ce texte, Carlo Vecce a émis l'hypothèse de la présence de Léonard sur les remparts de Colle Val d'Elsa en compagnie du commissaire florentin Angelo Spini et de l'humaniste Lorenzo Lippi, auteur des lignes en latin du *Codex Atlanticus*[66].

Les hommes de guerre

À son retour du champ de bataille en décembre 1479, Léonard découvrit que, pendant que Laurent était parti négocier la paix avec Naples, le parfum de l'horreur hantait toujours sa ville. En effet, l'assassin de Julien de Médicis, un certain Bernardo di Bandino Baroncelli, qui avait réussi à s'enfuir jusqu'aux bords de l'Adriatique, puis chez le sultan de Constantinople, avait été ramené enchaîné par les hommes de main de Laurent. Son extradition avait été négociée avec le Grand Turc et, après des aveux obtenus sous la torture, il fut décidé qu'il serait pendu à une fenêtre du Bargello, siège du capitaine de la police de Florence (précisément en face de l'étude de Ser Piero). Sur un feuillet conservé aujourd'hui à Bayonne, Léonard dessine le corps du supplicié et note :

Un petit béret de couleur tannée ; un pourpoint de serge noire ; un blouson noir, doublé ; un manteau bleu doublé de renard, et le col du blouson en velours pointillé rouge et noir, des chausses noires[67].

On peut supposer que Léonard avait reçu la commande d'un tableau en couleur et que les notes devaient servir à compléter les informations brutes du croquis. Quelques mois plus tôt, en effet, Sandro Botticelli avait dû peindre sur la porte de la Dogana les portraits des pendus et de ceux qui avaient pris la fuite ; le genre des mémoires infamantes était donc connu[68].

En ce même mois de décembre, Verrocchio partit pour Venise afin de se lancer dans un projet spectaculaire : la réalisation de la grande statue équestre en bronze du *condottiere* Bartolomeo Colleoni. Le temps est décidément aux hommes de guerre. En mars 1480, Ser Piero, de son côté, finit par bénéficier de l'héritage de son ami Vanni di Niccolo di Ser Vanni et emménage Via Ghibellina dans un beau palais avec sa nouvelle épouse, Margerita di Francesco di Jacopo Giulli, et les deux enfants qu'ils ont déjà : Antonio et Giuliano (une fille est morte en bas âge). Quand Laurent rentre de son voyage diplomatique réussi à Naples, il invite Léonard à travailler dans les jardins de San Marco qui sont devenus une sorte de haut lieu des expérimentations dans le domaine de la sculpture fondée sur l'imitation des marbres antiques que la famille des Médicis avait collectionnés[69]. Il faut toutefois se méfier du témoignage tardif de l'Anonyme Gaddiano sur cette invitation, car les Médicis ne semblent pas avoir tenu Léonard en grande considération à cette époque. Ainsi, en 1481, ils ne l'envoient pas en délégation à Rome avec les autres artistes florentins comme Botticelli, le Pérugin et Ghirlandaio, pour examiner la possibilité de décorer à la fresque la toute nouvelle chapelle Sixtine[70].

Année troublée

Le jardin-laboratoire de San Marco fournit néanmoins à Léonard de quoi former son œil à l'arrangement des formes anatomiques dans l'espace et c'est justement ce dont il a besoin pour se lancer dans une nouvelle œuvre peinte : le *Saint Jérôme au désert*[71]. Le personnage, ce savant du IVe siècle qui avait traduit la Bible en latin, y est représenté en ermite, dans un paysage rocheux. Un lion, de la patte duquel il a retiré une épine, gît à ses pieds[72]. Les détails anatomiques du torse nu et du cou du saint, les effets de torsion, le raccourci du bras qui se saisit d'une pierre pour frapper ce corps douloureux en guise de pénitence, montrent les progrès accomplis par Léonard.

Le travail reste cependant inachevé et sera repris à Milan quelques années plus tard[73]. Une autre réalisation va occuper l'artiste dans les années qui suivent, car l'argent a du mal à rentrer dans le nouvel atelier : *L'Adoration des mages*. C'est le couvent augustinien de San Donato à Scopeto, non loin de Florence, qui a cette fois passé commande, peut-être parce que le notaire attitré de ses moines n'est autre que Ser Piero, mais aussi parce que la donation du couvent par un marchand exigeait l'exécution d'un maître-autel spectaculaire. Le contrat prévoyait de verser pour cela trois cents florins et d'accorder les bénéfices d'une terre dans le Val d'Elsa à qui réaliserait la tâche en deux ans. Il ne prenait cependant pas en compte le remboursement des couleurs et des feuilles d'or dont on aurait besoin. L'arrangement, de plus, ne mentionne aucune avance et Léonard doit emprunter pour payer du grain et du vin[74]. Il est même obligé de consacrer un peu de son temps précieux à peindre une horloge du monastère. Peu importe, il faut travailler et le sujet le passionne. Il se lance alors dans un projet extrêmement ambitieux.

Plusieurs dessins et notamment une étude géométrique donnent une idée de sa conception générale[75]. Le sujet, tout d'abord, est un classique pour Florence où la fête de l'Épiphanie est toujours l'occasion de grandes liesses et d'une démonstration licite de richesses et de luxe de la part des grands. Benozzo Gozzoli, en 1459, avait peint pour la chapelle des Médicis un cycle des Rois mages figurant la maison des commanditaires, à cheval, déployant leurs fastes dans une campagne idéale. Botticelli, sept ans plus tôt, avait quant à lui choisi une scénographie mettant l'accent sur le don de la myrrhe, de l'encens et de l'or au nouveau-né entouré de la Sainte Famille, où l'on reconnaissait toutes les générations des Médicis : Cosme l'Ancien, Pierre, Jean, Laurent, Julien et même leurs proches, tels Pic de la Mirandole et Politien. Le commanditaire de l'œuvre, Gaspare di Zanobi del Lama, également représenté, souhaitait à l'évidence flatter ses patrons[76].

Léonard avait étudié cette solution graphique, mais l'avait rejetée, car elle était à ses yeux beaucoup trop statique. Sa proposition, telle qu'on peut la lire dans le tableau des Offices, est grandiose[77] : Marie se tient au centre du premier plan avec l'enfant sur le genou droit. Derrière elle, à l'écart, Joseph, un vieil homme barbu, soulève la coupe de l'or, offrande qui sera finalement distribuée aux pauvres. Un roi agenouillé présente à Jésus une autre coupe contenant l'encens, symbole du sacrifice à venir. Les deux autres rois, à gauche, se prosternent. D'autres figures, humaines ou animales – Léonard en prévoyait 63 en tout –, se déploient autour de cette scène centrale selon une spirale évoquant la procession du cortège. Au loin, des chevaux s'affrontent, rappelant que les Rois mages n'ont pas toujours été amis et que c'est la Nativité qui les a réconciliés. La spirale se déroule donc dans le temps autant que dans l'espace.

À regarder de près chaque figure de ce tourbillon menaçant, on s'aperçoit que Léonard a également voulu que chacune d'entre elles soit caractérisée par une attitude particulière : certains lèvent les yeux vers l'étoile de Bethléem, d'autres montrent la lumière divine, d'autres se frappent le front de stupeur, la plupart regardent tétanisés l'événement inouï, les uns animés par la peur, les autres par la douleur ou la joie[78]. C'est justement cela qui intéresse Léonard, non pas les Rois qui suivent une étoile, mais la réaction du peuple des bergers qui vivent autour de Bethléem, visités par un ange sous la forme d'une lumière miraculeuse, comme le raconte l'évangile selon saint Luc. Un seul personnage regarde dans une autre direction, c'est un jeune homme en manteau qui semble faire office de commentateur. La critique considère qu'il pourrait s'agir d'un autoportrait de Léonard dans la mesure où la signature par la représentation de soi commençait à devenir à cette époque une sorte de convention. La comparaison du visage du *commentatore* avec celui du David de Verrochio, avec un croquis rapide dans le folio où est mentionné Fioravanti et avec une silhouette d'un dessin du Louvre, semble donner du crédit à cette interprétation[79].

Le décor lui-même participe à la construction de la narration. La Sainte Famille est en effet placée sur une colline où pousse un arbre dont une racine touche la tête du Christ, ce qui reprend une prophétie du livre d'Isaïe. À l'arrière-plan à gauche, un palais en ruine d'où descendent des escaliers en gradins, représente avec ses arcades et ses colonnes brisées la maison de David écroulée à partir de laquelle Jésus-Christ construira son Église. Les Florentins peuvent y reconnaître une vue inspirée du monastère San Miniato al Monte, bâti au XIIe siècle à partir des colonnes de marbre issues d'un temple romain de Fiesole[80].

Deux dessins préparatoires, une étude générale de composition et une étude de perspective pour l'arrière-plan, montrent que Léonard a changé d'idée plusieurs fois au cours de l'élaboration, mais surtout qu'il a particulièrement soigné la perspective[81]. Selon des études menées en 2001 à l'occasion de la restauration du tableau, Léonard aurait procédé d'une manière originale sans utiliser la technique du *spolvero*. Il aurait fait monter par ses assistants une table carrée réalisée à partir de dix planches de peuplier enduites d'un *gesso* et aurait construit sur cette surface blanche une grille méticuleuse à partir d'un clou planté sur le tronc de l'arbre, servant de point de fuite pour le décor architectural. Ensuite seulement, les figures auraient été apposées, dessinées nues d'abord, d'un trait vif et vibrant, puis repassées ensuite à l'encre avec les vêtements[82]. Les personnages centraux sont par ailleurs traités avec un ombrage bleu conforme aux connaissances léonardiennes en optique.

Léonard s'arrêta cependant en cours de route, sans doute dépassé par les exigences qu'il s'était imposées : trop de figures, trop d'histoires à raconter, trop d'émotions à rendre, trop de gestes, trop de mouvements de torsion, y compris chez les animaux eux-mêmes qui tordent le cou pour voir la scène[83]. Les variables à contrôler sont infinies, et puis comment rendre la lumière divine en maîtrisant totalement les règles de l'optique scientifique ? Le peintre essaye bien de simplifier les figures de l'arrière-plan, d'enlever certains éléments compliquant inutilement la narration, telle cette hutte prévue initialement à droite, mais les défis sont trop nombreux, même pour lui, et il doit jeter l'éponge sept mois après avoir commencé, ce que révèle la cessation des paiements. Le tableau très inachevé est laissé à un ami, Giovanni de' Benci, frère de la belle Ginevra. Il a peint le ciel, les feuillages des arbres, une partie des ruines et ébauché quelques personnages, mais la couche brun-rouge qui couvre le reste du panneau n'est, semble-t-il, imputable qu'à une main tardive[84]. Le projet fut repris par Filippino Lippi mais cette fois, les moines durent bien convenir qu'il était impossible pour un artiste de se lancer dans une telle aventure sans une avance substantielle.

En compagnie du diseur de fortune

L'identification des membres de l'atelier qui ont pu travailler avec Léonard à cette époque n'est pas aisée. Qui, en dehors de Paolo, fréquentait l'atelier et pouvait bien boire le vin du Val d'Elsa avec le jeune maître ?

Dans un texte publié en 1637 (mais écrit en réalité bien avant 1600), l'historien florentin Scipione Ammirato cite un certain Tommaso Masini, surnommé Zoroastre[85] :

> Il se plaça alors chez Léonard de Vinci qui fabriqua pour lui un costume en noix de galle, et pour cette raison on l'appela longtemps le Gallozzolo. Puis Léonard partit à Milan et avec lui s'en alla Zoroastro, et là il fut connu sous le nom de l'Indovino [le diseur de fortune], car il professait les arts de la magie.

Tommaso était un fils de jardinier toscan, de dix ans le cadet de Léonard. En 1504, il apparaît dans les comptes de Léonard sous le titre d'assistant et prépare les couleurs pour la fresque de la bataille d'Anghiari. Une lettre de l'évêque portugais Dom Miguel da Silva envoyée en 1520 évoque le matériel d'alchimie qu'il utilisait chez les Rucellai à la fin de sa vie. Ce magicien vêtu de façon provocante commença donc sa carrière chez Léonard et, en le suivant à Milan, put approfondir sa recherche des secrets de la nature, son maître étant fasciné par les alambics et les athanors (fours d'alchimiste).

D'autres noms dans le cercle Léonard figurent dans le *Codex Atlanticus* : Carlo Marmocchi, un fabricant d'instruments (Léonard dessine sur la page un quadrant), Benedetto dal Abacco, un mathématicien, maître Paolo (Dal Pozzo Toscanelli), un géographe, Domenico da Michelino, un peintre ayant figuré le Dante et l'allégorie de la *Divine Comédie*, le chauve de la famille Alberti (?) et Messer Giovanni Argyropoulos, le philosophe professeur de grec de Marsile Ficin[86]. Aucun de ces hommes prestigieux ne peut se ranger au nombre des habitués de l'atelier, même Da Michelino, né en 1417 ; ce sont plutôt des célébrités que l'on est fier de côtoyer quand on a un peu plus de vingt-cinq ans.

Mélancolie et mélomanie

En revanche, un certain Atalante Migliorotti est cité par l'Anonyme Gaddiano comme ayant été le disciple de Léonard dans l'apprentissage de la musique :

> [Léonard] était éloquent dans sa façon de par-
> ler, et fut un extraordinaire joueur de lyre à bras,

et il fut le maître d'Atalante Migliorotti. [...] Il avait trente ans quand il fut envoyé par Laurent le Magnifique en ambassade auprès du duc de Milan pour lui faire présent, avec Atalante Migliorotti, d'une lyre, qui avait un talent unique pour jouer de cet instrument[87].

Atalante Migliorotti, fils illégitime d'un certain Manetto, florentin, était âgé de seize ans en 1482[88]. Dans le *Codex Atlanticus*, Léonard déclare avoir dessiné son visage ; malheureusement nous ne disposons pas de ce portrait[89]. La *lira da braccio*, qui selon Marsile Ficin était l'instrument même d'Orphée, était en fait dérivée de la vielle médiévale et épousait les caractéristiques d'un violon à sept cordes réglées par des chevilles, dont deux cordes en bourdon à l'octave. Atalante devait posséder une voix merveilleuse, puisque c'est à lui que Léonard confia le rôle-titre de l'*Orphée* de Politien qu'il mit en scène à Milan[90]. Qu'Atalante Migliorotti ait trouvé en Léonard un expert de la *lira* n'est pas étonnant, car on se rappelle que dans l'atelier de Verrochio la musique jouait un certain rôle, puisque son inventaire mentionne un luth. Les excellents menuisiers des ateliers, dont Léonard était entouré, s'improvisaient volontiers facteurs d'instruments ; restait simplement à maîtriser la théorie de la conception. Léonard était très certainement amateur de cet exercice, puisqu'il conçut des instruments fantastiques, dont une lyre en forme de tête de dragon[91]. L'anecdote de l'Anonyme Gaddiano touchant le voyage à Milan, confirmée par Vasari, prend ici tout son sens : Léonard fabriqua lui-même pour Ludovic le More une lyre en argent.

Il apporta une lyre qu'il avait façonnée lui-même presque entièrement en argent et ayant la forme d'un crâne de cheval, forme bizarre et nouvelle qui donnait un son plus vibrant et plus harmonieux. Aussi l'emporta-t-il sur tous les musiciens qui étaient accourus ; il se montra en outre le meilleur improvisateur de son temps[92].

Capable de jouer des mélodies de *frottole* (forme poético-musicale monodique ou polyphonique) tout en chantant des vers, le peintre était non seulement interprète-improvisateur de talent, mais également fin connaisseur de musique savante. Il figura en effet vers 1487 un rébus musical, le genre d'amusement popularisé par Josquin des Prés à la même époque chez les Sforza. Le feuillet en question trace une portée avec les notes « ré sol la mi fa ré mi », ce qui, précédé du pictogramme pour hameçon (*amo* en italien), suivi du suffixe *rare* et enchaîné à une autre phrase musicale « la sol mi fa sol » suivie elle-même de *lecita*, donne à lire : « Seul l'amour me fait me souvenir, et lui seul m'enflamme[93]. » Léonard, lorsqu'il était à Milan, savait donc écrire la musique et s'amuser au jeu littéraire de l'amour courtois. À Florence, l'atmosphère était cependant toute différente.

Un des camarades de l'excursion de 1477 à Pistoia l'atteste dans un sonnet recopié en 1479 sur un feuillet du *Codex Atlanticus* partiellement effacé : « Léonard, mon ami tu n'as pas […], pourquoi es-tu si perturbé[94] ? » L'auteur de ces lignes est, d'après Charles Nicholl, Antonio Cammelli, un poète satirique populaire typiquement toscan, à l'évidence proche de Léonard. Son impression est en parfaite adéquation avec les lignes mélancoliques laissées à cette époque par Léonard dans ses carnets : « Dis-moi si quelqu'un a jamais fait quelque chose [sur cette terre] ? »

L'angoisse semble naître de la perception du temps accéléré chez celui qui approche de ses trente ans et qui a le sentiment de ne jamais rien achever. Le long d'un croquis d'horloge hydraulique, il se livre ainsi :

> Nous ne manquons pas de mécanismes ni de moyens pour diviser et mesurer ces misérables jours qui sont les nôtres, d'où le fait que nous devrions prendre plaisir à ce qu'ils ne nous soient pas gâchés et qu'ils ne s'écoulent pas en vain sans laisser derrière un nous un souvenir dans l'esprit des mortels[95].

En vérité, tout ceci dérive de la lecture des *Métamorphoses* d'Ovide (livre XV) dans la version vulgarisée de Simintendi, tout comme le paragraphe d'un folio contemporain (1478)[96] :

> Ô temps dévorateur de toutes choses et ô âge envieux, tu détruis et dévores toutes les choses des dents acérées de la vieillesse, petit à petit, comme la mort lente. Hélène, se regardant dans un miroir et voyant la flétrissure des rides laissées sur son visage par la vieillesse, contemplait amèrement son double rapt.

Léonard s'approprie ici le texte du poète latin par des apostrophes stylistiquement bien à lui[97]. Comme la même page, cependant, contient une allusion assez cryptique à sa mère, dans cette manière d'écrire si troublée qui est la sienne quand il est mal à l'aise, on peut se demander si la réflexion ne va pas plus loin que la méditation sur un texte antique, révélant une inquiétude sur le destin maternel :

> Dis, dis-moi comment les choses se passent là-bas et si Catherina désire faire… Dis, dis-moi comment les choses… Épargn […]

Un peu plus bas, sous une tache d'encre, on parvient (grâce à la radiographie) à lire péniblement le début du sonnet cité plus haut d'Antonio Cammelli, qui se poursuit ainsi :

> Eh Léonard, ne veuillez pas m'inculper.
> Ce que j'ai fait, je l'ai fait par erreur et certainement pas pour vous causer du déshonneur. Et sachez qu'en dehors de votre honneur, je saurais vous servir pour ce que vous méritez car je vous tiens cher dans mon cœur.

Ces lignes à peine déchiffrables sont encore moins interprétables avec certitude. Carlo Vecce (qui ne valide pas nécessairement l'idée qu'elles soient de Cammelli) a cependant récemment fait remarquer que si l'on tournait la page, on découvrait un passage faisant allusion au livre X des *Métamorphoses* dédié au mythe de Vénus et Adonis. Cette fois, à la question du temps se mêlent des considérations plus troubles sur le thème de l'inceste qui entoure la naissance d'Adonis[98]. L'expert suggère que la mélancolie de Léonard a donc des racines infiniment plus personnelles que l'inquiétude métaphysique que tout un chacun entretient sur le triomphe du temps et de la mort.

Léonard vit très certainement entre 1478 et 1482 une crise identitaire profonde, nourrie par l'affaire Saltarelli et par des difficultés financières. La concurrence, dans le domaine artistique, des hommes de sa génération est alors extrêmement rude et ne joue pas à son avantage. Botticelli, depuis 1475, reçoit par exemple d'importantes commandes des Médicis (*La Naissance de Vénus*, 1477 ; *Le Printemps*, vers 1480 ; *Vénus et Mars*, 1482 ; *Pallas et le Centaure*, 1482). Le sentiment d'être un homme sans lettres, un individu en marge, aux désirs mal contrôlés, rejeté par les maîtres de la ville, consolida sans doute sa volonté de partir si l'occasion s'en présentait.

Notes

1. Dario A. Covi, « Four new documents concerning Andrea del Verrochio », in *Art Bulletin*, vol. XLVIII, n° 1, 1966, p. 101.

2. Charles Nicholl, *op. cit.*, « Andrea's Bottega », p. 72-73 ; voir aussi Kenneth Clark, « Verrochio and Co », in *Leonardo*, 1939 (réed. Harmondsworth, 1988).

3. Baccio Bartolomeo Baldini (1436-1487), *le sette pianeti* : Mercurio, gravure H 25,8 cm ; L 18 cm, Londres, British Museum.

4. ASF, Tribunale della Mercanzia, 1539, fol. 301^r et 302^v (ce document tardif fait partie du dossier d'un litige entre le frère de Verrochio et son exécuteur testamentaire, Lorenzo di Credi), cité par Charles Nicholl, *Leonardo, op. cit.*, p. 76.

5. Christina Nielson, *Practice and Theory in the Italian Renaissance Workshop, Verrocchio and the Epistemology of Making Art*, Cambridge University Press, 2019, à paraître. Voir aussi Richard David Serros, *The Verrocchio Workshop. Techniques, Production, and Influences*, PhD, University of California a Santa Barbara, 1999.

6. Notons qu'à cette époque, le notaire de la corporation des marchands est précisément Ser Piero.

7. Dario A. Covi, *Andrea del Verrocchio : life and work*, Florence, Olschki, 2005.

8. *Manuscrit G*, fol. 84v.

9. Andrew Butterfield, *The sculptures of Andrea Verrocchio* New Haven : Yale University Press, 1997.

10. Charles Nicholl, *op. cit.*, p. 74-75. Il faut toutefois noter que Martin Kemp, dans *The Marvellous works of Nature and Man*, Londres et Cambridge Mass., 1981, p. 18, entretient des doutes sévères sur l'idée que Léonard puisse avoir été le modèle de la statue.

11. Giorgio Nicodemi, « I ritratti di Leonardo da Vinci », *Raccolta Vinciana*, 15, p. 1-21, 1934 et Carlo Pedretti, « Leonardo : Il ritratto », *Art e Dossier*, n° 138, 1998.

12. Cité par Carlo Vecce, *Léonard de Vinci, op. cit.*, p. 42. Larry Feinberg, *The Young Leonardo*, Santa Barbara Museum, 2011

13. Le *Grove Dictionary of Art*, article 19.675, Lorenzo du Credi et Dario Covi, « Four new Documents concerning Andrea del Verrocchio », *Art Bulletin*,

48(1), 1966, p. 97-103 mentionne une déclaration au cadastre de la mère de Lorenzo di Credi, indiquant les revenus de son fils.

14. Sur la rivalité entre l'atelier de Verrocchio et celui de Pollaiuolo, voir David Alan Brown, *Leonardo da Vinci: Origins of a genius*, Yale University Press, 1998, en particulier le chapitre I: «Rivalry and realism: Verrocchio and Pollaiuolo».

15. Sur les techniques de dessin, un contrat d'apprentissage du peintre padouan Francesco Squarcione indique une méthode de dessin en perspective de cette époque. Sur le dessin des visages, la fonderie, la réalisation d'imitation de pierres précieuses, de corail, de jaspe ou de marbre, l'étude du Ms français 640 de la BNF, datant de la fin du XVIᵉ siècle, réalisée par l'équipe de l'université de Columbia sous la direction de la Professeure Pamela Smith, révèle toute une série d'astuces. *https://www.makingandknowing.org/*

16. *Codex Ashburnham*, vol. I, fol. 9a.

17. Antonio Manetti, *Vita di Filippo Brunelleschi, preceduta da la novella del grasso*, Milano, Il polifilo, 1976, p. 57-59 et Martin Kemp, «Science, Non-science and Nonsense. The Interpretation of Brunelleschi's Perspective», in *Art History*, I, 2, juin 1978, p. 134.

18. La résurgence de la perspective linéaire ou géométrique n'était pas due aux seuls italiens: dès le XIVᵉ siècle, les Flamands avaient eux aussi apprécié ses effets. Néanmoins, le public de l'art, en Italie, l'apprécia de plus en plus. Voir Michael Baxandall, *L'œil du quattrocento, l'usage de la peinture dans l'Italie de la Renaissance*, Gallimard, Paris, 1985.

19. *Codex Urbinate Latino*, 133ʳ⁻ᵛ; Leonardo da Vinci, *Trattato della pittura*, 406.

20. Charles Nicholl, *op. cit.*, p. 78-79.

21. Myriam Eveno, Bruneau Evenin et Elisabeth Raveau, «La mise en œuvre de la Sainte Anne», in *La Sainte Anne, l'ultime chef d'œuvre de Léonard de Vinci*, (Viencent Delieuvin dir.), 2012, *op. cit*, p. 366-379.

22. Baxandall, *op. cit.*, p. 6. *CA*, fol. 704bᵛ, 195ᵛ.

23. John Dunkerton, *et al.*, *Giotto to Dürer, Early Renaissance Painting in the National Gallery*, Yale University Press, New Haven et Londres, 1991.

24. Marjolijn Bol, *Oil and the Translucent: Varnishing and glazing in practice, recipes and historiography, 1100-1600*, PhD Utrecht University, 2012.

25. *CA*, fol. 888ʳ. Ces œuvres conservées respectivement à la collection des héritiers Luigi Gallandt de Rome, à Vienne, au Bargello, au Louvre, au British Museum et au musée de Budapest, ont fait l'objet en 2009 d'une exposition au musée Gheti de Los Angeles, cf. Gary M. Radke (ed.) *Leonardo da Vinci and the Art of Sculpture*, Yale University Press, New Haven et Londres, 2009.

26. Leonardo da Vinci, *Paragone. A critical interpretation with a New Edition of the Text in the Codex Urbinas*, éd. C. J. Farago, Leyde, E. J. Brill, 1992.

27. *CA*, fol. 217ʳ.

28. Parmi les nombreuses études sur les draperies chez Léonard, on retiendra arbitrairement pour cette période précoce celle de Françoise Viatte, « The Early Drapery Studies », in Bambach, *Leonardo Master Draftsman*, catalogue d'exposition, New York, 2003, p. 111.

29. Martin Kemp et Juliana Barone, *I disegni di Leonardo da Vinci e della sua cerchia nelle collezioni della Gran Bretagna*, Florence, Giunti, 2010.

30. Philippe Sénéchal, « Giovann Grancesco Rustici, with and without Leonardo », in Gary M. Radke (ed.), *Leonardo da Vinci and the Art of Sculpture, op. cit.*, p. 179 *et seq.*

31. Martin Kemp, « Leonardo e lo spazio dello scultore », XXVII *Lettura Vinciana*, Giunti, Florence, 1987 et du même auteur, « What is good about sculpture », in Gary M. Radke (ed.) *ibid., p. 65 à 80.*

32. Windsor, RL 19061[r].

33. A. Leazuni, *All ombra dell lauro. Documenti della cultura in étà laurenziana*, Silvana Editoriale, Florenc, 1992. Pour la description de la bannière, voir le poème de Luigi Pulci cité par Mario Scalini, « The chivalric ludus in quattrocento Florence », in Mario Gregori, *Maestri e Botteghe*, Florence, Giunti, 1992, p. 62 63.

34. Paolo Ventrone, « la giostra classica del Giuliano di 1475 », in *Le temps revient : feste e spettacoli nella Firenze di Lorenzo il Magnifico*, Paola Ventrone, Stefano Peccatori (ed.) Comitato nazionale per Le celebrazioni del V Centenario della morte di Lorenzo il Magnifico, Silvana Editoriale, 1992, p. 189-205.

35. Carlo Vecce, *Léonard, op. cit*, p. 55.

36. Une représentation de ce genre de mécanisme existe sur le folio 629b[v] du *Codex Atlanticus*. Giovanni Paolo Lomazzo, *Trattato dell'arte della pittura, 1584, Scritti* II, p. 96.

37. Pascal Brioist, « Les machines de spectacle de Léonard de Vinci », *Revue d'Histoire du théâtre*, 2018, p. 39-58.

38. Giorgio Vasari, *Le vite de'più eccelenti architetti, pittori et scultori italiani, da Cimabue insino a' tempi nostri*, Lorenzo Torrentino, Florence, 1550, p. 564.

39. Viktoria Tkaczyk, « Which Cannot Be Sufficiently Described by My Pen. The Codification of Knowledge in Theater Engineering, 1480-1680 » in Matteo Valleriani ed., *The Structures of Practical Knowledge*, Springer, Berlin, 2017, p. 77-109.

40. David Alan Brown, « Leonardo Apprendista », *XXII Lettura Vinciana*, G. Barbera editore, Florence, 1999 , et Pietro Marani, *Léonard, une carrière de peintre*, Actes Sud, 1999. Voir aussi Jill Dunkerton, « Leonardo in Verrocchio's workshop. Re-examining the Technical Evidence », in *National Gallery Technical Bulle*tin, XXXII, 2011, p. 4-31.

41. Giorgio Vasari, « Vie de Léonard de Vinci », in *Traité de la peinture*, traduit et présenté par André Chastel, Paris, Berger-Levrault, 1987, p. 41

42. Kenneth Clark, *Leonardo da Vinci, an account of his development as an artist*, Cambridge University Press, 1939, réed. Penguin, 1993.

43. Voir Dunkerton, *op. cit.*, p. 21 et Marani, *op. cit.* p. 65.

44. Giorgio Vasari, « Vie de Léonard de Vinci », in *Traité de la peinture*, traduit et présenté par André Chastel, Paris, Berger-Levrault, 1987, p. 42

45. Daniel Arasse, *Léonard de Vinci*, Hazan, Paris, p. 231-234.

46. Daniel Arasse, *L'Annonciation Italienne. Une question de perspective*, Hazan, 1999.

47. *La Madone à l'œillet*, huile sur bois, Munich, Alte Pinacotheck, 62 x 45,5 cm.

48. Fra Pietro da Novellara dans une lettre à Isabelle d'Este datée de 1501, témoigne du fait que Léonard est alors en train de peindre pour Florimond Robertet, le secrétaire de Louis XII « une vierge assise, comme sur le point de dévider un fuseau, tandis que l'enfant pose le pied sur une corbeille de fuseaux et regarde attentivement les quatre branches du dévidoir en forme de croix ». Les copies sont intitulées aujourd'hui *La Madone Buccleugh* (huile sur bois, 48,9 x 36,8 cm) ou *La Madone Lansdowne* (huile sur bois, 50,2 x 36,4). Voir Martin Kemp, *Leonardo on Painting: An anthology of writings by Leonardo da Vinci with a selection of documents relating to his career as an artist*, Yale University Press, New Haven et Londres, 1989 et Frank Zöllner, *Léonard de Vinci, op. cit.*, p. 238-239. Sur le vol de *La Madone Buccleugh*, voir Martin Kemp, *Living with Leonardo, Fifty years of Sanity and Insanity in the Art World and Beyond*, Thames and Hudson, Londres, 2018, p. 102-136 : « The stolen Madonna ».

49. L'Anonyme Gaddiano écrit : « Léonard peignit d'après nature Ginevra d'Amerigo Benci, si bien réussie qu'on n'aurait pas dit le portrait, mais Ginevra elle-même ». Vasari, lui, déclare sobrement que Léonard « fit le portrait de Ginevra d'Amerigo Benci, un fort bel ouvrage »

50. Frank Zöllner, *Léonard de Vinci, tout l'œuvre peint et graphique*, Taschen, 2003, p. 218-219 et Carlo Vecce, *Léonard de Vinci, op. cit.*, p. 50.

51. Cette interprétation néo platonicienne de l'œuvre, exposée brillamment par Charles Nicholl, *op. cit.*, p. 112-113, est empruntée aux réflexions de Amelia Frances Yates, dans *Giordano Bruno and the Hermetic Tradition*, Londres, 1965.

52. « Scott Reyburn, « An Artistic Discovery Makes a Curator's Heart Pound », in New York Times », 11 décembre 2016, et Karen Bambach, « San Sebastiano legato a un albero », Hamburger Kunsthalle, inv. 21489. Voir Karen Bambach, *Leonardo da Vinci: Master Draftsman*, The Metropolitan Museum of Art, 2003, p. 342.

53. *ASF,* Ufficiali di Note, 18/2, 41ᵛ, 51ʳ : « Aux officiers de la Seigneurie : je témoigne par la présente que Jacopo Saltarelli, le frère de Giovanni Saltarelli, qui vit avec lui à l'échoppe d'orfèvre de Vaccereccia, en face du "trou [de la vérité]" s'habille en noir et est âgé de 17 ans ou à peu près. Ce Jacopo poursuit de nombreuses activités immorales et consent à satisfaire des personnes qui

lui demandent de commettre des péchés. Et de cette manière il a fait de nombreuses choses, c'est-à-dire qu'il a prodigué ses services à plusieurs douzaines de personnes à propos desquelles je dispose de bonnes informations. Je citerai à présent quelques noms : Bartolomeo Pasquino, orfèvre à Vachereccia ; Léonard de Ser Piero da Vinci, qui travaille chez Verrocchio ; Baccino, le fabricant de pourpoints qui réside à l'Orto San Michele, dans la rue où se trouvent deux ateliers de grand tondage qui mène à la loge des Cierchi, lequel Baccino vient de rouvrir un atelier de pourpoints. Lionardo Tornabuoni dit le Teri, qui s'habille de noir. Ces hommes-là ont sodomisé ledit Jacopo et ceci je le jure. »

54. Dans une note du *Codex Atlanticus*, que cite Charles Nicholl, *op. cit.*, p. 121.

55. Michael Rocke, *Forbidden Friendships : Homosexuality and male Culture in Renaissance Florence*, Oxford University Press, Oxford, 1996.

56. *CA*, fol. 1094[r] : « pour ouvrir une prison de l'intérieur ».

57. Uffizi GDS 446[E], la transcription du texte est toutefois difficile et Jean Paul Richter et Jens Thiis sont à ce propos en désaccord, cf. Charles Nicholl, *op. cit.*, p. 123. Jens Thiis, *Leonardo, the Florentine Years*, Londres, 1913.

58. Uffizi GDS 446[E], « E chompa in Pistoia », ce qui signifie, « mes camarades à Pistoia ».

59. ASF, Mediceo Avanti il Principato, 37, 49 ; *Achademia Leonardo da Vinci*, Yearbook of the Armand Hammer Center for Leonardo Studies, Los Angeles, 5 (1992), p. 120-122. Charles Nicholl, *op. cit.*, p. 131-132.

60. Uffizi GDS, 446[E]

61. D. A Brown, Madonna Litta, XXIX *Lettura Vinciana*, Florence, 1990 et Kenneth Clark, « The Madonna in profile », *Burlington Magazine*, 12, 1933, p. 13-140.

62. Charles Nicholl, *op. cit.*, p. 135-136.

63. *CA*, fol. 878v : « In dei nomini amen, anno Domini amen Francesco d'Antonio » et *CA*, fol. 1054r.

64. John R. Hale, *Florence and the Medici*, Thames and Hudson, Londres, 1977 et Lauro Martines, *Le sang d'avril. Florence et le complot contre les Médicis*, essai, Albin Michel, *Histoire*, Paris, 2006.

65. *CA*, fol. 80[r].

66. Carlo Vecce, « Le battaglie di Leonardo » LI *Lettura Vinciana*, Giunti, 2012, p. 24-25. Et M. Barsacchi, *Cacciate Lorenzo. La guerra dei Pazzi e l'assedio di Colle Val d'Elsa*, Colle Val d'Elsa, 2007.

67. Musée Bonnat de Bayonne, inventaire 659. Esquisse de Bernardo di Bandino Baroncelli pendu, plume et encre, 192 x 78 mm.

68. Sur la « Congiura dei Pazzi », aujourd'hui perdue, peinte par Sandro Botticelli, voir le catalogue d'exposition : *The Drawings of Filippino Lippi and his Circle*, New York, The Metropolitan Museum of Art, 1997-1998, n° 98.

69. L'anonyme Gaddiano écrit : « Dans sa jeunesse [Léonard] fut employé par Laurent le Magnifique qui le fit travailler pour son compte dans le jardin de la place San Marco à Florence », p. 34.

70. Charles Nicholl, *op. cit.*, p. 166-167, exprime un certain scepticisme sur la présence soutenue de Léonard à San Marco.

71. *Saint Jérôme au désert*, Musée du Vatican, tempera sur toile, 103 x 75 cm. Sur l'importance des jardins de San Marco pour la conception du *Saint Jérôme*, voir Pietro Marani, *Leonardo da Vinci : the complete paintings*, Harry N. Abrams ed., Londres, 2000.

72. Zöllner, 2003, *op. cit.*, p. 221.

73. Martin Clayton, « Leonardo's Anatomical Drawings and His Artistic Practice », site consulté le 10 août 2018, https://www.youtube.com/watch?v=KLwnN2g2Mqg.

74. Zöllner, *op. cit.*, p. 50 transcrit intégralement le texte d'une convention complémentaire ajoutée au contrat qui décrit tous ces éléments.

75. Étude de perspective pour *L'adoration des Mages*, 1481-1482. Plume encre et lavis sur esquisse à la pointe de métal. Florence, Musée des Offices.

76. Daniel Arasse, *Pierluigi De Vecchi, Sandro Botticelli. De Laurent le Magnifique à Savonarole*, Skira, 2003.

77. *L'adoration des Mages*, huile sur bois, 243 x 246 cm, Florence, Musée des Offices, inv.1594.

78. Carmen C. Bambach, « Figure Studies for the Adoration of the Magi », in Bambach, *Leonardo Master Draftsman, op. cit.*, p. 320.

79. Charles Nicholl, *op. cit.*, p. 173-176.

80. Erwin Panowski, *La Renaissance et ses avant courriers dans l'Art d'Occident*, Flammarion, 1993.

81. Etude de composition, Musée du Louvre, cabinet des dessins, RF 1978 et étude de perspective, plume, encre et lavis sur esquisse à la pointe de métal, Florence, Musée des Offices.

82. Analyse scientifique de l'Adoration des Mages, Museo Galileo, Florence, https://brunelleschi.imss.fi.it/menteleonardo/imdl.asp?c=13419&k=1470&rif=14071&xsl=1, consulté le 10/08/2018.

83. Francesca Fiorani, « Why Did Leonardo Not Finish the « Adoration of the Magi » ? », in Constance Moffatt et Sara Taglialagamba, *Illuminating Leonardo*, Brill, Leiden-Boston, 2017, p. 137-150.

84. Voir la recension des travaux d'expertise de Maurizio Seracini par Melinda Henneburger, « The Leonardo cover-up », *New-York Times*, 21 avril 2002, article cité par C. Nicholl, *op. cit.*, p. 173.

85. Scipione Ammirato, *Opusculi*, II Florence, 1637, p. 242 d'après Charles Nicholl, *op. cit.*, p. 141. Sur Scipione Ammirato, grand admirateur de Tacite et penseur précoce de la raison d'Etat, voir R. de Mattei, 1963, *Il pensiero politico di Scipione Ammirato*, Milan, Giuffrè, et M. Senellart, 1997.

86. CA, fol. 42ᵛ.

87. C. de Fabriczy, « *Il Codice dell'Anonimo Gaddiano (Cod. Magliabechiano XVII, 17) nella Biblioteca nazionale di Firenze* », in *Archivio storico italiano*, 1893, T. 12, p. 87, 89.

88. D'Ancona, *Origini del teatro italiano*, II, Turin, 1891, p. 107, 359, 361-364 et G. Milanesi, *Documenti inediti risguardanti Leonardo da Vinci, ibid.*, S. 3, 1872, T. 16, p. 222.

89. *CA,* fol. 888ʳ.

90. Pascal Brioist, «Les machines de spectacle de Léonard de Vinci», *op. cit.* p. 46.

91. *Codex Ashburnham I,* fol. Cr.

92. Giorgio Vasari, *Vite,* 1568, *op. cit.*

93. Windsor, RL 12696, RL 12697 et RL 12699 : Amore sol mi fa remirare, la sol mi fa sollecita. Ce rébus est explicité par Charles Nicholl, *op. cit.* p. 159.

94. Charles Nicholl, *op. cit.*, p. 154. *CA,* fol. 195ʳ.

95. *CA,* fol. 42ᵛ.

96. CA, fol. 195ʳ. L'origine ovidienne de ces passages a été démontrée pour la première fois par Gerolamo Calvi dans un article de *l'Archivio Storico Lombardo,* XLIX, 1916, fasc. III.

97. Dans sa version française, le livre XV des *Métamorphoses*, lignes 211-240, se traduit ainsi : *Elle pleure aussi, la fille de Tyndare, le jour où elle aperçoit dans un miroir ses rides séniles. Elle se demande en elle-même comment elle a bien pu être enlevée deux fois ; Ô temps vorace, vieillesse jalouse, vous détruisez tout ; il n'est rien qui, une fois attaqué par les dents de l'âge, ne soit ensuite consumé peu à peu par la mort lente que vous lui faites subir,* in Ovide, *Les Métamorphoses,* Edition de Jean-Pierre Néraudau, Folio classique, Gallimard, 1992.

98. Carlo Vecce, *La biblioca perduta, op. cit.*, p. 164-165, chapitre «l'Eta che vola». Adonis est en effet le fruit des amours de Mirra et de son père Cinira. Adonis, jeune homme d'une grand beauté, comme Léonard, est donc le fils de son grand père…

III

Des lectures à l'écriture,
un autodidacte d'exception

On a déjà évoqué les circonstances modestes dans lesquelles Léonard était né, et cette volonté de fer qu'il eut de rattraper le retard de sa condition. Pour que sa pensée prenne acte, il faut la nourrir. Léonard se met à lire, dès qu'il le peut, avec une urgence et un sens encyclopédique hors normes. *Tout* l'intéresse. Voyons un peu sa méthode, car l'évolution des acquisitions personnelles de Léonard est extrêmement intéressante.

Comment la bibliothèque de Léonard de Vinci se constitue-t-elle ?

Dans un premier temps, dans les années 1480, ses lectures sont celles de la catégorie culturelle des marchands-artisans toscans qui lisent uniquement le vernaculaire et écrivent en *mercantesca*, un type de jargon et de calligraphie cursive caractéristique de ce milieu. Toutefois, son intérêt pour l'*Histoire naturelle* de Pline, traduite en toscan par Cristoforo

109

Landino, et la liste des personnages qu'il fréquente alors à Florence, mentionnés en 1478 dans le *Codex Atlanticus*, montrent qu'il aspire déjà à une plus haute culture[1].

Dix ans plus tard, la nouvelle description de bibliothèque du *Codex Atlanticus* (1492-1495) en dit long sur le changement qui est en train de s'opérer : la collection, forte à présent de quarante volumes, dépasse en capacité celle des grandes bibliothèques privées que l'on trouve alors en ville. On y rencontre des ouvrages qui enseignent l'art épistolaire en vulgaire et en latin, beaucoup de grammaires et de dictionnaires, quelques ouvrages humanistes qui enracinent Léonard dans la culture populaire de son temps. Il faut y ajouter des ouvrages scientifiques (44 %) : science naturelle, médecine et mathématiques, dont un *Euclide* en vulgaire de Luca Pacioli, philosophie, géographie, botanique, anatomie et optique. Léonard semble alors particulièrement concerné par le polissage de sa façon de communiquer et d'apprendre, mais il continue d'être aussi attaché à la littérature vernaculaire de sa jeunesse.

Si l'on examine à présent la liste du *Codex Madrid II*, datée de 1504, une nouvelle évolution se fait jour. Tout d'abord, le nombre de livres a pratiquement triplé ; ensuite, la collection prête beaucoup plus de place aux sciences et aux techniques ; et surtout, un quart des livres sont à présent en latin. Cette liste dessine le paysage culturel de ses intérêts extrêmement variés[2].

Nous avons déjà mentionné l'étendue des acquisitions que faisait Léonard, avec cent vingt-trois titres. Il empruntait également des livres à ses amis milanais. Ainsi demande-t-il les *Proportions* du philosophe arabe Al-Kindi à son ami médecin Fazio Cardano, un herbier à maître Giuliano da Marliano (professeur de médecine), un *De ponderibus* à un moine de Brera, un livre sur les eaux au « neveu du peintre

Gian Angelo », ou encore un Vitruve à Ottavian Palavicino. Ainsi se dessine autour de lui un cercle bibliophile constitué de professeurs, de médecins, de franciscains, d'ingénieurs et d'artistes[3]. Léonard savait aussi faire usage des belles bibliothèques qui, si elles n'étaient pas publiques, étaient fort utiles pour qui y avait ses entrées : bibliothèque des Sforza à Pavie, des Montefeltro à Urbino, bibliothèque de San Marco à Florence, bibliothèque d'Alessandro Sforza à Pesaro, bibliothèque du pape à Rome et de François Ier en Val de Loire[4].

Passions scientifiques

Si le champ de la littérature y est représenté par une trentaine d'ouvrages, la culture de Léonard est clairement d'abord scientifique et philosophique. Archimède est pour lui une gourmandise, mais les traductions de l'homme de Syracuse sont encore rares, aussi exulte-t-il lorsqu'il écrit en 1502 lors d'une équipée militaire : « Borgia te fera avoir l'Archimède de l'évêque de Padoue et Vitellozzo celui de (Francesco del) Borgo à San Sepolcro[5]. » La capitale des Marches vient d'être prise, son palais envahi, et la seule préoccupation de Léonard est de récupérer un « livre mathématique d'Urbino ». Il faut dire que l'œuvre est remarquable, elle étudie non seulement le cercle et son approximation par pi, mais aussi les polygones réguliers, les coniques, les spirales, l'équilibre des figures planes et la quadrature de la parabole.

Léonard accède à des ouvrages à la pointe de la recherche comme le *De expedentis et fugiendis rebus* de Giorgio Valla publié en 1501[6]. Il creuse la question de l'optique en lisant notamment le *Perspectiva communis* de John Peckham, la

Perspective du Polonais Vitello, la *Perspective* de Blaise de Parme et le *Traité d'optique* d'Alhazen vulgarisé en florentin, complétés par les ouvrages sur la perspective de Leon Battista Alberti et Piero della Francesca[7]. Il acquiert également une connaissance approfondie d'Aristote et de ses commentateurs médiévaux, notamment sur les questions liées à la chute des corps, la statique et la dynamique[8]. Les recherches sur l'astronomie lui sont ouvertes par Aristote et ses épigones tardifs, notamment Albert de Saxe[9]. Le Toscan lit également des ouvrages sur la botanique, la zoologie ou la géologie et surtout sur la médecine. Galien, le grand médecin du IIe siècle, avec son anatomie, sa physiologie, sa théorie des humeurs, sa théorie de la formation du fœtus, sa thérapeutique, est le grand auteur classique sur lequel se forment les universitaires mais il est au départ hors de portée pour Léonard[10]. Heureusement, certains ouvrages, tels l'*Anathomia* de Mondino de' Liuzzi ou le *Liber de homine* de Girolamo Manfredi (1430-1493), qui résument quelques points de la physiologie ou de la physionomie, sont traduits en langue vernaculaire[11]. Surtout, la littérature toscane, dont le *Convivio* de Dante Alighieri (le titre, qui signifie « banquet », est inspiré de Platon), distille parfois quelques « miettes de philosophie » en italien. En fréquentant ensuite ses amis médecins lombards, Léonard acquiert peu à peu de nouveaux livres : la chirurgie de Guy de Chauliac, le traité diététique d'Ugo Benzi, les cahiers du médecin arabe Al-Mansour[12]. Vers 1503, la collection s'enrichit encore, notamment avec l'ouvrage de son mentor, un médecin milanais nommé Antonio della Torre ; c'est par ce biais que Léonard accède enfin aux textes savants en latin, dont Galien, Hippocrate et Avicenne[13].

Peu à peu, donc, l'ancien apprenti de Verrochio, fils illégitime d'un notaire, hausse son niveau de culture, passant des lectures caractéristiques dumilieu intermédiaire de ceux qui emploient la *mercantesca* à celles dignes des savants de l'université et de la cour. Mais comment Léonard a-t-il obtenu les clés de la langue latine ? C'est probablement dans les premières années milanaises que surviennent les premiers changements, quand Léonard décide de devenir lui-même un auteur. En se rapprochant de la cour de Ludovic le More, il est conscient de l'importance de l'accès à la communication savante mais il est possible aussi que le passage de la Toscane à la Lombardie l'ait libéré d'une identité marquée par le poids des corporations artisanales. D'autres avant lui, comme Piero della Francesca à Urbino ou Niccolo Averlino (le Filarète) à Milan, avaient franchi le pas en devenant des écrivains. Léonard commence par acquérir les grammaires les plus fameuses ainsi que des dictionnaires et des lexiques, puis il se lance dans la pratique. Dans le *Manuscrit B* et dans le *Codex Trivulzianus*, on reconnaît d'ailleurs nombre d'exercices proposés dans le Perotti[14]. Le *Manuscrit I* montre en outre que Léonard, entre 1494 et 1497, s'entraîne aux conjugaisons (verbe être, verbe aimer, etc.) et déclinaisons, puis à reconnaître l'usage des pronoms[15]. Il compose des listes de vocabulaire pour maîtriser des mots abstraits éloignés du langage de la boutique ou de la rue et compile même un thesaurus classé par ordre alphabétique[16]. Notons qu'il invente aussi des signes graphiques pour indiquer les cas : nominatif, accusatif, génitif, ablatif[17].

La culture de Léonard n'oscille pas seulement entre les deux pôles de la culture populaire et de la culture humaniste, c'est également une culture technique qui nécessite elle aussi un outillage conceptuel particulier. Léonard s'est nourri aux meilleures sources de ses collègues ingénieurs et des mécaniciens des chantiers pour inventer sa propre langue dans ce domaine[18]. Quand il quitte Florence pour Milan, son lexique se met à changer. Certains termes, comme *crenna* (rainure), appartiennent clairement à l'aire lombarde tandis que d'autres, tel *rubecchio* (roue dentée d'un moulin), sont à l'évidence toscans. Parfois un même signifié dispose de deux signifiants différents : ainsi désigne-t-on à Florence la poulie sous le terme de *carrucola*, tandis que, dans des zones plus septentrionales, on lui préfère le mot de *girella*. En un temps où le langage n'était pas encore stabilisé, la réflexion linguistique était absolument nécessaire pour éviter les confusions et légitimer les utilisations quotidiennes. De surcroît, plus d'un tiers des termes utilisés dans les *codices* semblent être des inventions propres à Léonard : l'expression *vita-retrosa*, ou vice-inverse, renvoie par exemple à une vis filetée dans deux directions que Léonard utilise dans divers contextes, y compris dans ses projets de machines volantes. Dans le *Codex Madrid*, qui date de 1503-1504, la réflexion lexicographique parvient néanmoins à un certain niveau de maturité et l'on comprend qu'à cette époque, Léonard cherche à produire des dessins dépourvus d'ambiguïté et à donner des définitions précises.

Les mathématiques

Si Léonard nous impressionne dans sa grande entreprise autodidacte et ses efforts pour devenir un auteur, il faut également prendre en compte l'extraordinaire travail qu'il réalise pour acquérir les bases d'une culture mathématique qui n'était pas la sienne. Certes, l'école d'abaque florentine lui avait fourni les rudiments de l'arithmétique marchande et peut-être même de la géométrie pratique qui devait lui être utile dans l'atelier de Verrocchio. Toutefois, on était là bien loin de l'enseignement du *quadrivium* dont l'arithmétique et la géométrie étaient l'alpha et l'oméga. Une fresque de Botticelli, aujourd'hui au Louvre, réalisée pour la villa Tornabuoni de Careggi en 1484, représente Lorenzo Tornabuoni reçu par le cortège des arts libéraux sous la bénédiction de dame Prudence. L'arithmétique, qui tend la main, un tableau d'abaque dans l'autre main, et la géométrie se tiennent aux côtés de l'astronomie et de la musique, preuve que la formation d'un jeune homme bien né passe autant par les mathématiques que par la maîtrise de la langue. Léonard, qui n'a peut-être pas vu cette œuvre, suit pourtant le conseil qu'elle donne. Les bases de géométrie pratique que Léonard a acquises dans sa jeunesse sont reconnaissables dans un certain nombre de pages où Léonard résout les problèmes que pose Leon Battista Alberti dans ses *Ludi mathematici*, ou encore dans ses constructions de figures, tels le triangle équilatéral, le pentagone régulier ou l'octogone, à la règle et au compas[19].

En 1495, il a rencontré le frère Luca Pacioli, un franciscain que Ludovic le More a décidé d'employer comme professeur de mathématiques attaché à sa cour. Pacioli, né à Borgo San Sepolcro, est toscan comme Léonard, il a enseigné à Venise en 1464, puis à Urbino jusqu'en 1474, à Pérouse, Florence, Zara et enfin à Rome en 1480. Il y est proche du cardinal Giuliano della Rovere qui le présente au nouveau duc d'Urbino, Guidobaldo Ier, qui l'emmène à son tour dans les Marches. Frère Luca publie en 1494 à Urbino sa *Summa d'arithmetica e geometria* que Léonard se procure aussitôt afin de lire les chapitres sur la théorie des proportions avec laquelle il est un peu fâché. Quand Pacioli, muni d'un excellent carnet d'adresses, est invité en 1496 à la cour de Milan par Ludovic le More, l'amitié est immédiate entre les deux savants toscans et Léonard tâche de comprendre ce que signifie vraiment démontrer (ou réfuter) pour un mathématicien[20]. L'élève s'initie également à Euclide en apprenant par cœur le contenu des *Éléments*, citant les axiomes et les démonstrations par le numéro des livres et des leçons : la 3e du X, par exemple, la 11e du II, ou la 43e du I[21]. Des exercices suivent sur le théorème de Pythagore, par exemple, ou sur le théorème dit « du gnomon »[22]. Cette même année 1496, Léonard collabore avec Pacioli à l'illustration des polyèdres réguliers pour un ouvrage intitulé *De divina proportione*[23]. L'interaction entre le précepteur et l'apprenant est constante et l'admiration de ce dernier est tangible. Léonard écrit cette année-là : « Apprends la multiplication des racines de Maître Luca[24]. » Il est tout à fait possible que Pacioli, de son côté, ait alors fait l'effort de traduire Euclide en italien pour son studieux disciple qui recopie avec avidité les premiers livres des *Éléments*[25]. Les travaux de Léonard sur Euclide et surtout sur sa doctrine des proportions, se poursuivent au moins jusque dans les années 1505[26]. Léonard achoppe néanmoins toujours sur certains problèmes comme la quadrature du cercle, la trisection d'un angle ou la duplication du cube[27]. Il ne s'améliore pas non plus en arithmétique puisque certaines de ses erreurs sont datables d'après 1503. Il a pourtant recopié l'arbre des proportions proposé par Pacioli dans la *Summa* et fait son possible pour retenir sa méthode de réduction avec des schémas à base de parenthèses, il pratique aussi avec succès la règle de trois[28], mais ailleurs, les erreurs de calcul demeurent[29]. Qu'importe, il est désormais capable de discuter des impasses sur lesquelles il bute et les dernières lignes datées de lui, dans le *Codex Atlanticus*, en 1519 au Clos Lucé, concernent des problèmes de géométrie.

Des lectures à l'écriture : Léonard écrivain

Cette discipline de lecture, menée avec une rigueur obstinée, transparaît également dans la quantité de ses recherches, menées tous azimuts. Léonard travaille sans relâche, ce dont témoigne l'abondance de ses manuscrits et croquis. L'historien des sciences Carlo Maccagni estime que si l'on disposait de tous les traités auxquels Léonard fait allusion, on formerait aujourd'hui un corpus organisé en près de cent vingt volumes[30]. Malgré les tensions entre les différents types d'écriture relevant du registre de l'immédiateté ou de celui de l'élaboration lente d'un livre dans le calme du *studiolo*, Léonard est bel et bien devenu un auteur en se frottant à l'écriture des autres et souvent en la copiant.

Il est possible de reconstituer les techniques de prise de note de Léonard et l'on voit alors son esprit au travail[31]. Le lieu de l'écriture compte ici beaucoup car l'étude n'est pas toujours chez lui confinée à la solitude réfléchie de la chambre ou du cabinet. De même qu'il croque le visage des passants dans la rue ou au cours d'un banquet, Léonard prend des notes sur les chemins, alors qu'il voyage, soit dans des carnets assemblés pour l'occasion, soit sur des feuilles pliées pour qu'elles tiennent dans sa poche[32]. L'écriture est alors nerveuse et parfois la plume s'interrompt, nous laissant saisir le courant de conscience inquiet de l'auteur. Ainsi en 1500, sur les bords du fleuve Isonzo d'où les Turcs peuvent attaquer d'un jour à l'autre :

Ils passeront de nuit, s'ils ont peur, je [le?] suspecte. Barrages en bois… Les gens d'armes ne valent rien contre eux [les troupes locales?] s'ils ne se groupent pas, et s'ils se groupent, ils ne peuvent qu'être en un lieu où elle [?] est plus faible ou plus puissante que les ennemis. Si elle est plus faible, comme [je l'ai appris] à propos des ennemis par les espions… ils passeront avec[33]…

Sur le même feuillet se trouvent aussi divers brouillons d'une lettre à envoyer aux magistrats de Venise pour les conseiller en matière militaire. Le malaise de Léonard est tangible dans ses hésitations même. Les recommandations qu'il se fait à lui-même sont aussi un moyen de gérer le temps à la manière d'un agenda, comme lorsqu'il écrit en 1489 : « Fais-toi montrer le *De ponderibus* par le frère de Brera[34]. »

Les notes de travail sont toutes différentes : il y a les listes de vocabulaire ou les exercices de grammaire par exemple, des fiches de lecture ou des prises de notes préparatoires (*zibaldone*), des transcriptions, des exercices de mathématiques, des calculs et même parfois des annotations critiques. Ce sont aussi des réécritures de passages argumentatifs, de longues et belles démonstrations pratiquement rédigées en un seul jet même si parfois le lecteur/écrivain laisse des blancs parce qu'il n'est pas sûr d'avoir compris certaines questions[35].

Enfin, l'écriture est un moyen pour Léonard d'organiser sa pensée, comme lorsqu'il promet d'écrire un traité et qu'il en donne le plan à l'avance pour être sûr de ne rien oublier. Les divisions du livre sur le vol qu'il élabore dans le *Codex K* relèvent de cette logique[36] :

Divise le traité sur les oiseaux en quatre livres, dont le premier traitera du vol par battement d'ailes, le second du vol sans battement d'ailes à l'aide du vent, le troisième de la façon d'évoluer ensemble, comme le font les oiseaux, les chauve-souris, les poissons, les animaux et les insectes ; le dernier du mécanisme du mouvement.

Ce serait encore le cas du *Traité de la peinture* qui collationne toute une série de notes prises dans divers *codices*, ou encore du traité sur l'eau du *Codex Leicester*, du traité sur les choses de la nature mentionné dans le *Manuscrit E* et même du traité des éléments de machines dont il est question dans le *Codex Madrid*. La procédure la plus fréquente est parfaitement décrite dans le *Codex Arundel* :

> À Florence, dans la maison de Piero di Braccio Martelli, le 22 mars 1508. Une collection sans ordre faite de plusieurs feuillets que j'ai copiés ici, espérant plus tard les arranger en ordre à leur juste place, en fonction du sujet dont ils traitent [...] les sujets sont très divers, et la mémoire ne peut tous les retenir [...] ceci je ne l'écris pas car je l'ai déjà écrit[37].

Il semble donc que Léonard ait souvent transféré ses écrits sur des traités aujourd'hui disparus, biffant parfois dans les notes éparses les travaux mis au propre et ordonnés ailleurs, comme le prouve cette recommandation du *Codex Atlanticus* concernant la nécessité des sauvegardes :

> Vois demain ces divers sujets et les copies, puis efface les originaux et garde-les à Florence, de manière à ce que si jamais tu perdais ce que tu emmènes avec toi, l'invention ne soit pas perdue[38].

Ces traités compilés – réels ou seulement espérés, il est difficile de trancher – sont l'occasion pour Léonard d'un véritable réseau d'autoréférences. Il n'est en effet pas rare qu'il écrive des phrases ressemblant à celle-ci : *Comme il est prouvé à la 21ᵉ [proposition] du 4ᵉ [livre] de ma théorie*, qui laissent le lecteur un peu frustré[39].

L'hybridité même de la culture de l'artiste-chercheur, mélange d'inculte et de savant, et sa volonté de saisir la totalité du monde en partant d'une expérience directe tout en rattrapant le retard intellectuel initial, a produit une matrice culturelle d'une rare originalité.

Notes

1. *CA*, fol. 42ᵛ, « quadrante di Carlo Marmocchi, mesere Fracesco Aralo (le Filarète), Ser Benedetto Ciperello (abaciste), Benedetto de l'abaco, maestro Pagolo Medico (Paolo dal Pozzo Toscanelli, cartographe et mathématicien), Domenico di Michelino, el Cavo de li Alberti, meser Giovanni Argiropolo ».

2. C'est l'exercice auquel s'est livré notamment Carlo Vecce dans *La biblioteca perduta : i libri di Leonardo, op. cit.* 2017.

3. Citons les noms des membres de ce réseau amical que l'on relève au fil des pages : Stefano Caponi, Iovan Ghiringhello, les Marliani, Fazio Cardano, Giorgio Antonio Vespucci, Ottaviano Pallaviccino, Vincenzo Aliplando…

4. Romain Descendre, « La biblioteca di Leonardo » in S. Luzzatto et G. Pedullà. *Atlante della letteratura italiana*, vol. I, Einaudi, 592-595

5. « Borges ti fara avere Archimede del vescovo di Padova e Vitellozzo quello di Borga a San Sepolcro », *Codex Leicester* fol. 2ʳ. Archimède est cité à de nombreuses reprises par Léonard cf Ms L, fol94ᵛ, Ms 2038 fol. 12, Ms B fol. 33ʳ, Ms G, fol. 95ʳ, *CA*, fol. 85ʳ, sur la quadrature du cercle, Windsor, RL 12280ʳ, le Ms F sur les centres de gravité des paraboles. Pour une édition moderne, voir : *Archimede Latino/Archimedes Latinus, Iacopo da San Cassiano e il corpus archimedeo alla metà del quattrocento con edizione della Circuli dimensio e della Quadratura parabolae*, Texte établi et traduit par Paolo d'Alessandro et Pier Daniele Napolitani. Les Belles Lettres, Paris, 2012.

6. *Codex 8936* dit *Madrid* II, fol. 2ᵛ et 3ʳ : « Libro di Giorgio Valla ». Sur Léonard et Valla, voir Carlo Pedretti, dans *Leonardo e io*, Mondadori, Milano,

2008, p. 303-315. Pedretti y traduit en italien la lettre dédicatoire de Valla à Trivulzio. Léonard a aussi lu la *Collectio* de Giorgio Valla publiée à Venise par Simon Papiens, dit Bevilacqua en 1498.

7. John Peckham, *Prospectiva Communis,* 1482, Cité dans le *CA,* fol. 551ʳ. Witelo Vitellione, ou Vitelone, *Perspettiva,* lue par Léonard à la bibliothèque du château de Pavie (*CA,* fol. 611ᵃʳ) et à San Marco (*Codex Arundel* fol. 79ʳ et Ms 2037 fol. 32ᵛ). Piero de Francesca, *De prospectiva pingendi,* 1480, cité dans le *CA,* fol. 559ʳ. Alberti Leon Battista, *Trattato di Prospettiva, Della Pittura, della Statua, dell'Archittetura,* écrit en italien en 1436, cité dans le Ms A fol. 11ʳ.

8. *Aristotelis de philosophia Naturalis* de Giorgio Valla, publié à Venise en 1482 puis en 1496. Léonard y fait allusion dans le Ms F, dans le *CA,* fol. 97ᵛ, 112ᵛ et 83ᵛ, ou encore dans Ms M fol. 62ʳ: «Aristote dit que…». Voir sur le sujet C. Scarpati, «Per la biblioteca di Leonardo: Libro di Giorgio Valla», in *Aevum,* XXIV, 2000, p. 669-674. *CA,* fol. 83ᵛ et 266ᵛ. Voir aussi, Ms I, 102ʳ et 130ʳ citant Aristote et Albert le Grand ou dans le *CA,* fol. 226ᵛ la référence au chapitre II, livre 8 de la *Physique.* Voir Paolo Galluzzi, *Leonardo e i proporzionanti,* Giunti, Florence, 1988.

9. Marianna Molica Franco, "Leonardo copista dal Codice A al Codice di Madrid", *Aevum,* Anno 76, fasc. 3 (septembre-décembre 2002), p. 619-646. Edmondo Solmi, *Le fonti dei manoscritti di Leonardo da Vinci, in Scritti Vinciani,* Florence, 1976, p. 55 et Pierre Duhem, *Etudes sur Léonard de Vinci,* Paris, 1955, vol. I, p. 25 et p. 73.

10. Voir Véronique Boudon-Millot, *Galien de Pergame,* Les Belles Lettres, 2012. En 1490, les ouvres complètes de Galien, y compris la Thérapeutique, sont ainsi imprimées à Venise. Galien, *Therapeuticum libri XIV,* Galeni *Opera,* Venezia, 1490.

11. Girolamo Manfredi, *Liber de Homine,* Bologna, chez Ugo Ruggeri, 1497. L'*Anathomia mundini,* de Mondino de Luzzi, 1478 est citée par Léonard dans le cahier de Windsor, A, fol. 18ʳ.

12. Guy de Chauliac, *Cirogia,* Venise, 1493 cité dans le *CA,* fol. 559ʳ. Benzi Ugo, *Della conservatione della sanita,* Milan, 1481, cité dans le Ms I fol. 79ᵛ. *Libro tertio de lo Almansore chiamato Cibaldone,* publié à Venise par Bernardino de Tridino, en 1483.

13. Marc Antonio Della Torre *Trattato di figura umana,* Padova, Ms K fol. 48ᵛ

14. Augusto Marinoni, *Gli appunti grammaticali e lessicali di Leonardo da Vinci. I. L'educazione letteraria di Leonardo,* Milano, 1944. Deux cahiers du *Codex Trivulziano* dénotent l'enthousiasme de Léonard pour les questions linguistiques: fol. 9-8 et fol. 50-51. Sur les exercices de grammaire de l'année 1497, voir aussi *Codex Alanticus* fol. 213 ᵛ⁻ᵇ, et fol. 1025ʳ.

15. Ms I, fol. 138ᵛ, 39ʳ, 40ʳ, 50r-55ᵛ, 123ʳ à 126ʳ. Pour un commentaire de ces pages, voir Marinoni, *Gli appunti, op. cit.,* I, p. 24-107 et II, p. 49-124.

16. *Esemplificare, venussta, fachultà* (Trivulzio fol. 25^v), *omicidio, pernicioso* (Trivulzio fol. 25^r).

17. Ms I, fol. 40r. Quem, quam, quod, quorum, quis… Voir quelques références au thesaurus perdu *Codex de Madrid* I, fol. 1^v et II, fol. 2^v et 3^r.

18. Paola Manni et Marco Biffi, *Glossario Leonardiano. Nomenclatura delle machine nei codici di Madrid e Atlantico*, Leo S. Olschki editore, Florence, 2011, Margherita Quaglino, *Glossario Leonardiano. Nomenclatura dell'ottica e della prospettiva nei codici di Francia*, Leo S. Olschki editore, Florence, 2013 et Marco Biffi, "Ingegneria linguistica tra Francesco di Giorgio e Leonardo", *Lettura Vinciana LIII*, Giunti, Florence, 2013.

19. Voir le Ms B fol. 13^v (circa 1490) pour la construction du pentagone, analogue à celle donnée par Dürer dans *l'Underweysung der Messung mit dem Zirckel und Richtscheyt*, 1525. Pour la construction du carré ou de l'octogone, voir Ms B fol. 12v.

20. Sur les leçons de Pacioli à Léonard, voir Augusto Marinoni, *La matematica di Leonardo da Vinci. Una nuova imagine dell'artista-scienzato*, Milano, 1982 et du même auteur, « La biblioteca di Leonardo », *Raccolta Vinciana*, XXII, 1987, p. 291-342.

21. Ms M fol. 4^v, fol. 5^v, fol. 6^v, fol. 7^r. Pour la 11e du II ? voir Ms K fol. 74^v. On trouve d'autres études sur Euclide dans le *Codex Forster II*, le *Codex Arundel* et même le *Codex de Madrid II* fol. 78^r, ce qui signifie que les études de géométrie continuent de le passionner au moins jusqu'en 1505.

22. Ms M fol. 8^r (théorème du gnomon), Ms I fol. 6^r (théorème de Pythagore), 12^r et 12^v.

23. Luca Pacioli, *Divina Proportione*, Milano, 1498 mais imprimée à Venise en 1509.La version imprimée de l'ouvrage a des figures commentées par des textes qui correspondent exactement à des lignes qui figurent dans le Ms M de Léonard de Vinci. Voir Martin Kemp, *La Scienza dell'arte*, Florence, Giunti, 1995, p. 191.

24. *CA*, fol. 331^r.

25. Pacioli, dans le *De viribus quantitatis* (manuscrit compilé entre 1496 et 1508), qui fait allusion aux activités de Léonard ingénieur pour le compte de César Borgia, indique qu'il a commencé à vulgariser Euclide et dans le *Codex de Madrid* II, les folios 104 à 138v sont une traduction fidèle du mathématicien de Mégare. Le Ms M fol. 80r, propose même un passage du livre X sur la construction des polyèdres. Sur l'ouvrage de Pacioli, on peut consulter l'excellente thèse de Francesca Aceto, *Jouer en temps de guerre. Le cas du De Viribus Quantitatis du mathématicien Luca Pacioli*, (1445-1517), EHESS, 2016.

26. Cf. Le *Codex de Madrid* II, fol. 46^v à 54^r qui offre une discussion de la *Summa de* Pacioli et les Ms Forster II et Ms K, qui reviennent sur la théorie des proportions.

27. Sur la duplication du cube, voir le *CA*, fol. 161^r.

28. *Codex Forster* II, fol. 33[r].

29. *Codex de Madrid* II fol. 78[r], Forster II, fol. 19[v], 20[r], 20[v] etc pour des exercices sur les proportions. Pour un exemple d'erreur de calcul à cette époque, voir Forster II, fol. 2[v].

30. Carlo Maccagni, « Riconsiderando il problema delle fonti di Leonardo », 1970, in *Leonardo letto e commentato*, Florence, 1974.

31. Cf. Special Issue: "Note-taking in Early Modern Europe", guest editors: Ann Blair and Richard Yeo, *Intellectual History Review*, volume XX, Issue 3, Routledge, Taylor and Francis Group, Sept. 2010.

32. Ainsi le Ms L, en 1502-1503, contient toute une série de notes sur les caractéristiques de la Romagne ainsi que des observations sur les fortifications d'Urbino tandis que le folio daté de 1500 du *Codex Atlanticus* paginé 638v, plié en 6, est couvert de notes sur le Frioul.

33. *CA*, fol. 638[v].

34. *CA*, fol. 611[r.a].

35. C. A fol. 543v « I moti sono di… » ou Ms I fol. 88v, "I moti sono di nature…", Cf. Fabio Frosini, *Nello Studio di Leonardo*, in *La Mente di Leonardo* (dir. Galluzzi), p. 123 ainsi que Fabio Frosini, "Il lessico filosofico di Leonardo in tre stazioni dello spirito" in, *I mondi di Leonardo. Arte, Scienza, Filosofia*, Atti del Convegno, Milano 2002, ed. par Carlo Vecce, Milano 2005, p. 173-208.

36. *Codex K1* fol. 3r.

37. *Codex Arundel*, fol. 1r, ma traduction.

38. *Codex Atlanticus*, fol. 214r de l'ancienne notation, texte cité par Vassili Zubov, *Leonardo da Vinci*, Metro Books, 2002 [Harvard University, 1968], p. 63.

39. Il s'agit ici d'un traité sur l'eau auquel il est fait référence dans le *Codex Leicester*, folio 35r.

IV

Léonard et la tradition des arts mécaniques

Lorsque Léonard se vantait d'être un « homme sans lettre », il revendiquait la dignité supérieure de l'inventeur en un temps où le « vil mécanique » était constamment rejeté. Pour comprendre cela, il faut mesurer l'importance considérable prise par les arts liés à l'inventivité des ingénieurs dans l'Italie du Nord à la fin du XVe siècle.

La sphère du dôme de Santa Maria del Fiore

Le dôme de Santa Maria del Fiore, commencé dans les années 1420 par l'architecte Brunelleschi, était une merveille de technologie. Son architecture avait été conçue sans cintres, grâce à un agencement de briques particulièrement astucieux et à un épaulement réciproque des deux coupoles dont il était formé[1]. Le chantier avait avancé très rapidement grâce aux machines de levage inventées par maître Filippo, au rythme de treize tonnes soulevées chaque jour, si bien que, lors de l'arrivée de Léonard à Florence, l'édifice sommital, une structure de marbre à plan octogonal inscrite dans un cercle de dix mètres de diamètre, dressait orgueilleusement ses quinze mètres au-dessus de l'oculus qui fermait la coupole. Ce lanternon devait stabiliser par son poids l'ensemble de l'édifice[2].

En 1468, l'atelier d'Andrea Verrocchio se vit confier la fabrication d'une sphère de cuivre doré géante à fixer au-dessus du lanternon. Le contrat stipule que la sphère sera constituée de :

> huit morceaux, reprenant la forme du modèle fournie par lui [Verrocchio], lequel se trouve à l'œuvre du Dôme… la sphère mesure quatre brasses… et il faudra faire pour ladite boule une armature de laiton… et puis faire une collerette avec un canon… qui entrera dans le bouton de la sphère, et qui servira à lier celle-ci à l'armature[3].

L'année précédente, Giovanni di Bartolo avait terminé l'anneau de bronze qui servirait de support. En 1470, un certain Paolo di Mateo, chaudronnier, reçut une autre commission, celle de la croix de bronze qui surmonterait la sphère[4]. C'est non sans fierté que le tout jeune Léonard se retrouva impliqué dans cette entreprise qui s'acheva en 1472.

> Rappelle-toi, écrit-il, les soudures dont on fit usage pour souder la boule de Santa Maria del Fiore. De cuivre imprimé dans de la pierre, comme les triangles de ladite boule[5].

Ces notes, qui interviennent dans une réflexion sur les courbes paraboliques de certains miroirs, donnent un indice sur l'utilisation de miroirs ardents pour fondre les baguettes d'étain servant à solidariser «les huit morceaux». L'autre indice de ce texte est l'utilisation du «on», qui laisse entendre que Léonard a fait partie de l'équipe qui est montée sur les échafaudages de la coupole, à 90 mètres de hauteur, expérience peu commune et certainement enthousiasmante pour qui rêve de tutoyer les oiseaux.

Pour soulever l'énorme charge, on avait prévu un treuil à engrenages de belle dimension que Léonard dessine avec soin dans le *Codex Atlanticus*[6]. L'ingéniosité des machines de levage qui sont encore sur le chantier ou qui sont reproduites dans le carnet de notes (*zibaldone*) de son ami Bonaccorso Ghiberti (neveu de Lorenzo Ghiberti, né en 1475 et collègue de Brunelleschi entre 1420 et 1436), produisent sur lui une forte impression[7]. Il est difficile pourtant de savoir si l'apprenti les a vues réellement. En effet, les perspectives de ses schémas ressemblent à ceux du *zibaldone*, sa connaissance est donc peut-être de seconde main, à moins qu'il n'ait vu les machines rapidement et qu'il se soit fié pour ses restitutions aux transcriptions graphiques de ses amis[8]. En tout cas, plusieurs phases de la construction du Dôme sont lisibles dans chacune des vues consignées dans le codex. Le grand treuil à trois vitesses (*colla grande*), actionné par un carrousel de bœufs, soulève des charges que l'on fait passer par l'oculus du Dôme[9]. Le treuil léger à bras, équipé de rouleaux en place de dents d'engrenage, est réservé aux charges plus légères, y compris depuis des plates-formes en haut de la cathédrale[10]. Viennent ensuite toute une série de croquis de grues qui chacune répond à une tâche particulière : grue rotative avec treuil et réglage à double vis pour déplacer les chargements d'un niveau du chantier à l'autre (C.A. fol. 105[v]), grande grue rotative à vis avec contrepoids réglable pour le déplacement radial des échafaudages et des charges concernant la maçonnerie du lanternon (C.A. fol. 965^r), grue de positionnement précis, sur base à disque réglable en hauteur, des blocs de marbre constituant les piliers du lanternon (C.A. fol. 808^v), grue à plate-forme annulaire pour la couverture du lanternon (C.A. fol. 808^r) et même mécanisme à poulie pour la reprise d'un chargement (C.A. fol. 847^r)[11].

La Toscane, laboratoire de la mécanique

Tous les dessins de Léonard ne correspondent donc pas nécessairement, on le voit, à ses inventions propres : certains ne font que reprendre les réalisations de ses prédécesseurs. Pour se former, Léonard doit nécessairement copier. Il faut noter que ces grues ne sont probablement pas toutes pour autant des inventions de Brunelleschi, puisque nombre d'entre elles appartiennent à la dernière phase des travaux, qui se situe après la mort de l'architecte, en 1446. Le chantier fut en réalité un grand espace collaboratif où plusieurs esprits apportèrent au fil du temps leurs idées singulières. Lorenzo Ghiberti, par exemple, avait beau être le grand rival de Brunelleschi, le Dôme a bénéficié de ses contributions.

Le fait que les machines aient été dessinées aussi bien par Léonard que par Buonnacorso Ghiberti ou Giuliano da Sangallo démontre qu'elles finissaient par entrer dans le fonds commun de l'ingénierie toscane. En 1480 d'ailleurs, Léonard indique qu'il a réalisé à Florence le moule en plâtre des grandes vis de Santa Liberata, c'est-à-dire de Santa Maria del Fiore, et qu'elles lui serviront pour des instruments de guerre navale[12].

Aucun ingénieur n'avait encore été formé dans une école spécifique. Tous ces mécaniciens de génie dont Léonard admirait les engins appartenaient plus ou moins au même milieu que lui. Brunelleschi était fils d'orfèvre, Lorenzo Ghiberti, sculpteur, était le beau-fils d'un autre orfèvre. Francesco di Giovanni, dit « le Francione » (1425-1495), qui en 1470 menait de main de maître une boutique spécialisée dans les machines de chantier, était à l'origine un menuisier[13]. Giuliano da Sangallo (1445-1516), un jeune homme qui prenait lui aussi plaisir à dessiner les grues de Brunelleschi, y travaillait justement avec le Francione et apprenait à fabriquer des maquettes[14].

Quand, un peu plus tard, vers 1478-1480, toujours à Florence, Léonard continue de s'intéresser à la mécanique, la puissance des vis vues sur le chantier du Dôme sous forme de tendeurs ou d'éléments de grues le fascine toujours autant, au point qu'il envisage de soulever le baptistère lui-même avec des tiges filetées, peut-être pour permettre d'aligner l'entrée de l'édifice avec l'entrée du Duomo lors des cérémonies religieuses[15]. Vasari rapporte l'ambition léonardienne en ces termes :

> Et parmi ses projets et ces dessins, il y en avait un où il exposa plusieurs fois à ses concitoyens, gens d'esprit, qui gouvernaient alors Florence, le moyen de soulever le baptistère Saint-Jean, et de l'exhausser sur des gradins en le laissant intact, et avec ces fortes raisons, chacun était convaincu que cela était possible, une fois parti, il se rendait compte par lui-même de l'impossibilité de cette entreprise... grâce à des leviers, des treuils et des vis, il montrait qu'il pouvait soulever des poids énormes[16].

En dehors de la tradition orale qui a servi de base à Vasari, il ne reste rien de la main de Léonard sur le projet. On suppose simplement qu'il aurait fallu creuser sous le baptistère et le stabiliser sur une plate-forme supportée par des vérins. Par le jeu de la démultiplication des forces permise par ces engins, Léonard imaginait de surélever les milliers de tonnes du monument. Il est possible que l'artiste ait été inspiré par le récit du déplacement de la tour de la Magione (407 tonnes), opéré par Aristotele Fioravanti (1415-1486) à Bologne en 1455[17].

Vasari mentionne ailleurs un projet de Léonard concernant l'Arno, avec des machines hydrauliques :

> Il fut le premier, étant encore jeune, qui parla de
> se servir des eaux de l'Arno pour en faire un canal
> de Pise à Florence. Il fit des dessins de moulins, de
> foulons, et de machines se mouvant par la seule
> force de l'eau[18].

Selon toute vraisemblance, l'auteur des *Vies* s'emmêle un peu dans la chronologie car le travail de détournement de l'Arno eut lieu en 1503-1504 seulement ; toutefois, il est possible, si l'on en juge par une copie du xvie siècle de dessins perdus de Léonard, que ce dernier se soit intéressé précocement à l'Arno, aux possibilités de navigation qu'il offrait ainsi qu'à sa capacité de mouvoir des machines hydrauliques. On voit en effet, sur une page du Cabinet des dessins et estampes des Offices, le croquis d'un bateau à aubes évoquant le *badalone*, un navire servant à transporter sur le fleuve le marbre du chantier de l'œuvre du Dôme[19]. Ce véhicule amphibie, pour lequel Brunelleschi avait déposé un brevet afin d'en garder le secret, était à la fin du xve siècle un mystère que bien des ingénieurs s'efforçaient de percer[20].

En 1430, Brunelleschi avait aussi rêvé de dévier le fleuve Serchio pour noyer la ville de Lucca qui avait eu le tort de défier Florence : le fantasme de maîtriser un grand cours d'eau par une dérivationn'est donc pas nouveau[21]. Les projets hydrauliques du grand maître méritaient toute l'attention de Léonard qui s'intéressait même à ses projets de bassins de retenue pour la pêche en eau douce[22].

Quant aux moulins et autres foulons mentionnés par Vasari, Léonard s'enjoignait, dans un mémorandum daté du départ pour Milan en 1482, de ne pas oublier d'emporter certains « instruments hydrauliques[23] ». Il se peut que les pompes, norias et vis élévatoires des années 1480, croquées dans le *Codex Atlanticus*, à côté de tournebroches, de machines à tailler les limes ou à polir des miroirs concaves, soient de cette période[24]. La Toscane, au long du XVe siècle, était devenue un véritable laboratoire d'inventions mécaniques.

L'un des premiers à avoir compris que Léonard n'avait pas tout inventé tout seul fut Marcelin Berthelot. Lors de la séance du 27 octobre 1902 de l'Académie des sciences, ce grand chimiste et ardent défenseur du positivisme s'éleva en effet contre l'historien Haton de La Goupillière. Il n'avait pas supporté que son collègue académicien se soit livré à un éloge trop convenu de Léonard de Vinci, devenu la coqueluche de l'Europe depuis la publication en 1883 par Richter d'une partie des manuscrits du grand peintre[25]. L'argument que le chimiste brandit alors pour détruire son confrère consistait à montrer que des machines dont on prêtait l'invention à Léonard figuraient déjà dans les ouvrages de ses prédécesseurs, tel le médecin Konrad Kyeser qui, en 1405, avait par exemple proposé un char d'assaut à l'empereur Ruprecht de Palatinat[26]. Berthelot alla plus loin, lançant une belle bordée d'exemples pour renforcer son propos. Le discours est assurément chargé du parfum désagréable de la polémique, mais l'argument de base est juste : on a selon lui négligé jusqu'à présent le contexte dans lequel Léonard écrivait.

Dans les années 1960, l'historien Bertrand Gille allongea encore la liste des prédécesseurs donnée par Berthelot : Léonard s'inscrivait selon lui dans un système classique où il aurait aussi fallu citer pour être juste Giovanni Fontana (1393-1455), Mariano di Jacopo, dit « Taccola » (1382-1453), Antonio Francesco Averlino, dit « le Filarète » (1415-1470), Aristotile Fioravanti (1415-1486) et Francesco di Giorgio Martini (1439-1502)[27].

D'autres noms pourraient être facilement ajoutés à cette liste, tel celui d'Antonio di Pucio Pisano, dit « le Pisanello » (1395-1455), peintre ayant servi les Este de Mantoue et de Ferrare. Son atelier a en effet laissé quelques belles pages sur les machines de levage, les machines hydrauliques, les foulons et même les tours de menuisier[28]. De fait, il est important de saisir que le « miracle Léonard », du moins dans le domaine de la mécanique, ne peut être compris sans qu'on aille voir ce qui se passait autour de ce personnage au Quattrocento.

Taccola et les travaux siennois

À Florence, le chantier de Brunelleschi n'était pas le seul lieu où l'on trouvait des machines. Plusieurs ateliers, tels celui du Francion ou du Filarète, ou encore celui du Cecca, spécialiste d'effets spéciaux pour les fêtes, proposaient d'autres dispositifs mécaniques. De plus, l'activité textile de l'art de la laine et de l'art de la soie impliquait un cycle productif qui commençait à être sérieusement mécanisé lui aussi, avec des filatures, des ourdissoirs, des moulins à soie et des métiers à tisser[29].

Non loin de Florence, sur l'Arno, il existait également depuis le XIVe siècle toute une série de moulins à foulon, notamment à Remole, qui, là encore, nécessitaient une certaine technologie avec des barrages, des conduites, des roues horizontales et des arbres à cames[30]. C'est toutefois un peu plus loin, dans la région de Sienne, que les techniques se diversifièrent et que naquirent les grands traités qui inspirèrent Léonard, notamment ceux de Taccola et de Francesco di Giorgio.

La ville de Sienne au début du XVe siècle était florissante. Pour concurrencer ses deux rivales, Florence et Rome, elle avait au début du XIVe siècle bâti un nouveau palais pour son gouvernement, surmonté d'une tour de 88 mètres, et agrandi sa cathédrale en lui donnant des proportions gigantesques. Le gros problème de la cité restait son site de colline qui rendait difficile l'approvisionnement en eau. Elle sollicita donc les ingénieurs pour la conception d'aqueducs souterrains, les *bottini*, commencés au XIIIe siècle, mais qui requéraient des améliorations importantes au fur et à mesure que la ville voyait sa population augmenter. Pour alimenter ses fontaines, il fallait capter l'eau à une altitude plus élevée, à près de 25 kilomètres de là.

Parmi les individus impliqués indirectement dans ces travaux d'embellissement autour de la fontaine Gaia, dans les années 1430, se trouvait Mariano di Jacopo, dit « Taccola » (« le Corbeau »). Un temps secrétaire de la Maison des Savoirs (la *Sapientia* était une sorte d'université pour étudiants pauvres), il s'était associé à un ami artiste, Jacopo della Quercia, sculpteur pour la fontaine de la place du Campo. Il écrivit à cette époque à la *Sapientia* deux ouvrages en latin, l'un intitulé le *De ingeneis* (1433) et l'autre le *De machinis* (1449), qui offrent une sorte de synthèse de l'ingénierie de son temps[31]. Un des informateurs de

Taccola était alors Brunelleschi, qu'il rencontra exactement à cette époque, ce dont il témoigne dans son manuscrit, avant un passage concernant les travaux sur les rivières et les moulins.

Ce document démontre qu'il ne faut donc pas trop distinguer les techniques florentines des techniques siennoises, car des porosités importantes apparaissaient entre les divers sites, y compris, semble-t-il, en raison de fuites non désirées. Les ingénieurs entretenaient de légitimes inquiétudes sur la reconnaissance dont ils pouvaient bénéficier car, en l'absence de système de brevets coiffant toute la péninsule, leur propriété intellectuelle demeurait précaire. Pourtant, l'on n'invente jamais seul. Taccola admirait les sources antiques, mais revendiquait également des inventions en son nom propre.

Devenu, en 1434, *stimatore*, c'est-à-dire expert en logistique et surintendant des constructions pour la ville de Sienne, il a supervisé toute une série de travaux. Le *De ingeneis* prouve que Taccola s'était précocement impliqué dans les aménagements du territoire du *contado* siennois et s'était intéressé à l'eau comme source d'énergie, sans pour autant négliger le vent, la force humaine ou animale. Si dans le *De ingeneis* apparaissaient un certain nombre d'inventions militaires et même des armes à feu, le Siennois n'était clairement pas versé dans le domaine.

Tout change dans les années suivantes. C'est l'époque où le désormais haut fonctionnaire (surintendant de la voierie) sculpte des décorations pour la cathédrale et fréquente des humanistes, tels Cyriaque d'Ancône ou Leon Battista Alberti, un prestigieux secrétaire de la suite du pape. C'est avec ce dernier qu'en 1444 il explore la possibilité de scaphandres et d'engins de levage pour récupérer l'épave d'un navire impérial d'époque romaine enfoui dans les vases du lac de Nemi. Surtout, il rencontre des hommes de loi appartenant à la cour des héritiers de Sigismond, tel un certain Pietro de Micheglis avec qui il discute d'affaires militaires. Il entreprend alors d'écrire un traité sur les appareils de guerre, dont les deux premiers livres constitueront la première partie du *De machinis*, terminé en 1449. On y découvre des pages sur les échelles de siège, les trébuchets, les catapultes, les mantelets, les tours d'assaut, les produits et les projectiles incendiaires, les bombardes et les moyens de les soulever, les sapes et autres mines, les chars d'assaut, les techniques de franchissement et les armements de bataille navale[32]. Puits, pompes et moulins ne forment désormais plus que la portion congrue de l'ouvrage.

Quand Taccola mourut vers 1458 (pense-t-on), il laissa quelque 280 folios de dessins et de commentaires techniques écrits sur une trentaine d'années qui constituèrent la base du savoir d'un autre Siennois.

Francesco di Giorgio Martini

Né en 1439[33] dans une famille modeste, Francesco di Giorgio Martini avait été formé comme peintre, sculpteur et fondeur chez Lorenzo di Pietro, dit « le Vecchietto », une formation assez semblable donc à celle de Léonard. En 1464, après des voyages à Rome et Turin, il est payé comme sculpteur et peintre par des communautés religieuses de Sienne et entre, en 1469, au service des eaux et fontaines de sa ville aux côtés d'un certain Paolo d'Andrea. En 1470, avant de partir à Urbino pour servir le duc Frédéric de Montefeltro en qualité d'architecte, fondeur et ingénieur militaire, il entame la rédaction d'un carnet de notes au format de poche (surnommé « *codicetto* ») qui paraphrase en italien les textes de Taccola mais ajoute des commentaires de son cru[34].

Les années ont passé depuis le *De ingeneis* et la technologie a évolué ; c'est pourquoi Francesco di Giorgio insiste beaucoup plus que son modèle sur la manufacture de canons. D'autres innovations sont introduites, même si l'on trouve des rubriques équivalentes à celles de Taccola sur les grues, les machines pour mouvoir des colonnes, les machines hydrauliques, les pompes ou les moulins. Les scies automatiques attirent désormais l'attention du maître, tout comme les voitures automobiles dont on n'avait plus parlé depuis Guido da Vigevano (1280-1349) et Giovanni Fontana (1385-1455)[35].

Son atelier est alors prolifique et il fait école. Un manuscrit anonyme conservé aujourd'hui à la British Library semble avoir été composé par un de ses élèves qui fait référence à « *Maestro Francesco di Siena* » et qui recopie plusieurs de ses inventions du *Codicetto*[36]. C'est à cet anonyme créatif que l'on doit des dessins d'hommes volants et de parachutes qui anticipent de quelques années ceux de Léonard.

En 1477, après la guerre de Colle Val d'Elsa, Francesco s'installe à Urbino auprès de son nouveau maître, Frédéric. Il réalise pour lui une frise en bas-relief constituée de 72 panneaux sur l'art de la guerre destinés à décorer le nouveau palais. Devenu un expert en matière de fortifications, il court les chantiers : on lui doit toute une série de forteresses des Marches, typiques d'une architecture de transition entre les fortifications médiévales et la fortification bastionnée de la génération suivante, capable de soutenir les feux de l'artillerie.

En 1485, la République de Sienne réclame son artiste, ce qui explique son retour à des préoccupations toscanes sur les mines, les barrages (sur le fleuve Bruna), les pêcheries, les ponts (pont de Macereto sur la rivière Merse), et les aménagements des parcours des *bottini* avec des puits réguliers.

Dans un second traité, rédigé vers 1490, Francesco di Giorgio réorganise son savoir et lui donne un tour plus théorique[37]. En travaillant sur les effets des machines, il anticipe quelque peu la notion de travail mécanique à laquelle Gaspard Coriolis donnera sa vraie définition en 1792. Son originalité est d'inventer des règles graphiques nouvelles accompagnées de données lexicales et d'éléments de mesure[38].

Influences siennoises

Le legs des ingénieurs siennois à Léonard de Vinci est considérable et nous contraint à donner partiellement raison à Marcelin Berthelot et à Bertrand Gille, insistant sur le rôle des prédécesseurs de l'homme de Vinci.

Un nombre très élevé de machines ou d'éléments de machines du *Codex Atlanticus* ou des *codices* de Madrid, traditionnellement exhibés sous forme de maquettes dans les musées pour nous convaincre du génie du grand savant, figurent en effet chez Brunelleschi, Taccola et Di Giorgio, non seulement sous forme d'éléments machinaux (bielle-manivelle, engrenages, arbres à cames, systèmes à inertie…) mais aussi sous forme de machines plus élaborées (scies hydrauliques, pompes, trébuchets, machines à battre les pieux, bateaux à aubes, parachute…). La liste des emprunts est interminable. En somme, Léonard lui aussi s'est hissé sur les épaules des géants.

Écrire pour transmettre

L'écrit est bien sûr un média privilégié dans cette transmission des savoirs au sein des ateliers de la Renaissance, car l'apprentissage passe d'abord par l'étude, le dessin et la copie de modèles. L'exemple de Francesco di Giorgio recopiant le *De ingeneis* de Taccola est de ce point de vue paradigmatique. Léonard à son tour annote abondamment un manuscrit de Di Giorgio[39]. À vrai dire, un auteur comme Francesco di Giorgio écrit pour inspirer ses successeurs et le proclame d'ailleurs dans l'introduction de son traité :

> Ce travail n'est pas au bout du compte un ensemble d'instructions [...] mais plutôt un ouvrage pour ceux qui pensent et ont une compréhension du *disegno*, sans lequel on ne peut comprendre les compositions et les parties de l'architecture [...] ; j'ai donné de chaque partie d'amples exemples et comme l'architecte accompli doit inventer dans le cadre de circonstances imprévisibles, il serait impossible de réaliser cela sans le *disegno*[40].

Le *disegno*, loin d'être un simple exercice manuel, impliquait une approche créative et conceptuelle permettant de saisir les principes enseignés. Plusieurs copies du traité furent réalisées dans cette perspective par des scribes – tel le futur architecte Fra Giocondo – du vivant même de Francesco, avec des marges pour que l'apprenti puisse insérer des dessins en face du texte[41]. Le Siennois avait conçu son ouvrage comme un manuel et nombreux furent ceux qui l'utilisèrent ainsi, à commencer par les membres de l'atelier des Sangallo à Florence[42].

L'historienne Gustina Scaglia est la première à avoir repéré que la longue chaîne de traités incluant des machines au xvᵉ siècle commençait par un cahier aujourd'hui perdu de Brunelleschi qui fut recopié par Lorenzo Ghiberti vers 1430 dans son *zibaldone*, lui aussi perdu mais heureusement recopié à son tour par Bonnacorso Ghiberti, son neveu[43].

Les idées de Brunelleschi ont aussi été transmises à Taccola, comme nous l'avons vu plus haut, à l'occasion d'une interaction directe entre les deux hommes en 1427, puis les concepts du *De ingeneis* sont récupérés par Francesco di Giorgio, lui-même lu par Léonard. Gustina Scaglia, en comparant ces divers textes, en déduit l'existence d'un autre manuscrit perdu qui aurait été consulté par Francesco di Giorgio et qu'elle baptise le « complexe machinal ». Cet ouvrage dériverait directement selon elle des travaux initiaux de Brunelleschi. Assez récemment, un journaliste anglais, Nick Pelling, a suggéré que le texte en question, un mystérieux *Traité des engins*, pourrait avoir été rédigé par Antonio Averlino (1400-1469), dit « le Filarète », formé par Lorenzo Ghiberti et auteur lui aussi d'un *Trattato di architettura*[44].

Pour passionnantes que soient ces spéculations philologiques, il est difficile de trancher ; elles démontrent à tout le moins l'importance des circulations de textes. Cela est d'autant plus étonnant que la plupart des auteurs que nous venons de citer étaient, à juste raison, assez paranoïaques sur le vol de leurs idées par d'autres, comme on l'a vu plus haut.

Il y a, de fait, une sorte de tension au xvᵉ siècle entre l'idée médiévale d'un secret de corporation, protégeant la propriété intellectuelle, et la nécessité de former les membres de l'atelier ou les amis que l'on s'est choisis. Brunelleschi avait ainsi fait accepter au Conseil de Florence en 1421 l'idée que ses inventions devaient pouvoir bénéficier d'un brevet assorti d'un monopole d'usage pendant plusieurs années. Les passages du *Zibaldone* de Bonnacorso Ghiberti sur le treuil portable étaient quant à eux chiffrés dans un code «Jules César».

Bien plus tard, Léonard, étant à Rome vers 1515, se plaignit des ouvriers allemands Giorzio (Georg), son assistant, et Giovanni (Johann), un verrier indépendant. Ils avaient accès à son atelier et non seulement souhaitaient emporter chez eux des maquettes de ses inventions, mais pis encore, espionnaient ses recherches sur les miroirs incendiaires[45].

Cela n'a pourtant pas empêché Léonard de récupérer à son tour auprès de ses jeunes collègues de précieux renseignements. Ainsi, en 1493, alors qu'il réfléchissait à l'opportunité d'utiliser des secteurs en lieu et place de rouleaux en guise de dispositifs anti-friction pour des cloches très pesantes, il écrit :

> Giulio [Tedesco] me dit qu'il a vu en Allemagne
> un de ces secteurs consommé par l'axe m[46].

L'ingénieur toscan, ici, a une dette vis-à-vis de techniques usuelles de l'aire germanique que son assistant lui rapporte complaisamment, ce qui lui évite de commettre une erreur[47]. Bien des savoir-faire et des secrets, on le voit, étaient transmis dans l'atelier de façon exclusivement orale, d'où l'usage fréquent des cahiers de notes où l'on enregistrait ce qui était dit à côté de dessins.

Parmi les savoirs tacites acquis par les artisans, on comptait pour commencer les recettes d'arithmétique et de géométrie pratique servant à redimensionner certaines pièces ou à dessiner des formes complexes, y compris des spirales, avec règle et compas[48]. Tout partait de ces dessins à l'échelle que l'on nommait *disegni breve* ou *a braccia piccole*, qui permettaient de faire l'économie de maquettes en bois.

Il ne s'agissait pas de mathématique au sens universitaire du terme, mais bien plutôt d'une « science vulgaire » aux finalités pratiques, du type de celle que présente Dürer dans l'*Underweysung der Mesung* (1525)[49].

Une bonne partie du savoir était aussi lexical, il fallait digérer tous les termes techniques employés, là encore assez éloignés de ceux de la langue des doctes[50].

Enfin, être un bon artisan mécanicien supposait d'avoir été confronté à des situations diverses où les problèmes à résoudre dépendaient de la perception offerte par les sens, que ce soit dans le domaine de la forge ou de la fusion, où l'œil seul pouvait dire l'état du métal et le moment opportun pour lancer la trempe, dans celui de la menuiserie où l'intelligence des fibres du bois est fondamentale, dans le maniement de divers types de limes pour obtenir un usinage parfait ou encore dans celui des préparations chimiques pour les colles ou les baumes à s'appliquer quand on s'est brûlé, où le timing est précieux.

L'atelier fonctionnait par ailleurs comme un groupe de travail où non seulement le maître enseignait son savoir à l'apprenti, mais où, de plus, divers individus détenteurs de techniques les transmettaient de manière collaborative. On trouvait dans l'atelier de Francesco di Giorgio, par exemple, outre des dessinateurs-mécaniciens, tel l'auteur anonyme du manuscrit de la British Library, des fondeurs de canons, tel Cozzarelli, des menuisiers, des sculpteurs et des tailleurs de pierre. L'atelier de Verrochio était assez semblable ; quant à l'atelier de Léonard à Milan, il réunissait aussi bien des jeunes peintres comme Salaï, que des alchimistes comme Zoroastro ou des mécaniciens comme Giulio Tedesco. Ce dernier forgeait toutes les petites pièces mécaniques de Léonard, du cranequin d'arbalète aux mises à feu à rouet en passant par les serrures les plus sophistiquées.

La maîtrise des techniques artisanales et la réplique des pratiques des aînés supposaient la répétition inlassable des mêmes gestes pour travailler l'intelligence de la main[51]. La compétence était ensuite validée par un chef-d'œuvre face à une communauté de praticiens, raison pour laquelle Brunelleschi, qui n'acceptait que ce type d'autorité pour garantir sa propriété intellectuelle, proposait à Taccola :

> Que l'on convoque un conseil, avec une assemblée d'experts et de maîtres en art mécanique, afin de discuter des plans de travail et des constructions[52].

C'est à cette coutume de vérification typique des ateliers que Léonard renvoie dans sa fameuse lettre de candidature à Ludovic le More lorsqu'il propose de faire la démonstration de ses inventions mécaniques en grand dans le parc du Castello Sforzesco.

L'importance des voyages

Il existait encore un autre moyen pour augmenter ses compétences : c'était tout simplement de fréquenter d'autres ateliers ou de voyager pour s'inspirer de ce que l'on voyait. Antonio Averlino, par exemple, après avoir été formé à la fonderie à Florence par Lorenzo Ghiberti, partit en 1427 à Rome en apprentissage avec d'autres élèves de Ghiberti et, fort de ce savoir, proposa ses services d'architecte à la ville de Milan. Francesco di Giorgio lui aussi quitta les ateliers de sa ville pour regarder ce qui se passait à Rome et à Florence avant de gagner Urbino.

Les voyages pouvaient même être de courte distance : ainsi le collègue de Di Giorgio déjà mentionné, surnommé l'Anonyme siennois, se rendit-il un beau jour des années 1470 sur le mont Amiata, la plus haute montagne de Toscane, sur les terres d'un monastère cistercien, où il découvrit, « près de l'église de l'ermite, à l'abbaye de San Salvatore[53] », une scie hydraulique impressionnante. Sachant que les scies automatiques de Léonard et de Francesco di Giorgio ressemblent beaucoup à la machine en question, il est possible qu'elles dérivent toutes de ce modèle campagnard.

Léonard lui aussi observait beaucoup son environnement technologique : en 1490, il discute avec les maîtres hydrauliciens milanais ; en 1500, il observe la méthode de barrages mobiles sur l'Isonzo inventée par les paysans du Frioul pour mettre au point une écluse à sas ; en 1502, il se moque de la stupidité technique des habitants de la Romagne mais admire quand même leurs moulins à vent, etc[54].

Les champs d'application des savoirs mécaniques chez Léonard de Vinci

L'acquisition par Léonard des arts mécaniques lui permit d'affronter de nombreux domaines d'application que nous allons à présent passer en revue[55].

Notons toutefois que ce n'est pas parce qu'une machine est dessinée par Léonard qu'elle fut réellement construite par lui, d'autant qu'une grande quantité de dessins sont fautifs ou incapables de prendre en compte sérieusement la résistance des matériaux. Cependant, à l'inverse, il ne faut pas non plus verser dans un hypercriticisme consistant à prétendre qu'aucune machine ne fut bâtie, puisque nous disposons à cet égard de plusieurs contre-exemples confirmés par des sources extérieures : ici un compteur d'eau, là des machines de théâtre ou encore ailleurs le très spectaculaire lion mécanique de la fin de sa vie[56].

Incontestablement, Léonard commença par reprendre les inventions déjà présentes chez Brunelleschi, Taccola et Di Giorgio. Les grues et les machines de levage forment un dossier particulièrement important de dessins que l'on peut associer, pour l'essentiel, au chantier de Santa Maria del Fiore : grues à plate-forme tournantes, grues à positionnement de charge, grues roulantes, grues tournantes, grue de Brunelleschi, grue du « *viticcio della lanterna* », etc[57].

La réflexion sur les moulins, qui rejoint celle de Francesco di Giorgio, débouche sur la description de modèles et d'applications extrêmement variés : moulins prenant l'eau par le dessus ou le dessous, moulins à turbines, moulins à grains, à olives ou à couleurs, moulins actionnant des scies ou des soufflets, moulins pour assécher des marais, moulins éclusiers[58]. D'autres machines hydrauliques présentent des capacités élévatoires, mais si certains principes sont déjà présents chez Taccola (chadoufs utilisant le levier, norias, vis d'Archimède, pompes aspirantes/refoulantes à pistons, etc.), Léonard sait aussi innover comme le prouve le cas des pompes à double secteur adaptées d'un principe antérieur de transmission du mouvement par secteur et chaîne[59].

La fréquentation des maîtres de l'hydraulique milanais conduit également Léonard à se bâtir une véritable expertise dans le domaine des canaux et des écluses, qui lui servira aussi bien à Milan qu'à Cesenatico en 1502, sur l'Arno (pour un projet de détournement du fleuve) en 1504, sur l'Adda en 1510 et même à Romorantin en 1517[60]. Aux canaux sont aussi liés des projets d'excavatrices ou de dragues fluviales datables de toutes ces périodes[61].

Les techniques de fonderie, auxquelles il fut initié dans l'atelier de Verrochio, furent incontestablement améliorées par lui dans le contexte milanais à l'occasion du projet jamais réalisé de statue équestre pour les Sforza. Il conçut la synchronisation de fours, la fabrication de moules renforcés ainsi que de systèmes de coulées à contrôle pyrotechnique, ou quantité d'appareils de levage sophistiqués pour extraire et redresser la statue[62].

Toute une série d'inventions relève plutôt de la micro-mécanique, que ce soient des machines à tailler les limes ou à usiner les vis, des serrures, des dispositifs anti-frottements, des tournebroches ou des horloges. Ici encore, les rencontres sont importantes, telle celle du serrurier allemand Giulio Tedesco ou des horlogers florentins Della Volpaia. Léonard semble avoir été particulièrement fasciné par les possibilités d'automatisation offertes par les ressorts[63].

Les machines militaires de Léonard doivent beaucoup au *De re militari* de Valturio ou à Taccola et Di Giorgio, notamment en ce qui concerne les engins les plus archaïques de type échelles de siège, chars, tours d'assaut, catapultes ou trébuchets[64]. Toutefois, dans bien des cas, qu'il s'agisse des arbalètes géantes ou des orgues d'artillerie, Léonard apporte ses propres innovations, depuis les méthodes de chargement jusqu'à l'agencement en éventail des tubes de ribaudequins. Certaines inventions, tel le char d'assaut, laissent quand même perplexe car d'une part le système d'engrenage pour l'entraînement de la machine est dessiné à l'envers, provoquant le blocage du véhicule, et d'autre part, les canons dont celui-ci est porteur posent toute une série de problèmes : chargement par l'extérieur, asphyxie probable de l'équipage lors des tirs et poids absurde à mouvoir[65].

Avec le temps, cependant, et la fréquentation des fondeurs de bombardes milanais, maître Zanin et maître Albergeto, Léonard devient lui aussi un grand spécialiste de l'armement à feu. On le voit d'abord dessiner une fraiseuse hydraulique produisant des segments de bombardes (au départ fabriquées par l'assemblage de barres et de cerclages en fer), puis on découvre grâce à lui toute les étapes de la méthode de fonderie et d'alésage des canons modernes en bronze qui, dans les années 1490, remplacent les bombardes en fer forgé. Ces pratiques nous seraient sans cela mal connues[66]. Ses recherches l'amènent encore à réfléchir sur l'*architoni-tro*, un canon à vapeur mentionné par Valturio[67]. Enfin, la collaboration avec Giulio Tedesco conduit Léonard à travailler sur la platine à rouet, un dispositif de mise à feu sans mèche pour arquebuses ou pistolets d'arçon dont le principe consiste à remonter avec une clé un ressort qui actionne par l'entremise d'une bielle un disque tournant dans un réservoir de pyrite. Bien ajusté, le disque crée alors une étincelle qui allume la poudre de l'arme[68].

La période milanaise engage Léonard dans la produc-tion de machines de spectacle encore plus sophistiquées que celles qu'il a vues à Florence, héritées de la tradition brunelleschienne. Elles utilisent des contrepoids, des pou-lies et des leviers, et même désormais des engrenages et des ressorts comme les horloges astronomiques conçues par d'autres à Florence[69].

Léonard et l'art du tissage

Selon l'historien des techniques Bertrand Gille, c'est dans le domaine des machines textiles que Léonard marqua le plus son originalité[70]. Romano Nanni en doute un peu et démontre que la manufacture textile avait fait de grands progrès dans les années 1450, aussi bien en Toscane que dans le Milanais[71]. Il est en fait difficile d'affirmer avec certitude que toutes les inventions décrites par Léonard dans ce domaine lui appartiennent en propre ; néanmoins, ses dessins saisissent un état intéressant de la réflexion sur ces techniques artisanales. Il semble avoir envisagé l'ensemble de la filière textile, les différentes fibres (laine, soie, coton, lin), les transformations principales de la matière première en semi-produit et en produit fini, ainsi que la production d'articles particuliers tels que les bérets feutrés.

Pour la laine, Léonard examine par exemple plusieurs solutions pour la mécanisation du filage, du tissage et de la finition, offrant ainsi une vision complète de la chaîne opératoire allant de la matière première au produit fini[72]. L'art de la laine avait connu dans la seconde moitié du XVe siècle une petite révolution avec l'introduction du fuseau à ailette adapté sur le rouet. Le fil, en passant sur une ailette qui tourne à une plus grande vitesse qu'une bobine placée en son centre, subit une torsion tout en s'enroulant et devient ainsi plus solide. Léonard, dans les années 1492-1497, propose une mécanisation plus intense encore de la filature et présente diverses machines innovantes : une fileuse transformant un mouvement circulaire en mouvement rectiligne alterné permettant le va-et-vient de deux fuseaux à ailettes et une meilleure répartition du fil sur les bobines ; une fileuse à engrenage actionnant une dizaine de fuseaux d'un seul tour de manivelle, ; un métier à filer continu à ailette à quatre fuseaux utilisant cames, engrenages, vis et poulies, etc[73].

Il est possible que Léonard se soit inspiré de ce qu'il voyait alors se développer en termes de machines complexes dans l'art de la soie. L'accélération des innovations était en effet extrêmement forte dans cette filière. Ainsi, à Lucques au cours du XIVᵉ siècle déjà, des tordeurs travaillaient sur des métiers hydrauliques bien plus sophistiqués que les métiers à main utilisés à Florence. Ces tordeuses circulaires pour la soie furent diffusées dès le XVᵉ siècle et connurent d'intenses développements techniques, comme la transformation de la tordeuse multiple pour soie en tordeuse hydraulique « à la bolognaise ». Dans les moulins de Bologne, les longs fils de soie tirés des cocons étaient unis par deux ou plus et retordus pour gagner en robustesse et donner naissance au fil utilisé pour la trame, l'organsin. La tordeuse à la bolognaise était composée de grands métiers circulaires placés de façon concentrique. Le métier extérieur supportait des roquetins de soie et des bobines pour l'enroulement du fil retordu alors que le métier interne, actionné manuellement ou par un moulin hydraulique, avait un rôle moteur pour les roquetins et les bobines. La technique devait être gardée secrète sous peine que l'artisan responsable de la fuite soit exclu de la ville, mais il est évident que Léonard en a eu connaissance et a même réfléchi à son amélioration[74].

On trouve aussi chez lui des études de dispositifs d'arrêt de fuseaux montés sur des moulins à soie hydrauliques en cas de rupture de fil[75]. L'activité de tissage des rubans de soie l'intéresse également, comme on le voit dans divers schémas du *Codex Atlanticus*[76]. Léonard préconise le passage de la canette porteuse du fil de chaîne dans le pas des fils de trame, non au moyen d'une navette lancée, ce qui fut plus tard la solution de John Kay, mais d'une navette conduite à travers le pas par un bras et attrapée en bout de course par l'autre bras. Toutes les opérations de ce métier imitant les opérations manuelles d'un tisserand (et jugées pour cela négativement par Bertrand Gille) sont synchronisées et lancées par l'action d'une manivelle. Léonard de Vinci avait examiné d'autres alternatives pour la mécanisation du tissage. L'une d'entre elles, peu connue et difficile à déchiffrer, utilisait un bras à mouvement circulaire ou « canette oscillante[77] ».

D'autres croquis de Léonard s'attachent à résoudre des problèmes particuliers liés à la finition drapière : la « tonture » ou le « lainage » (hérissage des poils par des chardons)[78]. Parmi les machines à tondre, l'une d'elles combine l'action de quatre jeux de cisailles et de cylindres qui font avancer le drap et le tendent[79].

Une autre machine léonardienne très singulière est également associée aux activités textiles, il s'agit du batteur d'or[80]. Elle répondait à une demande croissante dans le domaine du vêtement de textile de luxe. L'expression « batteur d'or » désignait à l'origine l'artisan qui réduisait manuellement, avec différents marteaux, la feuille dorée encore épaisse, en lames et feuilles toujours plus fines afin que ces dernières puissent être utilisées par les artistes et les orfèvres pour dorer cadres et bijoux ou être enrobées sur des fils peints en jaune destinés à des draps de brocart. Léonard de Vinci avait étudié différentes solutions de mécanisation du processus de battage, dont l'une prévoyait la réalisation d'une machine automatique de grande dimension, techniquement complexe. La roue du mouvement primaire est actionnée par des bêtes de somme : elle fournit l'énergie pour le fonctionnement de toute la machine. L'arbre principal se met en marche, et se déplace de droite à gauche grâce à un système à vis. À l'aller, le marteau-pilon actionné par des cames répartit les coups dans la largeur de la pièce placée sur l'enclume grâce au chariot qui suit le mouvement de l'arbre. Quand le filet de la vis s'interrompt, un poids rappelle l'ensemble arbre-chariot-barre au battage initial. Pendant cette phase de retour, des cliquets présents aux extrémités des deux barres accrochent une dent des roues sur lesquelles ils agissent respectivement. À la fin de la course de retour, le poids revient à sa position et permet aux pinces de serrer la pièce pour un nouveau cycle de travail. Cette machinerie était en mesure de produire des feuilles en série : la roue motrice qui lui était appliquée pouvait actionner entre six et huit machines en même temps.

Les machines volantes

Léonard consacra en tout quelque soixante feuilles aux machines textiles, sans doute plus si l'on se souvient que tout n'a pas été conservé, loin de là ; mais il est extrêmement difficile de faire la part des emprunts dans les innovations qu'il a retracées. Il en va tout différemment des dizaines de feuillets consacrés à un dernier type de machine dont nous n'avons pas parlé jusque-là : les machines volantes.

Ces engins reviennent de façon obsessive dans les carnets de Léonard, et ce dès les années 1480. Il y explore quantité de solutions pour permettre à l'homme de voler, de l'hélicoptère à l'ornithoptère, mais dans la période milanaise, les solutions sont avant tout mécaniques, car il s'agit de démultiplier les forces musculaires de l'homme afin de lui donner la possibilité de battre puissamment des ailes.

Léonard essaye tout : les vis, les mécanismes d'horlogerie, les bielles-manivelles, les poulies et les leviers[81]. Plus tard, cependant, il renonce à ces rêves et se tourne vers le vol à voile, stratagème beaucoup plus raisonnable tant que l'on ne dispose pas de moteur puissant et que l'on ne peut réduire le poids du plus lourd que l'air.

Les codices de Madrid

Dans les années 1490, une de ses périodes les plus productives pour les dessins mécaniques, Léonard, loin de se borner à des dessins de machines individuelles, caresse l'ambition de rédiger un traité d'éléments de machines en plusieurs livres. Ce recueil, vers 1500, est mentionné à plusieurs reprises dans le *Codex Atlanticus* comme s'il était achevé et ses conclusions y sont présentées comme des références à l'étude sur les plans inclinés ou la duplication du cube[82]. Le titre même laisse imaginer que le modèle en était les *Éléments* d'Euclide, structuré comme eux avec des démonstrations et des conclusions.

Le traité sembla longtemps perdu mais en 1966, des chercheurs ont fait à la Bibliothèque nationale de Madrid la découverte extraordinaire de deux *codices* autographes de Léonard, dont le premier volume était particulièrement consacré à la mécanique. Ladislao Reti, un grand spécialiste de l'histoire des techniques, s'attacha immédiatement à éditer ces merveilles et exprima, dans un livre sur ce « Léonard inconnu », l'idée que le traité des éléments de machines avait bel et bien été retrouvé[83].

En réalité, les pages dont on dispose ne sont pas particulièrement structurées, mais l'on peut reconnaître dans des paragraphes introductifs, des conclusions et surtout des dessins de présentation d'une magnifique qualité, une intention de publication. Certaines pages prouvent également ment une volonté de synthétiser la tradition de la physique antique et médicale et la tradition des savoirs artisanaux des ateliers[84]. Dans son introduction à l'édition en fac-similé des *codices* de Madrid, Ladislao Reti démontre que Léonard s'est notamment inspiré des concepts de la physique aristotélicienne, d'Archimède et du *De ponderibus*[85]. Au folio 52v, on lit par exemple :

> La force, le poids, la percussion, le mouvement naturel sont également cause et générateurs l'un de l'autre, et chacune [de ces puissances] naît par la violence.

Les principales idées d'Aristote sur les éléments sont là mais ont aussi été exposées ailleurs par Léonard[86]. La force est un élément qui interagit avec le poids afin de mouvoir les choses soit par le mouvement naturel (celui d'un corps qui veut rejoindre son lieu naturel à cause de la puissance que l'on nomme poids), soit par le mouvement violent qui contredit le mouvement naturel. La percussion ou « coup » équivaut à l'interruption instantanée du mouvement[87]. Il s'agit bien d'identifier des principes généraux pour la mécanique dont découleront des applications pratiques. Ainsi, alors qu'il observe les moulins de Vigevano sur les propriétés de son patron Galeazzo Sanseverino, Léonard estime que leur rendement est faible, ce qui lui inspire des réflexions sur la puissance d'une chute d'eau qui ne sont pas sans rappeler les pages de Francesco di Giorgio sur le sujet[88].

Mais pour devenir technologue, Léonard devait aussi élaborer l'alphabet de base de sa mécanique en identifiant les *elementi macchinali*[89]. C'est donc à une véritable étude anatomique des machines qu'il se livre dans le volume I madrilène. L'ordre des feuillets ne semble pas répondre à une logique très claire, d'autant qu'au milieu des passages sur la mécanique se glissent des pages sur l'astronomie ou sur les machines volantes, mais il appert que l'auteur suivait originellement un plan. Il est tout d'abord familier de la notion de machines simples élaborée déjà par les savants de l'époque hellénistique[90] : le plan incliné, le levier, très étudié par Archimède, et la roue, à laquelle le pseudo-Aristote consacrait de belles pages. Chacune de ces trois machines a droit à des développements chez Léonard, même si l'ingénieur n'a pas procédé analytiquement, comme le fera plus tard Guidobaldo dal Monte dans son *Mechanicorum liber* où les mathématiques de chaque machine simple sont exposées méthodiquement à la manière d'Archimède[91].

Le plan incliné, du principe duquel découlent la rampe, le coin, le tire-fort ou la vis, est plutôt décrit chez Léonard dans une comparaison des effets d'un poids tiré sur un plan incliné et d'un plan incliné tiré sous un poids[92]. Les utilisations du coin dans des montages sont aussi rappelées[93]. Léonard explique aussi ailleurs que l'aile de l'oiseau qui s'enfonce dans l'air fonctionne comme un coin[94].

La roue et ses divers avatars (le treuil, la poulie, la roue d'engrenage, la roue à aubes) suscitent des développements bien plus détaillés[95]. Le traité élabore en effet une théorie des poulies et des engrenages[96]. Après avoir déterminé la forme et la dimension idéale des dents et de leurs espacements, il passe en revue tous les types d'engrenages (droits, coniques, épicycloïdaux, pinions à lanterne, pinions semi dentés, etc.) et tous les types de dents (classiques, asymétriques, hélicoïdes). Léonard distingue aussi les divers types de transmission de mouvement par engrenages parallèles, orthogonaux ou inclinés et mentionne la direction des sens giratoires dans les trains d'engrenage[97]. Il prend également en considération les transmissions par chaînes, par courroies et par crémaillère et dessine à l'occasion ce type de chaîne qui nous est familier car on le retrouve dans les chaînes à vélo[98]. La transmission du mouvement par barre, et le cas particulier des bielles-manivelles, qui associent roue et levier pour transformer un mouvement de rotation en mouvement de translation, n'est bien sûr pas ignoré[99].

La vis, qui est en fait la combinaison d'un cylindre, c'est-à-dire d'une roue, et d'un coin, fascine Léonard de longue date, il lui réserve donc une réflexion particulière qui commence par une longue introduction programmatique :

> Ici l'on démontre la nature de la vis et la nature
> de sa puissance de levier et pourquoi celle-ci doit
> être plutôt adoptée pour tirer que pour pousser. Et
> l'on montre que celle-ci a plus de force quand elle
> est simple que quand elle est double, et quand elle
> est mince plutôt que grosse, étant mue par un levier
> de même longueur et force. Et ainsi l'on fera un
> petit discours sur les différentes manières d'utiliser
> les vis, leurs types divers, et l'on distinguera com-
> bien de types de vis sans fin l'on peut fabriquer[100].

Léonard tient ses promesses, évoquant les vis sans fin articulées à un engrenage, les vis sans fin circulaires, les vis sans fin concaves, les vis à fils inverses, l'équivalence entre une vis et un plan incliné ou encore la puissance de la vis[101].

Les cames sont au départ, elles aussi, un dérivé de la roue puisque ce sont des roues avec un profil particulier destiné à programmer une action[102]. La came la plus simple est ainsi une roue équipée d'une dent unique mais l'on peut aussi imaginer, comme le fait Léonard, des roues biscornues, telle celle qui va soulever un marteau de forge et le laisser retomber brutalement[103]. Un cas particulier de ce dispositif de codage qu'est la came est celui utilisant des cannelures sinusoïdales[104]. Léonard les applique notamment dans une armure automate afin d'animer alternativement le bras droit ou le bras gauche du « robot ».

Le catalogue de Léonard présente aussi toute une série de mécanismes autobloquants qu'il baptise « serviteurs ». Sur les chantiers, ils visent à empêcher que de lourdes charges que l'on a soulevées ne viennent à retomber ; ils se déclinent sous plusieurs formes : roues à cliquets avec arrêt horizontal, frein à disque à encliquetage, dispositif d'encliquetage automatique, crochets de sécurité ou louves[105]. Viennent encore tous les types de joints, de clavettes et de charnières, particulièrement avantageux dans les assemblages[106]. Non seulement Léonard pense ici aux joints à rotules mais il semble qu'il ait même imaginé, bien avant Cardan, le joint universel qui porte pourtant le nom de ce dernier[107].

À ce jeu de Meccano déjà complexe, s'articulent les dernières innovations du XVe siècle : les volants d'inertie déjà décrits par Francesco di Giorgio, les dispositifs anti-frottements indispensables pour des machines en bois qui ne cessent de casser, et surtout les ressorts, ces merveilles de la nature qui semblent animées d'une vie propre. Léonard énumère divers types de volants d'inertie à disques et à boules. Il les utilise d'ailleurs très tôt dans nombre de machines, comme la vis d'Archimède pour élever l'eau ou le modèle de bateau à aubes des années 1480[108].

Brunelleschi luttait déjà contre les frottements en remplaçant les dents d'engrenage de ses treuils par des cylindres cuirassés de bronze, mais Léonard va plus loin en établissant une typologie : aux cylindres, il ajoute les cônes tronqués, les roulements à secteur (pour les cloches) et les roulements à bille[109]. Le perfectionnement des aciers à la fin du Moyen Âge offrit par ailleurs aux contemporains des opportunités inespérées pour les automatismes en créant les conditions d'un matériau disposant d'une élasticité qui ne fatigue pratiquement pas. C'est la raison pour laquelle Léonard se penche particulièrement sur la typologie des ressorts : à lames, à arbalète, à boudins, en spirale[110]. Rien ne lui échappe, pas même dans la diversité des applications : horloges, serrures, armes, et même automates. Il réfléchit également à leur matériau et à sa trempe et à la façon dont on peut les plier mécaniquement, allant jusqu'à dessiner une machine pour les fabriquer[111]. Les importantes réflexions qu'il mène sur les pignons coniques destinés à compenser la perte d'énergie d'un ressort qui se décharge, sont les premiers témoignages de l'invention des fusées d'horlogerie promises à un bel avenir pour la miniaturisation des montres au XVIe siècle[112].

L'individuation de tous les éléments de la mécanique procède d'un processus de réduction en art bien décrit par Hélène Vérin et qui traverse toute la Renaissance dans bien des domaines d'application[113]. Il s'agit à la fois d'une mise par écrit de tout un savoir oral, celui de la boutique et des chantiers, et d'une simplification visant à rendre machinal un art de la combinatoire.

En effet, dès lors que l'on a identifié la base de toutes les chaînes cinématiques, les problèmes qui se posent au constructeur de machine peuvent être mieux circonscrits. C'est là peut-être le legs le plus important de Léonard à la mécanique. Les manuscrits de Léonard concernant les machines furent certes enfouis durant des siècles mais il est difficile d'affirmer que rien ne filtra de sa réflexion en cette fin du XVe siècle, alors qu'il se trouvait encore à Milan, et dont l'*ingenium* consistait à transposer et combiner.

On voit par exemple ressurgir les solutions de Léonard pour le métier à ruban dans le métier à barre développé à Dantzig puis en Hollande au XVIIe siècle, et le filage à fuseaux multiples réapparaît au XVIIIe siècle. Se pourrait-il, comme le suggère Graham Hollister-Short, que les assistants allemands de Léonard aient contribué à la diffusion de ses découvertes[114]?

Au début du XVIIIe siècle, la méthode de décomposition que nous venons de décrire se trouve pour sa part reprise dans le théâtre de mécanique de Jacob Leupold (1674-1727)[115]. Elle est imitée encore par l'École polytechnique de Paris au XIXe siècle et quand Franz Reuleaux a finalement l'occasion de consulter l'édition de Richter des papiers de Léonard, on ne s'étonne plus que ses chaînes cinématiques et ses engrenages soient un calque parfait, amélioré bien sûr avec les mathématiques modernes, de ce qu'un homme de la Renaissance avait couché dans son *Trattato d'elementi machinali*[116].

Notes

1. Frank D. Prager et Gustina Scaglia, *Brunelleschi. Studies of his Technology and inventions*, Dover Publications, New-York, 1970, et pour une synthèse plus récente, Ross King, *Brunelleschi's Dome. How a Renaissance Genius Reinvented Architecture*, Penguin Books, Londres, 2000. Voir aussi Salvatore Di Pasquale, «Leonardo, Brunelleschi and the machinery of the construction site», dans Paolo Galluzzi (ed.), *Leonardo da Vinci engineer and architect*, Montréal, 1987. On peut également consulter sur internet Gli anni della Cupola/The Years of the Cupola. Archivio Digitale delle fonti dell'Opera di Santa Maria del Fiore/Digital Archive of the sources of the Opera di Santa Maria del Fiore, www.operaduomo.firenze.it/cupola.

2. Andrea Bernardoni et Alexander Neuwahl, *Construire à la Renaissance. Les engins de chantier de Léonard de Vinci*, Presses universitaires François Rabelais, Tours, 2014.

3. Cesare Guasti, *La cupola di Santa Maria del Fiore*, Barbera Bianchi editore, Florence, 1847, p. 113.

4. *Ibid.*, p. 114-115.

5. Manuscrit G de l'Institut de France, fol. 84ᵛ.

6. *CA*, fol. 112ᵛ.

7. Le *zibaldone* est conservé à la Biblioteca Nazionale Centrale di Firenze sous la cote B.R. 228. La collection des dessins de Sangallo, elle, se trouve à la bibliothèque communale de Sienne sous les cotes Cod. S. IV.4 et S. IV.8.

8. Sur le sujet, voir Gustina Scagla, dans «Alle origine degli studi technologici di Leonardo», *XX Lettura Vinciana*, G. Barbera editore, Florence, 1980 et Ladislao Reti, «Traccie di progetti perduti di Brunelleschi», Florence IV *Lettura Vinciana*, G. Barbera editore, Florencee, 1964, sont en désaccord.

9. Biblioteca Nazionale Centrale di Firenze Manoscritto Banco Rari, 228 fol. 102ʳ et 105ᵛ/même machine dessinée par Léonard dans le *CA*, fol. 1983v.

10. Biblioteca Nazionale Centrale di Firenze Manoscritto Banco Rari, 228 fol. 104r et fol. 98r, dessin par Ghiberti du treuil léger plus détail/même machine dessinée par Léonard dans le *CA*, fol. 105bᵛ.

11. Davide Russo, «Nuove ipotesi sulle macchine da cantiere brunelleschiane», in Romano Nanni, *Leonardo e le arti mecchaniche*, Skira, Milano, 2013, p. 183-217. L'auteur de l'article classe ces machines dans l'ordre de leur apparition logique sur le chantier grâce à une théorie technologique russe des années 1950 conçue par un certain Altshuller: la TRIZ (acronyme signifiant «théorie pour la résolution inventive de problèmes»).

12. CA, fol. 909ᵛ.

13. Daniela Lamberini, «Alla Bottega del Francione: L'Architettura Militare dei Maestri Fiorentini», in *Francesco di Giorgio alla corte di Federico da Montefeltro*, Atti del Convegno Internazionale di studi, Urbino, a cura di Francesco Paolo Fiore, Olschky, editore, 2004.

14. Domenico Taddei, «Il Francione e la sua bottega», in *Bollettino Tecnico*, n° 5-6, Florence, 1980. Plusieurs dessins de Sangallo relatifs au chantier de Santa Maria Novella se trouvent dans le Taccuino Sennese, fol. 46ᵛ et 48ʳ.

15. Luisa Dolza, «All'insù et per ogni lato in movimenti contrari alla natura loro: La vite d'Archimede nei trattati tecnici rinascimentali», *Journal de la Renaissance*, Brépols, vol. 2, 2004, p. 189-204.

16. Giorgio Vasari, *Les vies des meilleurs peintres, sculpteurs et architectes*, 1568, notre traduction.

17. Carlo Pedretti, *Leonardo Architetto*, Elekta, Milano, 1978, p. 16-18

18. Giorgio Vasari, *Les vies, op. cit.*

19. Firenze, Uffizi, Gabinetto Disegni e Stampe, n. 4085 Aʳ

20. Romano Nanni, «Il Badalone di Filippo Brunelleschi e l'iconografia del «navigium» tra Guido da Vigevano e Leonardo da Vinci», *Annali di Storia di Firenze*, VI, 2011, p. 65-119. Francesco di Giorgio, lui aussi avait proposé une hypothèse de reconstitution du Badalone, voir à la Biblioteca Nazionale di Firenze le Ms Magliabecchiano II.1.141, fol. 222ʳ.

21. Paola Benigni et Pietro Ruschi, « Brunelleschi e l'Arno, l'acqua e l'assedio », in *Leonardo e l'Arno*, Roberta Barsanti ed., Pacini editore, 2015, p. 99-130.

22. Ladislao Retti, in *Tracce, op. cit.*, p. 25-27 pensait en effet qu'un folio du Ms B (fol. 64*r*) représentant une écluse à sas était en réalité une copie d'un dessin perdu de Brunelleschi.

23. *CA*, fol. 888[r].

24. *CA*, fol. 7[r], 34[r], 1069[r] et 1069[v]. A ce sujet, voir Paolo Galluzzi, in *Leonardo da Vinci engineer, op. cit.*, p. 48-59. Les tournebroches sont décrits au fol. 21[r] se trouve machine à tailler les limes au folio 24[r] et celle pour produire des miroirs concaves au folio 17[r].

25. Jean Paul Richter, *The Literary Works of Leonardo da Vinci Compiled and Edited from The Original Manuscripts*, Oxford University Press, Oxford, *1883*.

26. Marcellin Berthelot, « Le livre d'un ingénieur militaire à la fin du xive siècle, d'après un ouvrage de Conrad Kyeser », in *le Journal des Savants*, 1900 ; p. 1, 85 et « Les manuscrits de Léonard de Vinci et les machines de guerre », le *Journal des Savants*, 1902, p. 116.

27. Bertrand Gille, *Les ingénieurs de la Renaissance*, Points, Seuil, Paris, 1964 et du même auteur, *Histoire des Techniques*, Pléiade, Gallimard, Paris, 1978.

28. Dessins de l'atelier de Pisanello, Musée du Louvre, département des arts graphiques, Inventaire 2285[r], 2286[r] et 2286[v].

29. Anonyme, *Trattato del'arte della seta e l'arte della seta in Firenze (1485)*, édition en facsimile du Ms Plut. 89 sup. Cod 117, Biblioteca Laurenziana, Giunti, Florence, 1995.

30. Romano Nanni, *Leonardo et le arti meccaniche*, Skira, Milano, 2013, p. 24 et p. 102.

31. Pour le manuscrit original du *De Ingeniis*, voir le Ms Palatino 766 (Bibliothèque Nationale Centrale Firenze, BNCF), le *Codex Lat Monacensis* 28800 et le *Codex Lat Monacensis*, 197 II (Bayerische Staats Bibliothek, Münich, BSBM). Pour une première version du *De Machinis*, voir le Spencer Ms 136, New York Public Library. Voir aussi la version aquarellée du *De Machinis*, copiée plus tard par Paolo Santini (Bibliothèque Nationale de Paris, Ms Latin 7239). Pour des éditions modernes de ces textes, voir le *De ingeneis. Liber primus leonis, secundus draconis, and addenda...* ed. par Gustina Scaglia, Frank D. Prager et U. Montag, en 2 volumes (I : texte, II : facsimile) Wiesbaden, 1984 ainsi que le *De rebus militaribus (De machinis, 1449)*, publié en français sous le titre *L'art de la guerre, machines et stratagèmes de Taccola Ingénieur de la Renaissance*, Découvertes Gallimard Albums, 1992, ed. par Ernst Knobloch. Pour une étude générale sur Taccola voir Paolo Galluzzi (ed.), *Prima di Leonardo. Cultura delle macchine a Siena nel Rinascimento*, Florence, Electa, 1991, p. 187 et Gusti-ina Scaglia, Frank Prager et U. Montag, « Machines and

structures developed from the notebooks of Taccola. The Machine comple»,
In *Mariano Taccola Iacopo*, 1984, p. 160-171

32. Pour un usage pratique, voir la copie du *De machinis* par Santini : *L'art de la guerre, machines et stratagèmes de Taccola (1992), op. cit.*

33. Paolo Galluzzi, *Les ingénieurs de la Renaissance, de Brunelleschi à Léonard de Vinci* (catalogue d'exposition à la Cité des Sciences et de l'Industrie), Giunti, 1995, p. 251 et Bertrand Gille, *Les ingénieurs de la Renaissance*, coll. «Points Sciences», Seuil, Paris, 1978 [1964].

34. Bibliothèque Apostolique du Vatican, Ms Latin Urbinas 1757 dit «Codicetto», qui recopie les lignes du Ms Palatino 766 du *De Ingeneis* III-IV de Taccola.

35. Sur Franceso di Giorgio et les scies, voir Gustina Scaglia, alle oriine degli studi technologici di Leonardo, XX *Lettura Vinciana*, Giunti Barbera, Florence, 1980. Guido da Vigevano, *Texaurus regis Francie Aquisitionis Terre Sancte de ultra Mare. Liber notabilium illustrissimi principis Philippi septimi*, circa 1345, et Eugenio Battisti, Giuseppa Saccàro Battisti, *Le macchine cifrate di Giovanni Fontana, con la riproduzione del Cod. icon. 242 della Bayerische Staatsbibliothek di Monaco di Baviera e la decrittazione di esso e del Cod. lat. nouv. acq. 635 della Bibliothèque nationale di Parigi*, Arcadia Edizioni, Milan, 1984.

36. British Library, Londres, Additional Manuscript 34113.

37. *Trattato di architettura e macchine*, *Codex Magliabecchiano*, Ms. II.I.141(BNCF) et Francesco di Giorgio Martini, *Trattati di Architettura, Ingegneria e Arte Militare*, a cura di Corrado Maltese, Ed. Il Polifilo, Milano, 1967.

38. Pamela Long, «Picturing the Machine : Francesco di Giorgio and Leonardo da Vinci in the 1490's», in Wolfgang Lefevre (ed.), *Picturing Machines*, MIT Press, Cambridge Mass., 2004, p. 117-141. VOir aussi Romano Nanni, «Meccanica e modelli di Machine tra I secoli XV e XVII», in *Leonardo e le arti meccaniche, op. cit.* p. 87-149.

39. Biblioteca Laurenziana, Florence : *Codex Mediceo Laurenziano 361* connu auparavant sous la côte Ashb.361 [293]. Dans le *Codex de Madrid* II, fol. 86-98, Léonard va jusqu'à recopier le second traité de Di Giorgio. Ladislao Reti, «Francesco di Giorgio Martini's Treatise on engineering and its plagiarists», *Technology and Culture*, vol. 4, n° 3, 1963, p. 287-298.

40. Corrado Maltese, ed. *Trattati di architettura ingegneria e arte militare.* 2 volumes, Il Polifilo. Milan, 1967.

41. Plusieurs de ces copies ont de fait survécu dans diverses bibliothèques : le codex Ashburnham vu par Léonard n'est pas isolé, on peut aussi citer par exemple l'Album codex 10.935 de la bibliothèque nationale autrichienne, à Vienne, le codex Beinecke 491, de la bibliothèque Beinecke à New Haven, et le codex Ital. IV 3-4 (5541) de la Biblioteca Marciana de Venise. Voir aussi L. Cellauro, Francesco di Giorgio and the Renaissance Tradition of the

Illustrated Architectural Treatise In : Hub, B and Pollali, A eds. *Reconstructing Francesco di Giorgio*. Peter Lang, Frankfort, 2011, p. 185-203.

42. E.M. Merrill, « The Trattato as Textbook : Francesco di Giorgio's Vision for the Renaissance Architect ». *Architectural Histories*, *1*(1), Art. 20. 2013, DOI : http://doi.org/10.5334/ah.at. Sur les copies de Di Giorgio, voir le *Taccuino* de Giulano da Sangallo, codex S. IV.8, de la bibliothèque communale de Sienne et le codex Barberini de la Vaticane, Vat. Lat. 4424.

43. La découverte de Gustina Scaglia dans « Drawings of Brunelleschi's mechanical inventions for the construction of the cupola », *Marsyas*, New York, n° 10, 1961, p. 45-68 est saluée par Ladislao Reti dans, *Traccie di progetti perduti di Brunelleschi*, Florence, *IV Lettura Vinciana*, G. Barbera editore, Florence, 1964. Pur un résumé de la généalogie des manuscrits de machines au xve siècle, voir Gustina Scaglia et Frank Prager, *Brunelleschi. Studies of His Technology and Inventions*, Dover Publications, New York, 2004 [1970], P. X et XI.

44. http://ciphermysteries.com/2009/05/20/brunelleschi-ghiberti-filarete-aha, consulté le 15 août 2018. Sur le Filarète voir : F. Calvi, *Notizie sulla vita e sulle opere dei principali architetti, scultori e pittori che fiorirono in Milano durante il governo dei Visconti e degli Sforza*, II, Milano 1865, p. 75, 76-78 et H. Saalman, *Early Renaissance architecture theory and practice in A. Filarete's Trattato di Architettura*, ed. Anna Maria Finoli and Liliana Grassi, Il Polifilo, Milan, 1972 *ibid.*, p. 88-106

45. G 34r, R 885. Domenico Laurenza, « Leonardo nella Roma di Leone X », *Lettura Vinciana XLIII*, Giunti, Florence, 2004.

46. Biblioteca Nacional de Espana, Madrid, *Codex de Madrid* I, fol. 12^v.

47. Pascal Brioist, « The Dissemination of Know How The Case of the Bell La Mutte in the Ctiy of Metz » in *Leonardo da Vinci and Heinrich Schickhardt. On the Circulation of Technical Knowledge in Early Modern Europe*, Herausgegeben von Robert Kretzschmar und Sönke Lorenz Verlag W. Kohlhammer, Stuttgart, 2010, p. 48-57.

48. Graham Hollister-Short, « Invisible technology, invisible numbers », *Icon. Journal of international committee for the history of technology*, I, 1995, pp. 132-147. Voir aussi, Romano Nanni, « Movimenti nella pratica di geometria tra Piero e Leonardo », in *Leonardo e le arti Meccaniche, op. cit.*, p. 55-85.

49. Carlo Maccagni, « Leggere, scrivere e disegnare la « Scienza volgare nel rinascimento » » *Annali della Scuola Normale Superiore di Pisa*, Classe di Lettere e Filosofia, Serie III, vol. 23, N° 2, 1993, p. 631-675

50. Marco Biffi, « Ingegneria linguistica tra Francesco di Giorgio e Leonardo », *LIII Lettura Vinciana*, Giunti, Florence, 2017.

51. Pamela Smith, « In a XVIth century workshop », *The Mindful Hand, Inquiry and invention from the Renaissance to early industrialization*, ed. By Lissa Roberts, Simon Schaffer, Peter Dear, Amsterdam, 2007, pp. 35-58.

52. *De ingeneis*, I, fol. 61r.

53. Gustina Scaglia, « Alle origine degli studi Technologici », *op. cit.*, pp. 20-23.

54. *CA*, fol. 611ʳ : « Trouve un maître d'eau et fais-toi dire comment réparer cela et combien cela coûterait » ; et fol. 270ᵛ : « Que la vanne soit mobile comme celle que j'ai imaginée dans le Frioul, où, quand le sas était ouvert, l'eau qui en sortait creusait le fond. » Pour Léonard en Romagne, voir le *Ms L* et Carlo Pedretti (dir.), *Leonardo, Machiavelli, Cesare Borgia, Arte, Storia e Scienza in Romagna, 1500-1503*, De Luca editore d'arte, 2003.

55. Un index typologique de toutes les machines léonardiennes a été réalisé par Gustina Scaglia dans « Une typologie des mécanismes et des machines de Léonard », in Paolo Galluzzi, *Léonard de Vinci, Ingénieur et Architecte*, 1987, *op. cit.*, pp. 145-161.

56. Sur ce compteur d'eau construit en 1510 alors que Léonard était à Domodossola, voir *CA*, fol. 229ʳ et Ms G, fol. 93ᵛ et le témoignage de Lorenzo Della Volpaia dans ses carnets conservé à la Biblioteca Marciana de Venise. Sur les machines de théâtre admirées à la cour de Milan, voir Luca Garai, *La Festa del Paradiso di Leonardo da Vinci*, La Vita Felice, Milano, 2014. Sur le lion mécanique et les témoignages d'ambassadeurs italiens, voir Pascal Brioist, « Les machines de spectacle », *op. cit.*, p. 55-56.

57. Pour les références précises aux *codices*, voir Scaglia, *op. cit.*, 1987.

58. Pascal Brioist, « Les machines hydrauliques de Léonard de Vinci », in *Léonard de Vinci et la nature de l'invention*, Univers sciences, Editions de la Martinière, Paris, 2012, p. 89-93.

59. Graham Hollister-Short, « The Sector and Chain : An Historical Enquiry », in *Journal de la Renaissance* n° 5, Brépols, 2007, p. 21-56.

60. Cesare Maffioli, « Léonard de Vinci et le savoir des ingénieurs. Aménagement et science des eaux à Milan aux environs de 1500 », Revue d'Histoire des Sciences, 2/tome 69, 2017, pp. 209-243 et Pascal Brioist, « Les machines hydrauliques », op. cit.

61. Andrea Bernardoni et Alexander Neuwahl, « Automatizzare lo scavo : genesi di una gru scavatrice del codice Atlantico », in *Leonardo e l'Arno*, Pacini ed., Florence, 2015, p. 132-146.

62. Andrea Bernardoni, *Leonardo e il monumento equestre a Francesco Sforza. Storia di un'opera mai realizzata*, Giunti, Florence, 2012.

63. Sur les horloges, voir Marco Cianchi, *Les machines de Léonard de Vinci*, Becocci ed., Milan, 2003 et surtout Plinio Innocenzi, *The Innovators Behind Leonardo*, Springer, 2019. Sur les tournebroches, voir Pascal Brioist, « Tournebroches, cuisiniers et horlogers de la Renaissance », in *Festins de la Renaissance*, Somogy Editions d'art, Blois, 2012, p. 146-157.

64. Pascal Brioist, *Léonard de Vinci, homme de guerre*, Alma, Paris, 2013 et Sara Taglialagamba, *Léonard et le génie scientifique*, CB ed., Poggio a Caiano, 2010. Sur l'arbalète, voir Mathew Landrus, *Leonardo da Vinci's giant crossbow*, Springer, 2010.

65. Brioist Pascal, *ibid.*, p. 77.

66. Brioist Pascal, *ibid.* pp. 111-115 et Andrea Bernardoni, « Tecniche e macchine per l'alesatura delle artiglierie nel Rinascimento » in *Journal de la Renaissance*, Brépols, vol. VI, 2008, pp. 201-218 et du même auteur, « La fusione delle artiglierie tra Medioevo e Rinascimento : cronaca di un rinascimento tecnologico attraverso i manoscritti di Leonardo », *Cromohs*, Florence, vol. 19, 2014.

67. Ladislao Reti, « Il Mistero dell' Architonitro », *Raccolta Vinciana*, n° 19, 1962, pp. 173-183 et D.L.Simms, « Archimedes' Weapons of War and Leonardo », in *The British Journal for the History of Science*, vol. 21, n° 2, 1988, p. 195-210.

68. Bernard Foley, Steven Rowley, David Casidy et Charles Logan, « Leonardo, the wheel lock and the Milling process », *Technology and culture*, vol. 24, 1983, pp. 399-427. Sur l'origine probablement allemande de ce dispositif, voir Marco Morin, « The Origins of the Wheellock, a German Hypothesis : an Alternative to the Italian Hypothesis », *Art, Arms and Armours,* 1, 1979-1980.

69. Luca Garai, *La Festa del Paradiso, op. cit,* 2014 et Pascal Brioist, « Les machines de spectacle », *op. cit.*, pp. 55-56.

70. Bertrand Gille, *Les ingénieurs de la Renaissance*, op. cit., pp. 153-175 et *Histoire des Techniques, op. cit.*, p. 640-643.

71. Romano Nanni, « Machine ad majestate imperii e macchine della manufattura tesssile », in *Leonardo e le arti meccaniche, op. cit.*, p. 31-55.

72. *CA*, f. 985r, f. 985v et f. 872v : métier à tisser. Pour une approche générale synthétique, voir Graham Hollister Short, « The literature Relating to Leonardo da Vinci's Work on Textile Machines », *Journal de la Renaissance*, vol. V, Brépols, 2007, pp. 57-77 et Romano Nanni, *Leonardo e le arti meccaniche, op. cit.*, p. 269-319.

73. *Codex de Madrid* I fol. 67^r : fileuse simple, fol. 68^v : retordeuse à deux fuseaux à ailettes, fol. 67^v : fileuse multiple à engrenage, *CA*, fol. 1050^r et 1090 $^{r-v}$: fileuse à ailettes à 4 fuseaux.

74. *CA*, fol. 103^r : « Façon d'assembler ensemble les fils de soie qui se tordent ensuite au métier à filer. »

75. *CA*, fol. 103^r et fol. 549^v.

76. *CA*, fol. 895^r : vue générale d'un métier à rubans. Fol.895v et 872v : détails de mécanismes et notamment de canettes permettant de passer le fil de chaîne entre les fils de trame. Fol.

77. *CA*, fol. 884^r, 884^v et 892^r.

78. Maurice Daumas, *L'Histoire générale des Techniques*, PUF, Quadrige, Paris, 1996 [1960], Walter Endrei, *L'évolution des techniques de filage et de tissage*, La Haye, 1968 et Dominique Cardon, *La draperie au Moyen âge*, CNRS Editions, Paris, 1999.

79. Grande machine à tondre: *CA,* fol. 1105[r]. Pour d'autres machines concernant la tonture, voir *Codex Atlanticus* fol. 1105[v]. fol. 1056[r] et 1056[v].

80. *CA,* fol. 29[r].

81. Domenico Laurenza, *Il Volo*, Giunti, Florence, 2004.

82. Arturo Uccelli, *Leonardo da Vinci. I libri di Meccanica*, Milan, 1940.

83. Ladislao Reti, *Leonardo*, Milan, 1974, voir particulièrement le chapitre sur les éléments de machines, p. 264-287. Pour une version française, voir du même auteur, *L'humaniste, l'artiste inventeur*, Laffont, Paris, 1974. En anglais: *The Unknown Leonardo*, ed. McGraw-Hiil, NewYork, 1974.

84. Paolo Galluzzi, *Renaissance Engineers, from Brunelleschi to Leonardo da Vinci*, Giunti, Florence, 1996, p. 74.

85. *Codex Madrid I*, Edition facsimile ed. Mc Graw Hill Company (New York), 1974. Propriété du manuscrit original: Biblioteca Nacional de España, Madrid. Le *de ponderibus* en question appartient à une tradition textuelle analysée par Duhem.

86. Ms A fol. 34[v], 35[r] et 35[v], Ms B fol. 63[r], Ms C fol. 22[v], *CA,* fol. 657[ar].

87. Paolo Galluzzi, «Gli elementi e le quattro potenze di natura», in *La mente di Leonardo*, Giunti, Florence, 2007, p. 242.

88. *Codex Madrid I*, fol. 171[v], fol. 134[r] et fol. 152[r].

89. Paolo Galluzzi, «la carrière d'un technologue», in *Léonard de Vinci, Ingénieur et Architecte, op. cit.,* 1987, pp. 41 et *seq.* L'idée d'opposer ingénieur et technologue revient originellement à Bertrand Gille dans son *Histoire des Techniques, op. cit.*

90. Walter Roy Laird, «Heron of Alexandria and the Principles of Mechanics.» In *The Frontiers of Ancient Science: Essays in Honor of Heinrich von Staden,* ed. Brooke Holmes and Klaus-Dietrich Fischer, De Gruyter, Berlin, 2015 pp. 289-305 et Pierre Duhem, Les *origines de la statique*. Tome I, Editions Jacques Gabay, Paris, 1905-1906

91. Guidobaldo dal Monte, *Mechanicorum Liber*, Urbino, 1567.

92. *Codex de Madrid* I, fol. 64[v].

93. *Codex de Madrid* I, fol. 47[r].

94. Ms E, fol. 22[v] et 51[r].

95. De la roue: *Codex de Madrid* I, fol. 3[r]

96. Sur les poulies, voir *Codex de Madrid* I fols. 27[v], 36[r], 36[v], 87[v] 88[r]. Sur les engrenages, voir *Codex de Madrid* I, fols.5[r], 13[v], 15[v], 116[r], 118[v].

97. Sur les types de dents, voir Madrid I, fols.13[r], 15[v]. Dents asymétriques: Madrid I, fol. 5[r]. Engrenages épicycloïdaux: Madrid I, fols.15[v]. Sur les transmissions de mouvement par engrenage parallèles voir Madrid I, fol. 13[r], orthogonaux, voir Madrid I, fol. 15[v], inclinés Madrid I, fol. 15[v]. Sur les pinions semi-dentés, voir Madrid I, fols.11[v], 17[r], 19[v].

98. Courroies: Madrid I, fol. 30[v] et 23[r]. Chaînes: Madrid I, fol. 10[r et v]. Pour la chaîne «de bicyclette», voir *CA,* fol. 158[r]. Crémaillère Madrid I, fol. 35[r] et 35[v].

99. Transmission du mouvement par barre : Madrid I, fol. 31ʳ. Bielle-manivelle lente composée à une vis : Madrid I, fol. 28ᵛ.

100. Madrid I, fol. 82ʳ, ma traduction.

101. Vis sans fin articulée à un engrenage : Madrid I.fol. 17ᵛ ; vis sans fin circulaire : Madrid I fol. 70ʳ, vis sans fin concave : Madrid I fol. 19ʳ, les vis à fils inverses ou à double sens : Madrid I fol. 58ʳ et 58ᵛ, l'équivalence entre une vis et un plan incliné : Madrid I fol. 86ᵛ ; la puissance de la vis : Madrid I fol. 121ʳ.

102. Madrid I, fol. 0ᵛ, 7ʳ, 81ʳ

103. Madrid I, fol. 6ᵛ

104. Madrid I, fol. 8ʳ

105. Roue à cliquet : Madrid I, fol. 116ᵛ fol. 117ʳ; frein à disque : Madrid I, fol. 12ʳ ; dispositif d'encliquetage automatique pour une machine à battre des pieux : *CA*, fol. 1018ᵛ, crochets de sécurité et louves : Madrid I, fol. 22ʳ.

106. Joint semi-articulé : Madrid I, fol. 172ʳ; clavette, Madrid I, fol. 10ʳ ; joints rotatifs fol. 62ʳ, à rotules : Madrid I, fol. 100ᵛ.

107. Joint de cardan appliqué à une boussole : Madrid I, fol. 13ᵛ.

108. Madrid I, fol. 114ʳ. Pour la vis élévatoire, voir : *CA*, fol. 26ᵛ. Pour le navire à aubes à volant d'inertie, voir *CA*, fol. 1063r.

109. Roulements à cylindres Madrid I fol. 10ᵛ ; roulements sur cônes tronqués, fol101ʳ, roulements sur secteurs Madrid I, fol. 12ᵛ ; roulements à billes, Madrid I, fol. 20ᵛ.

110. Madrid I, fol. 85ʳ, *CA*, fol. 863ʳ Madrid, fol. 10ʳ, 99ʳ, 50ʳ, 47ᵛ. 49ᵛ.

111. Madrid I, fol. 14ᵛ, 84ᵛ.

112. Madrid I, fol. 14ʳ, 16ʳ, 45ʳ, 85ʳ.

113. Pascal Dubourg-Glatigny et Hélène Vérin (dir.), *Réduire en art, la technologie de la Renaissance aux Lumières*, Éditions de la Maison des sciences de l'homme, Paris, 2008

114. Graham Hollister-Short, « Before and after the Newcomen Engine of 1712 : Ideas Gestalts, Practice », et « The Literature relating to Leonardo da Vinci's work on textile machines » *Journal de la Renaissance, op. cit.*, p. 21-57 et 57-77.

115. Jacob Leupold, *Theatrum Machinarum Generale*, Leipzig, 1724-1734

116. Francis Moon, *The Machines of Leonardo da Vinci and Franz Reuleaux. Kinematics of Machines from the Renaissance to the 20th Century*, Springer, 2007 et Teun Koetsier, Marco Ceccarelli, *Explorations in the History of Machines and Mechanisms*, Springer, Dordrecht et Londres, 2012. Bruno Jacomy, *L'âge du plip : chronique de l'innovation technique*, Editions du Seuil, Science Ouverte, Paris, 2002, p. 73 sur les machines élémentaires présentées dans un cours par l'Ecole Polytechnique en 1811.

V

Léonard, l'observation, la pensée analogique et les proportions

L'œil et la vision

L'œil, par lequel est reflétée la beauté de l'univers à ceux qui le contemplent, est d'une telle excellence, que qui consent à le perdre se prive de la représentation de tant d'œuvres de la nature, par la vue desquelles l'âme se réjouit y compris dans les prisons des hommes. Par les yeux, l'âme se représente en effet toutes les choses variées de la nature. Mais qui perd la vue confine son âme dans une obscure prison où l'on perd tout espoir de revoir jamais le soleil, lumière du monde. Et combien sont ceux qui détestent, dans leur sommeil, les ténèbres nocturnes, encore qu'elles ne durent pas très longtemps ! Ô, que feraient-ils si de telles ténèbres étaient la compagne de leur vie[1] ?

Si Léonard se livre à ce bel éloge de l'œil et à une réflexion sur la hiérarchie des sens, c'est que l'organe de la vision occupe une position centrale dans sa théorie de la connaissance, comme en témoigne un autre passage tout aussi dithyrambique dans le *Codex Atlanticus* :

> Qui croirait qu'un si petit espace peut contenir les images de l'univers entier ? Ô phénomène insigne ! Quel talent peut se vanter de pénétrer ainsi la nature ? Quelle langue pourra exposer un si grand prodige ? Aucune en vérité, voilà ce qui guide le discours humain vers des choses divines. Les figures, les couleurs, toutes les images [*spezie*] de toutes les parties de l'univers y sont concentrées en un point. Ô quel point est aussi merveilleux[2] ?

Contrairement à ce qu'affirmaient les historiens Lucien Febvre et Robert Mandrou, la vue occupait une place prééminente dans la hiérarchie des sens à la Renaissance et l'acuité visuelle était déjà considérée comme la qualité par excellence du savant[3]. Le peintre Léonard était d'autant plus sensible à l'importance de l'œil qu'il faisait preuve de capacités sensorielles hors norme[4]. Sa vue, particulièrement perçante, lui permettait d'observer avec précision les rapaces et toutes sortes d'autres oiseaux au-dessus de la colline de Fiesole, mais aussi de dessiner dans le détail les insectes les plus minuscules.

Mieux encore, il semble qu'il ait disposé d'une aptitude toute particulière pour décomposer les mouvements jusqu'aux extrêmes limites du visible : battements d'ailes de la libellule, allure d'un cheval au galop, tourbillons de l'eau dans les rivières… À plusieurs reprises, il explique combien la vue est précieuse et lie cette idée au poncif néoplatonicien développé chez Marsile Ficin selon lequel l'œil n'est rien d'autre que la fenêtre de l'âme[5]. Il souligne le pouvoir magique du regard des serpents, des loups, et des jeunes filles. Il évoque aussi plaisamment, probablement sans trop y croire, les autruches et des araignées qui « couvent leurs œufs en les regardant », ou les poissons des côtes de la Sardaigne qui éclairent la nuit de leurs yeux[6]. Il juge absurde le choix de Démocrite qui, selon la légende, se serait crevé les yeux afin d'atteindre par ascétisme un niveau de pensée inégalé[7]. À la différence des platoniciens, il pense en effet que l'âme et le corps ne font qu'un.

L'œil est à ce point fondamental pour Léonard qu'il cherche à en percer les secrets en se fondant sur la lecture de Witelo et de Peckham, dont la traduction figure en partie dans ses carnets. Les principaux écrits sur le sujet se regroupent dans le *Manuscrit A* consacré à l'optique et à la perspective, dans le *Manuscrit C* qui compose un traité d'optique et dans le *Manuscrit D* qui traite de l'œil et de la vision. Plusieurs folios du *Codex Atlanticus* reviennent aussi sur ces thèmes.

« *La peinture est fondée sur la perspective* »

En tant que peintre, Léonard est particulièrement sensible à la théorie de la perspective, ou science des lignes visuelles qui a constitué la base de sa formation à Florence[8]. Il est convaincu par l'idée d'une pyramide de rayons visuels que défend son prédécesseur Alberti dans son *De pictura*. Les premiers feuillets du *Manuscrit A* la reprennent clairement :

> La peinture est fondée sur la perspective. La perspective n'est rien d'autre que le fait de bien connaître l'office de l'œil, lequel implique le relevé, par les pyramides, des formes et des couleurs de tous les objets placés devant lui. Par pyramides, j'entends qu'il n'est pas de choses petites qui ne soient pas plus grandes que le lieu situé dans l'œil

auquel ces pyramides sont conduites. Ainsi, si vous conduisez les lignes des contours de chaque corps et les amenez à converger en un point unique, nécessairement, ces lignes sont pyramidales[9].

Tous ces éléments étaient bien connus à la fin du XVe siècle dans les ateliers et Léonard se contente de reformuler des évidences : pour dessiner en perspective, il suffit de tronquer la pyramide des rayons par un plan transparent (une paroi de verre, dit Léonard[10]) perpendiculaire à la direction du regard. Léonard renonça à écrire un traité détaillé sur le sujet car il avait connaissance, nous informe Luca Pacioli, qu'un tel ouvrage avait déjà été rédigé par Piero della Francesca[11]. Il préféra se consacrer dans son *Traité de la peinture* aux aberrations de la perspective linéaire et aux effets de la perspective aérienne pour les couleurs[12].

D'un point de vue philosophique, deux théories s'affrontaient depuis l'Antiquité sur la nature de ces rayons[13]. La première, dite extromission, défendue par les pythagoriciens, considérait qu'un courant de lumière part de nos yeux, s'associe à la lumière du soleil mélangée aux émanations des objets. En d'autres termes, ces rayons visuels irradient de nos yeux et nous permettent d'explorer le monde. La seconde théorie, défendue par les aristotéliciens, est dite intromission. Elle estime que des pellicules infinitésimales et transparentes, appelées simulacres ou espèces, se détachent de l'objet pour se mouvoir dans toutes les directions. Ce sont ces simulacres qui se réduisent avec la distance que perçoit l'œil quand la pointe de la pyramide de leurs rayons rejoint la pupille.

Le médecin du Ier siècle Galien reprenait les théories d'Aristote, mais parlait plutôt d'un *pneuma* optique excitant l'air proche de l'œil, faisant vibrer la lentille considérée alors comme la partie sensitive de l'organe de la vue. Le philosophe arabe Al-Kindi, au IXe siècle, défendait l'idée que c'était la cornée qui envoyait des rayons lumineux dans toutes les directions du champ visuel. Ses traducteurs latins distinguaient par ailleurs *lumen*, qualifiant l'agent de la radiation, et *lux*, qualifiant l'effet de l'illumination.

Alhazen, au XIe siècle, contredit son prédécesseur en apportant de nouveaux arguments en faveur de la compréhension intromissive de la vision : la lumière et la couleur d'un objet illuminé se diffusent à partir de l'objet dans toutes les directions. Observant le phénomène de la persistance rétinienne quand on regarde le soleil, Alhazen déduisait que c'était le monde extérieur qui agissait violemment sur le système visuel par le jeu de sensations. Il échouait cependant à expliquer comment des objets plus grands que la pupille, tels les simulacres, pouvaient y entrer. Il n'expliquait pas non plus comment un objet pouvait être perçu en même temps par deux personnes situées à des distances différentes de l'objet. Il finit par résoudre le problème en divisant l'objet perçu en différents points projetant chacun leur pellicule ou simulacre.

Mais une nouvelle difficulté se présenta aussitôt : les lignes droites des rayons, passant par une fine pupille, vont avoir tendance à se croiser et à former à l'arrière de l'œil une image inversée. Alhazen étudia alors l'anatomie de l'œil, distinguant la sclère, l'uvée percée par l'ouverture de la pupille, la cornée et la rétine. Chaque couche humorale était pensée comme sphérique et arrangée concentriquement par rapport aux autres.

En ayant accès à la *Perspectiva communis* de Peckham, inspirée de Roger Bacon, lui-même lecteur d'Alhazen, Léonard put faire siens les acquis de la science optique arabe, ce qui le fit changer d'avis après 1490. En effet, à cette date il écrivait encore :

Je dis que le pouvoir visuel s'étend de l'œil par rayons jusqu'à la surface des objets non transparents[14].

Il était donc alors tenant de la théorie pythagoricienne de l'extromission. En 1492, cependant, une révolution intellectuelle a lieu chez lui. Il bat sa coulpe et se rallie aux idées sur l'intromission d'Alhazen et Peckham :

> Il n'est pas possible que l'œil projette hors de soi, au moyen de ses rayons, sa faculté de voir parce que, dès l'instant même où la première partie des rayons commence à passer au-dehors afin de rejoindre l'objectif, elle ne peut le faire sans y consacrer un certain temps. Cela étant donné, elle ne parviendrait à la hauteur du soleil, quand l'œil le voudrait, si vite qu'elle se déplace pendant un mois. Et si elle y parvenait, elle devrait être ininterrompue le long de son chemin de l'œil au soleil et il faudrait qu'elle s'élargisse de sorte qu'elle fasse la base et la pointe d'une pyramide entre le soleil et l'œil. L'œil ne pourrait suffire à cette tâche, quand même il serait grand autant qu'un million de mondes, et que sa puissance se consommât dans cet effort[15].

Dans d'autres passages de ses carnets, Léonard explique que les simulacres sont attirés hors de l'air par l'œil comme par un aimant et que chaque objet diffuse sa lumière et remplit l'air d'une multitude d'images[16]. Pour faire comprendre cette idée, il compare la lumière aux ondes propagées dans l'eau par un caillou qu'on y a jeté :

> De même que la pierre jetée dans l'eau se trouve au centre de divers cercles, et de même que le son

se diffuse dans l'air circulairement, de même, tout objet, placé dans une atmosphère lumineuse, se diffuse en cercles, et remplit l'air environnant d'infinies images [*simulacri*] de lui-même, et apparaît dans son entier dans toutes les parties[17].

Autrement dit, les objets projettent autour d'eux dans toutes les directions, à travers un médium transparent, des espèces ou simulacres[18]. Léonard en déduit que la lumière met un certain temps pour se propager, mais que sa vitesse est sans doute trop grande pour être mesurée[19]. Ce qui compte toutefois, c'est bien le médium qui entoure l'objet, comme l'avait pressenti Aristote. À la différence d'Alhazen, Léonard considère que c'est l'objet dans son entier qui est perçu, non pas chaque point de l'objet. En ce qui concerne ce qui se passe dans l'œil lui-même, Léonard abandonne finalement l'idée que les rayons se rejoignent tous en un point unique de la pupille[20]. Il définit également le champ visuel et réfléchit sur la vision binoculaire ainsi que sur l'impossibilité de voir un objet trop rapproché de l'œil[21].

Si l'œil doit voir une chose de trop près, il ne peut pas bien la juger, comme il arrive à celui qui veut voir le bout de son nez. Donc en règle générale, la nature enseigne qu'on ne verra pas parfaitement une chose si l'intervalle qui se trouve entre l'œil et la chose vue n'est au moins de la grandeur du visage[22].

Étudiant le rapport de la lumière à la couleur, Léonard suit par ailleurs Aristote dans le *De sensu* qui considérait que toutes les couleurs provenaient ultimement d'un mélange de blanc et de noir. Le Toscan renonce cependant à trouver des règles sur la production d'une échelle chromatique régulière.

Il se contente de constater que chaque corps a des parties dans la lumière et des parties dans l'ombre, mais ajoute qu'il y a aussi des ombres dérivées ainsi – un corps rouge diffuse-t-il de l'ombre ou de la lumière rouge? –, si bien que l'on ne perçoit jamais la vraie couleur d'un corps, mais une couleur mélangée avec la couleur des autres corps qui l'entourent[23].

Ses travaux anatomiques l'amènent également à disséquer des yeux et il identifie parfaitement la rétine, qu'il associe à l'organe spécifique de la sensation lumineuse, ainsi que la cornée[24]. Il essaie même de comprendre les lois du fonctionnement de la pupille, qu'il assimile à une lentille, et cherche à savoir comment celle-ci est capable de s'adapter à la raréfaction de la lumière[25]. Il comprend enfin que la sensation perçue par l'œil est transmise au cerveau par le nerf optique[26] :

> Il est nécessaire que l'impression soit dans l'œil.
> Le nerf qui part de l'œil et va au cerveau est semblable aux cordes perforées qui, au moyen d'infinis petits rameaux, tissent la peau et par les pores se portent au sens commun[27].

L'œil dessine le cosmos

Léonard justifie son enquête profonde sur l'œil et le miracle de la vision, non seulement par son travail de peintre[28], mais aussi par le fait que l'œil est, comme il ne cesse de le répéter, le plus extraordinaire des instruments de connaissance du monde :

> Ne vois-tu pas que l'œil embrasse la beauté de l'univers tout entier? Il dessine le cosmos, il

prodigue ses conseils à tous les arts humains et les corrige, il transporte l'humanité dans les diverses parties du monde. C'est le genre de mathématique dont la connaissance est certaine ; il a mesuré la distance et la taille des étoiles ; il a découvert la place véritable des éléments, il a prédit le futur par le moyen de la course des étoiles. Il a engendré l'architecture, la perspective, et la divine peinture[29].

Toute connaissance trouve en effet, selon lui, son origine dans nos perceptions[30]. Un texte des années 1480 exprime cependant la curieuse ambivalence de Léonard vis-à-vis du savoir acquis par l'observation, en une sorte de mythe de la caverne inversé.

Tout part ici d'une réflexion sur un vase rempli d'humus qu'on laisse sur un toit et qui, peu à peu, semble se remplir. Le rêveur en déduit qu'à une plus grande échelle, la terre tout entière agit comme un organisme vivant au rythme lent de la géologie qui défie les plus grandes civilisations. Léonard conseille donc à son interlocuteur d'affûter son regard :

> Ne remarques-tu donc pas comment, entre les hautes montagnes, la terre accrue recouvre et dissimule les murs des antiques cités ou les ruines ? Au surplus, n'as-tu pas vu comment avec le temps, sur les sommets rocheux des montagnes, la pierre vive elle-même a englouti, dans son développement, la colonne qu'elle soutenait et l'a dénudée comme avec une tondeuse, et étroitement enlacée, en laissant dans le roc l'empreinte de ses cannelures[31] ?

Léonard enchaîne avec une autre rêverie, inspirée par l'observation d'un énorme fossile, où l'auteur aperçoit dans l'océan le dos d'un monstre marin grand comme une montagne qui fait fuir devant lui les dauphins et les thons et provoque un raz-de-marée. Le monstre lui-même finira par être englouti et prêter sa charpente osseuse à la structure du fond océanique qui deviendra à son tour montagne. L'allégorie du monstre sert à expliciter l'idée d'un cycle continu de vie et de mort qui constitue le mouvement profond de la nature.

Dans un texte contemporain de ce passage métaphysique, après avoir décrit les tempêtes tourbillonnantes, les vagues pleines d'écume de la mer et les éruptions du Stromboli et de l'Etna, expressions violentes de la puissance des forces naturelles, Léonard poursuit sur un ton beaucoup plus personnel et rapporte une vision assez mystérieuse :

> Poussé par un désir ardent, [...] j'arrivai à l'orifice d'une grande caverne et m'y arrêtai un moment, frappé de stupeur car je ne m'étais pas douté de son existence : le dos arqué, la main gauche étreignant mon genou tandis que de la droite j'ombrageais mes sourcils abaissés et froncés, je me penchais continuellement de côté et d'autre, pour voir si je pouvais rien discerner à l'intérieur, malgré l'intensité des ténèbres qui y régnaient. Après être resté ainsi un temps, deux émotions s'éveillèrent soudain en moi : crainte et désir ; crainte de la sombre caverne menaçante, désir de voir si elle recelait quelque merveille[32].

Ces pages ont été abondamment commentées par Freud mais il faut aussi les lire comme une allégorie de la connaissance. À l'inverse de l'homme enchaîné dans la caverne, décrit au livre VII de *La République* de Platon, qui se contente des simulacres des choses projetés par la lumière dans le fond de la grotte, et refuse le savoir, le héros léonardien est, lui, dans la situation de l'explorateur curieux, bien que terrifié[33].

La terre, le plus mystérieux de tous les éléments

Son exploration commence par une rêverie sur ce qu'est la terre, ce qui ne manque pas de logique à une époque où l'on pense, en termes aristotéliciens, que toute la matière est composée d'un ou plusieurs des quatre éléments (terre, eau, air, feu) et se trouve caractérisée par diverses qualités sensibles : poids, couleur, odeur, chaleur/froideur, humidité/sécheresse, dureté/friabilité/mollesse… La perception sensible des éléments et des corps mixtes permet de poser des questions sur les transformations de la matière : on ne peut en effet saisir la nature d'un élément qu'en étudiant les comportements des corps mixtes. C'est ce que Léonard théorise dans les années 1505-1506 :

> L'homme n'a pas la possibilité de définir la nature
> des éléments, mais une grande partie de leurs effets
> sont notables. Et ils nous donnent, pour notre plus
> grand plaisir, leurs degrés de gravité et de légèreté,
> mais à dire la vérité, on ne peut rien dire des corps
> simples car ils ne se trouvent pas parmi nous[34].

La pierre, par exemple, est selon lui un mixte d'eau, de terre et de glace, un corps solidifié par l'action du froid sur l'humide dont il est composé[35].

L'intimité de l'élément terre est sans doute la plus mystérieuse de toutes les intimités élémentales, précisément parce que sa solidité a la forme d'une évidence[36]. Rochers et cavernes constituent des images fondamentales pour notre imagination. Selon Bachelard, ils motivent notre volonté de voir, tout en entretenant notre inquiétude par une peur de l'écrasement, de l'enfouissement ou de la pétrification[37]. C'est tout cela qu'exprime Léonard en une double image condensée du monstre fossilisé et de la grotte mystérieuse. À de nombreuses reprises, Léonard revient sur l'observation des roches et des couches de sédiments soulevées au sommet des montagnes, comme dans le passage suivant :

> Comment les fleuves ont scindé, séparé les uns des autres, les membres des grandes Alpes ; ceci se révèle à la disposition des roches stratifiées, où de la cime du mont au fleuve, on voit les strates à côté de la rive correspondre à celles de l'autre. Où l'on voit comment ces roches stratifiées des montagnes sont toutes parmi des couches de vase que les crues des fleuves ont déposées les unes sur les autres. Comment les diverses épaisseurs de roche stratifiée sont dues aux diverses crues, plus ou moins importantes, des fleuves. Comment entre les diverses couches de la pierre se trouvent encore les traces des vers qui rampaient sur elle quand elle n'était pas encore sèche. Comment toutes les argiles marines contiennent encore des coquilles pétrifiées avec l'argile[38].

Il décrit également avec une grande précision les fossiles ramassés dans telle ou telle zone et note la nécessité de repérer la localisation initiale de la trouvaille[39].

On retrouve cette attention portée aux roches dans plusieurs paysages peints par Léonard, de *La Madone à l'œillet* à *La Joconde*, en passant par la *Sainte Anne*. Certains commentateurs ont même cru pouvoir reconnaître des lieux réels derrière telle ou telle formation basaltique[40]. Il est certain en tout cas qu'un tableau comme la *Sainte Anne* a bénéficié de nombreuses études de paysages et que l'agencement des rochers sur lesquels Marie et Anne posent leurs pieds, d'où sourdent de minces filets d'eau, est fort éloquent sur les connaissances géologiques du peintre[41].

Puissance de l'eau

L'eau est justement le deuxième élément du système aristotélicien auquel Léonard a consacré des centaines de pages conçues pour s'organiser rationnellement en un traité complet[42]. Les passages les plus impressionnants de cette œuvre immense sont assurément ceux dédiés aux mouvements et à l'étude des tourbillons. À la plus petite échelle, Léonard analyse le comportement et la géométrie d'une goutte d'eau sur un plan incliné[43]. Ce qui le fascine toutefois le plus, c'est la puissance de l'élément aquatique et son pouvoir de façonnement du monde. La qualité du regard analytique de Léonard est à son plus haut niveau lorsqu'il essaie de modéliser ce qui se passe lorsqu'on interrompt un flux rapide par un obstacle ou encore lorsqu'il exerce sa sagacité sur les tourbillons créés par une chute d'eau.

> L'eau qui balaye le fond où elle se précipite, avec rapidité ou lenteur, en largeur, profondeur ou étroitesse, du fait que son bouillonnement est refoulé par la nappe liquide, se trouve en partie ramenée à la surface pour y effectuer divers mouvements incidents et réfléchis ; une autre partie retourne à

l'endroit de sa première chute, s'y enfonce avec elle puis remonte en tourbillons latéraux ; une autre encore retombe en plein bouillonnement et se répand lentement autour du centre de sa chute[44].

Mais quand Léonard aperçoit les bulles d'air créées par la masse d'eau tournoyante, il se sent contraint d'affiner encore son analyse[45]. L'observation efficace, comme toujours chez lui, passe par le travail de la main, et des dessins splendides prenant pour thème l'impétuosité de l'eau disent à quel point l'œil du maître saisit, sans toutefois avoir les moyens mathématiques de les comprendre, les complexités qui se présentent à lui[46].

La sphère de l'air

Ce que Léonard réalise pour l'eau, il ambitionne de le faire également pour l'air, rêvant à propos des nuages, des vents et du vol ou cauchemardant sur la foudre et les tornades[47]. La difficulté est bien sûr ici que l'air ne se voit pas ; aussi Léonard utilise-t-il tous les subterfuges possibles pour percevoir les phénomènes météorologiques déjà décrits par Aristote et certains savants médiévaux comme Albert de Saxe. Des nuages, il remarque qu'ils sont portés par le vent comme les courants d'eau emportent des objets flottants, ce qui permet donc de percevoir le mouvement de l'air ; de l'arc-en-ciel, il note qu'il apparaît quand la pluie s'interpose entre le soleil et l'observateur[48]. C'est donc une forme imaginaire.

Sur la couleur du ciel, il avance qu'elle est bleue à cause de l'obscurité qui se trouve au-dessus de la sphère de l'air[49]. Le caractère tumultueux du vent et les interrogations sur sa nature l'amènent à scruter la neige qui tombe sur les montagnes et qui passe au-dessus des sommets en tourbillonnant :

> Le vent se condense au-dessus des lieux qu'il frappe, et davantage au sommet des monts que sur les côtes maritimes qu'il visite ; là se rassemblent tous les vents réfléchis, c'est-à-dire au sommet des versants rectilignes des montagnes battues par ces vents ; car tous ne s'étendent pas transversalement en suivant la forme de crête du mont, mais nombre d'entre eux montent tout droit, surtout ceux qui frappent les montagnes le plus près de leur base, encore qu'après s'être élevés au-dessus de leur sommet, ils décrivent une courbe[50]…

La description du phénomène est juste et tout à fait conforme aux modélisations que peuvent en faire aujourd'hui les physiciens[51]. Léonard a également parfaitement observé les confrontations de masses d'air plus ou moins froides ou plus ou moins humides ainsi que les phénomènes d'évaporation ou de condensation[52] :

> Le chaud cause le mouvement de ce qui est humide, le froid l'arrête. Ceci est prouvé par le fait que la région froide arrête les nuages formés dans l'élément chaud[53].

Autrement dit, la chaleur produit le mouvement de l'évaporation et le froid l'arrête. Ces conclusions, fondées sur ce que Léonard voit des chocs entre masses d'air, sont d'autant plus courageuses qu'elles vont à l'encontre des théories d'Aristote qui considérait, lui, que le mouvement du vent était par nature circulaire[54].

L'alchimie du feu

L'élément feu, le dernier de la quadrilogie aristotélicienne, identifié comme appartenant à la sphère qui entoure la terre en raison de sa subtilité (d'où le fait qu'une flamme s'élève toujours vers le ciel), était familier de Léonard. Il exerçait en effet le métier de fondeur depuis l'atelier de Verrocchio, fréquentait les armuriers de Milan et était devenu un spécialiste d'artillerie auprès de Ludovic Sforza. L'approche philosophique de la question n'arriva cependant à maturité que plus tardivement.

Le savant consacre par exemple vers 1508 un long développement à la description détaillée d'une flamme et de son mouvement[55]. La flamme de la chandelle, explique-t-il, naît de l'interaction entre l'air, la fumée et le feu et l'on peut mettre en évidence les mouvements de convexion qui en résultent et le dessin sert ici d'instrument de visualisation. On peut également déduire de la forme ondulante et de la couleur des éléments de la flamme diverses réflexions sur la chaleur qu'elle induit[56]. Vers 1497, Léonard s'interrogeait déjà sur les causes de la naissance du feu :

> Du coup, cause du feu. Si tu bats à coup de marteau un fil de fer épais de divers coups puissants sur l'enclume, toujours au même endroit, tu pourras sur le lieu battu faire prendre le feu[57].

L'enjeu, ici, est la question alchimique de la transformation des substances dans la nature, qu'il a déjà étudiée ailleurs à propos de la transformation de l'eau en air, tout dépendant pour Léonard de la densité des éléments et de leur degré d'humidité puisque c'est l'eau, selon Aristote, qui lie les éléments entre eux. La conversion de la terre en feu, par exemple, produit une forte expansion volumétrique : l'explosion. Léonard l'étudie notamment à l'intérieur des culasses des bombardes, où la transformation de la poudre en air (gaz) dégage une force. De même, dans une fournaise où l'on coule le bronze, la flamme imprime sa force sur le métal.

Pourtant, il formule bientôt l'hypothèse inverse : la force peut aussi se convertir en chaleur, comme on l'observe quand un corps est percuté. Dès lors, le feu peut procéder d'une action mécanique, percussion ou friction. C'est d'ailleurs ce constat qui le conduit à l'élaboration de briquets à rouet fonctionnant grâce à une roue tournant rapidement dans la pyrite[58].

« *Voir la réelle nature des planètes* »

De l'observation des éléments terrestres ou sublunaires, Léonard est également capable de passer à celle des éléments célestes que sont le soleil, la lune et les étoiles. Dans plusieurs documents, il fait allusion à divers dispositifs optiques : « Fais des verres pour voir la lune plus grande », écrit-il ainsi en 1513. En 1508, dans le *Manuscrit F*, il dessine aussi une plaque de verre montée sur un piédestal, marquée de l'inscription : « Lunette de cristal grosse sur les côtés d'une once[59]… » Il commente :

> Cette lunette de cristal doit n'avoir aucune tache, être très claire et sur les côtés elle doit être grosse d'une once, c'est à dire 1/144 de brasse ; qu'elle soit fine au milieu, en fonction de la vue que l'on a, c'est-à-dire selon la proportion adéquate pour celui qui regarde [...] et cette lunette se doit utiliser à une distance d'un tiers de brasse

de l'œil, c'est-à-dire en s'éloignant de la distance
à partir de laquelle tu lis[60].

Malgré les savantes démonstrations de l'historien
Domenico Argentieri, il n'est pas certain qu'il s'agisse là
d'une véritable lunette au sens du XVIIe siècle, car il n'est pas
fait mention ici de deux lentilles, mais d'une simple lentille
concave. Toutefois, pour Argentieri, le dispositif aurait
prévu d'associer à la plaque de verre une lentille convexe
et aurait donc anticipé la lunette d'approche que Galilée
emprunta aux Hollandais[61]. Vers 1513-1517, Léonard, qui
réside alors à Rome au palais du Belvédère, propose un autre
gadget optique :

Pour voir la réelle nature des planètes, ouvre le
toit et découvre une seule planète sur la base, et le
mouvement réfléchi sur le miroir [concave] de la
base décrira les propriétés de cette planète.

Le savant travaille alors sur des miroirs, dont il explore
encore les possibilités dans le *Codex Arundel* (fol. 86[r]). Il
semble cette fois avoir anticipé le principe d'un télescope
newtonien. Il précise même qu'un miroir sphérique est
excellent quand son ouverture est voisine d'une focale de 8,
sans doute parce que cette dernière élimine les aberrations[62].
La question de savoir si Léonard a inventé la lunette et le
télescope reste à ce jour très discutée par les experts. Elle
est d'autant plus difficile que le mot *occhiali* a chez lui une
signification très ambiguë, qui peut tout aussi bien désigner
de simples lunettes de vue, comme dans le passage suivant :

En ce qui concerne les lunettes des personnes
de cinquante ans, plus on les éloigne de l'œil, plus

elles montrent des objets agrandis. Si l'œil voit deux choses égales qu'on les compare, l'une hors de la lunette, l'autre dedans, celle de la lunette semblera plus grande et l'autre plus petite. Mais les choses contemplées doivent être éloignées de l'œil de 200 brasses[63].

Il n'en demeure pas moins que plusieurs de ses dessins montrent parfaitement les « taches sur la lune », correspondant, on le sait aujourd'hui, aux mers sélènes[64]. Ces observations lui permettent de réfuter des arguments de l'époque, discutés notamment chez Albert de Saxe, sur de pseudo-nuages que la lune produirait[65] :

D'aucuns ont dit que la lune exhale des vapeurs semblables à des nuages et qu'elles s'interposent entre elles et nos yeux. Si cela était, ces taches n'auraient jamais une position ou une forme stable ; et en regardant la lune de points de vue différents, même si elles ne changeaient pas de place, elles varieraient de forme, comme un objet vu sous divers aspects. D'autres ont dit que la lune se compose de parties plus ou moins translucides, comme si l'une était une sorte d'albâtre et l'autre une espèce de cristal ou de verre. Il s'ensuivrait que lorsque les rayons du soleil frappent la partie moins transparente, la lumière s'arrêterait à la surface et ainsi la partie plus opaque serait éclairée et la transparente révélerait les ombres de ces obscures profondeurs [...]. Cette théorie n'en est pas moins fausse car, dans les différentes phases que la lune et le soleil présentent à nos yeux, nous devrions voir ces taches se modifier et nous apparaître tantôt sombres et tantôt claires.

Léonard réfute encore l'idée que la surface de la lune est lisse et polie et qu'elle recevrait le reflet de la terre comme un miroir. Il pense plutôt que la surface sélénite, faite de matériaux semblables à ceux de la terre, est couverte d'eau agitée par la houle. Celle-ci reflète la lumière du soleil de façon plus ou moins efficace, ce qui explique les taches. Léonard explique encore que la lune est à la terre ce que la terre semblerait être à un habitant de la lune. Il préfère réfléchir à partir de ses observations instrumentées et rejette l'argument des autorités philosophiques[66]. Il se pose ailleurs d'autres questions sur la nature solaire de la lumière des étoiles et des planètes, et son jugement est ici encore fondé sur un raisonnement optique, partant de ses idées sur les pyramides visuelles, ce qui l'amène à se détacher de ses prédécesseurs, notamment d'Albert de Saxe[67]. Pour observer les étoiles sans les effets de scintillement, il préconise même de pratiquer un trou avec une aiguille dans une feuille de carton[68] ; il en conclut qu'elles sont très lointaines, mais ne fait pas la distinction entre étoile et planète, ce qui à nos yeux modernes est quelque peu gênant[69].

L'observation botanique

Dans la théorie platonicienne de la grande chaîne des êtres, familière à Léonard grâce à ses lectures, entre le microcosme des éléments et le macrocosme de l'univers, s'inscrivent toute une série d'entités qui vont des rochers à l'homme en passant par les plantes et les animaux[70]. Tous ces éléments de la création, qui se font écho entre eux par de multiples ressemblances, méritent eux aussi, bien entendu, le regard scrutateur du savant.

La botanique est assurément un champ d'intérêt majeur pour lui, depuis son enfance à Vinci, mais elle est aussi un instrument précieux pour son travail de peintre. En effet, depuis le XIVe siècle, les études artistiques de la nature étaient à la mode ; Pisanello et Gentile da Fabriano avaient ouvert la voie en Toscane au tout début du XVe siècle, si bien que, dans l'atelier de Verrocchio, on étudiait les plantes, ce que démontre le dessin préparatoire d'une fleur de lis qui a sans doute servi pour être reporté au *spolvero* sur le tableau de l'*Annonciation* dans les années 1480, où l'on voit d'ailleurs aussi de magnifiques cyprès.

Au cours de cette décennie, Léonard observe les plantes dans les jardins, comme celui de San Marco, et dans la campagne. Un feuillet du *Manuscrit B* présente le dessin aquarellé d'une cosse de petits pois, de cerises et d'une fraise qui proviennent nécessairement d'un de ces vergers-potagers où l'on acclimate les meilleurs fruits très prisés de l'aristocratie. Quelques pages plus loin, on découvre des caroubes et des violettes qui viennent sans doute du même endroit[71]. Les pelouses fleuries de clos où l'on peut prendre des bains sont également appréciés des élites et il se peut que le paysage de l'*Annonciation* rappelle leurs délices[72]. Le Quattrocento n'a pas encore élaboré de grands traités de botanique et se repose donc sur des descriptions issues des Anciens, telles celles de Pline et Dioscoride, mais les jardins des simples sont courants dans les couvents et les médecins commencent à collectionner leurs plantes curatives, comme ce Giuliano da Marliano, un Milanais auquel Léonard veut emprunter son herbier en 1483[73].

Tout au long de sa carrière, Léonard introduit des plantes dans ses œuvres peintes : genévrier dans le portrait de Ginevra de' Benci, palmiers et caroubiers dans *L'Adoration des mages*, œillets bien sûr dans *La Madone à l'œillet*, étoile de Bethléem et massettes (quenouilles aquatiques) dans la *Léda*, mûriers aux branches emmêlées dans la Sala delle Asse à Milan (emblème, évidemment de Ludovic le More), etc. *La Vierge aux rochers* du Louvre est à cet égard un petit herbier à elle seule puisqu'on y reconnaît l'ancolie commune, la violette, la valériane grecque, le cyclamen pourpre, le jasmin officinal, le millepertuis et un petit palmier asiatique nommé rhapis[74]. Dans les années 1505-1508, Léonard réalise à la sanguine ou à l'encre une série splendide de plantes, d'arbustes et d'arbres qui est aujourd'hui conservée dans la collection royale de Windsor : mûrier, viorne obier, larmes de Job, renoncule rampante, typhacée, jonc à fruits, jonc des chaisiers, popelage des marais, branche de chêne rouvre, etc[75]. Le dessin n'est cependant pas son seul instrument d'enquête ; la description textuelle donne toute la mesure de son efficacité dans le *Manuscrit G* :

> Observe la branche du sureau, qui pousse ses feuilles superposées, deux par deux, l'une croisant l'autre ; si la tige monte vers le ciel, d'un jet droit, cet ordre est infaillible. Les grandes feuilles sont à la partie épaisse du tronc, les petites vers la partie mince, le faîte. Mais revenons à la branche inférieure, je dis que les feuilles qui se croisent par rapport à celles du rameau supérieur, étant soumises à la loi qui commande aux feuilles de présenter au ciel une partie de leur surface afin de recueillir la rosée nocturne, elles doivent forcément s'infléchir dans cette position et cesser de se croiser[76].

Dans ce traité, Léonard décrit les ramifications des plantes, la naissance des branches sur les arbres, la naissance des feuilles sur leurs branches, l'aspect des veines du bois,

toutes choses utiles pour l'essentiel aux techniques de dessin
– plusieurs passages du *Traité de la peinture* renvoient d'ailleurs aux réflexions botaniques[77]. Cependant, les passages sur la logique des cercles de croissance des arbres, sur les lois mathématiques cachées derrière les ramifications des branches ou sur le rôle de la rosée dans la croissance des plantes démontrent aussi des ambitions scientifiques[78].

De l'ours au poisson volant, l'étude des animaux

Les animaux, des plus petits aux plus grands, ont également intéressé Léonard. Vasari insiste sur l'amour qu'il leur portait :

> Il eut toujours des domestiques, des chevaux qu'il aimait par-dessus tout et toutes sortes d'animaux qu'il gouvernait avec une patience et un amour infinis. Souvent en passant par des lieux où l'on vendait des oiseaux, il en sortait lui-même de la cage, les payait le prix demandé et les faisait s'envoler, leur rendant la liberté perdue[79].

De fait, plusieurs dessins semblent attester de la présence d'animaux domestiques dans sa vie : ici, vers 1480, une petite chienne, de la race des terriers, assise non loin d'un chat qui se lave ; là, vers 1490, une tête de chien (plus gros) ; là encore, vers la fin de sa vie, une planche entière consacrée aux chats en train de dormir ou de chasser, se transformant à l'occasion en fauve ou en dragon[80]. L'attention aux postures et aux détails est à chaque fois remarquable d'exactitude et l'on sait que le peintre intégra fréquemment des animaux dans ses compositions, de la Madone au chat à la

Sainte Anne, où l'agneau que l'enfant saisit par les oreilles revêt une forte signification symbolique, sans oublier la *Léda et le cygne*[81]. Les fables et prophéties alimentent également tout un bestiaire léonardien qui, très inspiré il est vrai du recueil de la *Fleur de vertu*, semble confirmer l'empathie évoquée par Vasari et une sensibilité particulièrement aiguë à la souffrance animale.

Il serait toutefois exagéré de présenter Léonard comme un zoologue. Il n'est d'ailleurs pas aussi systématique que Pline dans les livres (8 à 11) de l'*Histoire naturelle* qu'il consacre à la question. En effet, les études zoologiques du Toscan sont en général motivées par un intérêt particulier. Prenons par exemple le cas des chevaux, qui sont indéniablement les mammifères les plus représentés. Il a dépeint quantité de montures, notamment à Milan dans les écuries de son patron Galeazzo Sanseverino, si bien que nous pouvons grâce à lui connaître, au moins partiellement, la diversité des races à la fin du XVe siècle : le grand cheval (destrier) de Cermonino, le genet, le sicilien et le frison de Messer Galeazzo, le morel florentin de Messer Mariolo, le roncin blanc d'un fauconnier, les chevaux de bât pour l'artillerie des Français (en 1495), les chevaux pour monter à la genette, les chevaux du chariot à faux, etc[82].

Ces représentations répondent sans doute à des motivations variées, mais certaines ont clairement pour fonction de documenter la possibilité de statues équestres pour les Sforza ou pour Gian Giacomo Trivulzio, ce que disent les postures de cheval passant ou de cheval cabré[83]. Plusieurs autres dessins préparent des tableaux, comme *L'Adoration des mages* ou la fresque de la bataille d'Anghiari[84]. L'artiste détaille parfois les têtes, les croupes ou les antérieurs d'après le vif et sa précision anatomique est telle que des yeux experts peuvent identifier les origines de telle ou telle race chevaline[85]. Il est plus rare que d'autres grands mammifères apparaissent, à l'exception d'un ours et d'un lion probablement vus dans des ménageries à Florence ou Milan[86]. L'usage ici en peut être emblématique, mais l'étude approfondie des détails sert parfois aussi à l'anatomie comparée[87]. De fait, vers 1490, plusieurs dessins à la plume et au lavis, couchés sur papier bleu, de la collection de la reine d'Angleterre mettent en évidence des similitudes remarquables entre le pied de l'ours et celui de l'homme[88].

Les autres animaux auxquels Léonard s'attache sont ceux qui peuvent voler : insectes, chauve-souris, oiseaux et même poisson volant[89]. Là encore, l'enjeu est d'ordre pratique. En premier lieu, leur aspect quelque peu monstrueux le fascine et il s'en inspire pour réaliser le bouclier à tête de Méduse qu'évoque Vasari. De cette période (*circa* 1480) date en effet la vue de face d'un scarabée cornu qui relève autant de la merveille monstrueuse que le gros lézard auquel Léonard colle des ailes de chauve-souris pour en faire un dragon afin d'amuser la cour pontificale vers 1515[90].

Toutefois, la plupart des représentations d'insectes révèlent que l'intérêt majeur de l'artiste-ingénieur est celui qu'il porte à leur kinésiologie microscopique : comment leurs ailes les supportent-t-ils, qu'ils soient diptères comme les mouches ou quadriptères comme les papillons ou les libellules[91] ? Ces dernières retiennent toute son attention, peut-être parce que certaines espèces ont un battement suffisamment lent pour qu'on puisse le discerner[92]. Sur un feuillet du *Codex Atlanticus*, le mouvement des ailes est décrit avec une précision tout entomologique :

La libellule [*pannicola*] vole au moyen de quatre ailes et quand se lèvent celles de devant, les postérieures se baissent. Mais chaque paire est assez forte pour porter, à elle seule, le poids intégral. L'une se baisse, l'autre se lève. Pour voir celle qui fait usage des quatre ailes, va dans les fossés, tu y verras les libellules noires[93].

Pour pouvoir soutenir de telles affirmations péremptoires, on se doute que l'enquêteur ne s'est pas contenté d'observer et qu'il a dû arracher deux ailes pour servir la cause du savoir. Le résultat lui importe d'autant plus que dans le même temps, c'est-à-dire les années 1490, il projette diverses machines volantes à quatre ailes battant par paires de façon alternée. L'anatomie des chauves-souris a semblable vocation à favoriser la construction d'un engin capable de s'élever dans l'air[94].

Ce sont toutefois majoritairement les oiseaux que Léonard observe depuis toujours, et pas seulement le milan, mais bien tous les types d'oiseaux : faucons, aigles, pigeons, canards, pies, corbeaux, pélicans, chouettes, martinets, étourneaux qui volent en essaim, etc. Tous les comportements méritent d'être notés :

Observe le martinet, incapable de s'élever directement du sol en raison de ses pattes courtes. Quand il commence à voler, il plie ses ailes de la façon que j'ai décrite dans mon second dessin[95].

Le plan du traité sur les oiseaux, donné dans les premières pages du manuscrit de Turin sur le sujet, laisse deviner une enquête par étapes :

J'ai divisé le Traité sur les Oiseaux en quatre livres ; le premier traite de leur vol par battement d'ailes ; le deuxième de leur vol sans battement d'ailes et à la faveur du vent ; le troisième, du vol en général, tel celui des oiseaux, chauve-souris, poissons, animaux et insectes ; le dernier du mécanisme de ce mouvement[96].

À la vérité, l'explorateur va encore plus loin qu'il ne le dit, ne se contentant pas de remarques sur le mouvement en vol et sur le comportement aérodynamique des volatiles. Non seulement il se livre à un inventaire des postures en vol (chute libre, mouvement oblique, ralentissement par battements d'ailes pour atterrir, inclinaison d'une aile pour virer, vol ascensionnel en spirale, vol plané, etc.), mais il s'intéresse aussi à la nature et à la disposition des plumes, aux structures osseuses et musculaires, et même aux comportements éthologiques.

De l'anatomie humaine

Le mystère ultime reste à ses yeux celui de l'anatomie humaine. Léonard se vantait devant le cardinal d'Aragon et son secrétaire De Beatis, en 1518, d'avoir disséqué plus de trente cadavres, preuve au demeurant que l'Église n'était pas hostile à ce genre de recherche, contrairement au mythe entretenu de nos jours :

> Ce gentilhomme a composé un ouvrage sur l'anatomie appliquée spécialement à l'étude de la peinture, aussi bien des membres que des muscles, des nerfs, des veines, des jointures, des intestins et de tout ce qui peut s'expliquer tant sur le corps des hommes que sur celui des femmes ; on n'en a jamais fait de semblable, il nous l'a montré et nous a dit, en

outre, qu'il avait fait la dissection de plus de trente corps d'hommes ou de femmes de tous âges[97].

L'œil de Léonard, au cours de ces dissections, diffère singulièrement de ses prédécesseurs médecins, tels Mondino de' Liuzzi (auteur de l'*Anathomia*, 1316) ou Guy de Chauliac (auteur de la *Chirurgia magna*, 1363), peut-être parce que la formation de l'artiste précède chez lui celle de l'apprenti chirurgien[98]. Les peintres et les sculpteurs du XVe siècle portaient en effet un intérêt tout particulier à la description du corps humain et Masaccio (1401-1428) comme Donatello (1386-1466) sont réputés avoir pratiqué très tôt des dissections dans leurs ateliers.

Face aux planches anatomiques naïves imprimées dans les années 1490-1500, les restitutions graphiques par Léonard de ce qu'il voit des corps de ses modèles involontaires (ce sont en général des cadavres de condamnés ou de pauvres) sont d'une qualité remarquable. Elles sont le résultat d'une méthode qui s'améliore au fil du temps car il faut souligner que l'œil du chirurgien s'éduque. En effet, il n'est pas simple d'identifier les tissus, les veines, les artères, les tendons, les nerfs et autres ligaments, surtout quand le scalpel doit être manié rapidement en raison des piètres conditions de conservation des corps non réfrigérés. Léonard apprend à procéder en commençant par la tête et en finissant par les pieds, plan par plan, de la peau jusqu'au squelette en terminant par les plans profonds et en gardant toujours des repères superficiels pour cartographier les organes[99]. Les « démonstrations » qu'il décrit, c'est-à-dire les méthodes de présentation des régions, sont en revanche en sens inverse de ce qu'il a découvert :

Fais d'abord les muscles moteurs de l'os appelé humérus ; puis fais dans l'humérus les muscles

moteurs du bras qui le redressent et le plient ; montre
ensuite séparément les muscles qui naissent sur cet
humérus et ne servent qu'à faire tourner le bras en
même temps que la main. Représente ensuite dans
le bras seulement les muscles qui meuvent la main
de haut en bas, d'un côté et de l'autre, sans en agiter
les doigts ; figure ensuite les muscles qui actionnent
les doits serrés, étendus, écartés ou rapprochés, mais
d'abord représente la totalité comme on fait en cos-
mographie, et puis divise-la pour former les susdites
parties ; et tu procéderas de même pour la cuisse, la
jambe et le pied[100].

Une planche consacrée à l'anatomie de la main illustre
cette méthode plan par plan, puisque chaque partie de la
feuille identifie un problème particulier : les muscles en
général, la musculature profonde de la paume, les muscles
permettant le mouvement de ciseau entre le pouce et l'index,
les nerfs et les tendons fléchisseurs, l'action des tendons sur
un doigt fléchi, un agrandissement sur le détail du tendon
qui permet de plier la deuxième phalange, les poulies annu-
laires qui retiennent les tendons, le squelette de la main[101].
Manquent simplement ici les veines, les artères et la peau,
traitées ailleurs[102]. Ainsi, toutes les structures sont identifiées.
Léonard emprunte encore à son métier de sculpteur
l'idée de tourner autour de son objet pour le représenter
en trois dimensions, comme par exemple sur une planche
consacrée aux muscles du membre supérieur correspondant
au projet de réaliser trois vues externes, trois vues internes,
une vue antérieure et une vue postérieure, et de disposer
ainsi d'une vision totale du bras à 360 degrés[103]. Toutes les
pièces subissent le même examen en volume. Les viscères
sont aussi décrits avec soin, dans l'espoir de comprendre les

mécanismes physiologiques profonds : intestins, estomac, poumons, foie, cœur, appareil urinaire et organes génitaux internes. Comme ce matériel se détériore assez vite, le chercheur se contente souvent de viscères animaux : cœur de bœuf, placenta et fœtus de vache ou poumons porcins[104].

Tout à son enthousiasme de révéler les rouages cachés de la mécanique humaine (ou animale), Léonard va plus loin encore et propose d'opérer systématiquement des coupes sériées, technique alors innovante : coupes osseuses pour révéler les cavités médullaires, coupe transversale du doigt, du crâne, de l'œil, du cœur, coupes horizontales de la musculature de la cuisse. Le lecteur d'aujourd'hui peut ici penser à l'imagerie médicale moderne réalisée avec un scanner[105]. Ces images sont au XVe siècle aussi choquantes qu'inédites, mais la plus choquante de toutes est sans nul doute celle commentée par Sigmund Freud : la coupe verticale d'un coït dessinée en 1490, assortie d'ailleurs d'un pénis en érection tranché horizontalement et verticalement[106] !

L'homme est un microcosme

Aucune observation ne peut cependant avoir lieu sans un cadre mental préalable. Or, à la fin du Moyen-Âge, et depuis l'Antiquité, le cadre épistémologique fondamental est celui de l'analogie. L'idée qu'il existait une correspondance entre le macrocosme de l'univers et le microcosme des êtres vivants avait notamment été exposée par Pythagore, puis Platon, et reprise par le médecin grec Galien. Au début du XVe siècle, le cardinal et philosophe allemand Nicolas de Cues (1401-1464), dans son *Traité de la docte ignorance*, insistait sur le fait que « la nature humaine [...] résume l'univers entier en soi[107] ». Dans les cercles platoniciens de

Florence, chez Marsile Ficin et Pic de la Mirandole, l'idée de correspondance entre le macrocosme et le microcosme était non seulement admise, mais on y ajoutait la conviction de la dignité particulière de l'homme, dont l'âme capable de se tourner vers Dieu engendrait un champ infini de possibles[108].

Chez les médecins du temps, on était par ailleurs persuadé qu'entre les divers niveaux de la création, des signatures portent les marques de correspondances occultes. Les fleurs, les fruits, les minéraux, les astres et les humeurs du corps entretiennent ainsi des relations ; l'ancolie, le plomb, la planète Saturne et l'humeur mélancolique ont partie liée, de même que la noix est bonne pour les maladies du cerveau car les cerneaux ressemblent aux circonvolutions des lobes de cet organe : il existe des antipathies et des sympathies entre les choses. Pline, Dante et d'autres auteurs que lit Léonard, comme Restoro d'Arezzo ou Albert le Grand, raisonnent de façon tout à fait identique sur la physique du monde ou sur la nature. C'est cette logique qui amène Léonard à écrire les lignes suivantes :

> Les Anciens ont appelé l'homme un micro-cosme, et en vérité cette épithète s'applique bien à lui, car l'homme est composé d'eau, d'air et de feu, il en va de même pour le corps de la terre ; et si l'homme a en lui une armature d'os pour sa chair, le monde a ses rochers, supports de la terre ; si l'homme recèle un lac de sang où les poumons, quand il respire, se dilatent et se contractent, le corps terrestre a son océan qui croît et décroît toutes les six heures, avec la respiration de l'univers ; si de ce lac de sang partent les veines qui se ramifient à travers le corps humain, l'Océan emplit le corps de la terre par une infinité de veines aqueuses[109][...].

Michel Foucault a démontré que le schème principal de la compréhension du monde à la fin du Moyen Âge est celui de la ressemblance que l'on reconnaît ici[110]. Les figures en sont la similitude visible des choses contiguës (*convenientia*), l'imitation par effets de reflet (*emulatio*), l'analogie (*analogia*), c'est-à-dire la ressemblance des rapports que l'on trouve dans les raisonnements de type «A est à B ce que C est à D», et la relation de proportion (*proportio*) ou d'action à distance. Les pratiques des savants de la Renaissance, qui cherchent à identifier des similitudes, des signes naturels et des sympathies entre le microcosme et le macrocosme, entrent parfaitement dans cette *épistémè*. Léonard pousse aussi loin que possible ce type de raisonnement dans tous les domaines de l'observation[111].

Les analogies les plus évidentes sont sans doute celles qui unissent le règne animal, et les comparaisons anatomiques servent constamment à sa réflexion[112]. Ainsi, le pied de l'ours, les jambes du cheval et les membres de l'homme se trouvent rapprochés dans maintes planches[113]. C'est également la ressemblance qui inspire les recherches sur le vol : comment, en observant l'anatomie des rapaces ou des chauves-souris, donner à l'homme la capacité de voler ? Léonard se rend bien compte que la puissance musculaire d'un oiseau, rapportée à sa taille, est plus importante que celle d'un humain ; mais il fait remarquer que le rapace, par exemple, dispose de grosses réserves de puissance pour pouvoir chasser, ce dont l'homme n'a pas forcément besoin.

Léonard cherche alors à mesurer les capacités de portance de telle ou telle aile de gros volatile de manière à imaginer une solution mécanique à ce déficit :

> Avec ses ailes écartées, le pélican mesure
> 5 brasses à peu près et pèse 25 livres. Avec une telle

envergure, la surface représente la racine carrée de son poids. Un homme pèse environ 400 livres et la racine carrée de ce chiffre est de 20, l'envergure nécessaire des ailes sera de 20 brasses. La largeur des ailes de pélican étant de ¾ de brasse, tu diviseras ces 5 brasses par 4 [...]. Si donc, l'envergure des ailes d'un homme est de 20 brasses, tu diras qu'il lui faudra aussi 3 brasses de largeur et 20/3 brasses de la longueur (qui est de 20 brasses) à l'endroit où elles sont le plus large[114].

Plus tard, remarquant que toutes les astuces mécaniques (vis, ressorts, poulies, leviers, etc.) sont vaines si le poids à soulever est excessif, Léonard se fie une fois de plus aux possibilités offertes par le biomimétisme et fonde tout son travail sur des fléchisseurs, des nerfs fixés sur des cannes et des points d'attache dérivés de l'anatomie aviaire[115]. Il va jusqu'à chercher à imiter dans le détail le profil convexo-concave d'une aile et de sa prolongation (*alula*), qui figure en quelque sorte pour lui la « main de l'oiseau[116] ». Il réfléchit encore à des ailes en soufflets ou des ailes perforées pour pouvoir les remonter plus facilement malgré la résistance de l'air. Il cherche enfin à comprendre la disposition et la nature des plumes qui cachent peut-être un secret[117].

D'autres recherches biomimétiques l'amènent à vouloir tirer parti des techniques de vol des chauves-souris ou des insectes, mais il en arrive à la conclusion que les seules pratiques viables passent par le vol plané et la compréhension du comportement des oiseaux dans le vent – autre raisonnement analogique[118].

Celui-ci prend un sens plus profond quand Léonard cherche des ressemblances entre le fonctionnement des phénomènes naturels et les phénomènes biologiques humains.

Il ne se contente pas en effet de ressemblances superficielles que l'on pourrait juger simplement poétiques ou artistiques, entre la végétation sur la terre par exemple et les cheveux des hommes ou des femmes. Il médite fréquemment sur le pourquoi de ces affinités, comme lorsqu'il dessine un tourbillon aquatique :

> Observe le mouvement de l'eau à sa surface et comme elle ressemble à une chevelure, qui a deux mouvements, l'un dépendant du poids du cheveu, l'autre de la direction des boucles ; ainsi l'eau forme des tourbillons tournoyants, une partie d'elle suivant l'impulsion principale du courant, l'autre suivant les mouvements incidents et le flux de retour[119].

Il est à la recherche des principes qui animent semblablement le microcosme et le macrocosme. Il établit ainsi un lien entre combustion et respiration, entre la flamme qui se consume et le cœur qui vieillit ou entre la respiration et le flux des marées[120]. La réflexion anatomique sert en effet souvent de base à la recherche des causes d'un phénomène naturel. Dans un développement concernant la raison pour laquelle on trouve de l'eau au sommet des montagnes, Léonard pense par exemple aux raisons pour lesquelles le sang monte à la tête d'un homme blessé au crâne :

> L'eau qui sourd dans la montagne est le sang qui maintient la montagne en vie. L'une de ses veines vient-elle à s'ouvrir, soit en elle, soit à son flanc, la Nature désireuse d'aider ses organismes et de compenser la perte de la matière humide qui s'écoule, prodigue un secours diligent, comme aussi à l'endroit où l'homme a reçu un coup. On voit alors,

à mesure que le secours lui vient, le sang affluer sous la peau et former une enflure afin de crever la partie infectée. De même, quand la vie est retranchée au sommet de la montagne, la nature envoie ses humeurs, depuis ses plus basses assises jusqu'à l'extrême hauteur de l'endroit démuni; et celles-ci s'y déversant, elle ne la laisse pas privée, jusqu'à la fin de sa vie, du fluide vital[121].

Au départ, Léonard acceptait le concept platonicien d'attraction de l'eau par le soleil, c'est-à-dire l'idée que les particules spirituelles de la chaleur attirent les particules matérielles de l'eau, phénomène observable dans les cas d'évaporation ou de distillation. Toutefois, il demeurait assez gêné par le caractère trop général de cette explication et trouva dans l'analogie avec le sang porté à la tête une réponse qui lui parut convaincante[122]: de même que la chaleur caractérise la vie et fait se mouvoir les fluides des êtres vivants, de même, la chaleur du soleil meut l'élément liquide au sommet des montagnes qui revient ensuite aux mers par le biais des rivières. L'analogie vaut aussi, explique-t-il, pour la sève des plantes:

> [...] comme dans le cas des ceps de vignes: quand il est coupé au point le plus haut, la nature envoie sa sève depuis les racines les plus profondes jusqu'au point de la coupe, et quand la sève coule, la nature pourvoie le vin de fluide vital jusqu'à la fin de la vie de la plante[123].

Le savant s'étonne que certains fluides se déplacent à l'inverse du mouvement naturel des graves et même que l'eau soit aspirée au sommet des montagnes comme par une éponge. En 1509 encore, il essaie de répondre à l'idée de Pline qui voudrait que ce soit le poids de toute l'eau du globe qui envoie, par la pression exercée, une partie d'elle-même sur les plus hauts sommets, mais il en revient toujours à l'idée que l'action du soleil est seule responsable[124]. C'est seulement à la fin de sa vie, dans le *Codex Leicester*, qu'il attribue le phénomène à la raréfaction de l'air, en lisant le *De meteoris* d'Albert le Grand qui relate ses expériences sur un récipient que l'on chauffe et qui, en refroidissant, fait monter l'eau. La chaleur serait donc moins le moteur qu'un effet de succion[125].

L'explication analogique est d'autant plus crédible à ses yeux qu'il reconnaît dans la nature de multiples affinités de formes qu'il explique parce que l'univers est un organisme vivant. Parmi ces formes récurrentes, on trouve le cercle bien sûr, les symétries et les spirales (dans le vol de l'oiseau, dans les tourbillons de l'eau ou les ammonites), les formes intriquées (nœuds, labyrinthes, etc.), mais aussi les ramifications[126]. Ainsi, les arbres, les fleuves, les veines ou les bronches présentent d'étonnants traits communs dans leurs formes arborescentes :

> Toutes les branches des arbres, à chaque degré de la hauteur où elles se regroupent, ont des mesures équivalentes à l'épaisseur de la branche ou du tronc qui les précède… Toutes les ramifications de l'eau, à chaque degré de leur longueur, si elles ont le même mouvement [débit], sont égales à la grosseur de leur affluent principal[127].

Cette remarque dérive de l'avis frappant du médecin du XIVe siècle Mondino de' Liuzzi qui avait osé contredire

Galien en expliquant que l'origine du système vasculaire était le cœur et non le foie.

Léonard est par ailleurs capable de rejeter les analogies qui ne lui conviennent pas : il considère qu'il n'est pas juste de comparer la mer et le sang, car les océans absorbent l'eau des fleuves, tandis que « la mer du sang » fonctionne différemment, puisqu'elle nourrit le corps par l'intermédiaire du système vasculaire[128].

L'analogie n'est cependant pas seulement descriptive et Léonard en renouvelle l'usage par rapport à ses contemporains en inventant une méthode où elle sert d'abord à formuler des conjectures ou des comparaisons visant à identifier la spécificité de tel ou tel phénomène (le pied de l'homme n'est ainsi pas celui de l'ours). Elle permet également de comprendre un phénomène à partir d'un autre. Par exemple, puisqu'on peut difficilement visualiser les courants d'air, pourquoi ne pas travailler sur eux en regardant ce qui se passe dans l'eau ? C'est ainsi qu'il propose de mettre des grains de millet dans une sorte d'aquarium en verre pour voir ce qui se passe quand on y place un corps en mouvement[129]. La comparaison entre l'air et l'eau permet aussi de comprendre les techniques de vol par celles de la natation, mais Léonard reste tout de même attentif aux différences et se demande :

> Pourquoi le poisson dans l'eau est-il plus habile
> que l'oiseau dans l'air alors que cela devrait être
> le contraire puisque l'eau est plus lourde et plus
> épaisse que l'air et le poisson est plus lourd et a des
> nageoires plus petites que les ailes de l'oiseau ? Pour
> cette raison le poisson n'est pas autant dérangé de
> son lieu par les vifs courants de l'eau que l'oiseau ne

l'est par la furie des vents dans l'air ; aussi, on voit parfois le poisson nager à contre-courant vers le lieu même d'où la rivière tombe de façon abrupte, avec des mouvements rapides comme l'éclair au milieu des nuages, ce qui semble chose merveilleuse[130].

La loi pyramidale

Léonard ne craint par ailleurs pas de mettre en parallèle les formes matricielles et les créations humaines, car la beauté et l'efficacité de ces œuvres de main d'homme tiennent justement à leur respect, conscient ou non, des règles de la nature. Ainsi, les formes architecturales utilisant le cercle et les symétries sont dignes d'admiration ; la spirale si fréquente dans le monde naturel l'est tout autant, elle qui induit la logique puissante des ressorts. De la même façon, il est tout naturel que l'on trouve des analogies entre le corps humain et les machines, non seulement dans les poulies de la main, mais encore dans le placenta et le fœtus qui s'imbriquent l'un l'autre comme le font les engrenages[131].

C'est peut-être d'ailleurs cette sensibilité de mécanicien qui donne à Léonard le courage d'abandonner, entre 1507 et 1510, son interprétation purement analogique du monde comme macrocosme dont le microcosme est le reflet et de la remplacer par un système où tous les corps de la nature, humains ou non, obéissent à des lois naturelles semblables[132].

La rencontre avec le mathématicien Luca Pacioli, qui l'initia à Euclide dans les années 1490, fut probablement décisive pour Léonard, car sa ferme conviction était désormais que tout relevait d'une logique mathématique et qu'il fallait donc étudier sérieusement la géométrie et l'arithmétique pour comprendre la logique sous-jacente des choses. C'est la raison pour laquelle le *Traité sur les eaux* composé à cette période débute par les propositions euclidiennes sur la ligne et le point[133]. Il s'agit désormais d'associer à la réflexion sur les éléments et les quatre puissances de nature définies par Aristote (mouvement, force, poids et percussion) une description de leur accroissement ou de leur diminution.

Cette approche n'était pas totalement neuve, puisque les *calculatores*, universitaires du XIVᵉ siècle d'Oxford et de Paris, que Léonard s'était fait commenter par ses amis savants, avaient déjà posé les bases de cette mathématisation des transformations de mouvements ou de qualités. Nicolas Oresme avait ainsi inventé des diagrammes permettant de représenter graphiquement le lien entre distance, temps et vitesse, ou encore la modalité de la dispersion de la chaleur dans un corps. Un mouvement pouvait par exemple être uniforme, uniformément accéléré, uniformément décéléré ou « difformément » déformé (tous ces termes étaient bien sûr en latin). Cette approche, développée dans les universités anglaises et italiennes aux XIVᵉ et XIVᵉ siècles, était – au moins superficiellement – connue de Léonard qui pensait pouvoir s'en servir pour traiter des questions de balistique (accélération/décélération des boulets)[134].

Il se demanda aussi s'il était possible de réfléchir non seulement à l'accélération des mouvements, mais aussi à l'accroissement d'une force ou d'un effet de percussion. Il savait, grâce à Oresme, que tous les phénomènes de diffusion (chaleur, froid, odeur, son, efficacité des armes, etc.) obéissaient à des lois qui restaient à définir[135]. Persuadé que les proportions géométriques donnaient du sens à tous les domaines d'étude, il nomma leur usage « loi pyramidale[136] ». Il reconnaît celle-ci dans la force nécessaire pour tendre un arc d'arbalète, la déperdition d'énergie d'un ressort, la diminution du son avec la distance, le lien entre pression hydraulique et puissance du jet d'eau ou l'accroissement de la chaleur des rayons solaires dans un miroir concave. Même le vol des oiseaux répondait selon lui à des lois mécaniques, une aile s'enfonçant dans l'air comme un coin, ce qui expliquait l'efficacité du vol ascensionnel en spirale.

Léonard est donc persuadé qu'il existe dans le monde des lois harmoniques et que tout est question de constance géométrique et de proportions.

> La proportion ne se trouve pas seulement dans les nombres et les mesures, écrit-il, mais aussi dans les sons, poids, temps, positions et en quelque puissance qui existe[137].

De fait, il est si convaincu de la supériorité de la « preuve mécanique ou mathématique », qu'il a la volonté de tout mesurer et de transposer cette méthode à tous les domaines de la recherche pour faire surgir le « squelette géométrique de la réalité », quitte à contredire les autorités livresques[138]. Dans les années 1490, il en vient même à mépriser ceux qui seraient en désaccord avec lui sur le sujet : « Que nul ne me lise dans mes principes s'il n'est pas mathématicien[139]. »

La rencontre avec Fra Luca Pacioli en 1496 est par ailleurs décisive. Le frère mathématicien qui instruisit Léonard en mathématiques était en effet arrivé à Milan avec un projet : écrire un traité sur la divine proportion. En lisant Euclide, il avait été arrêté par un passage singulier où l'auteur des *Éléments* donnait une définition *a priori* banale, mais dont les conséquences sont inattendues :

Une droite est dite être coupée en extrême et moyenne raison quand, comme elle est tout entière relativement au plus grand segment, ainsi est le plus grand relativement au plus petit[140].

Autrement dit, on peut découper un segment de droite en deux de telle sorte que le petit segment par rapport au grand segment est du même rapport que le grand segment par rapport à la longueur du segment total. Cette proportion démontre des particularités étonnantes : non seulement elle est belle à l'œil quand elle sert à dessiner un rectangle, mais en plus, son itération permet de dessiner une spirale parfaite et, plus surprenant encore, elle correspond au rapport entre le côté et la diagonale de n'importe quel pentagone régulier[141].

Pacioli y voyait un signe divin, d'autant qu'il se souvenait, ayant lu le *Timée* de Platon, que les éléments de base constituant l'éther avaient la forme de dodécaèdres, des solides à douze faces pentagonales[142]. Léonard fut embauché pour illustrer le traité de son mentor, afin de l'offrir à Galeazzo Sanseverino, généreux patron des deux hommes[143]. Pour dessiner en perspective de façon soignée les solides réguliers qui constituaient les formes élémentaires des éléments platoniciens (cube pour la terre, tétraèdre pour le feu, octaèdre pour l'air, icosaèdre pour l'eau et dodécaèdre pour l'élément céleste), il semble que Léonard ait d'abord réalisé des modèles en carton ou en bois[144]. Le résultat, dans le *De divina proportione*, est confondant de beauté, et le texte d'accompagnement reprend mot pour mot le brouillon de Léonard, ce qui a permis l'authentification du dessinateur[145]. Les mathématiques furent, à partir de ce moment fondateur, établies comme bases certaines de la connaissance, puisque marquées de la signature de Dieu.

Poids, forces et vitesses : les justes proportions

Léonard déplace néanmoins le propos de frère Pacioli en quittant le champ des seules mathématiques avec le parti pris de tout mesurer.

Les moyens de prendre les longueurs et les hauteurs sont bien connus de celui qui a été formé par les écoles d'abaque et qui a dessiné divers instruments de topographe. Mesurer les angles relève de la même formation et Léonard manie avec aisance la *bussola* (boussole intégrée à un disque et à des branches à alidades permettant de mesurer les angles) et le compas, comme le démontrent ses cartes de géographie parfaitement à l'échelle[146]. Il connaît même le chariot odomètre de Vitruve dont il reconstitue le fonctionnement à engrenages et billes sur le premier feuillet du *Codex Atlanticus* et remarque :

> Vitruve en mesurant le mille au moyen de plusieurs révolutions complètes des roues motrices des chariots prolongea dans ses stades plusieurs des lignes circonférentielles de ses roues, il apprit des animaux tracteurs de ses chariots mais ne reconnut point que c'était le moyen de trouver le carré égal à un cercle[147].

Dans le domaine de ce que nous appelons la physique, il s'agit de mesurer des poids, des forces et des vitesses. Luca Pacioli témoigne du fait que Léonard, dans les années 1490, est en train d'écrire un livre sur le sujet, qu'il qualifie d'« œuvre inestimable dédiée au mouvement dans l'espace, à la percussion, aux poids, et à toutes sortes de forces, c'est-à-dire aux poids accidentels[148] ». En étudiant ainsi les quatre puissances de façon quantitative, Léonard est en effet en train de découvrir diverses lois comme l'égalité de l'action et de la réaction et formule même la notion de conservation du mouvement :

Tout mobile continue son mouvement suivant la ligne de son principe[149].

Pour réfléchir aux poids et aux équilibres, aux plans inclinés et aux poulies, Léonard s'appuie sur le *De ponderibus* médiéval tant qu'il ne dispose pas des œuvres d'Archimède en latin (ce qui n'arrive qu'après 1502). Les principes du levier, des sites d'égalité ou des rapports de proportion entre les bras de la balance lui sont parfaitement connus, au point qu'il réfléchit de façon critique à la précision de ces instruments, compte tenu de la matérialité de leurs bras[150]. Il entame dans le *Manuscrit E* la rédaction d'un *Livre des poids* qui synthétise toutes ses réflexions personnelles sur le sujet, y compris sur la pesée des liquides. Reste à peser l'eau dans l'air ou à mesurer la force du vent et il invente pour cela un anémomètre à lamelle, un autre modèle à cônes et à roue et un hygroscope[151].

Pour mesurer le temps, Léonard développe un intérêt pour les horloges. Plusieurs modèles sont présentés dans ses carnets : à ressorts ou à poids avec balancier[152]. Il a pu voir à Chiaravalle une horloge astronomique montrant la lune, le soleil, les heures et les minutes et en livre un schéma de principe[153]. Aucun dispositif mécanique ne lui permet encore de descendre au niveau de la seconde, sévère limitation quand on veut théoriser la vitesse d'éjection d'un boulet à partir d'un canon :

Entre plusieurs bombardes égales sous le rapport de la poudre et du boulet, celle qui, en un même

temps, allume une plus grande quantité de feu,
lancera son boulet plus vite et à une plus grande
distance[154].

Impossible d'être plus précis, de même qu'il ne semble pas possible, pour Léonard, de vérifier qu'un corps en chute libre accélère, bien qu'il ait l'intuition que cet accroissement soit d'ordre… pyramidal[155].

Dans le domaine de la botanique ou de l'hydraulique des fleuves, on l'a vu, Léonard mesure les largeurs des troncs et de leurs branches ou des fleuves et de leurs affluents et met au jour des règles de proportion que nul n'avait jusque-là eu l'idée de remarquer :

> Tous les ans, quand les branches des arbres ont
> achevé de se développer, leur grosseur – si on les
> réunit toutes – équivaut à celle de leur tronc ; et
> à chaque stade de leur ramification, tu trouveras
> l'épaisseur dudit tronc[156].

C'est pourtant surtout en anatomie que Léonard s'illustre dans son activité de mesureur. Tout d'abord, en bon peintre, il se doit d'établir des relations mathématiques entre les diverses parties du corps humain de manière à le représenter sans erreur. Dès 1489, il réalise toute une série de planches destinées à illustrer son *Traité de la peinture*, donnant les proportions d'un visage, de la tête, du tronc, du cou, du corps tout entier, des membres, des pieds ou de la main[157]. Un quadrillage régulier de verticales, d'horizontales et de diagonales l'aide à tout cadrer. Il applique la même technique aux corps animaux, montrant une tête de chien, les mesures globales du destrier sicilien de Galeazzo

Sanseverino, les jambes antérieures ou d'autres éléments de la tête d'un cheval[158]. Chaque fois, Léonard trace des verticales ou des diagonales entre les articulations de l'animal et note les mesures qui lui semblent importantes :

> [...] la partie la plus étroite du cheval est contenue trois fois dans sa longueur, ce qui fait trois carrés[159].

Ou encore :

> La distance d'une oreille [de cheval] à l'autre égalera la longueur d'une de ses oreilles. La longueur de l'oreille représentera la quatrième partie de la face[160].

La connaissance des proportions animales ne sert pas seulement au dessin ou à la conception des statues équestres. Un cas au moins démontre qu'elle sert aussi à faire des calculs de mécanique, et il concerne bien sûr le vol des oiseaux :

> Je dis que si la chauve-souris pèse deux onces, et mesure une demi-brasse d'envergure, l'aigle devrait proportionnellement ne pas en mesurer moins de soixante or nous savons par expérience qu'il ne dépasse pas trois brasses ; pour beaucoup qui ne voient ni n'ont vu de tels animaux, il semble que l'un de ces deux ne devrait pas pouvoir voler en considérant que si le rapport est juste entre le poids de la chauve-souris et la largeur de ses ailes, en revanche celles de l'aigle ne sont pas assez larges et si l'aigle est convenablement pourvu, l'autre en

ce cas les a trop larges, incommodes et peu propres à son usage. Or nous voyons l'un et l'autre portés avec la plus grande dextérité par leurs ailes, et singulièrement la chauve-souris[161].

C'est à cette époque, vers 1490, que Léonard entreprend d'associer au commentaire de Vitruve, dans le *De figura humana*, un dessin particulièrement soigné à l'encre[162]. Les codes esthétiques sur les proportions donnés dans l'Antiquité et au Moyen Âge étaient familiers aux artistes. La juste proportion avait été définie par le canon de Polyclète (Ve siècle av. J.-C.) et par les moines du mont Athos à l'époque médiévale. Vitruve, quant à lui, dans son *De architectura* (livre X), pensait tout en fonction de la silhouette entière : le visage devait représenter 1/10e de la longueur totale, la tête 1/8, le thorax ¼, etc. Tout était mesuré en brasses, coudées, empans, paumes et doigts, un système plus ou moins duodécimal qui ne simplifiait pas les calculs. Léonard s'aperçoit que certaines données de l'architecte romain ne tombent pas juste ; ainsi, la longueur d'un pied ne peut pas être d'1/16e. Aussi décide-t-il de reprendre les mesures anthropométriques à partir de ses propres observations afin d'établir des relations mathématiques entre les diverses parties du corps humain :

Si tu ouvres les jambes de telle manière que tu réduis ta taille d'un quatorzième, et si tu étends tes bras jusqu'à ce que tes majeurs soient au niveau du sommet de ta tête, tu trouveras que le centre de tes membres écartés sera le nombril, et l'espace entre tes jambes formera un triangle équilatéral[163].

Dans cette image, que tout un chacun croit de nos jours connaître parfaitement, l'homme nu parfait (*homo bene figuratus*, écrit Vitruve) s'inscrit donc dans un cercle de 17 unités de diamètre, et dans un carré dont le centre n'est pas le nombril, mais le pénis[164]. Pour répondre au défi de Vitruve, tracer la figure humaine en la circonscrivant en même temps dans un cercle et dans un carré, Léonard a trouvé la solution de la présentation simultanée de deux poses[165]. De plus, il a légèrement élargi son cercle pour obtenir la démonstration qu'il souhaitait en s'éloignant du texte de Vitruve qui ne faisait nullement référence à ce quatorzième mentionné par le Toscan. Léonard a privilégié ici l'esthétique. Il a aussi voulu donner à cette figure statique un sens du mouvement avec les jambes représentées d'abord droites, puis tendues dans le cercle, comme si elles s'arc-boutaient sur lui.

Si l'on regarde attentivement, on s'aperçoit en outre que les deux jambes droites sont vues de face, tandis que les deux jambes gauches sont mystérieusement vues de profil. Notons encore qu'on ne trouve ici aucune référence à la divine proportion (ou au nombre d'or), probablement pour la raison que Léonard n'a pas encore rencontré Pacioli.

Charles Nicholl s'est demandé si l'homme vitruvien pouvait être un autoportrait, Léonard ayant alors trente-huit ans. Tout en faisant remarquer que le visage respecte la logique géométrique d'un canon, et que ses proportions idéales ne suivent pas forcément la réalité d'un modèle, il lui a semblé qu'il pouvait y avoir, dans ce visage et cette silhouette, quelque chose de Léonard[166]. On peut souscrire à cette hypothèse qui aurait l'avantage de nous fournir la taille de notre homme : 4 coudées, soit 1,92 mètre !

Les éléments dynamiques de l'homme vitruvien donnent à penser que cette figure entretient un lien avec un traité du mouvement aujourd'hui disparu, mais heureusement partiellement recopié par un artiste milanais du XVIe siècle, Girolamo Figino ou plus vraisemblablement Carlo Urbino, dans le *Codex Huygens* (appelé ainsi parce qu'acquis au XVIIᵉ siècle par le savant néerlandais)[167]. Les figures du quatrième livre de cet album qui présente une théorie de l'art globale, sont clairement des calques de figures léonardiennes, ce que l'on peut prouver par exemple pour celles du destrier sicilien de Galeazzo Sanseverino conservées dans la collection de Windsor. Les feuilles les plus intéressantes montrent des poses de modèles en mouvement ainsi que des notes qui autrement n'auraient jamais survécu. L'idée majeure ici est celle d'une continuité des mouvements, dont on peut décomposer infiniment les phases quand par exemple un homme se penche, s'accroupit ou s'assied[168]. Cette intuition de la cinétique est, pour nous qui connaissons le principe du cinéma, véritablement visionnaire. Au XVIᵉ siècle, les auteurs de traités d'escrime comprirent tout le parti qu'ils pouvaient en tirer dans leur pédagogie.

Léonard ne s'arrêta cependant pas là dans sa compréhension des proportions du corps et une bonne partie de son apport à l'anatomie vint de ce qu'il mesura tout ce qui pouvait l'être : les os bien sûr, le crâne, à la recherche du siège du sens commun et pourquoi pas de l'âme, mais aussi les viscères[169]. Il note par exemple qu'un centenaire dont il vient de disséquer le corps dispose d'un intestin beaucoup plus fin que celui d'un jeune homme[170]. Disséquant un autre jour une langue, il compte 34 muscles et complète cet examen global de l'appareil phonatoire par celui des multiples muscles qui actionnent les lèvres[171]. À propos de la digestion et de la respiration, il conclut donc tout logiquement :

> Et c'est pourquoi, ô vous qui apprenez, il
> vous faut apprendre les mathématiques et ne rien
> construire sans fondation[172].

De fait, l'analogie avec l'architecture est à ses yeux évidente et, à la suite de Vitruve et de Francesco di Giorgio, il cherche à appliquer sa théorie des proportions des corps humains à la construction de monuments[173]. Cette approche anthropomorphique valorisant la perfection du cercle lui fait concevoir des églises à plan centré parfaitement harmoniques avec leurs effets d'hypersymétrie, définissant la hauteur en fonction des diamètres : 1/2, 2/3, 3/4. Il suit ici les remarques de Luca Pacioli :

> La nature, agent divin, a disposé dans la fabrique humaine la tête dotée de toutes les proportions voulues pour correspondre à toutes les autres parties du corps. Aussi les anciens, ayant pris en considération la structure rigoureuse du corps humain, ont élaboré tous leurs ouvrages, et avant tout leurs temples sacrés selon ces proportions[174].

La pensée analogique de Léonard trouve à l'évidence un écho dans les observations de son maître sur les relations harmoniques. Ce n'est pas un grand mathématicien pour autant. Certes, il se passionne pour des problèmes tels que la transformation géométrique des solides en d'autres solides avec des côtés donnés, la quadrature du cercle ou des lunules ou la géométrie complexe des pavements, mais il n'est toujours pas à l'aise avec l'arithmétique[175]. Maintes fois, il se trompe dans ses calculs de fractions et échoue à repérer les dénominateurs[176]. En géométrie, il démontre une grande habileté dans l'usage de la règle et du compas ; toutefois, ses fantaisies mathématiques ne sont jamais à la hauteur théorique de sa lecture d'Euclide ou de Giorgio Valla : les limitations de « l'homme sans lettre » demeurent, malgré les leçons de maître Pacioli, et bien des recherches restent inabouties. C'est ailleurs qu'il faut chercher son apport principal aux sciences de son temps, dans la façon dont il fait bouger les lignes épistémologiques entre l'observation et l'expérience.

Notes

1. *Libro di Pittura*, § 20, transcrit dans *Leonardo, trattato della Pittura*, Introd. de Silvia Bordini, Grandi Tascabili Economici, Newton & Compton ed., Rome, 1996, p. 15. Ma traduction.

2. *CA*, fol. 949[v], circa 1508, traduction Louise Servicien, in *Les Carnets de Léonard de Vinci*, vol. 1, Collection Tel, Gallimard, 1987, [1942].

3. Lucien Febvre, « Histoire et Psychologie », paru initialement dans le tome VIII de *l'Encyclopédie française* (1938) et reproduit dans *Combats pour l'histoire*, Paris, Colin, 1953, p. 207-220. Robert Mandrou, *Introduction à la France moderne* (1500-1640), Paris, Albin Michel, 1961, p. 79-83. Pour une discussion de ces idées de l'école des Annales, voir Carl Havelange, *L'œil et le Monde*, Fayard, 1998.

4. Nous souhaitons remercier ici le professeur Pierre Iselin, de Paris-Sorbonne, passionné d'ornithologie et relecteur attentif, pour nous avoir questionné sur l'acuité visuelle de Léonard, question difficile qui mériterait une recherche approfondie mais pour laquelle on pressent déjà certains éléments de réponse.

5. *CA*, ma traduction, fol. 327[v]. Voir aussi dans le *Codex Ashburnam*, Ms. 2038 19[r] de la Bibliothèque Nationale de France : *L'œil que l'on appelle la fenêtre de l'âme, est le principal moyen par lequel notre entendement peut, le plus pleinement et abondamment, apprécier les travaux infinis de la nature.*

6. *CA*, fol. 729[r].

7. *Trattato di Pittura*, § 16.

8. Sur les trois types de perspectives chez Léonard, voir Ms A, II, fol. 98[r]. Sur la perspective des couleurs, voir Ms A, III, fol. 102[v] et la perspective du mouvement, Ms A, I, fol. 9[r].

9. Ms A, fol. 3[r], ma traduction.

10. Ms A, fol. 10[v].

11. Luca Pacioli, *De Divina Proportione*, p. 40-41.

12. *Trattato di Pittura*, §118, §151, §494, §517… et Ms C, fol. 6[r] : Si l'œil regarde la lumière d'une chandelle éloignée de 400 brasses cette lumière apparaîtra à l'œil qui la regarde agrandie 100 fois de sa quantité véritable. Mais si

vous mettez devant elle un bâton un peu plus gros que cette lumière, il occupera cette lumière qui paraissait large de 2 brasses. Donc cette erreur vient de l'œil.

13. Linda Luperini, *L'ottica di Leonardo tra Alhazen e Keplero*, Skira, Milan, 2008, p. 8-34.

14. *CA,* fol. 729[v].

15. Ms A, Ashburnam 2038, fol. 1[r]

16. *CA,* fol. 380r.

17. *Codex Forster,* folio 76[r].

18. Ms H, fol. 160[r].

19. Ms A fol. 81[r], ex. Ashburnam, fol. 1[r].

20. J. S. Ackermann, «Leonardo's Eye», in *Journal of the Warburg Inst.,* vol. XLI, 1978.

21. Quaderni IV, fol. 12[v]. On y trouve notamment une définition assez moderne du champ visuel : l'œil a une seule ligne centrale et toutes les choses qui viennent à l'œil par cette ligne sont bienvenues. Autour de cette ligne, il y a une infinité d'autres lignes adhérentes à cette ligne centrale qui ont d'autant moins d'importance qu'elles sont plus éloignées de la centrale.

22. *CA,* fol. 38vb.

23. *CA,* fol. 676[r].

24. *CA,* fol. 361[v].

25. Ms E, fol. 17[r].

26. *CA,* fol. 172[r].

27. *Codex Arundel,* fol. 172[r].

28. Les notes savantes du *Codex Atlanticus* et des divers manuscrits de l'Institut de France nourrissent de ce point de vue logiquement le *Traité de Peinture.*

29. *Libro di Pittura,* Vatican, *MS Urb. Lat.* 1270.

30. *Codex Trivulziano,* 20[v].

31. *CA,* fol. 715[r].

32. *Codex Arundel,* fol. 156[r] et 155[v], traduction Louise Servicen, *Carnets,* p. 510-511, II. Texte discuté par Calvi, *op. cit.,* p. 46-48.

33. Sigmund Freud, *Un souvenir d'enfance de Léonard de Vinci,* Paris, Gallimard, 1991 [1910].

34. *CA,* fol. 214[v], ma traduction.

35. *Codex Leicester,* 8B fol. 8[v] et 6A fol. 31[v]. Texte cité par Andrea Bernardoni, dans «Del colpo cagion del foco», *Lettura Vinciana,* Giunti, Florence, 2016, p. 12.

36. Gaston Bachelard, *La terre et les rêveries de la volonté,* José Corti, ed., Paris, 2004 [1948].

37. Gaston Bachelard, *Op.cit.,* p. 175-220.

38. *Codex Leicester,* fol. 10[r]. Pour une illustration de ces stratifications, voir Windsor, RL fol. 12394[r].

39. Ms I fol. 24[v] et 25[r], dessins de fossiles.

40. Carlo Starnazzi, natif d'Arezzo voyait le pont de la *Joconde* près… de sa ville d'Arezzo, Sandro Albini, résidant à Brescia, voyait dans le paysage de la *Joconde* une montagne aperçue sur les rives du lac Iseo, dans les Alpes brescianes… etc. Pour une discussion critique de ces identifications, voir Martin Kemp, *Living with Leonardo*, Thames & Hudson, Londres, 2018, p. 302-306. Sur Léonard et la géologie, voir aussi Ann Pizzorusso, «Leonardo's geology : the authentification of the Virgin of the Rocks», *Leonardo* vol. 29, n° 3, 1995, p. 187-209 et Domenico Laurenza, «Leonardo's theory of the earth : unexplored issues in geology from the *Codex Leicester*», in F. Frosini e A. Nova (eds.), *Leonardo da Vinci on Nature. Knowledge and Representation, Kunsthistorisches Institut in Florenz Max-Planck-Institute Studi e Ricerche*, Marsilio, Venezia, 2015, p. 257-391

41. *La Sainte Anne. L'ultime chef d'œuvre de Léonard de Vinci*, Louvre éditions, Paris, 2012, p. 144 à 209.

42. *Codex Leicester*, fol. 15[v].

43. Ms I, fol. 90[r].

44. Ms F, fol. 72[v et r]

45. *CA*, fol. 118[ar], voir à ce sujet le magnifique commentaire de Martin Kemp dans *Leonardo da Vinci. The marvellous Works of Nature and Man, op. cit.*, p. 307. Voir aussi les dessins des feuillets de Windsor, RL 12660[r], RL 12319[r].

46. Sur Léonard et la mécanique des fluides, voir les études d'Enzo Macagno, *Leonardian fluid mechanics : unexplored flow studies in the Codex Arundel*, IHR Monograph, 106, Iowa City, 1989, et du même auteur *Mechanics of Fluids in the Madrid Codices*. Special Volume of Scientia, Milano, 1982 ; *Mechanics of Fluids in the Codex Atlanticus, General Survey, Monograph n° 100* Iowa Institute of Hydraulic Research, Iowa City, 1986 ; *Leonardo da Vinci, Engineer and Scientist, Hydraulics and Hydraulic Research : A Historical Review*, ed. by G. Garbrecht, 1987.

47. Nuages, vents et foudre : *CA*, fol. 212[v.]

48. Sur l'arc en ciel : Ms F fol. 67[v] et Ms E couverture.

49. Sur les nuages, Ms G fol. 10[r], fol. 91v, Ms H fol. 89 (41) [r] ; sur l'arc en ciel, Ms E, couverture 1[v], sur la couleur du ciel, Ms H 77 (29)[v] et *Codex Leicester*, 4[r].

50. *Codex Arundel*, fol. 276[r].

51. Musée Leonardiano de Vinci, modélisation vidéo réalisée par l'Université de Florence.

52. Cesare Luporini, *La mente di Leonardo*, Le Lettere (ed.), Florence, 1993 [1947], p. 48-49.

53. Ms A, fol. 56[r].

54. Sur la science météorologique de Léonard, voir R. Giacomelli, *Gli scritti di Leonardo da Vinci sul volo*, Bardi ed., Rome, 1936, p. 56-75.

55. *CA*, fol. 728[r]. Pour un commentaire approfondi de ces pages, voir Paolo Galluzzi, «L'ombra della luce. La mente di Leonardo al lume di candella», in P. Galluzzi (dir.), *La mente di Leonardo*, Giunti, Florence, 2006, p. 59.

56. *CA*, fol. 728[r]. Traduction de Louise Servicien, in *Carnets, op. cit*, p. 401.

57. *CA*, fol. 973[v]. Ma traduction. Andrea Bernardoni a commenté cette phrase dans un article intitulé: «Del colpo cagion del foco», *op. cit.*

58. *CA*, fol. 158[r].

59. *CA*, fol. 518[r].

60. Ms F, fol. 25[r]. Ma traduction.

61. Domenico Argentieri, «L'ottica di Leonardo», in *Leonardo da Vinci*, Istituto Geographico de Agiostini, Novare, 1956, p. 405-436.

62. Sven Dupré, «Optic, Picture and Evidence: Leonardo's Drawings of Mirrors and Machinery» in *Early Science and Medicine* vol. 10, n° 2, Optics, Instruments and Painting, 1420-1720 Reflections on the Hockney-Falco Thesis (2005), p. 211-236.

63. Ms A, fol. 12[v].

64. Gibson Reaves et Carlo Pedretti, «Leonardo Da-Vinci Drawings of the Surface Features of the Moon», *Journal for the History of Astronomy*, vol. 18, n° 1, p. 55 et seq., 1987.

65. Pierre Duhem, *Léonard de Vinci, ceux qu'il a lus, ceux qui l'ont lu*, vol. 1, édition des archives contemporaines, Paris, 1982.

66. Ms M, fols. 38[v], 39[r], 64[r], 69[r], 77[r], 94[r] et 99[r].

67. Vassili P. Zubov, in *Léonard de Vinci, op. cit.*, discute p. 147-151 de ces questions astronomiques.

68. Ms D fol. 5[r]: *Si tu fais une ouverture aussi petite qu'il peut en être une dans un papier et que tu l'approches de l'œil autant qu'il se peut et que par le trou tu regardes une étoile, il ne peut opérer qu'une petite partie de la pupille; et elle voit l'étoile si petite que presque aucune autre chose ne puisse être plus petite. Si tu fais l'ouverture près du bord, tu pourras voir en même temps l'étoile avec l'autre œil et elle te paraîtra plus grande.*

69. Ms F, fols. 5[r] et 4[v].

70. Arthur Lovejoy, *The Great Chain of Being: A Study of the history of an Idea*, Harvard University Press, 1971 [1936].

71. Ms B, fols. 3[r], 13[v] et 14[r].

72. W. Emboden., *Leonardo Da Vinci on Plants and Gardens*, Portland (Ore.), 1987.

73. Brian Morley, «The Plant Illustrations of Leonardo da Vinci», *The Burlington Magazine* vol. 121, n° 918 (Sep., 1979), p. 553-556.

74. A. Galdacci, «La Botanica vinciana», in *Leonardo da Vinci* (cf. Recueils collectifs), 1940 et P. Z. Grey, «Flora vinciana», in *Sapere*, vol. XVII, 1938.

75. Respectivement: Windsor, RL 12419-12420[r], RL 12421[r], RL 12429r, RL 12424[r], RL 12430[v], RL 12430[r], RL 12427[r], RL 12423[r], RL 12422[r]. Voir

Pedretti Carlo et Kenneth Clark, *Leonardo da Vinci. Studi di natura*, dessins de Windsor, catalogue d'exposition du Castello sforzesco, Milan, 1982.

76. Ms G, fol. 29r, traduction de Louise Servizien, *Carnets*, p. 320.

77. Trattato di Pittura, passim.

78. Frosini Fabio e A. Nova (eds.), *Leonardo da Vinci on Nature. Knowledge and Representation, Kunsthistorisches Institut in Florenz Max-Planck-Institute Studi e Ricerche*, Marsilio, Venezia, 2015.

79. Giorgio Vasari, *Vies des artistes : (Vies des plus excellents peintres, sculpteurs et architectes)*, Les Belles Lettres, vol. 1, Paris, 2002.

80. British Museum, 1895-9-15-447, chien terrier et chat ; Ms de l'institut France, 2180, fol. 48^r, tête de chien à la sanguine ; Windsor, RL 12363, chats.

81. Voir notamment les diverses positions de l'animal rétif dans les multiples études pour la Madone au chat : British Museum inventaire 1856-6-21-1^r, 1856-6-21-1^v, 1860-6-16-98, 1857-1-10-1^r et Musée des Offices, cabinet des dessins et des estampes, inv. 421E^r.

82. Carlo Pedretti, *Leonardo da Vinci : Drawings of Horses and other Animals from the Royal Library at Windsor Castle*, 1984.

83. Modèles de cheval passant pour le monument de Trivulzio vers 1508-1511 : Windsor, RL 12341^r, 12342^r RL 12344^r, 12345^r, Etudes de cheval cabré : RL 12354^r, 12355^r, 12357^r et 12358^r. Sur les statues équestres de Léonard, voir Andrea Bernardoni, *Leonardo e il monument equestre a Francesco Sforza*, Giunti, Florence, 2007 et du même auteur : « Leonardo and the equestrian monument for Francesco Sforza : the story of an unrealized monumental sculpture », in *Leonardo da Vinci and the art of sculpture/* [ed. par] Gary M. Radke, p. 95-135, et encore « Leonardo e i monumenti equestri : problemi di fusione e di tecnica », in *Leonardo da Vinci 1452-1519. Il disegno del mondo*, Pietro C. Marani et Maria Teresa Fiorio (eds.), Milan, Skira, p. *143-153*.

84. Sur les chevaux au combat, voir les études des feuillets de Windsor, RL 12330^r, RL 12331^r, RL 12332^r, RL 12334^r, RL 12335^r.

85. Pour ces détails, voir les feuillets de Windsor : RL 12303^r, RL 12335^r. RL 12309^r, RL 12294^r, RL 12326^v.

86. Tête d'ours d'une collection particulière, Londres et ours de la collection Robert Lehman du Metropolitan Museum of Art, New York (inv.1975.1.369). Lion rugissant, dessin du musée Bonnat, Bayonne et lion couché du St Jérôme du musée des Offices de Florence.

87. Feuillets A 17^r.

88. Windsor, RL 12373^r, 12374^r et 12375^r.

89. Un feuillet du Ms Ashburnam (addition au Ms B de l'institut de France), fol. 10^v, est explicite à ce sujet et montre à la fois un poisson volant, un papillon, une fourmi-lion et une chauve-souris.

90. Bibliothèque Royale de Turin, dessin de scarabée réalisé à l'encre, circa 1480.

91. Gene Kritsky et Daniel Mader, «Leonardo's Insects», *American Entomologist*, Volume 56, n° 3, 2010, p. 178-184.

92. On connaît plusieurs dessins de libellules de la main de Léonard : Ms Ashburnam, fol. 10ᵛ, Ms B fol. 100ᵛ, Ms G, fol. 64ᵛ, *CA*, fol. 1051ᵛ.

93. *CA*, fol. 1051ᵛ.

94. Ms F, fol. 41ᵛ.

95. Ms B, fol. 89ʳ

96. *Codex de Turin, Sul volo*, fol. 1ʳ.

97. Don Antonio de Beatis, *Voyage du Cardinal d'Aragon en Allemagne, Hollande, Belgique, France et Italie (1517-1518)*, d'après un manuscrit du seizième siècle, avec une introduction et des notes par Madeline Havard de la Montagne, Paris, 1913.

98. Paola Salvi, «Leonardo e la Scienza Anatomica del Pittore», in Carlo Pedretti ed., *Il tempio dell'anima*, Cartei & Bianchi, Florence, 2007, p. 13-28, et surtout Leonardo da Vinci, *Corpus of the Anatomical Studies in the Collection of Her Majesty the Queen at Windsor Castle*, par Kenneth D. Keele et Carlo Pedretti, Londres, 1980.

99. Dominique Le Nen, *Léonard de Vinci, un anatomiste visionnaire*, L'Harmattan, Paris, 2010.

100. Ms A, fol. 16ᵛ.

101. Windsor, RL 19009r. Pour une analyse précise, voir Dominique le Nen, *La main de Léonard de Vinci*, Jacquy Laulan ed., Paris, 2009.

102. Ms A, fol. 10ᵛ.

103. Windsor, RL 19008ʳ. Voir *Léonard de Vinci, dessins anatomiques*, présentés par P. Huard, éditions Roger Dacosta, Paris, 1968, p. 106-107.

104. Windsor, RL 19073ᵛ pour le cœur bovin, RL 19055ʳ pour le placenta de vache, RL 19073ᵛ pour les poumons de porc 19054ᵛ.

105. Windsor, RL 12627ᵛ.

106. Windsor, RL 19097ᵛ.

107. *De docta ignorantia* (1440), livre III, traduction de Maurice de Gandillac, 1930.

108. Marsile Ficin, *Theologia Platonica*, 1486 et Pic de la Mirandole, *Discours de la dignité de l'homme* (1486), in *Œuvres philosophiques*, éd. et trad. Olivier Boulnois, Giuseppe Tognon, Paris, PUF, coll. «Épiméthée», 1993.

109. Ms 1, fol. 54ᵛ. Texte cité par Daniel Arasse dans *Léonard de Vinci. Le rythme du monde*, Hazan, Paris, p. 67.

110. Michel Foucault, *Les Mots et les Choses*, Tel, Gallimard, Paris, 1966.

111. Martin Kemp, «Analogy and observation in the *Codex Hammer*», *Studi Vinciani in memoria di Nando de Toni*, Brescia, 1986.

112. Ms G, fol. 5ᵛ.

113. Pour une comparaison de la musculature et du squelette de l'homme et du cheval, voir par exemple Windsor, RL 12625r.

114. *CA*, fol. 302ʳ, ma traduction.

115. *CA*, fol. 854ʳ. Sur Léonard et le biomimétisme, voir Olga Speck et Thomas Speck, « S'inspirer du vivant », in Boucheron Patrick et Giorgione Claudio (dir.), *Léonard de Vinci. La Nature et l'Invention*, Universciences, Editions de la Martinière, Paris, 2012, p. 95-107.

116. *Codex Forster*, fol. 34ᵛ et Ms E, fol. 23ᵛ.

117. Ms E, fol. 45ᵛ et 23ʳ. Pour toutes ces remarques techniques, voir l'important travail, encore indépassé, de R. Giacomelli, *Gli studi di Leonardo da Vinci sul Volo*, Roma, 1936.

118. Domenico Laurenza, *Leonardo, il volo*, Giunti, Florence, 2004.

119. Windsor, RL 12579ʳ. Ma traduction.

120. Paolo Galluzzi, « Introduzione a un percorso chronologico nella mente di Leonardo », in *La Mente di Leonardo, op. cit.* p. 54-56.

121. Ms H, fol. 29ʳ. Traduction Louise Servicien.

122. Viktor Zubov, *Leonardo da Vinci, op. cit.*, p. 192-194.

123. Ms H, fol. 77ʳ.

124. Domenico Laurenza, « Geology and anatomy in 16ᵗʰ-19ᵗʰ centuries. Some suggestions for a comparative analysis », in C. Moffatt and S. Taglialagamba (eds.), *Leonardo Studies*, volume II, Brill, Leiden-Boston, 2016.

125. Martin Kemp, *Analogy and observation, op. cit.*, p. 132.

126. Domenico Laurenza, « The grammar of forms : proportion and analogy, Geometric man, The equilibrium of forms (in collaboration with P. Galluzzi), Transformation and metamorphosis (in collaboration with F. Camerota), Forms as universal matrixes », in Paolo Galluzzi (ed.), *The Mind of Leonardo, op. cit.*, 2006, p. 153-201, 235-241, 268-272, 284-298.

127. Ms I fol. 12ᵛ ma traduction.

128. Feuillets A, 4ʳ.

129. *Codex Leicester*, fol. 29ᵛ. Pascal Brioist, « Leonardo da Vinci e la Scienza della dynamica del suo tempo », in *Scienze e rappresentazioni*, Leo S. Olschki Ed., Florence, 2015, p. 384.

130. *CA*, fol. 460v. Ma traduction.

131. Paolo Galluzzi, « dell'anatomia delle macchine all'uomo machina », in *Gli ingenieri del Rinascimento*, Florence, 1996. Pour une représentation du placenta et du fœtus, voir Windsor, RL 19102r et pour les engranges, voir le *Codex de Madrid* I.

132. Martin Kemp, *Leonardo da Vinci : the Marvelous Works of Nature and Man*, J. M. Dent and Sons, Londres, 1989, p. 314.

133. Augusto Marinoni, « L'essere dell nulla », in *Leonardo da Vinci, letto e commentato*, Milan, 1960.

134. Pascal Brioist, « Leonardo da Vinci e la Scienza della dynamica del suo tempo », *op. cit.*, p. 370-397. Les critiques de Giorgio Santillana adressées à Pierre Duhem selon lesquelles Léonard n'avait jamais lu Albert de Saxe, Bradwardine,

Buridan, Blaise de Parme, Swineshead ou Nicolas Oresme ne peuvent plus aujourd'hui être considérées comme un argument définitif dans la mesure où Léonard mentionne bien ces auteurs et en démontre au moins une appropriation minimale.

135. Léonard ne connaît Oresme que par la médiation de Blaise de Parme ou d'Angelo da Fossombrone.

136. Paolo Galluzzi, «la legge piramidale», in *La mente di Leonardo, op. cit.*, p. 246-247.

137. Ms K, fol. 49^r.

138. L'expression est de Santillana in «Léonard et ceux qu'il n'a pas lu», *op. cit.*, p. 44.

139. Quaderni IV, 14^v.

140. Euclide, *Les Éléments*, livre VI.

141. Pour une initiation sans douleur à la divine proportion, qu'on appela nombre d'or à partir du XIXe siècle, on pourra lire le petit livret de Rocco Sinisgalli, *Leonardo per gioco : la divina proporzione*, Federighi editore, Florence, 2007.

142. Giorgio Bagni et Bruno D'Amore, *Leonardo e la matematica*, Giunti, Florence, 2006 et Augusto Marinoni, «Le Operazioni aritmetiche nei manoscritti vinciani», in *Raccolta vinciana*, vol. XIX, Florence, 1962.

143. Monica Azzolini, «Anatomy of a Dispute: Leonardo, Pacioli and Scientific Courtly Entertainment in Renaissance Milan», *Early Science and Medicine*, vol. 9, N° 2 (2004), p. 115-130.

144. Pietro Marani, «Leonardo's cartonetti for Luca Pacioli's Platonic Bodies», in *Illuminating Leonardo, op. cit.*, p. 69-84.

145. Ms M, fol. 80^v.

146. Carlo Starnazzi, *Leonardo cartografo*, Istituto Geografico Militare, Florence, 2003.

147. Ms G, fol. 96^r, ma traduction.

148. Luca Pacioli, *De Divina Proportione*, 1498, p. 33.

149. Ms F, fol. 52^r.

150. Sur la balance, voir Ms E fol. 57^v, 58^r, 59^r, 59^v, 60^r, 60^v et Forster II 154^v et 155^v.

151. *CA,* fol. 8675$^{r\,b}$ pour l'hygroscope, *Codex Arundel* fol. 241^r et *CA,* fol. 675^r pour les anémomètres.

152. Pour un beau modèle d'horloge à ressort avec fusée, voir *Codex de Madrid* I, fol. 27^r, pour un modèle à poids, *Codex de Madrid* I, fol. 27^v.

153. *CA,* fol. 1111^v et 1106^r.

154. *Codex Forster* II, fol. 71^r.

155. Ms M, fol. 44r^v.

156. Ms M, fol. 78v.

157. Voir Frank Zöllner, *Léonard de Vinci, l'œuvre graphique*, Taschen, 2003. Profil d'un homme en buste, profil de visage: Venise Galeria

dell' Accademia, inv. 236^r et 236^v. Étude des proportions du visage, de la tête, du cou, et du tronc: RL 12304^r, études de proportions du pied: RL 19133$^{r\,et\,v}$, études de proportions du bras, RL 19135^r, RL 19131^r, de la jambe et du tronc RL 19130^v RL 19136^v…

158. Cheval de Sanseverino: CA, fol. 291^v, Windsor RL 12319^r; antérieurs: RL 12294^r, Tête de cheval: Ms A, fol. 62^v ou RL 12286^r; tête de chien: Ms 2180, fol. 48^r et RL 12714^r.

159. Quaderni VI, fol. 4 ^{r}.

160. Manuscrit A, fol. 62^v.

161. Ms fol. 89v. Traduction Louise Servizien, *Carnets*, T.1, *op. cit.*, p. 455

162. Domenico Laurenza, « The Vitruvian man by Leonardo: image and text », in *Quaderni d'Italianistica*, 27(2), 2006.

163. Homme vitruvien, Venise, Galleria dell'Accademia, inv. 228, ma traduction.

164. Jacques Lubzanski, « Léonard de Vinci, l'homme de Vitruve ou l'homme du 1/14e », *Le Journal de la Renaissance*, vol. VI, Brépols, 2008, p. 119-125 et Paola Salvi, « The Midpoint of the Human Body in Leonardo's Drawings and in the *Codex Huygens* », in *Illuminating Leonardo, op. cit.*, p. 259-285.

165. Sa solution est légèrement différente de celle de Francesco di Giorgio dans le *Trattato di Architettura* de 1485 où le cercle est totalement inscrit dans le carré.

166. Charles Nicholl, *Leonardo da Vinci, op. cit.*, p. 247.

167. L'identification du compilateur du *Codex Huygens* à Carlo Urbino, illustrateur du traité d'escrime de Camillo Agrippa, est rapportée par Carlo Pedretti, dans *Leonardo e Io*, Mondadori, Milano, 2008, p. 459. Voir aussi Sergio Marinelli, « The author of the *Codex Huygens* », *Journal of the Warburg and Courtauld Institutes*, vol. 44, 1981, p. 214-220.

168. Erwin Panofsky, *Le Codex Huygens et la théorie de l'art de Léonard de Vinci*, Idées et Recherches, Flammarion, Paris, 1996 [1940].

169. Études du crâne humain en coupe sagittale, vue latérale Windsor, RL 19057^r.

170. Windsor, RL 19039^v: paroi abdominale antérieure d'un vieillard.

171. Examen des mouvements de la langue vers 1509: RL 19115^r, et des muscles des lèvres RL 19055^v.

172. *Quaderni VI*, fol. 14 ^{v}

173. Francesco di Giorgio, Ms Ashburnam 361, fol. 13^v.

174. Luca Pacioli, *de Divina Proportione*, op. cit. Sur ces sujets, voir Jean Guillaume, Léonard et l'architecture, in Paolo Galluzzi, *Léonard de Vinci: ingénieur et architecte, op. cit.*, 1987, p. 207-300.

175. Giorgio Bagni, Bruno d'Amore, *Leonardo e la mathematica, op. cit.*, p. 63-115.

176. Sur les erreurs de Léonard, voir *CA,* fol. 191^v et 665^r, Ms L, fol. 21^v ou Ms L, fol. 10^v.

VI

Léonard, de l'expérimentation à la théorisation

Léonard et la méthode expérimentale moderne

> Il me semble que toutes les sciences sont vaines et remplies d'erreurs dès lors qu'elles ne sont pas nées de l'expérience, mère de toute certitude, et dès lors qu'elles ne sont pas testées par l'expérience ; c'est-à-dire si à leur origine, en leur milieu ou leur fin elles ne passent pas par les cinq sens[1].

Ainsi Léonard dans son *Livre de la peinture* clame-t-il sa foi profonde dans l'expérience des sens comme fondatrice du savoir, ce qu'il précise encore dans le *Codex Atlanticus* :

> L'expérience ne se trompe jamais, seuls vos jugements errent qui se promettent des résultats étrangers à notre expérimentation personnelle. Car étant donné un principe de départ, il faut que la conséquence en découle naturellement à moins d'un empêchement ; et s'il y avait un empêchement, l'effet qui devait résulter du principe procédera de

cette influence contraire, plus ou moins, selon que
celle-ci s'exercera avec plus ou moins de puissance
sur le principe posé[2].

Ces remarques assez récurrentes ont conduit les premiers chercheurs ayant travaillé sur les écrits de Léonard à penser qu'il avait inventé la méthode expérimentale moderne[3]. Là où Pierre Duhem vers 1900 avait surtout insisté sur les lectures philosophiques du maître toscan, quitte à se faire rabrouer par ceux qui ne voulaient pas aduler la statue qu'il érigeait à la gloire du génie latin, l'historien soviétique Vasili Zúbov, en 1962, lui aussi à la poursuite des idées philosophiques et scientifiques du maître, préférait dire que Léonard se trouvait à la confluence de la science scolastique et des pratiques des boutiques, voire des « pratiques populaires[4] ».

Pour lui, en bon aristotélicien, le Toscan préconisait des allers-retours entre la raison et l'effet et l'effet et la raison et, fort de son héritage d'artisan, avait ouvert les portes de la science moderne. À la fin des années 1930, un professeur du Massachusetts Institute of Technology, William Barclay Parsons, entretenait lui aussi des idées quelque peu téléologiques sur Léonard et saluait celui qui avait su dépasser les idées des humanistes et produire par l'observation et l'expérimentation des avancées significatives dans des domaines aussi divers que l'anatomie, l'optique, la botanique, les sciences naturelles, la physique et l'astronomie[5].

Isperienzia, sperimento *et* prova

Ce bel enthousiasme de Zúbov et Barclay Parsons fut assez rapidement battu en brèche par ceux qui remarquèrent que les observations sur lesquelles Léonard prétendait fonder ses certitudes n'étaient parfois que virtuelles et visaient surtout à conforter des théories médiévales par la force de conviction de l'évidence visuelle[6]. En d'autres termes, Léonard n'avait pas toujours réalisé les expériences qu'il décrivait. Cette constatation navrante a été vérifiée depuis par d'autres chercheurs qui ont démontré qu'à de nombreuses reprises, la théorie précédait chez Léonard la preuve du phénomène par l'observation (ce fameux « *matter of fact* » sur lequel Robert Boyle fonda vers 1650 la philosophie expérimentale moderne)[7].

L'expérience, chez lui, s'apparentait plutôt au test d'une conviction théorique, à la mise à l'épreuve d'une théorie abstraite, par exemple celles des scolastiques qui avaient écrit sur le poids ou le mouvement ou celles des théoriciens de la perspective dans le domaine de l'optique ou de l'astronomie[8].

Partant de ce constat du caractère ancillaire de l'expérience, l'historien Romain Descendre a voulu analyser ce que représentaient vraiment les mots *isperienzia*, *sperimento* ou *prova* dans les écrits léonardiens et notamment dans le *Manuscrit A* où ils se trouvent très souvent répétés[9].

À l'époque de sa rédaction, entre 1490 et 1492, Léonard a pour projet de constituer un traité sur la science des eaux, un traité de mécanique et un autre d'optique.

Si on élargit cette enquête à un corpus plus large, la polysémie est totale et démontre qu'il ne faut la plupart du temps pas prendre le mot « expérience » dans son sens contemporain. Tout d'abord, il peut désigner la découverte de procédés secrets, comme ceux que l'on mettait au point dans l'atelier de Verrocchio :

> L'expérience permettra de démontrer si le vernis inaltérable qui a fondu au feu quitte la position oblique lorsqu'il n'est pas très épais, ce vernis

une fois liquéfié sera rendu lisse au moyen d'un pinceau[10].

Dans un sens assez proche, le mot désigne aussi quelquefois la *probatio* ou essai, cette pratique artisanale commune pour l'évaluation de la richesse d'un minerai ou pour la forge ou la céramique. Lorsque Léonard se déplace dans les Alpes bergamasques vers 1509, lorsqu'il expertise de cette façon le minerai de fer récolté dans les mines locales par les fondeurs du village disparu d'Aipner, il pratique ce qu'il nomme une *prova*[11].

La troisième acception est l'expérience qui doit confirmer une théorie intellectuelle. Ainsi Léonard, qui a lu la Perspectiva communis de Peckham, veut-il prouver la véracité des lois de l'optique par le biais de l'isperienza, c'est-à-dire par leur démonstration géométrique dessinée :

> Je les résumerai en brèves conclusions, désirant selon le mode de la matière et des démonstrations naturelles et mathématiques, démontrer les raisons (effets) par les cas particuliers et les cas particuliers par les raisons[12].

La méthode aristotélicienne à l'université est dénommée *compositio* et *resolutio* : on va des causes aux effets et des effets à la cause. Rien de très nouveau donc d'un point de vue épistémologique. Simplement, si la preuve visuelle a autant d'importance, c'est que, pour Léonard, la vision transmet directement au cerveau sa vérité par le nerf optique ; on est grâce à elle au plus proche de la vérité rationnelle[13].

Un autre cas de contrôle d'une théorie par l'expérience, présenté par Romain Descendre, concerne l'analyse des phénomènes de frottements, et ici, le mot « expérience » revêt une réalité un peu plus concrète. Léonard a l'intuition qu'il existe un rapport mathématique entre la surface de contact d'un objet et la difficulté de celui-ci à se mouvoir. Il propose d'évaluer la différence lorsque l'on tire une corde embobinée et quand on tracte une corde simplement laissée à terre. Lorsqu'il écrit « l'expérience te confirmera la susdite proposition », on comprend que l'expérience est avant tout une étape de vérification dans son raisonnement[14].

La démonstration négative

À d'autres occasions, l'expérience sert à l'inverse à invalider un raisonnement, par exemple l'idée qu'une voix deux fois plus forte s'entendrait deux fois plus loin[15]. L'idée est la même et a surtout valeur pédagogique dans un exposé scientifique. Un autre exemple de démonstration négative est donné lorsque Léonard se demande si une mouche fait du bruit plutôt avec ses ailes ou avec sa bouche :

> Si les mouches produisaient avec leur bouche le son qu'on entend quand elles volent, comme il est long et soutenu, il leur faudrait disposer à la place de poumons de puissants soufflets [...] puis il y aurait un long silence afin qu'elles aspirent en elle de nouveau une grande quantité d'air. Par conséquent, quand il y a un son qui dure longtemps, il y aura une longue interruption[16].

L'exemple est doublement intéressant, d'une part parce qu'il utilise l'ouïe et non la vue, d'autre part parce qu'il emploie un syllogisme négatif : puisque la conséquence ne se vérifie pas, la cause ne peut être. Léonard procède souvent sur ce mode hypothético-déductif pour réfuter les théories auxquelles il ne croit pas : si la proposition A était vraie, alors on validerait la proposition B ; si celle-ci ne se vérifie pas, alors A est une fausse prémisse[17].

Experimentum *et* experientia

On note cependant que, dans les deux cas de la corde et de la mouche, l'expérience tient du sens commun, c'est-à-dire de la reconnaissance d'une qualité des choses immédiatement accessible à chacun, ainsi je « fais l'expérience » que les corps pesants tombent vers le sol.

Le terme latin renvoyant à ce qui se passe dans le monde sans discussion possible est celui d'*experientia*. Or la langue de Pline connaît un autre mot proche : *experimentum*, qui se traduit lui aussi en français par « expérience » mais qui ne revêt pas tout à fait le même sens (l'anglais, lui, distingue bien *experience* et *experiment*). *Experimentum* renvoie à une expérience singulière, réalisée par un ou plusieurs individus, avec ou sans appareillage, dont la vérité mesurée doit pouvoir être réplicable[18]. L'*experimentum* détient la vertu de construire la vérité en s'appuyant sur un principe d'induction : les mêmes causes, déterminées à l'avance par l'observateur, doivent toujours produire les mêmes effets. Par des essais successifs, on peut donc déterminer par élimination le protocole menant à l'effet voulu.

« Tu feras… et tu verras »

Pour découvrir ces protocoles chez Léonard, il faut chercher ailleurs, par exemple lorsqu'il veut tester s'il y a bien, comme il le suspecte, une analogie entre les fluides du corps humain et ceux du corps de la terre. Il propose pour cela une « expérience sur la façon dont la chaleur fait se soulever les corps pondéreux[19] ». Elle consiste en l'utilisation d'une balance de précision où l'on posera sur chaque plateau une sphère dont l'une sera enflammée. Léonard a parfaitement confiance en la reproductibilité des effets de cette expérience.

Dans d'autres occasions, il explique d'ailleurs qu'un protocole n'est valable que si on peut le répéter :

> Il te faudra reproduire cette expérience plusieurs fois de manière à ce qu'aucun accident ne puisse intervenir pour altérer ou falsifier cette preuve, car l'expérience peut être faussée, qu'elle trompe ou pas l'investigateur[20].

Considérer qu'on a affaire ici, avec la balance enflammée, à une expérience moderne serait cependant erroné car ce que Léonard veut confirmer par l'expérimentation, c'est une règle posée *a priori* et, de plus, cette règle relève d'une pensée analogique qui est tout sauf moderne. En somme, l'expérience (la *prova*), comme l'écrit Romain Descendre, désigne dans ce cas seulement un moment de confirmation d'un exposé scientifique : « tu feras… et tu verras ».

Même quand Léonard prétend fonder une loi sur la répétition d'un protocole, il y a ambiguïté.

> Mais avant que tu ne fondes une loi sur ces cas particuliers, teste-la deux ou trois fois et vois si les tests produisent le même effet, écrit-t-il[21].

On a en effet ici l'aveu que le protocole sert à tester une loi issue d'un raisonnement préalable.

L'utilisation d'expériences imaginaires pour étayer une démonstration est par ailleurs fréquente chez Léonard. Ainsi, dans les expériences destinées à mathématiser sa réflexion sur l'ombre et la lumière, de nouveau, il n'est pas facile de distinguer les expériences réelles avec observation d'objets des expériences de pensée.

Dans certains cas, il est évident que Léonard a vérifié ses idées par une expérimentation concrète, par exemple lorsqu'il a travaillé sur l'intensité de la lumière et de l'ombre[22]. Une source lumineuse éclairant une sphère projette, dit-il, une ombre très intense d'abord puis une pénombre dite ombre composite. Il est aussi possible de jouer avec deux sources lumineuses de différentes intensités ou à plusieurs hauteurs pour complexifier la réflexion. On voit bien tout le parti que le peintre Léonard peut tirer de ces observations faciles à organiser pour comprendre comment les bornes d'un obstacle définissent une ombre portée en fonction des divers types de sources de lumière.

Il remarque qu'il y a ainsi des ombres idéales qui ne contiennent aucune zone de pénombre. C'est seulement si la lumière et l'obstacle sont de même forme et de même taille que l'ombre sera idéale ou pure, sinon, l'ombre sera composite. Comme toutes ces réflexions sont bien sûr tout aussi largement inspirées de l'astronomie et de la réflexion léonardienne sur les éclipses, on soupçonne cependant que, là encore, l'expérimentation n'est pas première.

D'autres expériences concernent la couleur et la façon dont les ombres et les couleurs s'affectent mutuellement. Léonard considère que les ombres primitives sur un objet de couleur émettent des rayons obscurs d'une couleur dérivée. Ainsi chaque objet est-il toujours plus ou moins contaminé par des ombres colorées qui elles-mêmes sont contaminées par d'autres ombres colorées.

La naissance de cette pensée reste cependant mystérieuse et il est difficile de distinguer l'*experientia* (intuition issue du sens commun) de l'*experimentum*, issu d'une observation singulière dans des conditions prédéterminées par le chercheur. Toutefois, lorsque, dans le *Traité de la peinture*, Léonard prétend observer le renversement des rayons de lumière qui passent par une fenêtre dans une pièce obscure, l'expérience qu'il mentionne n'est en réalité qu'un schéma géométrique qu'il a dessiné, donc une expérience de pensée[23].

Il arrive également qu'une expérience de pensée soit à l'évidence irréalisable, c'est le cas d'une réflexion sur les courants marins en Méditerranée[24].

La question posée est la suivante : pourquoi les courants sont-ils plus forts qu'ailleurs au passage du détroit de Gibraltar ? Partant de la remarque que des canaux dont on rétrécit la largeur observent un débit plus rapide, Léonard estime que l'accélération du flux est une question de proportion ; donc si on mesure la surface maritime qui précède le détroit, mettons 5 000 milles carrés, et qu'on la compare à la surface au niveau du détroit, mettons 1 000 milles carrés, on peut estimer que le courant est cinq fois plus rapide. Le raisonnement semble sensé mais qu'est-ce que Léonard mesure ici si ce n'est la carte qu'il a dessinée, qui comme chacun sait n'est pas le territoire ? L'expérience, dont il clame qu'elle confirme la raison, est donc purement virtuelle (d'autant qu'elle ne tient pas compte de la profondeur de la mer).

Léonard ne cesse d'argumenter sur l'autorité que procure le recours à la nature médiatisé par la raison.

L'expérience, truchement entre l'ingénieuse
nature et l'espèce humaine, nous enseigne que
ce que cette nature effectue parmi les mortels,
contraints par la nécessité, ne saurait opérer autrement que de la façon que lui enseigne la raison,
laquelle est le gouvernail, à travailler[25].

Mais l'usage des sens, qui est supposé conforter la conviction, est toujours associé chez lui, de façon ambiguë, aux mathématiques :

On appelle sciences mathématiques, écrit-t-il,
celles qui, par le biais des sens, sont les premières
en termes de certitudes[26].

C'est donc un savoir mixte qui est loué ici, dans la mesure où Léonard lutte contre deux adversaires : d'une part la science purement mentale reposant sur l'accepta-tion servile des autorités du passé, d'autre part la pratique sans théorie.

Celui qui tombe amoureux de la pratique sans
la science est comme un marin qui monte à bord
d'un navire sans lock ni boussole, et qui ne peut
jamais être certain de là où il va[27].

La science nommée ici, c'est avant tout celle des mathé-matiques et notamment de la géométrie, mais on a vu également que l'auteur ne répugne pas aux allers-retours entre des savoirs universitaires auxquels il souscrit et leur vérification pratique[28].

La cinquième sorte d'expérience est celle qui s'opère par des maquettes en miniature ou en grand et, ici plus qu'ailleurs, Léonard rend poreuse la frontière entre arts libéraux et arts mécaniques :

> La Science est le capitaine et les soldats sont la pratique[29].

La construction de maquettes est en effet un trait caractéristique de la méthode de Léonard. Cette pratique appartient pleinement à l'univers des chantiers du Moyen Âge où les artisans comme les maîtres devaient donner la preuve concrète, en petit, de leurs savoir-faire. Le biographe de Brunelleschi, son contemporain Antonio Manetti, rapporte que son ami passait son temps à fabriquer des maquettes[30]. Le Filarète, à Milan en 1446, obtient ses commandes d'édifices en ayant recours à des maquettes en bois. Il sait pourtant que Vitruve en son temps a été fort critique sur l'usage des modèles à échelle dans une perspective fonctionnelle. L'architecte romain du Ier siècle avait en effet rapporté, dans le livre X de son *De architectura*, une anecdote qui ne laissait aucune ambiguïté sur sa réprobation :

> Il y avait à Rhodes un architecte nommé Diognète ; le trésor public lui faisait tous les ans une pension pour honorer la supériorité de son talent. À cette époque un autre architecte, nommé Callias, étant venu d'Arado à Rhodes, présenta au peuple assemblé le modèle d'une muraille, sur laquelle il plaça une machine qui était ce guindas qu'on tourne facilement. À l'aide de cette machine

il enleva une hélépole qu'il avait fait approcher du rempart, et la transporta dans l'intérieur des murs. Voyant l'effet de ce modèle, les Rhodiens, pleins d'admiration, ôtèrent à Diognète la pension qu'on lui accordait chaque année, et en honorèrent Callias.

Malheureusement pour Callias, la grue géante s'avéra incapable de soulever la tour d'assaut géante, ou hélépole, des assiégeants, on dut rappeler Diognète.

Cette remarque puissante ne fut cependant pas prise en compte par Leon Battista Alberti qui, dans son *De re aedificatoria* (1485), continuait de faire l'éloge des maquettes en raison de leur capacité à donner à l'avance l'idée d'un édifice et à fournir l'occasion de discuter du travail à accomplir avec les ouvriers du chantier. Ce qui compte surtout pour lui, c'est que les maquettes doivent partir de modules qui posent un système normatif de proportions. Léonard ne lut pas le *De re aedificatoria*, en revanche, il eut accès, on l'a vu, aux travaux de Francesco di Giorgio qui lui aussi minimisait l'avertissement vitruvien et proposait d'appliquer les procédures de calculs proportionnels à la conception de machines[31]. Les calculs de Léonard sur le rendement des moulins à eau sont d'ailleurs directement inspirés des réflexions de Francesco di Giorgio sur le calcul des capacités motrices des roues hydrauliques[32].

Léonard continua donc de réaliser des modèles en bois ou en carton et ses notes sont remplies d'allusions à ces réductions à l'échelle. Toutefois, la fonction des maquettes de Léonard est assez variée[33].

L'ingénieur connut tout d'abord les maquettes architecturales à la mode de Brunelleschi, du Filarète et de Leon Battista Alberti. Par exemple, en 1487-1490, alors qu'il collabore avec Bramante et Francesco di Giorgio à la construction de la tour-lanterne de la cathédrale de Milan, il envoie une lettre à la Fabrique du Dôme et vante son projet en ces termes :

> [...] vous pourrez clairement connaître la maquette que j'ai réalisée et vous pourrez y constater qu'elle respecte les principes de symétrie et de correspondance présents dans l'édifice principal[34].

Ainsi l'édifice peut-il être visualisé par les commanditaires avec ses éléments structurels et sa volumétrie et jugé conforme aux qualités classiques d'un édifice gothique ; surtout, on doit pouvoir estimer sa robustesse (*firmitas*). La maquette est par ailleurs accompagnée de dessins proportionnels et de mesures, permettant d'évaluer l'équilibre des forces.

Léonard utilisa aussi des modèles réduits dans ses grands projets de statues équestres[35].

Très tôt, en effet, dès les années 1480, Léonard explore des solutions techniques pour régler les problèmes d'équilibre d'un cheval cabré sur ses pattes arrière en modelant une figurine[36]. Il se livre encore à cet exercice lorsqu'il travaille à la statue de Gian Giacomo Trivulzio en 1510 où, pour étudier la composition d'un cheval rampant, il se conseille à lui-même : « Fais-en un petit de cire long d'un doigt[37]. » Cette pratique est encore attestée dans les notes du maître qui évoquent, pour le cheval commandé par Ludovic Sforza, non seulement des moules à petite échelle mais également une maquette de la salle où sera opérée la fusion, avec ses fours :

> Afin de préparer le moule, dans cette partie tu devrais faire un modèle de petit moule, et pour cela fais une petite salle avec ses petits fourneaux, et tu pourras voir la façon d'assembler les pièces du moule ensemble[38].

L'historien Andrea Bernardoni, spécialiste du sujet, a suggéré qu'une petite statue du musée de Budapest pourrait être dérivée d'un modèle en cire réalisé par Léonard coulé en bronze par son apprenti Giovanni Rustici, nous offrant ainsi la seule version en volume ayant survécu d'une des fameuses statues équestres de Léonard – le modèle du cheval Sforza en glaise fut détruit en 1499 par les troupes françaises et le projet de cénotaphe de Gian Giacomo Trivulzio fut compromis par la perte de Milan par les Français en 1513[39].

Un autre usage de maquettes directement dérivé des pratiques d'atelier correspond à des études ou à des preuves de fonctionnement de machines. À la fin d'une fameuse lettre quémandant une embauche, écrite vers 1482 et destinée à Ludovic le More (nous ne disposons que du brouillon non envoyé), Léonard se vante d'être en mesure de construire des machines civiles et militaires et ajoute :

> Et si l'une des choses ci-dessus énumérées semblait impossible ou impraticable, je m'offre à en faire l'essai dans votre parc ou en tout autre lieu

qu'il plaira à Votre Excellence, à qui je me recommande en toute humilité[40].

La logique est bien ici de faire valider l'art de l'ingénieur, son *ingenium*, par une communauté d'experts et de commanditaires.

Vers 1490, encore, travaillant sur ses premières machines volantes, Léonard veut parfois présenter simplement la faisabilité d'un principe, la portance d'une aile ou la capacité d'une vis aérienne de s'enfoncer dans l'air comme la vis d'Archimède s'enfonce dans l'eau. Les deux dessins correspondants se trouvent dans le *Manuscrit B*. Au folio 88[v] est ainsi introduite « la vraie preuve de l'aile », c'est-à-dire la capacité qu'aurait la force humaine de soulever, en faisant battre une aile, un poids de 200 livres[41]. Le folio 83[v] décrit la curieuse machine à décollage vertical que nous nommons hélicoptère, en précisant les dimensions qu'elle devrait avoir en grand (8 brasses) ; mais comme, à l'évidence, aucune force humaine ne serait capable de faire tourner si rapidement l'hélice, l'auteur propose de réaliser une démonstration du principe en petit[42] :

> Tu feras un petit modèle en papier dont l'axe sera formé d'une fine lamelle d'acier à laquelle tu donneras avec force un mouvement de torsion et quand on la relâchera, elle fera tourner l'hélice[43].

Parfois, le Toscan demande à un apprenti de produire à sa place ce genre de preuve, comme lorsqu'il évoque « un garçon qui me fasse le modèle[44] ».

Pour ses machines volantes, Léonard a aussi besoin d'expérimenter des questions d'équilibre, et la maquette sert alors à résoudre des problèmes théoriques de barycentre :

Qu'on suspende un corps comme celui d'un
oiseau dont la queue puisse tourner selon des angles
variés. Avec un tel modèle tu peux déterminer des
règles générales pour différentes manières de virer
pour les oiseaux par des mouvements d'inclinaison
de la queue[45].

Léonard veut parfois se convaincre lui-même de la faisabilité de telle ou telle machine. La mention d'une échelle
pour dimensionner les modules constitutifs d'une tondeuse
mécanique illustre ce cas de figure :

Dcba, abcd, le module de base. Rappelle-toi de
faire le bras de petite taille, avec lequel tu mesureras
minutieusement chaque élément[46].

La machine textile a donc été conçue en petit modèle
avant de passer à la construction en grand. Dans d'autres cas,
plus rares, une maquette permet de faire naître un instrument à partir d'une expérience, comme l'a démontré Carlo
Pedretti à propos d'une pompe centrifuge pour l'assèche-
ment des marais, imaginée en 1508[47]. Léonard commence
par remarquer qu'il est possible de produire un tourbillon
conique dans un seau avec la main[48]. Ensuite, il se demande
comment reproduire mécaniquement cette force centrifuge :

Fais cette expérience avec une barre de fer et fais
le seau petit.

C'est ce stade de la conception qui l'amène à construire
un prototype de pompe à débordement envoyant l'eau dans
un siphon grâce à un mouvement giratoire induit par une
manivelle. Ce dispositif est, par la suite, intégré à divers

projets de moulins pour la villa de Charles d'Amboise à Milan puis pour les canalisations de Romorantin[49].

Les limites des modèles

Néanmoins, en 1496, dans son *De divina proportione*, Luca Pacioli attire l'attention de son disciple sur les problèmes liés à l'utilisation des modèles, et notamment sur les édifices qui s'écroulent sous leur propre poids parce qu'ils ont été mal conçus. Pour Pacioli, un moyen de résoudre la difficulté est de se servir des théories des proportions pour passer de la maquette à l'échelle réelle. Léonard, dans le *Manuscrit L*, est moins optimiste et revient sur la critique initiale de Vitruve en reprenant presque mot pour mot l'auteur latin :

> Vitruve dit que les petits modèles ne sont en aucune opération confirmés par l'effet des grands. À cet égard je me propose de montrer ci-dessous que sa conclusion est fausse et principalement en tirant mes déductions des arguments même qui lui servirent à étayer son opinion, c'est-à-dire par exemple de la tarière. Il montre à son propos que si la puissance d'un homme a fait un trou d'un certain diamètre, un trou du double de ce diamètre ne pourrait être fait ensuite par une force deux fois supérieure mais par une puissance beaucoup plus considérable. À ceci, on peut très bien objecter que la tarière de volume double ne saurait être mue par le double de puissance, attendu que la surface de tout corps semblable de forme et ayant le double de volume est quadruple en quantité par rapport à l'autre, comme le montrent les deux figures a et n[50].

241

Pour donner raison mathématiquement à Vitruve, Léonard se sert d'Euclide et du concept de triangles semblables en considérant que les tarières peuvent être assimilées à des triangles isocèles d'angles égaux. Donc, si l'on multiplie par deux la base d'un des deux triangles pour obtenir une tarière plus grande, la surface du triangle, elle, sera multipliée par quatre[51].

La réflexion l'amène à considérer que toute analyse sur maquette doit s'accompagner de dessins précis et d'un usage pertinent de règles de mécanique bien maîtrisées. C'est l'époque où il remplit plusieurs pages de considérations expérimentales sur la résistance des poutres et les charges verticales et estime que la résistance dépend d'un rapport entre la base de la section de la poutre et sa longueur[52]. Le phénomène n'est à l'évidence pas traitable par une simple règle de trois (la loi connue aujourd'hui implique le calcul du carré de la section) et Léonard multiplie les expériences de charge avec des poutres plus ou moins longues pour proposer des évaluations. À la même époque, il écrit aussi sur des poutres disposées en triangle ou sur des cordes en tension passant sur des poulies et propose des diagrammes des poussées qui l'amènent à une résolution des forces d'une grande modernité[53]. On est certes encore loin de la gestation d'une science des matériaux reposant sur la critique des maquettes de galères mise en scène par Galilée dans l'arsenal de Venise, mais plus d'un siècle sépare les deux raisonnements[54].

La modélisation des phénomènes physiques

Avec le passage de l'observation expérimentale à la maquette, on voit se dessiner un autre usage de ces réductions typiques de l'univers des chantiers : la modélisation de phénomènes physiques.

Les domaines où Léonard s'engagea dans de tels exercices abondent, mais on peut citer pour commencer celui de la géologie et des études hydrauliques. Le curieux, face au phénomène des marées, se demande ainsi un jour, considérant l'effet différentiel du soleil d'une zone à l'autre du globe et l'action des fleuves, si la hauteur des mers est partout la même. On pense en effet à cette époque que c'est le soleil, et non la lune, qui est responsable des phénomènes de flux et de reflux. Léonard a remarqué aussi que la rencontre de canaux change le niveau du flux résultant. Il s'interroge :

> [...] et si ce flux et ce reflux créés par une si petite quantité d'eau produit une variation d'un quart de brasse, qu'en sera-t-il des grands bras de mer enclos entre les îles et la terre ferme[55] ?

Pour résoudre cet épineux problème, il se décide à créer un modèle réduit des régions entourant la Méditerranée.

Un autre domaine d'application des modèles réduits modélisant les phénomènes physiques est celui de l'optique. Ainsi, pour appréhender le fonctionnement de l'œil, Léonard commence par en faire une dissection. Mais comme cela ne suffit pas pour comprendre le fonctionnement de la vision, Léonard passe à une modélisation :

> Pour voir le rôle que joue la cornée dans la pupille, fais faire en cristal une chose semblable à la cornée de l'œil[56].

Par la suite, il mène également des expériences sur la réfraction de la lumière dans un prisme, à l'imitation d'Alhazen et, là encore, imagine un protocole où il fait appel à un verrier :

> Fais-toi faire deux plateaux à rebords, parallèles entre eux et l'un 4 à 5 fois plus petit que l'autre mais de hauteur égale. Puis enferme l'un dans l'autre, comme tu le vois sur le dessin, et peins-les. Et laisse découverte une ouverture de la taille d'une lentille, et là, fais passer un rayon de soleil, lequel viendra d'une fenêtre. Puis regarde si le rayon qui passe dans l'eau entre les deux plateaux garde la rectitude qu'il avait dehors, et construit ta règle à partir de cela[57].

L'expérience permet de calculer l'angle de réfraction de la lumière mais Léonard ne va pas jusqu'à cette conclusion qui ne fut exprimée finalement qu'au XVIIe siècle.

Dans un autre codex, il dessine un autre analogue mécanique de l'œil humain en forme de cube en bois avec une face faite d'une plaque de métal percée d'un trou d'épingle et un fond fait de papier huilé servant d'écran. Le trou d'épingle figure la pupille et le fond le cristallin[58]. C'est-ce que l'on appelle depuis le XVIIe siècle une *camera oscura*, un dispositif très utile pour les peintres. Dans cette boîte obscure, les rayons qui passent par l'ouverture et s'y croisent s'inversent sur l'écran placé dans le fond de la boîte.

Léonard se demande pourquoi, si l'œil fonctionne ainsi, nous ne percevons pas les images à l'envers. La géométrie lui sert de recours pour formuler l'hypothèse selon laquelle les rayons lumineux s'inversent de nouveau à l'intérieur de l'œil, au niveau du cristallin ou derrière sa surface posté-rieure, et parviennent ainsi au nerf optique dans la bonne disposition[59].

Pour en arriver à cette conclusion, Léonard a modélisé le cristallin sous la forme d'une sphère de verre remplie d'eau car il a remarqué que cette sphère a le pouvoir d'inverser les images. On sait aujourd'hui que ce n'est pas le cristallin qui inverse l'image et que c'est en fait le cerveau qui corrige mais l'idée n'était pas mauvaise.

Pour finir de démontrer que l'image se forme à l'arrière de l'œil et non sur la pupille, Léonard imagine une autre expérience. Il prend trois chandelles et, devant chacune d'elles, place un verre coloré différemment et observe l'image portée au fond d'une *camera oscura*. Il découvre que les trois lumières n'interfèrent nullement en entrant par le même trou d'épingle et qu'elles sont projetées au fond de la *camera*, simplement inversées latéralement et verticalement[60].

Marionnettes et automates

Modélisation et expérimentation ont partie liée, ici comme dans d'autres recherches concernant les principes mécaniques gouvernant les os, les tendons et les muscles. La flexion du coude s'explique par exemple par le principe du bras de levier. Dans plusieurs dessins de la collection royale de Windsor, on comprend en effet que Léonard a cherché à décrire l'action musculaire et la topographie des muscles en les remplaçant par des cordelettes[61]. Des sque-lettes habillés de fils se transforment alors en marionnettes savantes, identifiant le muscle qui met en mouvement telle ou telle partie du corps ou les haubans musculaires. Ainsi, sur un modèle d'épaule, des cordes font figure de deltoïdes, trapèzes, triceps, grand rond, grand dorsal, infra-épineux[62]. Ailleurs, par exemple pour les planches concernant le tronc et l'épaule, les cordelettes ont plutôt pour fonction de comprendre les attaches musculaires ou la façon dont les muscles et les tendons se croisent en trois dimensions en des formes intriquées[63]. Pour les tendons plus rigides, Léonard emploie parfois aussi des fils de cuivre ramollis par un passage au feu afin de les ployer[64].

Ici, les études anatomiques rejoignent non seulement celles du peintre-sculpteur sur le mouvement, mais encore le rêve de l'ingénieur d'animer une armure automate avec des cordes et des poulies comme si celle-ci était habitée par un humain[65]. Pour modéliser le trajet des veines, Léonard se sert, inversement, d'une idée de sculpteur qui maîtrise la technique de la cire perdue : injecter dans les vaisseaux d'un cadavre encore chaud (sinon le sang ne circule plus) de la cire liquide[66]. Les échanges de techniques, classiques dans l'atelier d'un artiste, se retrouvent ici sur la table à dissection de l'anatomiste. Ces collaborations fréquentes entre artisans expliquent sans doute aussi l'idée de Léonard de demander à un verrier, en 1513, une maquette de cœur avec ses valvules qu'il est le premier à identifier, et il commente alors un dessin :

> Modèle en verre pour voir ce que fait le sang
> dans le cœur quand il ferme les valvules du cœur.
> Fais la preuve ou le test en verre et fais se mouvoir
> de l'eau à l'intérieur ainsi que des grains de millet[67].

Si Léonard réalise cette maquette théorique, c'est parce qu'il pense que le frottement des tourbillons du sang contre les valvules aortiques est la raison de la chaleur du cœur, qui est à son tour source de vie : il s'agit donc de vérifier une théorie[68]. Pour Léonard, le système de régulation par valves permettait d'envoyer le sang des ventricules dans les artères et les tourbillons sanguins observés étaient liés à la fermeture des valvules de forme géométrique (un triangle au centre correspondant à l'ouverture aortique et des lunules sur le côté). La maquette pouvait montrer les tourbillons par les grains de millet servant de traceurs visibles des courants du liquide[69].

Bienfaits et réussites des maquettes

Les maquettes, qui élargissent le champ des possibles de la preuve (*prova*), permettent ainsi à Léonard de faire des découvertes originales qui ébranlent parfois les certitudes d'autrefois. Il voit dès lors se dessiner un nouveau programme épistémologique qu'il expose clairement dans le *Codex Atlanticus*:

> Considère à présent, ô lecteur! Quelle confiance pouvons-nous placer dans les Anciens qui ont essayé de définir ce qu'étaient l'âme et la vie – qui sont au-delà de la preuve – tandis que ces choses qui à tout moment peuvent être connues clairement et démontrées par l'expérience, restent depuis bien des siècles inconnues ou faussement connues? Plusieurs penseront qu'ils peuvent avec raison me blâmer, alléguant que mes preuves sont contraires à l'opinion de certains hommes que l'on tient à cause de l'expérience de jugement en grande révérence, ne voyant pas que mes travaux sont le résultat d'une expérience simple et basique, qui est la vraie maîtresse de la connaissance. Ces règles

vous permettent de reconnaître le vrai du faux – et cela pousse les hommes à ne considérer que les choses possibles et avec modération – et elles vous interdisent de vous revêtir du manteau de l'ignorance, qui débouche sur le fait que vous n'atteigniez aucun résultat et que vous vous abandonniez de désespoir à la mélancolie[70].

Léonard part, pour sa compréhension du monde physique, d'un substrat culturel aristotélicien augmenté des interprétations de l'université médiévale. Il a aussi acquis, La lecture d'Al-Kindi, Alhazen, Peckham ou Vitellius lui a par ailleurs fourni les bases d'une optique mathématique, tandis que la lecture des médecins médiévaux et les discussions avec ses amis lui donnaient les bases du galénisme. Toutefois, il va toujours plus loin dans chacun de ces domaines, par le biais de sa méthode. Quelques exemples peuvent achever de nous convaincre du fait que, malgré les ambiguïtés de ce qu'il appelle « expérimentation », et qui relève parfois seulement d'une rhétorique de l'exposé scientifique, il réalise certaines percées. Elles le conduisent à remettre en cause des auteurs révérés. Il puise cette audace dans la ferme conviction que les sens combinés aux mathématiques disent le vrai et que des adversaires mieux nés que lui, des lettrés, n'ont pas la même rigueur que lui :

> Comme je n'ai pas le pouvoir de citer comme eux les auteurs, il me faut me reposer sur quelque chose de bien plus grand et bien plus valable : l'expérience, l'instructrice de leurs maîtres[71].

On n'insistera pas sur le cas de l'optique dont nous avons déjà beaucoup parlé, mais retenons que ce domaine, d'intérêt particulier pour le peintre, est un premier exemple de rejet d'une autorité. Face à Leon Battista Alberti, qui considérait que le noir et le blanc étaient de vraies couleurs au même titre que le bleu ou le rouge, Léonard, familier des prismes et de la décomposition de la lumière, développa l'intuition qu'au contraire, le noir était absence de couleur et le blanc un mélange de toutes les couleurs. Surtout, Léonard, après 1492, rejeta définitivement l'idée pythagoricienne (qui était aussi celle d'Al-Kindi) selon laquelle les rayons partent de nos yeux pour explorer le monde, se rangeant aux arguments d'Aristote, Galien et Alhazen selon lesquels les images sont imposées aux yeux par la lumière des objets observés. Ce qui achève de le convaincre, c'est une expérience qui lui sert à étudier la nature de l'arc-en-ciel[72].

Pour prouver que les couleurs y sont le résultat de la décomposition de la lumière du soleil, il tient devant son œil, face à la lumière, un verre rempli d'eau et de bulles et il perçoit que chaque bulle montre les mêmes couleurs que l'arc-en-ciel, c'est-à-dire, pour nous modernes, qu'elle se comporte comme un prisme. Projetant ces couleurs sur un sol que l'on a gardé dans l'obscurité, il en déduit que la décomposition de la couleur existe indépendamment de l'action de l'œil, et donc que les pythagoriciens ont tort. Bien sûr, derrière l'expérience, il y a des lectures préalables (Peckham, Vitellius) qui ont transformé les convictions de l'expérimentateur, il n'en reste pas moins que la vérification de la théorie « intromissive » (celle d'Aristote médiatisée par Peckham considérant que des simulacres des choses viennent frapper la rétine) conduit Léonard à remettre en cause les idées du très savant Leon Battista Alberti sur les couleurs autant que celles de Pythagore sur la vision.

Dans le domaine de l'anatomie, on a vu déjà que Léonard allait plus loin que la plupart de ses prédécesseurs par la seule puissance de l'observation et qu'il était très désireux d'appliquer au corps humain des modèles mécanistes. Toutefois, qu'en est-il de ses avancées en termes de réflexion physiologique[73]?

Au départ, l'artiste s'intéresse surtout aux os et aux muscles, aux équilibres du corps, aux postures, mouvements et expressions ; puis, à fréquenter des amis médecins à l'instar de Marcantonio della Torre (1478-1512) ou de Fazio Cardano (1444-1524), il se met à nourrir le désir de comprendre le mystère de la vie. Très tôt, d'ailleurs (vers 1487), disséquant une grenouille et remarquant que des réflexes musculaires continuent de l'animer tant que l'on n'a pas sectionné la moelle épinière, il écrit à côté du dessin de celle-ci : «vertu générative[74]». Bien plus tard, à Rome, il se pose des questions sur les échanges métaboliques entre le fœtus et la mère et se demande si le fœtus possède une âme propre indépendante de l'âme maternelle[75]. Ce questionnement, qui trahit ses tendances au matérialisme et à la remise en question du dogme de l'âme immortelle, le met évidemment en grand danger face aux autorités ecclésiastiques. Les conflits qui l'opposent au pape sont davantage liés à ce type de recherches qu'aux dissections proprement dites qui se faisaient, contrairement à l'opinion courante, dans des hôpitaux au vu et au su de tout le monde.

Quoi qu'il en soit, après avoir développé une approche purement mécanique du corps, Léonard se passionne pour les esprits vitaux, la physiologie, les sens et les phénomènes de respiration, de digestion ou de reproduction[76].

Il produit alors de grandes synthèses visuelles très harmoniques où sont représentés sur une même planche le système cardiaque, le système bronchique, l'appareil digestif avec le foie et la rate ainsi que le système urogénital (d'autres planches sont par ailleurs consacrées au cerveau). Il s'interroge tout particulièrement sur la nature du cœur[77]. Comment s'insère-t-il là dans la pensée de son temps?

La base de l'enseignement médical universitaire est alors la lecture de Galien, largement commenté par les autorités médiévales comme Mondeville, Mondino de' Liuzzi ou Guy de Chauliac. Galien n'a guère disséqué de cadavres humains et développe une grande partie de ses raisonnements à partir de dissections de singes mais il a tout de même repéré les phénomènes de cystole et de diastole des battements cardiaques. Dans la physiologie de ce médecin d'époque romaine, le cœur est alimenté en air par les poumons et en sang par le foie (il nous faut ici oublier tout ce que nous savons pour ne pas commettre de jugement anachronique sur cette vision). Des pores interventriculaires (des « trous » dans la paroi entre les deux ventricules) permettent au cœur de jouer un rôle de mélangeur entre l'air et le sang et ainsi de produire les esprits vitaux (le *pneuma*) qui alimentent la totalité du corps.

Léonard, dans ses dessins, à partir de sa collaboration avec Della Torre, se révèle totalement sous l'influence de Galien dont il ne met nullement en cause l'enseignement, ce qui lui permet de contredire Aristote qui considérait que le cœur fabrique le sang[78]. Toutefois, toutes les veines partent bien du cœur pour distribuer le *pneuma*. Léonard va jusqu'à dessiner les pores interventriculaires dans un magnifique schéma où il démontre sa connaissance non seulement des deux ventricules mais encore de ces deux cavités supplémentaires que sont les oreillettes[79].

Le seul problème est que les pores interventriculaires sur lesquels repose le raisonnement n'existent pas. Léonard dessine ce qu'il sait parce que son mentor le lui a dit, mais pas vraiment ce qu'il voit. Nous avons là toute la limite d'une expérimentation qui n'en est pas vraiment une et l'audace de Léonard ne va pas jusqu'à critiquer Galien.

> Le cœur, en soi, n'est pas principe de la vie, c'est un muscle épais, vivifié et nourri par les artères et les veines, tout comme les autres muscles, écrit-il vers 1504[80].

Léonard, en fait, vérifie Galien. Cela fonctionne parfaitement lorsqu'il décrit les effets de systole et de diastole qui démontrent la fonction de pompe de l'organe cardiaque, et Léonard décrit l'expulsion du sang dans le corps grâce à une vivisection de porc à laquelle il a assisté (au temps pour l'ami des bêtes cher à Vasari).

Mais le galénisme fidèle de Léonard touche ses limites dans les années 1510 quand il oriente sa réflexion sur les chambres cardiaques. Les dissections l'ont en effet conduit à rattacher les oreillettes au système cardiaque et à penser que le fonctionnement de l'orifice de l'aorte est le vrai responsable de la transformation du sang en esprits vitaux, et non les pores interventriculaires. En bon hydraulicien et expert en pompes, il regarde de près les valvules aortiques, on a vu qu'il avait même le projet de les reproduire en maquette et d'étudier la forme des tourbillons au moment du passage du sang. Il est en effet persuadé que le frottement des tourbillons contre les valvules crée cette chaleur à l'origine même de la vie. Rien de cela n'avait été prévu par Galien et c'est bien le rapprochement des méthodes de l'artisan des théories des médecins (voire des mathématiciens spécialistes de géométrie des lunules) qui poussent la recherche dans des domaines inédits.

Toutefois, ce recours aux savoir-faire de l'hydraulicien n'est pas toujours de bon aloi. Ainsi, la compréhension du système urogénital est quelque peu affectée par ce rapprochement entre disciplines. Au départ, l'observation purement anatomique est excellente : Léonard reconnaît le carrefour génito-urinaire, la vessie, les reins, les uretères (mais pas la prostate !). Cependant, quand il veut passer à l'explication fonctionnelle de la physiologie rénale, Léonard recherche ce qu'il connaît : des siphons, des systèmes anti-reflux, des valves, etc. Il ne comprend pas que la vessie est animée d'un système de contraction et que l'urètre, qu'il voit comme un simple tuyau, est animé lui aussi d'une contraction propre (nommée aujourd'hui péristaltisme) qui permet de diriger l'urine du rein vers la vessie[81]. Le système est bien plus complexe qu'il ne pense et il lui manque bien sûr toute une série de concepts pour le saisir.

La géologie néoplatonicienne à l'épreuve de l'observation

Un autre domaine où Léonard dut lutter contre les préjugés des autorités fut celui de la géologie. Deux grandes théories étaient en vigueur à la fin du XVe siècle que Léonard résume en ces termes :

> De la sottise et de la simplicité de ceux qui s'imaginent que des animaux furent portés par le déluge en ces lieux éloignés de la mer. Une autre secte d'ignares affirme que la nature ou les cieux les avaient créés en ces lieux par influx céleste ; comme si l'on n'y trouvait pas des arêtes de poissons qui

ont mis longtemps à grandir ; comme si l'on ne pouvait supputer d'après les écorces des coques et des escargots, le nombre des mois et des années de leur vie[82].

Une théorie voulait en effet que les fossiles présents au sommet des montagnes y avaient été apportés par le déluge de Noé ; l'autre, d'inspiration néoplatonicienne, imprégnée de conceptions magiques, prétendait que les fossiles sont produits par des forces (venues des étoiles) agissant sur les roches pour leur donner l'aspect d'êtres vivants afin de manifester les échos entre tous les règnes de la création (animal, végétal, minéral). Léonard se rit de l'une comme de l'autre et met son talent d'observateur au service de leur déconstruction. Premièrement, il questionne la possibilité même d'un déluge qui aurait déposé partout des plantes et des animaux, avant de réfuter pied à pied cette croyance :

> Réfutation posée à ceux qui soutiennent que les coquilles sont entraînées par le déluge à plusieurs journées de distance de la mer. Je dis que le déluge n'a pu apporter sur les monts les choses mais dans la mer, à moins que la mer ait enflé au point de provoquer une inondation considérable dépassant même ces endroits, phénomène qui n'a pu se produire car il aurait créé le vide. Et si tu dis que la mer s'y précipiterait, nous avons déjà conclu que le lourd ne se soutient pas sur le léger ; nous en concluons nécessairement que ce déluge fut causé par l'eau des pluies, auquel cas toute cette eau courut à la mer et non la mer à la montagne ; et si elle courut à la mer, elle poussa les coquilles le long du rivage, vers la mer, et ne les attira donc point à elle[83].

Il se rend également compte que l'on peut savoir si des coquillages ont été ensevelis vivants en vérifiant que leurs deux valves sont encore solidaires. Enfin, il mesure la capacité de déplacement d'une coque sur un fond marin (quatre « braccia » par jour) : par conséquent, en quarante jours, ce qui correspond à la chronologie biblique, il est totalement impossible qu'un coquillage se déplace sur 250 milles de distance (de l'Adriatique jusqu'à Montferrat en Lombardie, où l'on observe de tels fossiles). Tous ces éléments lui permettent de réfuter l'hypothèse du déluge. Par ailleurs, on peut prouver que de nombreux fossiles n'ont pas été transportés par une vague après leur mort puisque leurs deux valves demeurent attachées. Pour cela, l'argument selon lequel ils auraient été transportés par des vagues ou des courants de fond est irrecevable car les vagues ne sont pas assez puissantes pour cela et les courants de fond vont toujours du haut vers le bas.

Remarquant que des couches de terrains semblables se retrouvent de part et d'autre du lit d'une rivière, il en déduit l'existence de strates de dépôts successifs dans le temps et signale qu'au sommet de chacune de ces strates on découvre des traces et des pistes d'organismes marins qui, un jour, y ont rampé. Or un déluge unique ne peut justifier ni la présence de fossiles dans plusieurs strates ni celle de traces de déplacements d'animaux marins au sommet de ces strates.

Quant à l'hypothèse néoplatonicienne de la génération spontanée des fossiles dans les couches géologiques par l'intervention d'essences stellaires, Léonard l'invalide totalement en expliquant que l'on ne trouve les fossiles que dans les strates présentant des caractéristiques « océaniques ». De plus, si des forces plastiques célestes étaient à l'œuvre, pourquoi auraient-elles choisi uniquement certaines couches pour faire apparaître des artefacts ? En outre, pourquoi, lorsque l'on creuse, trouve-t-on les fossiles en tas comme s'ils étaient sur une plage ? Et pourquoi, si au départ la nature a mis dans la roche un « germe animal », alors qu'on lit clairement sur les coquillages des anneaux de croissance, la roche matricielle ne se trouve-t-elle pas éclatée par la germination ?

Par quelle théorie Léonard remplace-t-il alors celle de ses contemporains[84] ?

Impossible de comprendre sa vision sans avoir une idée de ce que pensaient les auteurs de l'Antiquité et du Moyen Âge. Léonard se fonde sur Aristote, sur Théophraste, qui écrit sur les tourbillons, sur Pline, auteur de l'*Histoire naturelle* (la grande encyclopédie du monde romain), puis sur les commentateurs médiévaux tels Albert le Grand (qui pense que des fleuves souterrains remontent de la mer pour nourrir les sources au sommet des montagnes), Jean Buridan (qui réfléchit aux phénomènes de gravité), Albert de Saxe (qui écrit sur le rôle d'aplanissement des montagnes joué par l'eau) ou Restoro d'Arezzo (défenseur de l'analogie du microcosme).

Léonard, par toutes ces lectures, finit par se convaincre que des parties de la croûte terrestre se sont soulevées, portant avec elles leurs terres et même des mers en altitude, d'où les fossiles.

Pour lui, s'il naît des montagnes (ce que les géologues appellent aujourd'hui l'orogénèse), autrement dit si la terre s'élève, c'est parce qu'il y a des déséquilibres dans le globe, liés à la présence inégale d'eau et d'air dans le monde souterrain. Un hémisphère se révèle dès lors toujours plus lourd que l'autre et l'organisme terrestre s'efforce de rétablir le centre de gravité de la planète en le recalant au centre géométrique du globe, et ce en déplaçant les masses rocheuses, poussant donc les montagnes (et leurs fossiles) à s'élever au-dessus des mers[85]. Le moteur du changement à ses yeux était l'eau qui creusait des cavités et faisait s'ébouler des blocs rocheux vers le centre de la planète tout en aplanissant par l'érosion les excroissances ayant émergé. Ainsi l'équilibre était-il préservé.

La grande interrogation qui demeurait était celle du pourquoi du mouvement de l'eau autour et au cœur du globe terrestre. Pourquoi la terre et l'eau montaient-elles (comme le prouve l'existence de fossiles marins au sommet des montagnes) alors que, selon Aristote, elles devraient toujours descendre vers le centre de la terre, leur lieu naturel[86] ? Est-ce le soleil qui fait monter l'eau dans les canaux souterrains ? Mais dans ce cas pourquoi l'eau des sources est-elle froide ? Serait-ce alors qu'un processus de distillation serait à l'œuvre dans les cavernes du monde souterrain, concentrant la vapeur d'eau au sommet des grottes ? Mais alors, pourquoi les voûtes des cavernes sont-elles généralement sèches ?

Le problème est que Léonard envisage la terre comme un organisme vivant. Il fonde sa conviction sur les analogies entre le microcosme du corps humain et le macrocosme de la nature. Les rivières et les fleuves, par exemple, sont pour lui comme les veines et les artères de l'homme, les arbres comme les poils, etc. Considérer comme nos contemporains que c'est l'évaporation qui produit les nuages et la pluie qui retombe ensuite sur les montagnes ne concordait pas avec sa vision du monde car elle l'obligeait à récuser l'existence de « vaisseaux sanguins » de la terre.

Pourtant, Léonard évolua beaucoup dans ses propres conceptions géologiques. Après avoir défendu les thèses d'Albert le Grand sur la circulation de l'eau des océans dans les cavernes du centre de la terre, et fait siennes les considérations de Buridan sur les équilibres gravitiques, il finit en 1510 par renoncer à son analogie entre le corps humain et le corps de la terre pour adopter la théorie selon laquelle l'eau des montagnes venait plutôt des nuages. Il lui fallut sans doute une grande force d'esprit pour remettre en cause des conceptions scolastiques auxquelles il avait si longtemps cru. À la fin de sa vie, Léonard ne pensait plus les analogies dans les mêmes termes que dans son âge mûr : des phénomènes semblables étaient bel et bien à l'œuvre dans la biologie humaine et dans la nature mais simplement parce que des fonctions semblables produisaient les mêmes types d'effets. Plus d'écho magique, donc, entre microcosme et macrocosme, mais simplement des contextes identiques aboutissant à des résultats comparables : désenchantement du monde mais apologie de la philosophie fondée sur l'expérience.

Pourtant, les belles observations conduisant à des démonstrations imparables sont toujours motivées par une théorie préalable, ce qu'il assume pleinement :

> La pratique doit toujours être fondée sur une théorie solide[87].

Ici encore, l'expérimentation est donc une vérification. Il faut néanmoins accorder à Léonard une capacité extraordinaire : l'aptitude à renoncer à certaines convictions et les remplacer par de nouvelles, mieux fondées. C'est le cas dans un autre domaine, celui de la physique, notamment dans le champ de la statique et de la dynamique.

Léonard, homme sans lettre comme il le disait lui-même, était tout de même très au courant des théories universitaires médiévales fondées sur la lecture des textes antiques, en particulier grâce à ses amis savants comme Fazio Cardano ou Luca Pacioli qui lui traduisaient les textes difficiles dont il avait besoin.

Il avait par exemple totalement assimilé la science médiévale des poids[88]. Il se permettait seulement de remarquer, en praticien, que Jordan de Némore et ses confrères n'avaient peut-être pas suffisamment pris en compte la matérialité des bras des balances qui fausse toujours un peu la mesure. On comprend qu'il ait tant désiré, en 1502, mettre la main sur les œuvres d'Archimède en latin qui établissaient selon les règles de la géométrie la théorie des leviers[89].

Motivé par ses recherches de sculpteur et de peintre, il fut aussi sans doute le premier à poser la question du centre de gravité des corps, c'est-à-dire à poser que tout solide possède un point auquel on peut référer son poids[90]. Il remarqua même que ce point d'équilibre pouvait, dans certaines circonstances, se trouver en dehors du corps en question. Tricher sur les points d'équilibre avec des contrepoids était une astuce bien connue des ingénieurs, ce dont témoigne par exemple, vers 1485, le dessin d'un pont tournant gigantesque dont l'axe de rotation restait sur la rive d'un fleuve grâce à une charge qui contrebalançait la masse de son tablier[91].

Appliquer la statique aux corps humains ou aux figures animales était en effet d'une grande utilité pour l'artiste ayant pour tâche de décrire une posture[92]. Un dessin préparatoire pour la *Léda* où le personnage quitte sa position agenouillée montre comment Léonard assimile le corps à une balance où un axe vertical précise la position d'équilibre[93]. Le tableau de la *Sainte Anne* du Louvre applique aussi les lois sur la distribution des poids pour montrer comment la Madone peut soulever l'Enfant Jésus. Les études de barycentre jouent également un rôle important pour l'équilibre des statues équestres et pour les recherches sur le vol des oiseaux ou même des mouches[94].

La statique reste cependant relativement simple en comparaison avec la dynamique, un champ de recherche qui s'était fort développé à l'époque médiévale et dont le but est de rendre compte du mouvement impulsé à un corps. Il s'agit de comprendre comment un objet qui quitte son moteur (ce qui l'a mis en mouvement, par exemple la main qui lance un caillou) continue d'avancer alors qu'il est détaché de ce moteur. Ce type de mouvement était qualifié par Aristote de mouvement violent car il allait à l'encontre du mouvement naturel, celui que suit un corps qui a le désir de rejoindre son lieu naturel, par exemple, pour un caillou, le centre de la terre. Le philosophe grec expliquait que si une flèche partie d'un arc poursuivait sa trajectoire dans la direction du tir, c'était parce qu'elle créait un vide derrière elle et parce que l'air qui était devant elle passait par-derrière sous forme de tourbillons qui entretenaient la poussée initiale. Il appelait ce phénomène l'antipéristase.

Dans les universités médiévales, de nombreux savants, avec toute la révérence due à leur maître d'un lointain passé, proposaient une théorie alternative : l'impulsion donnée au mobile était plutôt une qualité imprimée en lui, comme la chaleur peut être imprimée à une pierre que l'on chauffe, nommée *impetus* (impulsion). La caractéristique de cette impulsion était qu'elle se dissipait peu à peu. Restait à comprendre à quelle vitesse avait lieu la dissipation dans un mouvement violent et quelle était la nature de l'augmentation de la vitesse dans un mouvement naturel[95]. Léonard s'intéresse aux deux positions[96]. Il favorise d'abord la théorie de l'antipéristase car la peinture l'a amené à prendre en considération l'épaisseur de l'atmosphère :

> L'onde que fait l'air devant le mobile qui la pénètre ne passe pratiquement pas devant ce mobile, car ce serait contraire à la septième proposition, ici la pénultième. L'air qui va derrière le mobile tourne derrière lui, dans ces parties en circulation qui sont proches de celles qui courent derrière le mobile. L'air qui court derrière le mobile qui à cause de lui se déplace, est mis en mouvement par l'impulsion appliquée à ce mobile[97].

À côté de ce passage du *Manuscrit F*, Léonard esquisse le schéma d'une balle qui entre dans l'air et qui, poussant l'air qui la précède, oblige celui-ci à revenir occuper le vide qui est derrière sous forme de tourbillons. Il semble avoir tenté d'observer le phénomène en jetant un caillou dans un rayon lumineux rempli de poussière passant dans une pièce obscure[98].

La position des tenants de l'*impetus* l'intrigue malgré tout et il se pose ailleurs toute une série de questions :

> Du mouvement. Quelle est sa cause ? Qu'est le mouvement en soi ? Qu'y a-t-il d'apte au mouvement ? Quel est l'élan, la cause de l'élan, le milieu où il se crée ? Qu'est-ce que la percussion ?… Qu'est-ce que la courbure du mouvement droit et quelle est sa cause ? Aristote, troisième livre de la Physique, et Albert [de Saxe], et Thomas [Heytesbury] et

les autres. De la courbure dans le septième de la Physique, le traité du ciel et du monde[99].

Même si, vers 1510, Léonard change radicalement d'opinion après avoir proposé deux expériences dont on peine à savoir si elles relatent un protocole réel ou s'il s'agit simplement d'expériences de pensée, il n'en reste pas moins que les études de dynamique le conduisent à revoir ses convictions et à remettre en question pratiquement deux mille ans de certitudes aristotéliciennes, un geste d'une grande audace[100].

Tout aussi audacieuses sont les recherches qu'il mène sur l'accélération du mouvement d'un corps en chute libre, un problème certes déjà posé par les *calculatores* de Paris et d'Oxford. Il suggère que l'accroissement de la vitesse de l'objet qui tombe est proportionnel soit à l'espace parcouru soit au temps passé depuis le début de la chute. La mesure précise de la proportion lui échappe néanmoins, comme lorsqu'il s'interroge :

> Si un poids tombe sur une distance de 200 brasses, combien de fois plus vite tomberait-il dans la deuxième centaine de brasses par rapport à la première[101] ?

Il est vrai que, dans les années 1490 qui correspondent à la datation de ce texte, Léonard fréquente un *condottiere* nommé Pietro del Monte qui se livre au même type de spéculations et va même jusqu'à contredire Aristote qui pensait que deux corps de poids différents tombaient à des vitesses différentes[102]. Plus d'un siècle avant Galilée, cet homme, auquel Léonard demandait ailleurs des conseils sur le lancer de javelot, considérait en effet que, si l'on faisait abstraction de la résistance de l'air, des pierres de poids différents chutaient exactement à la même vitesse[103].

Le même individu réalisait aussi des expériences sur la vitesse des boulets éjectés des bombardes, proposant donc une application directe à la doctrine de l'*impetus*[104]. Nul doute que s'il échangea sur le sujet avec Léonard, l'observation donna lieu à de belles spéculations, même si les deux hommes raisonnaient encore à base de règle de trois[105].

Quoi qu'il en soit, Léonard continua de réfléchir à la balistique et à la composition du mouvement violent et du mouvement naturel, une perspective chère à Pietro del Monte. Les trajectoires continûment paraboliques qu'il esquisse sur un feuillet du *Codex Madrid* ont, de nouveau, la témérité de remettre en cause les aristotéliciens qui, eux, défendaient l'idée qu'un boulet décrivait nécessairement un parcours en deux parties rectilignes : l'une dans la direction du mouvement violent (le tir), l'autre tout aussi droite, dans le sens du mouvement de chute[106]. L'absurdité de cette proposition, pour l'ingénieur familier des artilleurs milanais, était telle qu'il était évident que le mouvement devait être composé[107].

Faire voler les hommes...

Un dernier exemple d'une percée léonardienne par rapport aux sciences de son temps est celui de la réflexion sur le vol.

De prime abord, il pourrait sembler que les machines volantes relèvent avant tout de la technique et de l'ingénierie mais cela n'est vrai que jusqu'à un certain point. Dans un premier temps, certes, Léonard étudie essentiellement des solutions mécaniques pour compenser le déficit musculaire des hommes par rapport aux oiseaux : poulies, tenseurs, ressorts, vis servant à reproduire mécaniquement les battements d'ailes de l'oiseau et de la chauve-souris appartiennent en effet au royaume de la technologie[108].

Toutefois, même dans cette période précoce qui va des années 1480 aux années 1490, Léonard expérimente sur des principes dont il a eu très tôt l'intuition. Il écrit entre 1483 et 1486, dans le fameux folio où est représenté le parachute :

> Il y a autant de force dans l'effet de la chose contre l'air que dans l'effet de l'air contre la chose. Vois l'aile qui percute l'air soutenir l'aigle pesant dans l'air très subtil, jusqu'à la sphère de l'élément feu. Vois encore l'air en mouvement au-dessus de la mer, qui percute les voiles gonflées, faire courir la charge des pesants navires. Si bien que par ces raisons démonstratives, tu pourras reconnaître que l'homme équipé de grandes ailes, utilisant sa force contre la résistance de l'air et triomphant de lui, pourra se soulever[109].

Le jeune homme reconnaît ici le principe de la réciprocité aérodynamique et, un peu plus loin, il en propose une application : la sustentation d'un parachute en forme de pyramide rectangulaire en toile de 7,20 mètres de côté, tenu ouvert, si l'on regarde bien, par un axe semblable à un manche de parapluie puisque la chute, à cette époque, est nécessairement courte et ne donnerait pas le temps au parachutiste de déployer sa toile.

Quelques années plus tard, Léonard dessine sa fameuse vis hélicoptère dont le principe est de visser dans l'air une toile qui s'appuie sur le milieu[110]. Les hachures du dessin symbolisent justement la pression de l'air sur la toile. Peu importe que Léonard ne dispose pas de moteur, il le reconnaît lui-même en proposant de construire une maquette en carton et de l'animer avec une lame d'acier servant de ressort. Ce qui compte est donc bien l'expression d'un principe. Reste à mesurer la capacité de portance de l'homme et Léonard commence par une expérience de pensée en plaçant sur un dessin d'un côté un homme équipé d'un levier actionnant une aile sur le plateau d'une balance et de l'autre un plateau prêt à recevoir des poids pour la mesure[111].

Plus tard, dans le *Manuscrit B*, il propose une autre expérience qui semble plus réelle : soulever une planche de bois de 200 livres (68 kilos) en demandant à un assistant de presser sur un levier pour faire s'abaisser une aile de carton recouverte de filets, montée sur une armature de cannes. L'espoir est que le dimensionnement de l'aile suffira et qu'avec le bon bras de levier, voire avec l'aide de poulies, l'homme sera en mesure de mettre en mouvement le dispositif[112]. Par la suite, Léonard mesure l'envergure de nombreux volatiles (canards, aigles, pélicans, chauves-souris, etc.) pour comparer la portance de leurs ailes et dimensionner les ailes qu'un homme devrait porter[113]. Il présente également toute une série d'expériences pour évaluer la puissance de la musculature humaine[114].

Les études d'ornithoptères (ou machines aile-oiseau) qui suivent, dans les années 1490, explorent diverses solutions techniques imitant tour à tour des ailes d'oiseau ou de chauve-souris[115]. L'observation anatomique des animaux fournit des pistes sur les ossatures et les tendons et même sur les plumes qui laissent passer l'air de façon différentielle dans la descente et dans la remontée contre le vent.

Toutefois, avec le temps, Léonard finit par renoncer aux ailes battantes pour s'intéresser aux manœuvres d'équilibre dans l'air : il finit par concentrer son attention sur le vol plané et replace la nature au premier plan. Le dessin d'une aile et d'une sphère volante date de 1495, preuve que cet intérêt était précoce, mais dans la seconde partie de sa vie, les recherches sont beaucoup plus axées sur l'air et le vent, voire sur le comportement des oiseaux[116]. Comment les oiseaux parviennent-ils à rester dans l'air, à utiliser les courants ascendants, à virer[117]? L'objet de l'étude devient essentiellement l'aérodynamique, quitte à utiliser les ressources de l'analogie entre l'air et l'eau pour les spirales ou de la mécanique des plans inclinés et des coins[118].

L'imitation technique de la nature conduit donc Léonard à formuler les premiers linéaments d'une science de l'aérodynamique qui rejoint ses préoccupations sur la statique et la dynamique : après tout, le vol humain n'est qu'un cas particulier de la chute des graves. Ici, pas de remise en cause des théories de prédécesseurs puisque personne n'avait vraiment osé toucher un sujet aussi complexe, et si Léonard reste dans des représentations aristotéliciennes lorsqu'il explique la nature du vol des rapaces en indiquant qu'ils volent plus près de la sphère du feu, il n'en est pas moins extrêmement innovant dans ses remarques sur la portance comme dans ses tentations biomimétiques.

La scolastique et la pratique sans théorie, deux ennemies à combattre

On le voit encore ici, la grande constante originale de l'approche léonardienne est que la nature doit rester le guide ultime de la recherche :

> … ceux qui ne copient pas la nature, maîtresse des maîtres, se fatiguent en vain. Je veux dire à propos de ces choses mathématiques, que ceux qui se

contentent d'étudier les auteurs et non l'œuvre de
la nature, sont par leur art les petits-fils et non les
fils de cette nature, maîtresse des bons auteurs[119].

En fait, Léonard se méfie de deux types d'ennemis :
la recherche scientifique qui procède par raisonnements
purement abstraits – la scolastique – d'une part, et la pratique sans théorie d'autre part. À propos de la première, il
recommande :

> Sois prudent par rapport à l'enseignement de
> ces spéculateurs car leur raisonnement n'est pas
> confirmé par l'expérience[120].

Pour lui, la certitude est acquise par l'expérience sen-
sorielle, le reste n'est que métaphysique, source d'infinies
disputes et controverses. Le contact direct avec la nature,
non médiatisé par les autorités universitaires, celui peut-être
qu'il initia dès l'enfance avec son oncle Francesco dans des
promenades dans la campagne toscane, est la garantie d'un
socle solide.

Le second type d'ennemis n'est pas moins redoutable
car, sans composante théorique et abstraite, on ne peut
rien faire. Les mathématiques sont ainsi un autre garde-
fou contre les approches déréglées, mais les mathématiques
doivent dans une certaine mesure s'associer à l'observation :

> On appelle sciences mathématiques celles qui,
> par le biais des sens, sont les premières en termes
> de degré et de certitude[121].

Il s'éloigne ici de Luca Pacioli qui aimait le caractère
apodictique (c'est-à-dire qui a une évidence de droit et non

de fait) des démonstrations d'Euclide : la divine proportion peut se penser de façon purement abstraite et pourtant ses effets visibles sont esthétiquement probants, ce qui en fait pour lui la preuve de l'existence de Dieu. Les platoniciens aussi goûtaient la beauté abstraite des mathématiques, une beauté débarrassée de la matérialité. Léonard n'appartient pas à leur monde, lui qui considère que « sans l'expérience, rien n'est certain[122] ».

Il ne rejette pas pour autant toutes les autorités : ses expériences, on l'a vu, sont toujours guidées par un substrat aristotélicien ou galénique. Il ne faut donc pas voir en lui l'inventeur de la méthode expérimentale moderne puisque, dans ses écrits, le mot « expérimentation » relève plutôt du contrôle d'une théorie élaborée *a priori*[123]. Pourtant, cette méthode l'amène assez souvent à des remises en cause étonnantes qu'on aurait tort de minimiser.

Notes

1. *Trattato di Pittura, Codex Urb.* fol. 33, ma traduction.

2. *CA*, fol. 417[r].

3. Girolamo Calvi, « Osservazione, invenzione, esperienza in Leonardo da Vinci », in *Per il IV centenario della morte di Leonardo da Vinci. II maggio MCMXIX*, a cura dell'Istituto di Studi Vinciani in Roma diretto da M. Cermenati, Bergame, 1919, p. 323-352.

4. Vassili P. Zubov, *Leonardo da Vinci*, traduit du russe par David H. Krauss, Metrobooks, New York, 2002 [1962].

5. William Barclay Parsons, *Engineers and engineering in the Renaissance*, The MIT Press, 1939.

6. Ernst H. Gombrich, « The Form of Movement in Water and Air », dans C. D. O'Malley (ed.), *Leonardo's Legacy. An International Symposium*, Berkeley, Los Angeles, University of California Press, 1969, p. 131-204 (repris dans *Gombrich on the Renaissance*. vol. 3. *The Heritage of Apelles*, Londres, Phaidon, 1994).

7. Paolo Galluzzi, « Leonardo e i proporzionanti », *XXVIII Lettura Vinciana*, Giunti, Florence, 1989.

8. Romano Nanni, « Astrologia e prospettiva », *Raccolta vinciana*, 27, 1997, p. 17 et Fabio Frosini, « Pictura sive philosophia ? Saggio su arte e scienza in Leonardo da Vinci » dans *Il pensiero e l'immagine*, a cura di L. Piccion i, R. Viti Cavaliere, Rome, Edizioni Associate, 2001, p. 162-195.

9. *Romain Descendre*, « Polysémie de l'expérience dans l'écriture scientifique de *Léonard* : le manuscrit A », *Chroniques italiennes*, 2017, n° 32. A l'inverse à invalider un raisonnement.

10. Ms G, fol. 73ᵛ.

11. Nello Camozzi, « Leonardo da Vinci sulla cresta orobica », in *Annuario 2016 della Sezione Valtellinese del Club Alpino Italiano*, anno XXXIII. Sondrio 2017 et Marco Tizzoni, *Il comprensorio minerario e metallurgico delle valli Brembana*, Torta ed Averara dal XV al XVII secolo. Bergamo 1997.

12. *CA*, fol. 543ʳ, ma traduction.

13. Martin Kemp, « 'Il concetto dell'anima' in Leonardo's Early Skull Studies », *Journal of the Warburg and Courtauld Institutes*, XXXIV, 1971, p. 115-134.

14. Ms A fol. 9ʳ.

15. Ms A fol. 43ʳ.

16. *Codex Arundel* fol. 257ᵛ.

17. Pour d'autres exemples de ce type de raisonnement, voir la réflexion sur les fossiles dans le codex Leicester, fol. 8ᵛ ou l'attaque contre les astrologues, codex Leicester, fol. 9ʳ.

18. Steven Shapin, *La Révolution scientifique*, Flammarion, Paris, 1998.

19. Ms A, fol. 57ʳ.

20. Ms A, fol. 57ʳ.

21. Ms A, fol. 47ʳ.

22. *CA*, fol. 320ʳ et *CA*, fol. 513 ᵃʳ.

23. *Libro di Pittura*, chapitres 731-733.

24. Ms A, fol. 57ʳ. Cette expérience est analysée par Romain Descendre dans l'article cité plus haut.

25. *CA*, fol. 234ʳ.

26. *Codex de Madrid* II, fol. 67ʳ.

27. Ms G, fol. 8ʳ.

28. *Il n'y a pas de certitude quand on ne peut appliquer aucune des sciences mathématiques ni aucune des sciences connectées aux mathématiques.* Ms G, fol. 96ᵛ.

29. Ms I. fol. 130ʳ.

30. Antonio Manetti, *Vita di Filippo di ser Brunellesco* dans *Operette istoriche edite ed inedite*, éd. par Gaetano Milanesi, Florence, 1887.

31. Romano Nanni, « Meccanica e modelli di macchine tra i secoli XV e XVII », In Romano Nnani, *Leonardo e le arti mecchaniche*, Skira, Florence, 2013, p. 87-135.

32. Ms E, fol. 72ᵛ, *CA*, fols.46ʳ et 556ʳ, *Codex Arundel*, fols.194ʳ et 195ᵛ.

33. Introduction par Carlo Pedretti au livre *Léonard ingénieur et architecte* (Paolo Galluzzi dir.), Montréal, 1987, p. 1-15.

34. *CA*, fol. 730ʳ.

35. C'est ce que rappelle au xvɪᵉ siècle le théoricien de la peinture Gian Paolo Lomazzo dans *Scritti sulle arti*, Roberto Paolo Ciardi (ed.), 2 vols., Florence 1973-1974, vol. 2, p. 68.

36. Windsor, RL 12349ʳ.

37. Windsor, RL 12328ʳ ou encore, Windsor, RL 12350ʳ : *Pour réaliser le grand moule, fais-en un modèle petit, fais une petite salle proportionnée à cela.*

38. *Codex de Madrid* II, fol. 144ʳ.

39. Andrea Bernardoni, « The Budapest horse and rider in the light of leonardo da vinci's studies on casting », in Zoltan Karpati, *Leonardo da Vinci and the Budapest Horse and Rider*, Museum of fine Arts, Budapest, 2018.

40. *CA*, fol. 391 ʳᵃ, in *Les carnets*, p. 534-535.

41. Raffaele Giacomelli, *Gli scritti di Leonardo da Vinci sul volo*, Roma, 1936, p. 80-81.

42. Ibid., p. 78.

43. Ms B, fol. 83v, ma traduction.

44. *CA*, fol. 331ʳ

45. Ms L61ᵛ, ma traduction.

46. *CA*, fol. 1105ᵛ.

47. Ms F fols. 13ʳ à 16ᵛ cités par Carlo Pedretti, dans *Léonard ingénieur et architecte* (Paolo Galluzzi dir.), p. 5.

48. *Codex Leicester*, fol. 27ʳ.

49. *Codex Arundel*, fol. 271ᵛ.

50. Ms L, fols. 53ʳ et 53ᵛ.

51. Sur les tarières de Vitruve, voir les schémas du Ms L, fol. 53r.

52. *CA*, fol. 410ʳ et Ms A, fols. 47ʳ, 49ʳ, Vassili Zubov, *Leonardo da Vinci, op. cit.*, p. 115 et William Barclay Parsons, *Engineers and engineering in the Renaissance*, The MIT Press, 1939, p. 68-70.

53. Ms E, fol. 60ᵛ.

54. Galileo Galilei, *Discorsi e dimostrazioni mathematiche*, 1638, Première journée, dialogue entre Sagredo et Salviati.

55. *Codex Leicester*, fol. 35ʳ, ma traduction.

56. Ms K, fol. 118ᵛ.

57. Ms F, fol. 33ᵛ.

58. Ms D, fol. 10ᵛ.

59. Ms D, fol. 3ᵛ.

60. Linda Luperini, *L'ottica di Leonardo tra Alhazen e Keplero*, Skira, Milano, 2008.,

61. Dominique Le Nen, *Léonard de Vinci anatomiste visionnaire*, L'Harmattan, Paris, 2010, p. 194-195

62. *Ibidem*. Windsor, RL 19001[r].

63. Windsor, RL 19015[r]: muscles du cou et de l'épaule attachés sur la colonne vertébrale comme des haubans. Pour d'autres squelettes habillés de corde, voir Windsor, RL 19008[r] et RL 12619[r].

64. Quaderni, V, 4[r].

65. Marc Rosheim, *Leonardo's lost robot*, Springer, Berlin, 2006. *CA*, fol. 216[v-b] et 1077[r].

66. Quaderni V, 7[r]. Dominique Le Nen, *op. cit*, p. 166-167.

67. Windsor, RL 19116[r] Schéma des valvules ouvertes ou fermées inspiré des lunules. Windsor, RL 19079v/c Quatre cavités cardiaques, dilatations de l'aorte à proximité des valvules. Pour le modèle en verre, voir RL 19117[v] et RL 19082[r]. Martin Kemp, « Dissection and divinity in Leonardo's late anatomy », in *Journal of the Warburg and Courtauld Institute* n° 35, 1972, p. 200-225.

68. Mory Gharib, Martin Kemp D. Kremers, M.M. Koochesfahani, « Leonardo's vision of flow Visualisation » in *Experiments in fluids*, n° 33 (1), 2002, p. 219-223. Mory Gharib, qui enseigne au Californian Institute of Technology la bio ingénierie, a présenté dans une exposition londonienne, un modèle en verre du cœur léonardien : « Leonardo Da Vinci : Experience, Experiment, and Design, at the Victoria and Albert Museum in London », 2006.

69. Mory Gharib, *et alii, op. cit.*, « Leonardo's vision of flow Visualisation », p. 220-221.

70. *CA*, fol. 327[v].

71. *CA*, fol. 117[r].

72. Windsor, RL 19150r.

73. Martin Clayton, *Leonardo da Vinci. One hundred drawings from the collection of Her Majesty the Queen Elizabeth* II, Merrell Hoberton, Londres, 1996, Carlo Pedretti, *Il tempio dell'anima*, Cartei e Bianchi Edizioni, 2003, Carlo Pedretti, Domenico Laurenza, Paola Salvi, *Leonardo. L'anatomia*, Giunti, Florence, 2005.

74. Windsor, RL 12613[v], Léonard considérait les cordons encadrant la moelle cervicale comme des canaux permettant le flux et le reflux des esprits animaux. E. M. Todd, *The Neuroanatomy of Leonardo da Vinci*, Park Ridge (Ill.), 1991.

75. Windsor, RL 19102[r].

76. Domenico Laurenza, « Léonard de Vinci, artiste et scientifique », *Pour la Science*, série Les génies de la Science, Mai-Août, Paris, 2000.

77. Windsor, RL 19102[v].

78. Windsor, RL 12597[r].

79. Windsor, RL 19062[r].

80. Mc Curdy, *Carnets*, T.1 p. 158.

81. Je remercie ici le Dr François Rozet, chirurgien urologue à l'Institut Montsouris pour ces remarques très informées.

82. *Codex Leicester*, fol. 10^r.

83. *Codex Leicester*, fol. 9^v, traduction Louise Servizien, *Carnets*, T.1.

84. Stephen Jay Gould, *Les coquillages de Léonard*, Seuil, Paris, 1998.

85. Ces explications se trouvent notamment dans le *Codex Leicester*, feuillet 1B, fol. 36r sous le titre: De la terre elle-même. Jane Roberts et Carlo Pedretti (ed.), *Il Codice Hammer di Leonardo da Vinci. Le acque, la terra l'universo*, catalogo d'una mostra del Pallazzo Vecchio, Giunti, Florence, 1982.

86. Martin Kemp, *Leonardo da Vinci, the Marvellous Works of Nature and Man*, Oxford University Press, Oxford, 2006.

87. Ms I, fol. 32^v.

88. Paolo Galluzzi et Domenico Laurenza, « L'equilibrio delle forme », in *La mente di Leonardo. Nel laboratorio del Genio Universale*, Giunti, Florence, 2006, p. 166-177

89. Archimède, *De l'équilibre ou des centres de gravité des figures planes*, Livre I et II, in *Archimède*, T. II, Les Belles Lettres, Paris, 1971.

90. *Codex Arundel*, fol. 175^r, Ms A fol. 28^v et *Libro di Pittura, Codex Urbinas* Lat., inv. 1270, fol. 160^v.

91. *CA*, fol. 312^r.

92. Windsor, RL 19038v: analyse d'un personnage grimpant une marche, Ms A fol. 28v, analyse d'une figure qui court, *CA*, fol. 724, homme penché en arrière au-dessus d'une équerre se tenant à une barre, Bibliothèque Royale de Turin, inv. 15630: Hercule se tenant droit etc. Pour diverses études d'équilibre, voir Carmen Bambach, *Leonardo da Vinci, Master Draftsman*, catalogue d'exposition, Metropolitan Museum of Art, New York, 2003.

93. *Léda et le Cygne*, collection Devonshire, Chatsworth.

94. *Codex sur le Vol des Oiseaux*, Turin, fol. 14r et Ms G, fol. 92v pour le vol d'une mouche.

95. Edward Grant, *La physique au Moyen Age, VIe-XVe siècle*, PUF, Paris, 1995 [1971].

96. Domenico Laurenza, « Léonard de Vinci, artiste et scientifique », *op. cit.* 2000.

97. Ms F, fol. 74^r, ma traduction.

98. Ms F, fol. 74^v.

99. Ms I, fol. 130^v. Paolo Galluzzi, « Leonardo e i proporzionanti », *XXVIII Lettura Vinciana*, Giunti, Florence, 1989

100. Pascal Brioist, « Leonardo da Vinci e la scienza della dinamica del suo tempo », *Scienze e Rappresentazioni. Saggi in onore di Pierre Souffrin*, ed. Par Pierre Caye et alii, Olschki, Florence, 2016.

101. Ms A, fol. 3^v.

102. Pietro Monte, *De unius legis veritate et sectarum falsitate opus utilissimum y perspicacissimum.* Habes lector optime hic divisum vomumen in libros undecim. Mediolani [Milan] : Jo. Angelum scinzenzelar, impensa Jo. Jacobi & Fratum de Ligano, 1509, chapitre 74 du livre X : *De la vitesse ou la lenteur relatives des pierres en chute libre depuis une hauteur donnée. Et des différences de vitesse entre la trajectoire rotatoire et la trajectoire rectiligne : et enfin des flèches tirées des balistes et des boulets tirés des canons.* Ma traduction. Cité dans Pascal Brioist, *Léonard de Vinci, homme de Guerre*, Alma, 2010, p. 123-124.

103. Pascal Brioist, «Leonardo da Vinci à Milan et le Condottiere Pietro Monte», in CROMOHS, Florence university Press, 2014.

104. Pietro Monte, *De unius legis veritate, op. cit*, chapitre 75.

105. Pascal Brioist, «Bombards and Noisy Bullets : Pietro Monte and Leonardo da Vinci's collaboration», in Constance Moffatt, Sara Taglialagamba. *Illuminating Leonardo : A Festschrift for Carlo Pedretti Celebrating His 70 Years of Scholarship (1944-2014)*, Brill, p. 210-214, 2016.

106. *Codex de Madrid* I, fol. 147^r.

107. Pierre Thuillier, «La découverte de la trajectoire parabolique», in *D'Archimède à Einstein, les faces cachées de l'invention scientifique*, Livre de poche, Paris, 1988, p. 193-214.

108. R. Giacomelli, *Gli scritti d i Leonardo da Vinci sul volo*, G. Bardi editore, Roma, 1936.

109. *CA,* fol. 1058^v, ma traduction.

110. Ms B, fol. 83^v.

111. *CA,* fol. 1058^v.

112. Ms B, fol. 88^v.

113. *CA,* fol. 843^r.

114. Ms B, fol. 90^v et *CA,* fol. 1058^v ou 843^r,

115. Domenico Laurenza, *Il volo*, Giunti, Florence, 2004.

116. *Codex de Madrid* I, fol. 64^r.

117. *Codex de Turin* sur le vol des oiseaux, 8^v, 7^v.

118. *Codex de Turin* sur le vol des oiseaux, fols.1^r, 4^r.

119. *CA,* fol. 327^v.

120. Ms B. fol. 4^v.

121. *Codex de Madrid* II, fol. 67^r.

122. *Libro di Pittura*, fol. 1^v.

123. Romain Descendre, *op cit., passim.*

VII

Comment devient-on courtisan
quand on n'est pas bien né?

Quelle stratégie a permis à Léonard d'échapper au monde des corporations en se rapprochant des princes de son temps? La période milanaise, de 1482 à 1500, est de ce point de vue fondatrice: c'est à al cour de Ludovic Sforza queLéonard apprend le langage et les manières des courtisans.

En route pour Milan

Les dernières recherches des historiens laissent supposer que Léonard quitte Florence en février 1482, juste après avoir entamé le projet de *L'Adoration des mages*, en rejoignant la suite de Bernardo Rucellai et Pier Francesco da San Miniato, eux-mêmes envoyés par les Médicis en tant qu'ambassadeurs (*oratori*) à Milan[1]. Une rime du poète Bellincioni prouve que Léonard connaissait Rucellai et son acolyte depuis quelque temps déjà[2]. Bernardo Rucellai, homme riche et cultivé, avait peut-être été le commanditaire du *Saint Jérôme* de Léonard, mais était surtout le beau-frère de Laurent le Magnifique et, à ce titre, son homme de confiance. Cette intimité se nourrissait d'intérêts esthétiques et philosophiques communs. Bernardo entretenait en effet des conversations dans son cercle avec de grands intellectuels comme Marsile Ficin et Giovanni Pontano, qu'il se plaisait à réunir dans son palais de la Via della Vigna Vecchia et, plus tard, dans ses jardins décorés de statues et de plantes rares de la Via della Scala[3].

Être proche de cet homme, qui était également le patron de Tommaso Masini, signifiait sans doute pour Léonard une promotion sociale, mais cette proximité pouvait aussi lui donner le sentiment douloureux de ne pas être semblable aux hommes de lettres du cénacle Rucellai. Certes, lorsqu'il avait peint Ginevra de' Benci pour Bernardo Bembo, vers 1475, Léonard s'était déjà rapproché du cercle des philosophes néoplatoniciens de Careggi mais, au début des années 1480, sa carrière était quelque peu ralentie et il ne faisait par exemple pas partie des meilleurs peintres florentins envoyés à Rome par Laurent de Médicis pour décorer la chapelle Sixtine. Carlo Vecce suggère que la participation de Léonard à l'ambassade milanaise peut lui avoir été accordée en compensation de cette rebuffade[4].

Qu'il ait été ou non missionné par Laurent pour accompagner les *oratori*, Léonard part en tout cas pour Milan porteur d'une lyre d'argent à offrir au duc, ce dont nous informe Vasari :

> Léonard fut amené à Milan précédé de son immense réputation, et présenté pour jouer de la lyre au duc, qui appréciait beaucoup cet instrument. Il apporta une lyre qu'il avait façonnée lui-même, presque entièrement en argent et ayant la forme

d'un crâne de cheval, forme bizarre et nouvelle qui donnait un son plus vibrant et plus harmonieux. Aussi l'emporta-t-il sur tous les musiciens qui étaient accourus ; il se montra en outre le meilleur improvisateur de son temps[5].

Léonard a emmené avec lui le jeune apprenti auquel il a appris la musique. Si le départ de Florence a bien eu lieu le 2 février 1482, on peut imaginer que tout a été planifié pour que l'équipe arrive à la cour de Ludovic le More pour les fêtes de carnaval (23 février), ce qui expliquerait le concours entre musiciens et poètes auquel fait allusion Vasari[6]. Il est probable que, suivant l'habitude des ambassadeurs de Florence, la compagnie soit passée par Parme, Plaisance et Lodi.

La cour de Milan, depuis les années 1470, commençait à être renommée pour sa musique. Les princes y entretenaient divers groupes d'artistes : des trompettes à cheval, des hautbois et sacqueboutes (*pifferi*) qui jouaient lors des joutes et intermèdes, des joueurs de luth, de viole et de lyre à bras qui accompagnaient des chanteurs après les repas ou pour les danses de cour, et des chantres de la chapelle, venant d'Europe du Nord, qui chantaient l'office accompagnés à l'orgue[7]. La musique produit un miroir embellissant de la vie du mécène, ponctue tous les moments importants de la vie de cour et amplifie tous les discours en les esthétisant[8].

Si Léonard parvient à étonner Ludovic le More, qui a pourtant à son service des musiciens talentueux comme le joueur de lyre Giacomo da San Secondo, vraie célébrité louée plus tard par Castiglione, c'est non seulement parce qu'il sort un son du crâne d'un animal mort, prouesse merveilleuse, mais sans doute aussi parce qu'il est un exceptionnel interprète, ce que rapporte Paul Jove :

Il savait également chanter mieux que quiconque en s'accompagnant à la lyre et était accueilli par tous les princes de son temps[9].

La lyre à bras est un instrument à archet de la famille des violes, dont deux cordes servent de bourdon. Son modèle classique, non customisé en curiosité monstrueuse, est représenté entre les mains d'un ange sur un tableau d'autel milanais des années 1490 peint par Bartolomeo Cincani, avec tous les détails de ses sept cordes et de son chevalet plat[10]. Peut-être Léonard est-il accompagné au luth et à la voix par Atalante Migliorotti, un jeune Florentin de seize ans qui, plus tard, joue un rôle chanté dans un spectacle de son maître intitulé *L'Orphée*[11]. Bel adolescent et fils de bonne famille, Atalante avait servi de modèle à Léonard et, formé par celui-ci, eut suffisamment d'intelligence pour se lier d'amitié avec une prestigieuse jeune fille de son âge : Isabelle d'Este, future belle-sœur de Ludovic Sforza[12]. En 1493, on sait qu'il composa et joua pour elle, à la lyre cette fois, une poésie courtoise de son cru et que la noble Italienne devint plus tard la marraine de ses enfants[13].

Le répertoire séculier des *frottole* ou des *citare* (poèmes amoureux), des chants carnavalesques ou des *barzelette* (plaisanteries chantées), s'accommodait bien de deux instrumentistes-chanteurs, comme le suggère le tableau d'une Madone à l'enfant de ce temps où un ange « *tenorista* » joue de la viole tandis que son compagnon le seconde au luth[14]. Léonard est sans doute beaucoup plus familier de la musique populaire italienne, celle des trompettes, des fifres, des hautbois, des cornemuses et de la lyre à bras, que de la musique savante des Franco-Flamands tel Josquin des Prés, qui se joue à la cathédrale et dans la chapelle privée du duc ; mais son patron joue lui-même de la lyre et sa future épouse, Béatrice d'Este, chante avec ses amis et pratique volontiers le luth. Autant de possibilités pour le Toscan de se rapprocher du couple princier.

Selon certaines interprétations, le portrait d'un musicien exécuté vers 1485 par Léonard (et sans doute par son élève Boltraffio) et conservé à la bibliothèque ambrosienne de Milan, serait celui du compositeur Franchino Gaffurio (1451-1523)[15]. L'identification du modèle repose sur une inscription portée sur une partition dans la main de celui-ci qui renverrait à une pièce écrite par ce dernier intitulée *Angelicum ad divinum opus musicae*. Cette interprétation est cependant aujourd'hui remise en question en vertu de l'écart entre les portraits de Gaffurio dont on dispose par ailleurs et de celui-ci, et même en raison de l'âge du modèle[16].

Le prince, qui dépensait des milliers de ducats pour entretenir une suite de musiciens, n'aurait donc peut-être pas commandé à l'atelier de Léonard, trois ans après son arrivée, la représentation du grand organiste et compositeur de sa chapelle. Néanmoins, Léonard était probablement familier de ce personnage, auteur d'un traité d'harmonie, lui qui s'intéressait aux propriétés du son et de l'écho, à l'accord des cloches, des tambours, des lyres ou des flûtes, et qui conçut même un curieux instrument à clavier où les cordes étaient frottées par des crins de cheval mis en mouvement par une roue. Cette «viole organiste», si elle fut jamais construite, s'avérait extrêmement difficile à accorder[17]. Léonard dessina aussi nombre d'instruments à vent : flûtes, cornets, trompettes et cornemuses[18]. Ceux-ci jouaient un rôle crucial dans les fêtes et tournois dont raffolait la cour[19].

Toutefois, avant les années fastes où ces fêtes permirent à Léonard de s'illustrer de nouveau, le Toscan connaît quelques moments difficiles. Sa stratégie pour s'imposer comme ingénieur militaire ne fonctionne pas et quand Rucellai repart à Florence en 1483, son ami échoue à s'imposer comme interlocuteur de la cour. En avril, il accepte une commande du prieur de l'Immaculée Conception de Milan pour participer avec les frères Evangelista et Ambrogio de Predis à la réalisation d'un retable destiné à orner l'église San Francesco Grande[20].

Travailler pour une confrérie le ramène en arrière, au temps des ateliers florentins, lorsqu'il fallait se plier à des contrats draconiens détaillant les figures et les thèmes, les matériaux à utiliser et surtout les dates butoir pour le rendu du travail. La contrainte imposée par les confrères, soucieux de contrôler un discours théologique lourd d'enjeux pour eux sur l'Immaculée Conception, n'empêcha pas Léonard de se lancer dans une interprétation très personnelle de la rencontre au désert entre l'Enfant Jésus et Jean-Baptiste, sous l'œil protecteur de la Vierge.

Ainsi naquit *La Vierge aux rochers* qui se trouve à présent au Louvre et dont le thème semble être surtout, plutôt que la maternité virginale, la révélation des mystères botaniques et géologiques de la nature dans une grotte humide. La réflexion de Léonard sur les éléments dont la force donne naissance à la forme du monde est en fait une transposition du mystère de l'Immaculée Conception en une vision naturaliste de la genèse[21].

En 1485, lorsqu'une terrible peste frappe Milan, Léonard, qui continue d'étudier le métier d'ingénieur-architecte, se penche sur des solutions urbanistiques hygiénistes, dans la lignée de la cité idéale dont rêvait le Filarète, qui permettraient de penser la ville en termes de flux bien gérés d'hommes, de marchandises et de déchets[22]. Il lève à cette époque une axonométrie de la ville avec ses canaux, ses routes et ses principaux bâtiments[23]. Les dessins du *Manuscrit B* naissent à cette époque de la profonde aversion de Léonard pour la ville médiévale, désordonnée et asymétrique, enserrée dans ses murs, chaotique, affolée, fétide et malsaine. Il lui oppose un dessin rationnel, inspiré d'un modèle de ville seigneuriale, et fondé sur des exigences d'assainissement hygiénique et de trafics ordonnés.

On distingue dans ces écrits deux groupes de dessins renvoyant à deux projets alternatifs : d'un côté la cité fluviale, de l'autre la ville à ségrégation par niveaux. La cité fluviale est fondée sur une grille orthogonale, un tracé en échiquier non déterminé par le tissu routier mais par celui des voies d'eau[24]. Un autre folio montre des détails significatifs de ce projet : deux maisons à façade donnant sur un canal avec des portiques larges d'au moins cinq mètres, reposant sur des colonnes et des arcs[25]. Le canal est très large (environ dix-huit mètres) afin d'assurer de la lumière sous les portiques. L'étage de la promenade surplombe de 3,60 mètres la surface de l'eau, de sorte que les barques puissent facilement passer sous les ponts et le long des canaux de raccordement qui courent sous les maisons, permettant le déchargement direct des provisions au niveau des entrepôts et des cuisines. La finalité poursuivie est de généraliser un dispositif unifié de purge et de drainage et de séparer les lourds trafics de marchandises et les voies piétonnes. Ces principes déjà présents chez le Filarète sont développés ici de façon extensive.

Le projet de cité avec voies à deux niveaux prévoit un ensemble de rues hautes flanquées de façades de palais, de portiques et de rues qui courent à la hauteur de l'étage noble des édifices, interdites aux véhicules et réservées à la circulation des gentilshommes[26]. Environ tous les 180 mètres, les rues transversales se raccordent sur le réseau des rues basses à fleur de terre par de grands arcs, à l'arrière des palais, au niveau des cours, des écuries et des magasins. Elles gèrent le trafic des victuailles, des marchandises, des chariots bruyants, des animaux de trait malodorants et de tout ce monde pullulant de la plèbe, des travailleurs et du commerce. Une fois le concept de transport par voie d'eau abandonné, la fonction hygiénique des canaux devient exclusive, et Léonard conçoit, par un jeu savant d'emboîtements, un réseau de conduites qui courent sous les rues hautes, décalquant leur tracé et éliminant soit les déchets et les ordures des habitations, soit les eaux de pluie. Socialement, Léonard entend séparer la plèbe de la noblesse, qui évoluerait sur la dalle où se trouveraient les principaux palais et édifices publics[27].

Le discours utopique, très proche de celui de Leon Alberti dans le *De re aedificatoria*, où la cité est construite selon la mesure et la nature humaine avec divers niveaux de viabilité, est ici conçu pour séduire l'aristocratie et acquérir la reconnaissance du prince : une stratégie payante puisque, sur un brouillon, Léonard reconnaît que sa réputation a tendance alors à s'accroître[28]. Le More, qui ne donne toutefois pas suite au projet de quartier neuf, l'emploie tout de même dans des travaux hydrauliques sur le canal de la Martesana puis sur le Ticin qui doivent déboucher sur une restructuration des abords de Milan. Léonard, épaulé par les maîtres des eaux lombards, propose de tout faire financer par des investissements de l'aristocratie locale qui, explique-t-il, tirerait profit des prises d'adduction d'eau, des moulins et des péages pour les péniches[29].

Pendant ce temps, l'atelier reste très actif: les apprentis de Léonard, tels Giovanni Boltraffio et Marco d'Oggiono, y réalisent sous sa direction plusieurs madones dans le genre de la *Madonna Litta* composée par Boltraffio à partir d'un dessin du maître[30]. L'une de ces vierges est même commandée par l'ambassadeur milanais en Hongrie, pour être offerte au roi Mathias Corvin à Buda[31]. Le succès s'emballe et quelques lignes du poète Bellincioni laissent entendre qu'en 1487, Léonard est enfin parvenu à son but et a intégré la suite de Jean Galéas Sforza, le neveu de Ludovic le More, un jeune homme de vingt ans qui serait duc en titre si son oncle n'avait pas jugé qu'il était encore trop immature pour régner! Léonard est qualifié dans ces rimes de nouvel Apelle (le peintre d'Alexandre le Grand) et décrit comme fréquentant le secrétaire du More, Bartolomeo Calco, ainsi que d'autres humanistes, poètes et musiciens tel Gaffurio[32].

C'est aussi l'époque où Léonard est impliqué dans les projets de construction de la tour-lanterne du Dôme de Milan et réalise des maquettes en bois proposant des solutions architectoniques pour compenser les faiblesses de l'édifice gothique préexistant. Il collabore alors avec d'autres ingénieurs lombards: Pietro da Gorgonzola, Giovanni Antonio Amadeo et Gian Giacomo Dolcebuono. Il inspecte le chantier et travaille d'arrache-pied pour produire des plans d'une grande originalité afin de résoudre les problèmes de structure, mais les fabriciens préfèrent prendre conseil ailleurs, auprès de Bramante et Francesco di Giorgio Martini[33].

On imagine sa déception mais d'autres activités l'attendent, à commencer par la réalisation du portrait du maître de chapelle de la cathédrale, Franchino Gaffurio, un moyen de s'arracher au monde très exigeant des corporations et de fréquenter plutôt les humanistes de la cour.

D'autres travaux d'architecture dévorent son temps. La reconstruction de la cathédrale de Pavie, à l'été 1488, l'amène à enquêter sur les vieilles églises de Milan et de Pavie dont certaines, comme Santa Maria alla Pertica, offrent des plans centrés qui attirent sa curiosité[34]. Il prend également des notes sur le lupanar de Milan et, étudiant de possibles améliorations pour le château Sforzesco, s'intéresse au système d'évacuation des fumées et aux embellissements du parc[35]. Il fait ainsi bâtir, pour Béatrice d'Este, un pavillon de bain en forme de petit temple, au centre d'un labyrinthe de verdure et d'un miroir d'eau circulaire. Une vasque centrale d'un diamètre de 20 brasses accueille les ablutions des invités[36].

L'imagination de Léonard divague cependant parfois loin de ces réalisations concrètes sur des fantaisies littéraires, comme lorsqu'il adresse à Benedetto Dei, un des marchands florentins proches de la cour du More et des banquiers toscans résidant à Milan, une fiction humoristique sur un géant vivant en Afrique. La veine de cette « nouvelle du Levant », écrite sur du papier de récupération, est celle de la littérature fantastique appréciée à Florence dans les milieux populaires[37]. Benedetto Dei est en effet proche de Luigi et Luca Pulci, auteurs de romans comme le *Ciriffo Calvaneo* ou le *Morgante Maggiore* peuplés de géants. Au-delà du pastiche, Léonard retourne à ses fantasmes de monstres marins et fait de son personnage gullivérien avant l'heure une sorte de personnification de la force indomptable de la nature qui détruit sans pitié toutes les œuvres humaines :

Cher Benedetto,
Je te veux mander des nouvelles des choses d'ici,
du Levant ; sache qu'au mois de juin est apparu

un géant venu du désert de Libye. Ce géant né au mont Atlas était noir, il combattit Artaxerxès, les Égyptiens et les Arabes, les Mèdes et les Perses ; il vivait dans la mer et se nourrissait des baleines, des grands cachalots et des navires. Quand le féroce géant glissa sur le sol couvert de sang et de fange, on eût dit l'écroulement d'une montagne. La campagne fut secouée comme par un tremblement de terre. […] Crois-moi, il n'est point d'homme assez brave qui, sous ses yeux flamboyants, tournés vers lui, ne s'attache très volontiers des ailes pour s'enfuir quand même car même la face de l'infernal Lucifer semblerait angélique par contraste. Le nez retroussé en boutoir, avec de vastes narines d'où sortaient quantité de grands poils, surmontait une bouche arquée aux lèvres mafflues dont les coins avaient des moustaches comme les chats. […] Pour nous, misérables, aucune fuite ne vaut car le pas lent de ce monstre dépasse de loin la vitesse du plus agile coursier. Je ne sais que dire ni que faire ; j'ai l'impression que je nage, tête baissée, dans l'immense gueule et que, rendu méconnaissable par la mort, je suis enseveli dans le grand ventre[38].

Les Africains n'étaient pas inconnus à la cour des Sforza, où l'on côtoyait facilement des esclaves maures ; ainsi, la description du monstre négroïde et la scène de cannibalisme final expriment d'indéniables relents racistes, supposés s'accorder à ce que Benedetto Dei, le voyageur qui était allé jusqu'à Tombouctou, connaissait de l'Afrique et de ses habitants. Ces préjugés raciaux, alors assez courants, transpirent dans le roman d'Antonio Pucci intitulé *La Reine d'Orient* ou dans le texte du Burchiello, lourd de sous-entendus sexuels, *Il Manganello* (le gourdin !), que Léonard a lus ; mais pour mettre en scène ses propres cauchemars et sa peur de l'engloutissement, le Florentin adapte aussi la mythologie antique et le mythe du géant Anthée et adresse là un clin d'œil aux humanistes[39].

L'art de bien parler

À une période où la langue toscane est en train de gagner ses lettres de noblesse sous l'influence de la cour de Laurent le Magnifique, maîtriser l'écriture et ses codes représente certainement un enjeu fort pour conquérir le statut de courtisan. L'homme sans lettre s'exerce à enrichir son vocabulaire et sa rhétorique à l'aide de petits carnets faits de feuilles pliées en huit ou en six[40]. À côté de tercets et de facéties diverses, il se lance dans l'invention d'aphorismes et de devises dont la brièveté est particulièrement adaptée au bel esprit de la cour[41]. Pour distraire la suite de Ludovic le More, il pratique encore le genre humoristique des fables ou des facéties, de brèves structures narratives capables de capter rapidement l'attention d'un auditoire distrait.

Ses nombreuses fables animalières utilisent un bestiaire inspiré de l'*Histoire naturelle* de Pline et de la *Fleur de vertu.* Sans doute certaines d'entre elles sont-elles liées à des emblèmes et significations qui nous échappent : le cygne blanc et l'hermine sont plus facilement décryptables que l'huître et le crabe. Si ses plaisanteries aussi passent mal la barrière du temps, certaines d'entre elles jouent de la gaillardise autant que de la philosophie de salon :

> On demandait à un peintre pourquoi il avait
> fait ses enfants si laids alors que ses figures, choses

inanimées, étaient si belles. Il répondit qu'il faisait
ses tableaux de jour et ses enfants de nuit[42].

Léonard ne se contente pas de dire ses récits burlesques
et ses plaisanteries, il les joue en utilisant la rhétorique du
corps, ce que prouvent certaines didascalies qu'il insère
dans ses notes, précisant les gestes à exécuter lors de la
performance :

Nombreux seront ceux qui (sans mouvement
des pieds) bougeront (avec les bras, les mains et la
tête) l'un contre l'autre[43].

Parmi les jeux d'esprit appréciés par la cour et pratiqués
par Léonard, certains nécessitent encre et papier. Deux
cents pictogrammes à décoder, combinés à des lettres, des
hiéroglyphes ou des notes de musique, figurent par exemple
dans les manuscrits de Windsor. Un répertoire varié de
jeux de mots et de doubles-sens permettait à Léonard d'im-
proviser ses rébus en les griffonnant rapidement devant
son public, au plus grand plaisir de la salle[44]. L'une de ces
icônes fameuses est aussi une signature : un lion brûlant
d'où surgissent des flammes (en italien *Leon(e)*, *ardo* : « Lion,
je brûle »).

Le grotesque

Un autre moyen d'amuser les courtisans dans les
années 1490 est de les confronter à des représentations grotesques et de faire contraster la beauté de la proportion idéale
et la laideur de visages allongés et diversement déformés[45].
Cinq têtes dessinées en 1494 expriment sans doute de façon

exemplaire l'art du caricaturiste à son zénith : un vieillard affublé d'un nez aquilin et d'une mâchoire proéminente est moqué par les quatre personnages qui l'entourent, peut-être des bohémiens diseurs de bonne aventure[46].

Les grotesques de Léonard sont si puissamment évocateurs qu'ils sont recopiés par ses apprentis, sans doute pour des raisons didactiques, car les visages monstrueux se remémorent facilement[47]. Ainsi Francesco Melzi reprend-il le dessin d'une grosse dame âgée au visage peu féminin qui, recopié à son tour par le peintre flamand Quentin Metsys puis, dans l'Angleterre du XVIIe siècle, par le graveur Wenceslas Hollar, inspire finalement Walt Disney pour l'odieuse Duchesse d'*Alice au pays des merveilles*[48].

Pour ses caricatures, Léonard cherche l'inspiration dans les personnages qu'il rencontre, essayant de percer le secret de leur personnalité en crayonnant leurs traits. Un Ferrarais présent à la cour des Sforza, Cristoforo Giraldi, s'étonne :

> Quand Léonard souhaitait dépeindre une figure particulière… il se rendait dans les lieux où il savait que ce genre de personnes se retrouvaient, et il observait leurs visages et leurs manières, ainsi que leurs vêtements et leur façon de bouger leur corps. Et quand il lui semblait qu'il avait trouvé ce qu'il était venu chercher, il le dessinait avec un crayon à pointe de métal dans un petit livre qu'il gardait avec lui pendu à sa ceinture[49].

Très tôt, Léonard s'exerça à des dessins où l'expression des mouvements de l'âme pouvait être traduite sur le papier[50]. Ainsi, en 1478, il représenta un profil de jeune éphèbe flegmatique et celui d'un vieillard grincheux, exprimant les lieux communs de la médecine des humeurs[51].

En réalité, le dessin des têtes grotesques léonardesques repose très largement sur les idées de la physiognomonie naturelle, une théorie issue de l'Antiquité puis du Moyen Âge selon laquelle les complexions des individus, c'est-à-dire la dominance de telle ou telle humeur (sang, flegme, colère ou mélancolie), déterminent non seulement l'aspect physique, plus ou moins animal, de la personne, mais aussi sa psychologie[52]. Léonard déduit de ses observations anatomiques des règles qu'il exprime dans le *Codex Urbino* consacré à la peinture :

> Mais dans le visage, les rides qui séparent les joues des lèvres de la bouche, et les narines du nez et les oreilles des yeux sont évidentes, permettent de dire s'ils sont hommes gais et souvent riant ; et ceux qui en ont peu sont hommes habitués à la cogitation ; et ceux qui ont les parties du visage très marquées et profondes sont hommes bestiaux et irascibles, dotés de peu de raison ; et ceux qui ont de fortes rides sous les cils sont irascibles, et ceux qui ont les rides transversales du front fort marquées sont hommes habitués aux lamentations secrètes ou évidentes[53].

La physiognomonie, issue notamment du Pseudo-Aristote et d'Albert le Grand, était sans doute suffisamment familière aux gens de la cour pour que les grotesques de Léonard soient l'occasion de débats amusés sur la prédominance de telle ou telle humeur chez les contemporains.

Dans la catégorie des jeux utilisant le dessin se classent encore les blasons et les allégories : les plus connues sont celles du plaisir et de la souffrance, de la vertu et du vice, de l'envie et de l'ingratitude, de la justice et de la prudence ou de l'envie chevauchant la mort[54].

La Dame à l'hermine

Ce sont les années où une nouvelle étoile illumine de sa beauté le château de la Porta Giovia : Cecilia Gallerani (1473-1536). Ludovic était devenu le tuteur de cette adolescente à la mort de son père, un ambassadeur milanais bien né, et commençait à s'éprendre d'elle. En 1489, il commande à Léonard un portrait où le modèle imiterait la pose et le sourire modeste de *La Vierge aux rochers*, preuve que le travail exécuté pour une fraternité avait fait parler du Toscan à la cour.

La commande intervient dans un contexte d'intenses échanges diplomatiques entre Ludovic le More et Naples. Le maître de Milan a en effet négocié auprès de Ferdinand II, roi de Naples, la main de sa nièce, la princesse Isabelle d'Aragon (fille d'Alphonse de Calabre), pour le jeune Jean Galéas Sforza. Le projet de mariage présente un double intérêt : renforcer l'alliance entre Milan et la couronne de Naples d'une part et, d'autre part, contrôler un neveu dont le More usurpe le pouvoir. Pour remercier son allié, Ferdinand le décore de l'ordre de chevalerie de Saint-Michel, dont l'emblème est une hermine. L'historien Carlo Pedretti en a déduit que le tableau de Léonard est une allégorie politique où l'hermine symbolise le commanditaire, *condottiere* aux aguets, toujours prêt à déchirer ses ennemis de ses griffes et à se sacrifier plutôt que de perdre son honneur, comme l'hermine qui, dit la légende, préfère mourir que se salir en fuyant dans la boue[55]. Bellincioni, qui dans un poème attribuait à Léonard un portrait de Cecilia Gallerani et nommait le More « blanche hermine », donne de la crédibilité à cette identification[56].

D'autres interprétations sont cependant tout aussi légitimes. La plupart d'entre elles insistent davantage sur le modèle lui-même[57]. La jeune femme du tableau, qui regarde par-dessus son épaule, est éclairée par un effet de lumière qui donne l'impression qu'une porte vient de s'ouvrir dans la pièce où elle se tient sans doute debout, l'animal dans les bras. Elle est habillée à l'espagnole (peut-être un cadeau des Napolitains?), sa côte est décorée d'entrelacs dorés et les perles de son collier portent délicatement leur ombre sur un décolleté carré. Le visage, qui esquisse un sourire, exprime la sérénité de la jeune femme face à l'entrée en scène de celui qui est probablement son amant. La main droite exerce une douce pression sur l'hermine, comme pour la rassurer de l'intrusion du personnage dans la pièce. L'œuvre décrit une scène instantanée mais semble aussi donner les clés de la psychologie du modèle par le rapprochement physiognomonique qu'elle opère entre la belle et la bête. C'est là un jeu classique chez Léonard qui reprend cette idée de l'Antiquité selon laquelle les traits marquants d'un animal, lorsqu'ils sont présents chez l'homme ou la femme, trahissent un trait de caractère dominant : la bosse nasale du lion indique le courage, ou le profil fuyant du lièvre la couardise. Il se trouve de plus que « belette », ou « hermine », en grec se dit *galè*. Il se peut, font valoir certains auteurs, que l'hermine désigne donc, non pas Ludovic le More, mais bien Cecilia Gallerani.

Une chercheuse polonaise, Maria Moczulska, a même émis l'hypothèse qu'au moment où elle a posé, Cecilia était déjà enceinte de son amant (auquel elle donne un fils, Cesare, l'année suivante). En effet, dans les *Métamorphoses* d'Ovide, un texte fétiche pour Léonard, Alcmène, sur le point d'enfanter Hercule, fils de Jupiter, est punie par Junon qui transforme la servante de la maîtresse de son mari en belette. L'analogie entre Jupiter, époux volage de Junon, et Ludovic, fiancé de Béatrice d'Este et amant de Cecilia, est transparente, surtout si l'on sait que, dans l'Antiquité, la belette était considérée comme l'animal protecteur des femmes prêtes à accoucher[58]. Si l'hypothèse était vérifiée, Léonard aurait été déjà suffisamment proche de Ludovic en 1489 pour partager ses secrets.

À la gloire des Sforza

De fait, dès la fin 1488, il s'est vu confier une autre tâche : reprendre le projet ancien de concevoir et fondre une statue équestre à la gloire de la dynastie des Sforza. Tout avait commencé en 1473 quand Galéas Marie Sforza avait commandé au directeur des travaux du château des Sforza une statue de bronze de son père Francesco, à cheval. Francesco était un *condottiere*, fils d'un paysan devenu mercenaire sous le surnom de Sforza (celui qui « force ses ennemis »), qui avait assis sa famille sur le trône ducal de Milan après avoir éliminé les Visconti. Le monument devait en quelque sorte établir la légitimité symbolique de la lignée.

Léonard, si l'on en croit le témoignage de Sabba de Castiglione, s'était investi dans le projet dès 1482, comme le confirme sa fameuse lettre à Ludovic, mais à cette époque, d'autres sculpteurs florentins, Verrochio et Pollaiuolo, sont aussi potentiellement impliqués[59]. On apprend par un échange entre le secrétaire de Ludovic Sforza et Laurent le Magnifique que Léonard a été entre-temps officiellement impliqué dans la réalisation de l'œuvre mais qu'il ne donne pas entière satisfaction dans sa capacité à achever le travail en temps et en heure[60].

Même si Laurent le Magnifique répond par la négative à la demande de son voisin, Léonard, mis au courant de la lettre, reçoit l'humiliation en pleine face. Le malheureux est donc sous pression, alors qu'il a d'autres charges à honorer, par exemple préparer en janvier 1489 les réjouissances pour les noces de la princesse Isabelle qui doit arriver de Naples. Dans la grande cour du château, il a prévu un portique recouvert de genévriers, des loggias, et pour l'intérieur il a conçu tout un programme iconographique recouvrant les murs de tapisseries festonnées aux thèmes adaptés.

Il a aussi imaginé d'accueillir le cortège napolitain par une fête dans la ville de Tortone avec un avant-goût de la statue à venir : une armature de bois portant l'effigie en papier mâché et en tissu d'un grand cavalier, animée par un enfant caché à l'intérieur de la structure[61]. Ludovic veut honorer la jeune duchesse mais n'oublie pas de se dresser à lui-même des couronnes de louanges. Une lettre de l'ambassadeur de Mantoue à Isabelle d'Este raconte les bals et les masques lombards à cette époque :

> La cour de nos Princes était très illustre, pleine de nouvelles modes, d'habits et de délices. De plus, en ce temps-là [...] sans se préoccuper du qu'en dira-t-on, nombreux étaient ceux qui couraient au bal amoureux, chose étonnante et réputée auprès de quiconque en avait entendu parler. [...] Ludovic Sforza, Prince glorieux, et très illustre, à ses frais, et pratiquement jusqu'aux confins de l'Europe, avait fait venir des hommes très excellents [dans toutes les sciences et les arts libéraux]. [...] Et dans cette si vaine félicité, les illustrissimes Princes Sforza, allaient et venaient dans la Cité de plaisir en plaisir, visitant les lieux agréables du duché[62].

La réception finale à Milan est hélas gâchée par la pluie et par la nouvelle du décès de la mère de la future mariée, ce qui oblige à reporter les noces d'un an, après le deuil approprié. Léonard n'a plus alors qu'à se remettre au travail sur la statue de bronze, ce qu'il fait en avril[63]. Ludovic Sforza s'est sans doute aperçu entre-temps que les projets de cavalier cabré au-dessus d'un ennemi à terre envoyés par Antonio Pollaiuolo ne sont pas suffisamment matures pour être conduits sans que le maître ne vienne de Florence, c'est pourquoi Léonard s'impose comme la seule solution possible[64].

Par ailleurs, ce dernier a monté une défense en règle de son travail, faisant écrire par des amis humanistes des épigrammes, laudatifs à son égard, destinés au More[65] : le Toscan est le nouvel Apelle, maîtrise les codes culturels de l'Antiquité et campe assurément l'artiste le plus adapté pour l'invention grandiose qui portera aux nues les Sforza. L'homme qui est chargé de l'organisation des fêtes de la cour lombarde dispose à l'évidence, déjà à cette époque, d'un réseau d'amis suffisamment puissants pour consolider sa position. De fait, dans les mois qui suivent, le voilà visitant les écuries du More et de Galeazzo Sanseverino pour prendre les mesures des plus belles montures du duché et étudier les mouvements équestres et les équilibres des masses pour donner à l'œuvre l'apparence du vivant.

Mariages princiers

L'année suivante, dès le mois de janvier, il est enfin temps de célébrer les noces reconduites d'Isabelle et Jean Galéas. Les futurs époux sont magnifiques. Un portrait du marié (1469-1494) en saint Sébastien, par Ambrogio de Predis, actuellement exposé au musée de Cleveland, assez ressemblant aux profils de médailles de l'époque, révèle un adolescent aux traits presque féminins, pâle et mélancolique, fait pour l'étude. Ce fils de Bonne de Savoie et de Galéas Marie Sforza, le frère aîné de Ludovic qui était duc en titre, a d'abord perdu son père dans un assassinat en 1476, puis son duché quand son oncle Ludovic, jugeant que Bonne de Savoie était mal conseillée, a autoritairement pris en charge la régence en 1479.

Un portrait d'Isabelle d'Aragon dessiné par Giovanni Antonio Boltraffio, un élève de Léonard, montre une jeune femme aux longs cheveux déliés, à la pose modeste[66]. On imagine mal que les deux promis puissent tenir tête au puissant Ludovic Sforza, peint en miniature à la même époque par Ambrogio de Predis. Ce profil en buste d'un personnage en armure laisse reconnaître un redoutable *condottiere*. Le visage est un peu empâté mais le regard acéré trahit l'homme de caractère implacable[67].

Quoi qu'il en soit, en 1490, le régent Ludovic invite la bonne société milanaise et les ambassadeurs étrangers à la noce du jeune duc. Tout commence par un bal au son des flûtes, du tambourin et des sacqueboutes où les courtisans, grimés en ambassadeurs des contrées les plus lointaines, prêtent allégeance à la belle duchesse[68]. Ludovic a commandité à Léonard la mise en scène d'un masque des sept planètes (un genre mythologique à la fois théâtral, musical et dansé utilisant des machines). Le texte du spectacle intitulé « Le Paradis » est l'œuvre de Bernardo Bellincioni. L'introduction, publiée après coup, donne quantité de détails qui recoupent le récit d'un diplomate sur le déroulé du spectacle :

> La petite œuvre qui suit composée par Messer Bernardo Bellincioni est une fête ou mieux une représentation appelée Paradis, que Ludovic fit faire en hommage à la Duchesse. Elle fut appelée

Paradis parce que le grand talent et l'ingéniosité de Léonard de Vinci de Florence y donna une vue du paradis avec l'ensemble des sept planètes qui gravitent autour. Et les planètes y furent représentées par des hommes à la semblance de ce qu'ont décrit les poètes. Et toutes les planètes rendaient hommage à ladite Duchesse Isabelle.

Ordre de la fête et de la représentation qu'a fait faire l'Illustrissime Seigneur Ludovic en honneur et pour la gloire de l'Illustrissime et Excellentissime Majesté la Duchesse Isabelle, et de l'excellentissime et très heureux Seigneur Jean Galéas Marie Sforza, à présent Duc de Milan. Cette fête et représentation s'est donnée le mercredi 13 janvier 1490 : et a été si bien ordonnée et conduite, en un mode si calme et silencieux, qu'il n'est au monde moyen de dire et d'exprimer sa perfection par le langage comme on le verra par ordre. Et pour commencer je dirais ce qu'il en est de la salle où a été donnée cette fête et représentation.

La salle où a eu lieu cette fête est dans le château de la Porta Giovia et c'est celle qui est proche de la chapelle où le Duc va entendre la messe, et où il a fait faire un ciel fait de verdures et le Duc avait là représenté ses armes ducales, celles de la famille des Sforza et du Roi Ferdinand. Autour de cette salle il y avait une corniche de verdure.

Le Paradis était fait à la ressemblance d'un demi-œuf, lequel, à l'intérieur, était entièrement couvert de feuilles d'or avec un grand nombre de lumières représentant les étoiles et dont certaines représentaient les sept planètes, selon leur orbite, haute ou basse. À son tour, la limite extérieure de cet hémisphère était ornée des 12 signes du zodiaque, qui, avec certaines lumières intérieures protégées par du verre, étaient vraiment magnifiques à voir. Dans ce paradis il y avait de nombreux chants doux et suaves. Il y eut des coups de feu et soudain descendit du paradis un *putto* vêtu à la mode d'un ange qui annonça ladite représentation. Libre de dire ces paroles, le drap tomba à terre et ce fut un si grand ornement et splendeur qu'on aurait dit qu'il s'agissait d'un véritable paradis. Au milieu de tout cela apparut Jupiter et auprès de lui les planètes, selon leur degré. Malgré les chants et les instruments, on faisait pourtant le silence pour chaque dialogue et Jupiter remerciait avec quelques belles paroles Dieu de lui avoir permis de créer dans le monde une belle et vertueuse dame comme l'Illustrissime et Excellentissime Majesté la Duchesse Isabelle. [...] À présent il voulait descendre sur terre pour l'exalter et la glorifier. Et ainsi descendit-il du ciel avec toutes les autres planètes et apercevant une montagne il alla s'y asseoir et les planètes, une à une, allèrent s'asseoir à ses pieds... Jupiter demanda à Mercure qu'il s'en aille chercher les trois grâces et les sept vertus [...] et Jupiter lui fit don de la grâce. [...] Les trois Grâces commencèrent à chanter en l'honneur de ladite Illustrissime Isabelle. Le chant fini, ce fut le tour des sept vertus qui l'accompagnèrent dans sa chambre avec les trois Grâces. Et ainsi se termina la fête. Laquelle fut si belle et bien ordonnée qu'on ne vit au monde rien de tel. Et tous ceux qui se trouvaient présents pour voir cette fête ont à rendre grâce à notre Seigneur Dieu et à l'Illustrissime Ludovic qui nous a fourni tant de grâce et de plaisir[69].

Que retenir de cette description si on la croise avec celle du scribe Calco ? Tout d'abord, on identifie bien le lieu où la fête se déroule : le château des Sforza et plus précisément la salle appelée aujourd'hui *Sala Verde*, une salle de neuf mètres sur dix-huit suffisamment grande et haute pour accueillir une scène, des acteurs et un public choisi[70]. La machine scénique de l'événement est assez extraordinaire : avec ses douze signes du zodiaque et ses planètes qui tournent autour de Jupiter dans une forme ovoïde, elle tient en fait pratiquement de l'horloge astronomique. C'est ce que l'on comprend en étudiant, comme l'a fait l'historien Luca Garai, les manuscrits de Léonard[71].

Il semble que plusieurs solutions aient été envisagées. La première est celle de plateaux dentés comme des engrenages en rotation différentielle, se mouvant sur un plan de 40 pieds incliné vers le public grâce à des engrenages à renvoi d'angle et à un axe moteur mû par une force animale. La deuxième solution implique de placer les acteurs incarnant les dieux/planètes dans des bobines mues, sur un plan vertical au-dessus de la scène, par des cordes, des bras et des ressorts déclenchant tour à tour l'ouverture des tambours[72]. Dans l'ultime hypothèse, Garai propose que la forme semi-ovoïde couvre une plate-forme rotative où les planètes tournent autour de Jupiter. La plate-forme est actionnée par une courroie liée à un cylindre moteur.

Le texte de Bellincioni lève par ailleurs le voile sur la scénographie. Après un prélude musical, peut-être aux flûtes, cornets et bas instruments à cordes, puisque le son est dit suave, l'ange adresse une harangue au public[73]. Le rideau de satin tombe ensuite et découvre l'intérieur, doré à la feuille d'or, du paradis illuminé de lanternes permettant des jeux d'ombres et de lumières. Jupiter et les planètes descendent alors sur terre, chaque acteur prononçant des paroles flatteuses pour Isabelle mais aussi pour le très glorieux et éternel Jupiter (double divin de Ludovic, à n'en pas douter, de même que Mercure est le double d'Hermès Marie Sforza, frère de l'époux). Jupiter envoie Mercure à Isabelle, tout comme l'année précédente Ludovic avait envoyé Hermès Marie à Naples avec le portrait de son frère. Mercure prononce devant la princesse un discours qui honore autant celle-ci qu'il flatte Jupiter puis vient faire son rapport au roi des cieux. Toutes les planètes dansent puis s'assoient autour du souverain et le louent chacune à leur tour avant de laisser la place aux trois Grâces et aux sept vertus. Ce message sirupeux, éloge du gouvernement de Ludovic Sforza, qui n'avait sans doute d'intérêt que la splendeur de sa musique, de son décorum et des effets spéciaux, cachait malgré tout un message politique plus subtil qu'heureusement le More fut incapable de décrypter.

En effet, en 1472, Leon Battista Alberti avait composé une fable politique, intitulée *Momo*, où les dieux, déjà, descendaient du ciel dans un théâtre[74]. La leçon d'Alberti était cependant bien loin d'être laudative car les dieux, présentés comme des tyrans venus se moquer des hommes, finissaient emportés par un terrible cataclysme. Il est étrange que Léonard ait pris le risque d'un rapprochement entre ce texte et sa mise en scène mais sans doute était-il certain de l'effet de sa flatterie sur le commanditaire et la critique en filigrane était peu explicite.

Toutes les chancelleries du temps s'accordent en tout cas pour dire que la fête fut un énorme succès. Elle propulsa Léonard au rang des célébrités italiennes et il n'était plus du tout question de mettre en doute sa capacité de fondre la grande statue équestre.

Il est à ce point sûr de lui, en avril 1490, que lorsqu'il découvre la préface, traduite en toscan par Landino, du

De gestis Francisci Sphortiae de Giovanni Simonetta, il lui prend l'envie de répondre à l'auteur de la préface, un humaniste nommé Puteolano, qui a l'outrecuidance à ses yeux de placer les lettres avant les arts. Le *De gestis*, une chronique enluminée des hauts faits de Francesco Sforza, est certes magnifique, mais ne peut en aucun cas se comparer au travail des artistes chargés d'édifier la plus grandiose des statues.

La réplique cinglante de Léonard, connue sous le nom de *Parangone*, offre une argumentation serrée défendant les arts visuels inspirés de la nature face aux textes écrits, fussent-ils nourris de la culture antique[75]. On imagine que cette réflexion sur la valeur comparée de la poésie, de la peinture et de la sculpture dut animer les conversations mondaines milanaises et peut-être nourrir aussi le jeu des rébus alors tellement en vogue.

Ce sont aussi les mois ou le réseau des fréquentations de Léonard s'étoffe considérablement. À Pavie, où il va périodiquement travailler sur ses projets architecturaux, il rencontre par exemple Francesco di Giorgio Martini, convié par Ludovic à intégrer le comité d'experts qui s'occupe de la cathédrale de Milan et de sa tour-lanterne. Léonard confie avec enthousiasme ses idées à son aîné (Francesco a treize ans de plus que lui) dans une auberge de Pavie, « à l'enseigne du Sarrazin », et étudie avec lui les monuments antiques. De ces études émerge une solution pour la statue équestre où le cheval Sforza marche à l'amble.

À l'été, alors que Léonard est de retour à Milan, un enfant de dix ans est placé par son père dans son atelier de la Corte Vecchia, près de la cathédrale, comme factotum. Le garçon se nomme Gian Giacomo Caproni da Oreno. Sa beauté frappe Léonard mais bientôt la maladresse, l'ingratitude, les mensonges, les larcins et le comportement instable de Gian

Giacomo lui valent le surnom de *Salaï*, « petit démon », un patronyme arabisant inspiré du *Morgante Maggiore* de Luigi Pulci[76]. Léonard s'est cependant entiché du garnement avec lequel il entretient une relation ambiguë ; il le couvrira de cadeaux et lui restera très attaché jusqu'à la fin de sa vie.

Le 26 janvier, toutefois, il rapporte une anecdote qui montre qu'il n'est pas au bout de ses soucis avec ce gamin « voleur, affabulateur, têtu et glouton » :

> Le 26 janvier [...] j'étais chez Monseigneur Galeazzo Sanseverino, en train de mettre en scène une parade pour une joute, et certains fantassins s'étaient déshabillés pour passer les costumes d'hommes-sauvages de la mascarade. L'un d'entre eux laissa sa bourse sur un lit, au milieu des vêtements, et Giacomo a mis la main dessus et a pris tout l'argent qu'il put y trouver[77].

Léonard est en effet, à l'hiver, impliqué dans un nouveau grand spectacle à l'occasion du mariage de Ludovic le More avec Béatrice d'Este[78]. Les festivités commencent le 26 janvier dans le palais de Galeazzo Sanseverino, le capitaine de la cavalerie ducale qui vient d'épouser la fille illégitime de Ludovic, Bianca Sforza, et qui, grand ami de son suzerain, en est ainsi devenu un proche parent[79]. Le défilé s'ébranle au son des trompettes et des tambours de guerre, qui conduisent une farouche compagnie d'hommes d'armes. Ces guerriers qui voltigent devant les tribunes ont l'allure de barbares, et Sanseverino, à leur tête, est grimé en roi des Indiens[80].

Tristano Calco, scribe de la chancellerie ducale, précise la mise splendide de Sanseverino monté sur un destrier affublé d'un très étrange couvre-chef de dragon et dont tout le corps était couvert d'écailles dorées, où étaient peints les yeux des plumes d'un paon :

> Galeazzo, aîné de sa famille et gendre de Ludovic, avec sa cour d'hommes jamais vus depuis, attirait sur lui tous les regards. En premier apparaissait un destrier prodigieux couvert d'écailles d'or que le peintre avait décorées d'yeux de paon, aux milieux desquels, juste là où la queue du paon s'ouvrait, pointaient des crins raides et hirsutes comme ceux que l'on voit dans les plus horribles bêtes. La tête du destrier était blonde, comme si elle était couverte d'or, mais plutôt menaçante, et ses cornes recourbées scintillaient grandement. [...] Chaque ornement du cavalier est fait de plumes de paon sur champ d'or pour renvoyer à la beauté qui résulte de la grâce émanant de celui qui sert bien [son prince][81].

Les hommes des cavernes et des hommes sauvages qui suivent le cortège, à cheval ou à pied, offrent à l'assemblée ébahie une attraction à base de monstres dont les costumes et masques ont été confectionnés par Léonard[82]. Un dessin de la collection de Windsor, réalisé quelques années après, montre par exemple un cavalier à tête d'éléphant jouant dans sa trompe-cornemuse des airs exotiques[83]. Sur un autre folio, deux masques de monstres grotesques expriment avec humour le goût tératologique de Léonard[84].

Le mélange, dans les tenues, entre le règne végétal (costumes d'écorce noircis à la noix de galle, gourdins noueux très allusifs, feuillages), le règne animal (peaux de bêtes, épées en forme de mâchoires de crocodile) et le règne des hommes, affirme la puissance de la nature, un thème populaire qui plaît particulièrement au metteur en scène-styliste, héros du jour. Et, après ce défilé fantastique, les vertus du prince paradent à leur tour sur leur char[85].

Ces festivités carnavalesques se poursuivent sur plusieurs jours et ne s'achèvent, le 7 février, qu'après avoir rompu maintes lances, écouté musiques et pantomimes étonnantes et s'être régalé de pantagruéliques festins. Galeazzo Sanseverino, entraîné par le *condottiere* Pietro del Monte, sort bien sûr vainqueur de ces affrontements virils.

L'année suivante, Léonard a l'occasion de rencontrer son compatriote florentin, l'architecte Giuliano da Sangallo, envoyé par Laurent le Magnifique en ambassade pour proposer à Ludovic le More un plan de palais grandiose. Le projet, sans doute trop ambitieux, finit par être rejeté, mais Léonard et Giuliano ont tout de même la possibilité, nous dit Vasari, d'échanger leurs points de vue sur la fusion de la statue équestre[86]. Sangallo ne peut qu'être impressionné par le chemin parcouru par le jeune artiste qu'il a connu sur les bords de l'Arno.

Fortunes diverses

En 1493, quand sa mère vient se réfugier chez lui après avoir perdu son mari, Léonard est au plus haut de sa gloire[87]. La petite communauté de mécaniciens (Giulio et Tomaso) et d'apprentis (Galeazzo, Salaï...) qu'il entretient à la Corte Vecchia, dans l'ancien château des Visconti, est prospère. Les artisans de l'atelier situé au cœur de la ville produisent des objets de semi-luxe pour leur propre compte tandis que Léonard vaque à ses propres affaires[88]. Les listes de courses et d'ustensiles de ménage dressées dans ses carnets démontrent, avec l'abondance des nappes et des serviettes, des chandeliers et des plats en étain, que la vie est alors facile à l'ombre du *Duomo*, quand on n'a plus qu'à s'adonner à la lecture d'ouvrages anciens, à penser aux inventions mécaniques, à réfléchir au cheval de bronze ou à trier les sacs de fossiles que des paysans rapportent de Plaisance[89].

La cote des tableaux du maître n'a jamais été aussi haute et l'argent mis en caisse assure la sécurité de l'atelier qui, de plus, reçoit des commandes diverses pour la décoration du palais d'été de Vigevano et pour la production d'emblèmes politiques[90].

L'année suivante, cette quiétude est mise à mal par le danger de la guerre qui vient frapper aux portes du duché. Au départ, Charles VIII est l'invité de Ludovic qui le reçoit à Pavie où Jean Galéas, toujours duc en titre, s'affaiblit de jour en jour, probablement lentement empoisonné par son oncle. Le roi de France et sa suite ne sont pas dupes de ce qui est en train de se passer, d'autant que si les troupes françaises sont là, c'est parce que les Génois se sont alliés avec Naples pour contester la régence de Ludovic. Comment ignorer l'argument de l'illégitimité de celui qui règne d'une main de fer sur Milan quand on a soi-même été appelé à la rescousse par Ludovic pour faire taire les revendications génoises ? Comment ne pas se rendre compte de l'hypocrisie de l'oncle qui souhaite un bon rétablissement à son neveu alors que celui-ci est en train de mourir à l'âge tendre de vingt-cinq ans[91] ?

L'armée française ayant à peine quitté Gênes qui n'a pas pu lui résister, Jean Galéas décède, le 21 octobre 1494, laissant le trône de Milan à Ludovic le More. L'alliance française coûte cher à Léonard car Hercule d'Este, duc de Ferrare, exige de Ludovic qu'il lui rembourse une dette de 3 000 ducats afin de maintenir ses défenses en cas d'attaque française, qu'il redoute à juste titre. Ludovic trouve un arrangement en fournissant à son créditeur le précieux bronze dont il a besoin pour ses canons ; las, les 160 000 livres de bronze réquisitionnées sont celles qui avaient été mises de côté pour la statue équestre dont le modèle en argile était déjà achevé en 1493. Dans un brouillon de lettre adressée depuis Vigevano à son patron, quémandant des paiements en retard, Léonard se résout à l'amer sacrifice :

> Du cheval, je ne dis rien, car je sais ce que sont les temps[92].

La diplomatie de l'argent

La guerre s'éloigne au rythme rapide des troupes de Charles VIII qui descendent vers Naples mais, bientôt, la jeune princesse Isabelle, veuve de Jean Galéas, apprend que son père Alphonse a dû abdiquer et fuir sa capitale tombée aux mains des Français[93]. Une alliance se forme peu après entre Venise, Ferrare, Mantoue, les États du pape et Milan (qui change d'obédience) contre les envahisseurs de l'Italie. Ceux-ci abandonnent Naples où couve la révolte et reprennent le chemin du Nord. L'armée coalisée rencontre celle de Charles VIII à Fornoue. Une fort modeste victoire assure de justesse une retraite en bon ordre[94].

En juillet 1495, Ludovic peut revenir à des activités plus pacifiques et exige que l'on finisse la rénovation du monastère de Santa Maria delle Grazie. Léonard se voit commander la décoration du réfectoire des moines par une *Cène*. L'artiste décide d'innover et de peindre non pas à la fresque mais à l'huile et *a tempera* en même temps, sur un support composé d'un matériau secret[95]. Les travaux de l'atelier sur ce projet sont longs et coûteux et, en juin, Léonard se voit contraint d'écrire au duc pour réclamer ses émoluments (500 ducats par an) afin d'assurer sa subsistance et celle de son équipe. L'acrimonie de la lettre, qui mentionne son départ précipité de Milan pour quelque temps, exprime la colère du maître mais aussi la confiance qu'il a en sa position d'exception qui le protège toujours, malgré tout, de son peu généreux mécène[96]. C'est, il est vrai, l'époque où Léonard fréquente le marquis-*condottiere* Pietro del Monte, à la très haute réputation, et aussi le maître d'armes du More, Gentile Borri, pour lequel il compile un traité de combat contre des cavaliers[97].

Il n'empêche que Sforza prend très mal la défection de son peintre et, en juin, il fait appel à son ambassadeur à Venise, l'archevêque Guidantonio Arcimboldi, pour faire venir le Pérugin afin de remplacer l'auteur du scandale[98]. Léonard eut la chance que son collègue se soit trouvé absent de Venise. Léonard n'a pas à subir directement la vindicte de Ludovic grâce à son exil momentané : un poème écrit à l'été 1496 intitulé «*Antiquarie prospetiche Romane*», dédié à Léonard, laisse entendre qu'il s'est réfugié à Rome chez des amis, sans doute eux-mêmes milanais ; Carlo Vecce suggère que l'auteur du texte pourrait être Ambrogio de Predis parti dans la Ville éternelle pour en étudier les antiquités[99].

Une fois l'orage passé et Léonard revenu à Milan, une consolation contre les retards de paiement, les médisances et les colères ducales lui est apportée par une collaboration mathématico-artistique avec Luca Pacioli afin de présenter à Galeazzo Sanseverino un ouvrage de mathématiques illustré, la *Divina Proportione*[100]. C'est l'occasion pour l'artiste de cour de caresser l'idée d'une académie à lui. La seule trace que nous ayons de ce rêve, dont on ne sait s'il fut concrétisé ou pas, est un dessin d'entrelacs géométriques accompagnés de la légende «*Academia Leonardi Vinci*[101]». Le jeu de mots entre les nœuds et le patronyme du dessinateur, qui signifie « liens » en latin, fait de la figure une signature complexe, un emblème quasi initiatique. On ignore si Léonard et le frère Luca furent au centre d'un cercle intellectuel éphémère mais c'est ce que suggère un texte du XVIIᵉ siècle qui fait référence à une mystérieuse académie d'art et d'architecture de la cour des Sforza à laquelle aurait participé l'homme de Vinci[102].

Quelques mois plus tard, le 31 janvier 1496, les Sanseverino, proches de Del Monte, prennent le relais du More et commandent à Léonard un nouveau spectacle, cette fois non pas inspiré de la mode bourguignonne des tournois mais plutôt d'une référence savante à l'Antiquité. Il s'agit de mettre sur pied une représentation de la *Danaé*, une pièce à clé de Baldassare Taccone où le personnage du roi Acrise donne sa fille à Jupiter qui lui fait un enfant en se transformant en pluie d'or[103].

Le spectacle en quatre actes est donné chez le comte de Caiazzo, frère de Galeazzo Sanseverino. Au début de la pièce, Danaé, enfermée dans une tour d'airain, voit apparaître Jupiter, entouré des planètes. Au deuxième acte, Mercure sert d'intermédiaire entre la nymphe et le roi des cieux, au troisième a lieu la transformation magique de ce dernier et l'union qui en découle, au quatrième enfin, Danaé, qui donne naissance à Persée, est appelée au ciel[104]. Le thème est donc tout à fait adéquat pour recourir à la technologie classique des représentations sacrées avec ses mouvements de descente (annonciation) et de remontée (assomption)[105]. Léonard utilise abondamment l'artifice d'amandes (*mandorles*) illuminées descendant du plafond ou sortant d'un pilastre creux grâce à un système de contre-poids et d'engrenages, mais il doit faire preuve d'inventivité pour l'escamotage de Jupiter qui devient pluie d'or ou de l'héroïne qui se transforme en étoile[106]. Ces tours de prestidigitation sont facilités par des effets pyrotechniques et lumineux et par la distraction qu'offre le son d'instruments cachés.

Si les notes de Léonard désignent les acteurs et décrivent les machines de théâtre, le livret de Taccone précise mieux encore la nature de l'appareil scénique : au départ, le spectateur découvre un « ciel des plus beaux, où Jupiter et les autres dieux sont éclairés avec d'infinis lampions en guise d'étoiles[107] ». Mercure descend de l'Olympe, suspendu dans les airs comme un ange de l'Annonciation, et transmet à Danaé le message amoureux de Jupiter[108]. La pluie d'or est ensuite déversée sur la jeune mortelle qui devient elle-même une étoile et monte au ciel, accompagnée de sons divins. Dans le dernier acte, les nymphes demandent à Jupiter qui est cette nouvelle étoile et la déesse de l'immortalité annonce alors la naissance de Persée et rajeunit Acrise, le vieux père de Danaé. Pour réjouir les nymphes, Apollon descend de l'Olympe avec sa lyre et chante des compliments à Ludovic le More. Un feuillet conservé à New York semble représenter l'amande flamboyante et le plan du décor où une plate-forme permet à un personnage de descendre du plafond par un plan incliné.

On sait peu de choses sur les scènes de transformation de Jupiter en pluie d'or ou de Danaé en étoile, si ce n'est qu'elles étaient accompagnées d'un *tutti* instrumental impressionnant avec sacqueboutes, cornets et tambours, produisant un effet quasi cosmique :

> On voit une étoile naître de la terre et monter lentement au ciel avec des sons si puissants que le palais semblait s'écrouler[109].

Les mois qui suivirent cet événement extraordinaire, la cour de Milan est endeuillée par un double drame, la disparition de Béatrice d'Este et de Bianca Sforza. Santa Maria delle Grazie devient alors l'objet de toutes les attentions du More qui, à présent d'humeur très religieuse, décide d'en faire un mausolée familial. Léonard est donc invité à redoubler d'efforts pour terminer *La Cène*. Il passe ses journées sur son échafaudage à appliquer ses couleurs de l'aube au crépuscule sans même manger ni boire, mais face aux difficultés d'une tâche titanesque, il sombre parfois dans ce genre d'abattement qui caractérise sa personnalité.

L'inspiration lui manque si souvent qu'il laisse le travail en plan et la patience de son patron mélancolique est mise à rude épreuve. Giorgio Vasari rapporte d'ailleurs à ce propos une anecdote confirmée par d'autres sources : le prieur du couvent, agacé par les méthodes douteuses du peintre, s'en plaint un jour au duc qui convoque Léonard séance tenante. L'excuse donnée par le maître est pleine d'humour sarcastique : l'artiste explique qu'il cherche sans relâche des modèles pour les personnages dont il veut capturer « le mouvement de l'âme ». Pour cela, il court les rues de Milan, crayon et papier en main. Jusque-là, il échouait, avoue-t-il, à trouver un Judas crédible, suffisamment laid et ignoble, même dans les quartiers les plus sordides (le *Borghetto*), mais à présent, tout va s'arranger car le révérend père vient de lui offrir le parfait modèle qui lui échappait[110].

En réalité, Léonard trompe ses difficultés de concentration en multipliant les projets. En 1497, on le trouve à Brescia travaillant sur une église, à Crémone visitant une forteresse, à Plaisance proposant des portes de bronze pour la cathédrale ou encore à la Corte Vecchia chez sa voisine et amie, l'infortunée duchesse Isabelle d'Aragon, inventant un système pour alimenter la salle de bain en eau chaude[111]. Il continue par ailleurs de rêver à l'achèvement du cheval de bronze et anime les soirées de la cour avec la bénédiction de son prince car, de toute façon, on ne peint pas de nuit.

Léonard met en scène à cette époque de fausses prophéties, comme s'il était un de ces devins ou magiciens de cour qu'il exècre tant, pris de fureur extatique. Depuis l'invasion française de 1495, en effet, des charlatans pullulent en Italie, prédisant la fin du monde, et le scepticisme naturel de Léonard le pousse à parodier leurs hallucinations inspirées. L'humour, ici, joue sur l'antithèse entre le ton prophétique, voire cataclysmique, des scènes de ténèbres et de destruction, et le prosaïsme des sujets auxquels le faux nécromancien renvoie en réalité. Ainsi, la phrase suivante fait simplement allusion à l'ouverture de cordonneries où l'on produit des chaussures aux semelles de cuir :

> En une grande partie du pays, on verra des hommes cheminer sur les peaux des grands animaux[112].

Ailleurs, une autre phrase, très scatologique, suscite l'hilarité :

> Ô, chose très sale, on verra un animal mettre sa langue dans le cul de l'autre.

L'image renvoie en fait aux langues de porc ou de veau dont on faisait alors des saucisses en les enveloppant dans des boyaux[113].

D'autres prophéties ont des implications politiques et religieuses, par exemple lorsque Léonard écrit ce qui suit, dans un style très biblique :

> Des hommes parleront à des hommes qui ne les entendront pas ; leurs yeux seront ouverts et ils ne verront pas, on leur parlera sans qu'ils répondent ; on implorera le pardon d'un qui a des oreilles et n'entend point, on offrira des lumières à un aveugle et, avec de grandes clameurs, on invoquera le sourd.

Ici s'exprime une liberté de pensée à la limite du blasphème puisque l'auteur évoque de façon critique le culte rendu aux images des saints. De nombreuses autres prédictions sont moins risquées, mais expriment sans doute une sensibilité très personnelle, telles celles qui montrent de l'empathie pour les animaux : les ânes que l'on bât, les bœufs laboureurs que l'on finit par manger, les jeunes chevreaux que l'on égorge ou les poissons que l'on mange avec leur laitance. Certaines prophéties, jouant de l'entre-soi de la culture de cour, confinent néanmoins parfois à l'autocélébration plus légère, comme ici :

> Les animaux volants soutiendront l'homme avec leurs plumes.

Léonard détrompe les courtisans qui croient y voir une allusion aux machines-ornithoptères que l'ingénieur fabrique dans son atelier de la Corte Vecchia, en leur assurant qu'il s'agit tout simplement des plumes des matelas et des édredons[114].

Des dispositifs mécaniques l'aident parfois à donner corps à sa réputation de magicien, ce qui l'amuse beaucoup.

Il semble ainsi qu'en cette année 1497 il conçoive un simulacre humain, sorte de robot capable de s'asseoir, de bouger les bras et de tourner la tête. Plusieurs dessins du *Codex Atlanticus* exposent en effet une armure actionnée par un système complexe de cames et de poulies articulant les diverses parties de l'automate, jusqu'à la mandibule, avec une grande justesse anatomique[115].

Les jeunes femmes de la cour

Léonard a beau amuser les courtisans, en 1498, son travail demeure sous surveillance car on ne lui fait guère confiance lorsqu'il s'agit d'achever ses commandes et on ne cesse de le prier de se hâter. *La Cène* a pourtant été enfin terminée en février et présentée au public subjugué, ce que rapporte Luca Pacioli dans la préface de sa *Divine Proportion*. C'est que Léonard est à présent en charge, depuis le 21 avril, de l'embellissement du château des Sforza : il s'agit notamment de transformer la grande salle de la tour septentrionale en une immense tonnelle de verdure peinte en trompe-l'œil, mais aussi de peindre les murs de la « Saletta Negra ». Gualterio da Bascapè, le secrétaire ducal, veille à ce qu'il tienne sa promesse de terminer la commande pour septembre. La grande salle du rez-de-chaussée, appelée aujourd'hui improprement « Sala delle Asse », offre bientôt un spectacle grandiose[116]. Les troncs de dix-huit arbres qui se ramifient horizontalement au plafond, utilisant les voûtes pour leurs branches, partent des racines qui, au sol, surgissent de rochers. Il s'agit évidemment de mûriers noirs (jeu de mots sur le surnom du prince : Moro/*mora*) et le plus puissant d'entre eux symbolise l'État. Sur le claveau, un écu porte des emblèmes armoriés et, dans les feuillages, des blasons résument les événements principaux de la vie de Ludovic : le mariage avec Béatrice d'Este, l'union de sa nièce Blanche-Marie Sforza avec l'empereur Maximilien, l'élévation au titre ducal, la participation à la victoire de Fornoue. Les enchevêtrements des branchages, dont on ne peut dire s'ils représentent un ordre qui se construit ou qui se défait, renvoient aux alliances des Sforza mais font aussi écho à l'emblème des entrelacs qui forment la signature du maître.

À l'époque, les liens entre les Este et les Sforza, soulignés dans la fresque, sont très forts et la marquise Isabelle d'Este, depuis la cour des Gonzague, à Mantoue, formule le désir de comparer les portraits réalisés par Bellini, en sa possession, avec le portrait de *La Dame à l'hermine* qu'elle a eu l'occasion de voir au mariage de sa sœur. La demande est envoyée à celle qui avait été le modèle initial, Cecilia Gallerani, dont Isabelle sait parfaitement qu'elle a été la rivale de sa sœur dans le cœur du More, mais la dévorante passion de la collectionneuse est la plus forte. Cecilia, gênée, proteste que sa beauté n'est plus ce qu'elle a été neuf ans plus tôt mais le temps qui passe a aussi fait d'elle une amie de la marquise. Elle sait aussi que Ludovic, vers 1495, a jeté son dévolu sur une nouvelle favorite, dame de compagnie de son épouse Béatrice, Lucrezia Crivelli, fille du capitaine de la garde personnelle du More. Celle-ci donne d'ailleurs en 1497 un nouveau fils à Sforza. Un poète anonyme, auteur de rimes latines qui figurent dans le *Codex Atlanticus*, laisse supposer qu'elle est le personnage qui pose pour le tableau de *La Belle Ferronnière*, aujourd'hui au Louvre :

Ici le grand art correspond magistralement à la nature ! De Vinci aurait pu comme si souvent en peindre l'âme et s'il ne l'a pas fait c'est pour la bonne ressemblance du tableau. Le More en effet fut seul à connaître son âme en son amour. Celle dont il est question s'appelle Lucrèce et les dieux lui prodiguaient leurs dons avec une magnanime générosité. Ô rare beauté. Quelle vision, peinte par Léonard, aimée du More. L'un, premier des peintres, l'autre, premier des princes. Le peintre sans doute a heurté la nature ou quelque autre déesse par son tableau. L'une de dépit qu'une main d'homme fût douée d'un tel pouvoir, l'autre que l'immortalité fût conférée à l'éphémère figure. Il l'a faite par amour pour le More, et le More le protège, les dieux comme les hommes craignent le courroux du More[117].

Il n'est plus aussi certain aujourd'hui que *La Belle Ferronnière* soit son portrait car rien ne prouve que le poème fasse spécifiquement allusion au tableau de la dame en rouge. Tout ce que l'on peut dire est que le duc continuait d'avoir un goût prononcé pour les jeunes femmes de sa cour[118]. Pour Cecilia Gallerani, femme de tête, pourquoi, dans ce cas, ne pas faire circuler une œuvre la représentant au temps de sa gloire et laisser partir son portrait à Mantoue ? La motivation d'Isabelle d'Este est tout autre : au-delà du prétexte de la comparaison entre le talent de Léonard et celui de Bellini, elle veut sans doute à terme engager Léonard comme portraitiste à Mantoue.

Le maître est désormais loué par tous comme un peintre exceptionnel, et il n'est plus possible d'oublier de le payer. C'est sans doute dans ces circonstances que Ludovic Sforza, aux prises à de grandes difficultés financières, compense son manque de numéraire en concédant à Léonard, en août 1497, une petite maison et une vigne de deux cents mètres sur cinquante (un peu plus d'un hectare), à deux pas de Santa Maria delle Grazie, dans une zone en plein développement urbanistique où les courtisans se font construire des villas à la mode[119]. Léonard est d'autant plus prospère qu'à cette époque il poursuit son travail de conseil sur les canaux de la ville et accompagne le duc à Gênes, en tant qu'ingénieur cartographe, pour en faire un bastion contre les barbares aux confins de son duché. Les rapports alarmants des ambassadeurs disent que Milan, au bord de la banqueroute, est menacée par les troupes françaises qui se rassemblent de l'autre côté des Alpes afin de punir Ludovic d'avoir trahi Charles VIII en 1495.

La fin d'une époque

En février 1499, devant la noirceur des temps qui s'annoncent, Léonard doit anticiper son destin. Il obtient du duc de sécuriser la propriété de sa vigne mais fait aussi ses comptes et s'acquitte de ses dettes vis-à-vis de ses collaborateurs, comme s'il s'apprêtait à partir[120]. Impossible de connaître son état d'esprit car il ne confie rien à ses notes. Tout est encore possible : rester aux côtés du More comme d'autres, tel Crivelli, le feront ; rejoindre Mantoue où les Gonzague sont prêts à lui ouvrir leurs portes ; retourner à Florence, la ville de son père, ou même se réfugier à Rome où il conserve des amis. Sa confiance en Ludovic le More, prince absolu, sans doute empoisonneur (Léonard travaille à cette date à la salle de bain de la veuve de Jean Galéas), volontiers colérique et mauvais payeur, n'est en tout cas pas ferme au point d'exiger de son protégé un engagement politique fidèle[121].

La chute des Sforza semble au demeurant inévitable. Le 19 août, l'armée de Louis XII a passé les Alpes et campe sous les murs d'Alexandrie où Galeazzo Sanseverino et sa cavalerie se retrouvent bloqués[122]. Le 29 août, terrifié par les canons mis en batterie devant la ville et par le déséquilibre évident entre ses forces et celles des assiégeants, ce dernier s'enfuit. Le 30 août, le parti Gibelin, fidèle à l'Italien Jacques de Trivulce, général de Louis XII, soulève une insurrection à l'intérieur de Milan. Le More s'est déjà échappé de la ville pour rejoindre son allié l'empereur Maximilien à Innsbruck. Les anciens amis de Léonard, chambellan, secrétaires et officiers de la cour, voient leurs propriétés mises à sac[123]. Les écuries même de Sanseverino, où Léonard avait tant aimé dessiner les chevaux de son patron, sont pillées par la foule.

Curieusement, à ce moment-là, Léonard ne prend pas la fuite et il reste même jusqu'à l'entrée de Louis XII dans la capitale lombarde, le 6 octobre. Un feuillet du *Codex Atlanticus* suggère qu'il entretient des liens amicaux avec Ligny, l'un des principaux généraux du roi de France qu'il avait probablement rencontré en 1494 lors de la visite de Charles VIII à Pavie[124]. La réputation de l'excellence de l'artiste était aussi assurée grâce à sa familiarité affichée avec Jean Perréal, grand organisateur des entrées royales de Louis XII qui accompagnait l'expédition. Dans une note du *Codex Atlanticus*, Léonard se recommande à lui-même de proposer à « Maître Jean de Paris » (Perréal, donc) de dessiner à la pointe sèche sur du papier coloré. Il n'a, à l'évidence, aucune difficulté pour négocier son changement de camp, d'autant que ses origines toscanes sont un atout précieux pour obtenir des renseignements sur ce qui se passe alors à Florence[125]. Deux ans plus tard, Léonard reçoit même une commande du trésorier royal, Florimond Robertet, pour une Madone connue aujourd'hui sous le nom de *Madone à l'œillet*, preuve que la cour de France a pour lui la plus haute estime.

La transition s'est opérée sans heurts. Les six années qui suivent sont tout de même heurtées car la guerre bouleverse tout et plus aucune vie de cour n'est susceptible d'assurer de confortables revenus, même celle qu'Isabelle d'Este promet dans son palais de Mantoue. Léonard a la sagesse de ne pas croire aux promesses de la grande collectionneuse et choisit, on l'a vu, de se consacrer plutôt au métier des armes. En 1506, toutefois, le temps des batailles étant pour l'instant révolu, Léonard retourne à Milan, ce qui lui permet d'échapper aux mesquineries de la République de Florence et du gouvernement de Soderini qui fait pression pour qu'il achève rapidement *La Bataille d'Anghiari* tandis que les juges réclament impitoyablement la complétion d'une seconde copie de *La Vierge aux rochers* destinée à la confrérie de l'Immaculée Conception.

Avec Charles d'Amboise

À Milan, la passion des Français pour le peintre Léonard est plus tangible que jamais, depuis que Louis XII est tombé en pamoison devant *La Cène*, souhaitant même, de façon assez irréaliste, la faire transporter en France. Le gouverneur de la Lombardie est alors Charles d'Amboise, comte de Chaumont, un jeune homme de trente-trois ans dont le portrait en buste, campé par Andrea Solario, souligne l'intelligence et le sérieux. Dans une lettre à Soderini qui dut prodigieusement agacer le récipiendaire, le comte dit tout son enthousiasme vis-à-vis de son invité, sous-entendant que la République n'a pas su traiter correctement son ressortissant :

Les œuvres exceptionnelles de Maître Léonard
de Vinci, votre concitoyen, qu'il a laissées en Italie,

et particulièrement dans cette ville, ont poussé tous ceux qui les ont vues à l'aimer singulièrement. Et nous voulons confesser que nous sommes au nombre de ceux qui l'ont aimé avant de le rencontrer. Mais après avoir eu affaire à lui et ayant expérimenté ses vertus, nous percevons vraiment que son nom, célébré pour sa peinture, ne l'est pas assez pour ce qui mériterait d'être loué dans les autres domaines où il est très remarquable. Nous voulons confesser que dans les preuves qu'il a données de cela, dans quelques entreprises que nous lui avons confiées, dans le dessin, l'architecture et dans d'autres domaines qui intéressent notre condition, il nous a donné toute satisfaction de telle manière que non seulement nous avons été content de lui, mais que nous sommes resté admiratif[126].

Léonard décline la proposition de Charles d'Amboise de demeurer avec lui au château des Sforza, sans doute lourd de souvenirs, et préfère vivre en ville. Il lui faut en effet se concentrer pour proposer à son nouveau patron le plan d'une luxueuse villa à la périphérie de la ville, à l'est de la porte orientale, le long d'un cours d'eau nommé le Nirone[127]. Le projet retenu par le gouverneur de Milan est celui d'un vaste édifice rectangulaire (16,70 × 26,30 mètres) à deux étages dont le portique central offre par ses arcades des échappées sur l'extérieur. La salle de réception centrale est de belles dimensions (12,30 × 6,15 mètres), encadrée par ses deux loggias-vestibules latérales et par une entrée, au nord. La montée à l'étage, au sud, est assurée par un escalier droit à deux rampes. Les jardins sur lesquels ouvrent les loggias sont l'ornement particulier de ce complexe architectural. Des compartiments plantés de cèdres, de citronniers et d'orangers odoriférants, une tonnelle équipée d'un grillage servant de volière à des oiseaux chanteurs de races variées, une rivière limpide et poissonneuse et un réseau de canaux et de jets d'eau pour l'irrigation, la climatisation et le rafraîchissement du vin sur les tables, doivent être complétés par des fontaines d'eau chaude assurant l'hiver la survie des arbres les plus fragiles[128]. Le dispositif inclut également un moulin qui remplit des fonctions variées : créer l'été une délicate brise par des ailes agitant des voiles, conduire l'eau courante dans la villa par un système de pompes, engendrer des jets d'eau surprise sous les pas des visiteurs et mettre en action des orgues hydrauliques jouant une musique suave[129]. L'ingéniosité des machines sert le rêve total d'une villa des merveilles sertie dans l'écrin d'une nature domestiquée.

Le projet n'est malheureusement pas mis à exécution, soit par manque d'argent du commanditaire, soit parce que ce dernier meurt trop tôt, en 1511, avant même que le terrain ait été acquis. On imagine cependant que les discussions de l'artiste et de son mécène autour de ce rêve d'élégance et d'harmonie architecturale, ont dû cimenter leur amitié. Il n'est plus question qu'on laisse retourner Léonard à Florence malgré l'insistance de Soderini, et *La Vierge aux rochers*, promise initialement à une congrégation florentine, sera finalement offerte à Louis XII en personne[130].

En mai 1507, ce dernier vient d'ailleurs à Milan, après avoir maté la rébellion de Gênes contre le pouvoir français. C'est probablement Léonard qui, avec les artistes français présents, tel le miniaturiste Jean Bourdichon, est chargé d'accueillir le défilé triomphal des vainqueurs de l'expédition, sous des arches de verdure et des pavois aux armes de France et de Bretagne[131]. L'entrée royale est suivie d'une joute, d'un banquet et d'un bal donné sous un grand pavillon de toile, au pied du palais du général italien Jacques de Trivulce. Les jours suivants, un autre banquet donne lieu à la prise d'un château factice censé rappeler la chute récente de la capitale ligure, ce que raconte le chroniqueur Jean d'Auton :

Messire Charles d'Amboise fit un autre banquet au Roy et à toute sa suite, auquel au lieu de danses fit faire un bastion que lui-même avec quelques autres de sa bande voulut tenir contre tous venant[132].

Léonard, vétéran des guerres de César Borgia, est sans doute chargé de bâtir le château de poutres et de planches entouré de fossés qui servira de décor à l'affrontement amical. Les troupes françaises et milanaises, pendant dix jours, rivalisent de passes d'armes pour démontrer leur valeur au combat et, dans le feu de l'action, on déplore même quelques morts. Mais qu'importe puisque l'on a dignement célébré la victoire. Léonard est alors considéré comme un membre de plein droit de l'équipe des ingénieurs de Louis XII et parcourt la Lombardie à cheval, jusqu'à Locarno, avec le titre de « peintre et ingénieur ordinaire du Roi de France ».

Léonard reste néanmoins aussi souvent qu'il le peut à Milan, occupé à terminer *La Vierge aux rochers* et la *Sainte Anne*. Son atelier très réputé, près de la porte orientale, accueille alors comme apprenti un jeune aristocrate de quatorze ans, Francesco Melzi, dont le père a servi comme capitaine sous la bannière du roi de France et possède une belle villa à Vaprio d'Adda[133].

Le maître ne s'interrompt dans ses entreprises milanaises, en 1508, que pour aller régler ses affaires à Florence. Il revient ensuite dans la capitale lombarde où, grâce à son royal employeur, il touche les revenus des péages du canal San Cristofano[134]. Il a également en tête de reprendre le projet de statue équestre pour flatter, cette fois, le général Jacques de Trivulce, héros milanais des batailles du roi de France, qui désire édifier à ses frais un monument mortuaire à sa propre gloire dans la basilique de San Nazaro Maggiore[135].

Léonard continue de fréquenter par ailleurs l'entourage de Charles d'Amboise et discute avec le gouverneur de Politien. La lecture de cet auteur néoplatonicien leur suggère l'idée de bâtir un autel de Vénus pour le jardin de la villa. C'est justement une pièce en vers de Politien, l'*Orphée*, écrite à l'occasion des fiançailles d'Isabelle d'Este, qui inspire à Léonard vers 1508 ou 1509 une production théâtrale prestigieuse analogue à celles qu'il avait scénarisées du temps de Ludovic Sforza. On dispose, dans le *Codex Arundel*, de plusieurs pages qui font référence à cette scénographie[136]. Le moment fort de la mise en scène de Léonard correspond à la découverte des visions infernales de l'Hadès lorsque s'ouvre une structure ovoïde assez similaire à celle utilisée dans le paradis de 1490 :

> Quand s'ouvrait le paradis de Pluton, on voyait des diables qui jouaient d'une douzaine de pots acoustiques en guise de bouches infernales. Là on voyait la Mort, les furies, Cerbère et divers angelots nus qui pleuraient ; là encore, des feux de couleurs variées[137].

On comprend grâce aux dessins de Léonard que c'était une montagne en carton-pâte très réaliste qui s'ouvrait, révélant les entrailles de la terre[138]. L'apparition de Pluton sortant des enfers sur son trône était gérée par des dispositifs mécaniques très brunelleschiens : un ascenseur à contre-poids assuré par un agencement de cordes et de poulies reliées à deux plates-formes, dont l'une descend le long de deux poutres tandis que l'autre est soulevée d'autant[139]. L'ouverture de la montagne est par ailleurs garantie par deux axes verticaux rotatifs (sans doute placés sur un roulement à billes) solidaires d'une charpente en quart de cercle supportant la structure.

Comme dans les spectacles de l'époque des Sforza, costumes, musique et pyrotechnie suscitent avec habileté l'émerveillement du public. La voix d'Orphée, personnage dont nous avons peut-être une représentation sur un feuillet de Windsor, est doublée par une basse de viole, celle d'Eurydice par une viole plus aiguë, les sacqueboutes prêtent leur voix à Pluton et les guitares à Charon[140]. Les accords dissonants des hautbois, créant ce qu'on appelle depuis le Moyen Âge un *diabolus in musica*, miment l'enfer et l'attaque finale des furies. Celle-ci est représentée sur un autre feuillet conservé à la Royal Library[141].

La lumière artificielle étant amplifiée par des dispositifs optiques et reflétée sur un fond à la feuille d'or, les feux et les explosions posent des problèmes particuliers de sécurité que Léonard s'attache à régler[142]. Apparitions, disparitions et effets de surprise obtenus par les jeux de contrepoids et grâce à des toiles de satin subitement remontées au plafond, se trouvent au cœur de la scénographie[143]. Il a été suggéré que certains automates dessinés par Léonard, telle une automobile programmable susceptible de porter « magiquement » des éléments au-devant de la scène, auraient été utilisés pour exploiter l'effroi des spectateurs dans le contexte du merveilleux infernal, ce qui est tout à fait probable[144].

Les aléas politiques ne permettent cependant pas à la cour de Milan de s'abandonner à plein temps aux délices des spectacles. En décembre 1508, en effet, une ligue dite « de Cambrai » s'était constituée entre Louis XII, l'empereur Maximilien, Ferdinand d'Aragon et même le pape, contre Venise. La Sérénissime avait voulu s'emparer de la ville frioulane de Gorizia, de Trieste et de Fiume, et cet expansionnisme, inquiétant pour les Milanais, avait déclenché une escalade de violence[145]. En avril 1509, les deux patrons de Léonard, Jacques de Trivulce et Charles d'Amboise, s'arment donc pour accompagner une armée venue de France sur l'Adda. La rencontre avec les troupes vénitiennes a lieu en mai à Agnadel, sur la rive droite de la rivière. À la tête de l'infanterie vénitienne, l'ancien ami de Léonard, le *condottiere* Pietro del Monte, comprend bien vite que le sort est jeté et, en effet, la défaite s'avère cuisante pour les Vénitiens qui perdent quantité de leurs meilleurs hommes[146].

Pendant que les presses vénitiennes impriment force déplorations et *lamenti*, Louis XII décide de faire de Milan la caisse de résonance, dans l'espace public international, de son nouveau triomphe[147]. Car il ne suffit pas de gagner la guerre, il faut aussi faire savoir qu'on l'a gagnée. Le diplomate Sanudo rapporte dans ses chroniques l'événement qui se déroule dans la capitale lombarde le 1er juillet 1509 :

> [Le Roi] fit son entrée triomphale dans Milan sur un char qui fut amené sous le toit du Dôme. Le dessin d'un lion blessé en mer chassé par un dragon et d'un coq venant à bout de saint Marc, fut appliqué sur les roues de ce véhicule[148].

Léonard appartient à l'équipe d'artistes qui doit organiser les fastes de l'entrée royale, où le dragon figure la France et le lion Venise. Grâce au témoignage d'un Florentin présent lors de la cérémonie, on apprend que l'ingénieur crée pour l'occasion une nouvelle merveille mécanique :

> Quand le Roi entra dans Milan, en dehors des autres divertissements, Léonard de Vinci, le fameux peintre florentin, notre compatriote, imagina l'intervention suivante : il représenta un lion au-dessus de la porte de la ville qui, d'abord couché, se leva quand le Roi apparut, et, avec ses pattes, s'ouvrit la poitrine et jeta des balles bleues emplies de fleurs de lys dorées, qu'il lança et dispersa sur le sol. Après cela, il sortit son cœur et, le pressant, fit sortir d'autres fleurs de lys, démontrant à quel point le Marzocco florentin (lion de saint Marc, N.D.T.), dont cet animal est la représentation, avait les entrailles pleines de lys. S'arrêtant devant ce spectacle, le Roi l'aima beaucoup et y prit énormément de plaisir[149].

Sur l'esplanade sise devant le château, Léonard a par ailleurs dressé une effigie équestre, « d'une admirable grandeur », du souverain des Français, réutilisant sans doute ses études pour le cheval Sforza et celles pour le monument funéraire de Jacques de Trivulce, pour exécuter rapidement une statue en matériau éphémère[150].

Un nouveau drame touche Léonard deux ans plus tard : celui qui était non seulement son généreux mécène mais encore son ami, Charles d'Amboise, meurt à l'âge de trente-huit ans après de nombreuses actions militaires victorieuses.

Le projet de villa est enterré, alors même que Léonard en est encore à travailler sur le renforcement de la porte du château de Milan par l'édification d'un bastion en triangle et sur l'embellissement de la cathédrale[151]. Le nouveau gouverneur de Milan, Gaston de Foix, n'a pas les mêmes ambitions artistiques que son prédécesseur et Léonard n'est plus employé qu'à des tâches d'ingénierie hydraulique et militaire sur les frontières nord de la province[152].

À vrai dire, de nouveaux périls sont bel et bien en train de se multiplier avec la nouvelle alliance antifrançaise du pape Jules II, des Vénitiens, des Napolitains et même des Anglais. Au nord, les héritiers de Ludovic Sforza achètent les services de mercenaires suisses pour reprendre leur bien. Gaston de Foix, jeune général de vingt-trois ans, parvient à tenir tête aux Helvètes durant l'hiver mais, au printemps 1512, la Sainte-Ligue antifrançaise l'oblige à mener une épuisante guerre de mouvement que la victoire française de Ravenne ne parvient pas à clore car Gaston de Foix est tué dans la bataille. En juin 1512, sous la double offensive des Suisses et de la Sainte-Ligue, le duché de Milan est perdu pour les Français et retourne aux Sforza. Léonard, en raison de son investissement précédent, ne peut se mettre à leur service et trouve refuge chez les parents de son apprenti, Francesco Melzi, dans leur villa de Vaprio d'Adda où il assiste de loin aux derniers affrontements entre Français, Vénitiens et Suisses.

En 1513, il opère un rapprochement diplomatique avec les Médicis. La famille a repris pacifiquement le contrôle de Florence en septembre 1512 et, en mars 1513, Jean de Médicis est élu pape sous le nom de Léon X. Léonard est assez familier du frère du nouveau pape, Julien, qui vient d'être nommé gonfalonier de l'armée pontificale, pour accepter l'invitation qui lui est faite de venir s'installer à Rome.

Léonard s'arrête d'abord à Florence pour régler quelques affaires financières et familiales avant de rejoindre la nouvelle cour médicéenne avec sa compagnie et ses mules chargées d'une demi-tonne d'œuvres, de livres, de papiers et de matériel[153]. Un portrait de Julien par Raphaël donne une idée de l'allure du nouveau mécène qui l'accueille. Ce prince de Parme, Plaisance et Modène est un élégant jeune homme barbu de trente-cinq ans, l'œil intelligent et les mains délicates, coiffé d'un béret et vêtu d'un manteau de satin bleu doublé de fourrure[154]. Si l'on en croit Baldassare Castiglione dans *Le Livre du courtisan*, sa conversation est plaisante et talentueuse[155]. Éduqué par Politien, il a développé un certain goût pour le mysticisme néoplatonicien. Il est possible qu'il ait rencontré Léonard à Venise en 1500.

En décembre 1513, Léonard n'a, semble-t-il, pas encore emménagé au Belvédère car ses appartements sont en travaux. Les indications de l'architecte qui en est chargé laissent penser que l'espace aménagé dans cette villa d'été d'Innocent VIII, que jouxte un grand jardin en terrasses avec ses statues et fontaines, est suffisamment vaste pour loger tous les membres de l'atelier[156]. Il est possible qu'avant cela, Léonard ait été reçu provisoirement dans la demeure romaine de Julien, l'ancien palais des Orsini à Montegiordano, près du château Saint-Ange[157].

La vie de Léonard à Rome est au départ bien plus discrète qu'elle ne l'avait été à Milan, aussi bien sous les Sforza que sous Charles d'Amboise. Il se contente de se consacrer à ses recherches. Salaï s'y ennuie tellement qu'il trouve un prétexte pour retourner à Milan. L'historien Giorgio Vasari, dans ses *Vies des artistes*, laisse entrevoir les modestes divertissements de la cour où réside son héros :

Un jardinier du Belvédère ayant trouvé un lézard très singulier, Léonard s'en empara et fabriqua avec des écailles arrachées à d'autres lézards des ailes qu'il lui mit sur le dos et qui frémissaient à chaque mouvement de l'animal, à cause du vif-argent qu'il contenait, il lui ajusta en outre de gros yeux, des cornes et de la barbe et, l'ayant apprivoisé, il le portait dans une boîte d'où il le faisait sortir pour effrayer ses amis. [...] Il se livra à toutes sortes de folies semblables[158].

À la cour du pape, où sont réalisés ces tours de plaisante sorcellerie, Léonard fréquente de hauts personnages, tels Messer Battista dell'Aquila, le majordome du pontife, le conseiller privé Niccolò Michelozzi, ou Balthazar Turini da Pescia, ce membre de la chancellerie apostolique qui enregistre les suppliques et gère les finances de la Curie. Certains de ces hommes, et le pape lui-même, lui commandent des tableaux aujourd'hui disparus, ce dont nous informe Vasari :

Dans ce temps-là il peignit avec infiniment d'art et de soin un petit tableau représentant la Vierge tenant l'Enfant Jésus pour Messer Balthazar Turini da Pescia dataire de Léon X mais, soit par la faute de celui qui en prépara le *gesso* soit par suite de ses compositions étranges d'enduit et de couleur, ce tableau est aujourd'hui à demi ruiné. Sur un autre petit tableau il représentait un petit enfant merveilleusement beau et gracieux. On raconte que, le pape ayant commandé un tableau, il se mit tout d'abord à distiller des huiles et des plantes pour faire le vernis, ce qui fit dire au pape : « Hélas, cet homme ne fera rien, puisqu'il pense à la fin de son ouvrage avant de l'avoir commencé. »

Peut-être à cause de ce préjugé (partagé par Vasari), ce sont d'autres artistes que Léonard qui, à Rome, sont chargés des travaux les plus ambitieux. Parmi eux, certains sont de vieux amis. Donato di Angelo, dit Bramante (1444-1514), par exemple, ancien collègue de Milan, est en charge du chantier de la basilique Saint-Pierre. Depuis qu'il est entré au service de Jules II en 1500, il a de grandes visées urbanistiques qu'il met en œuvre. Léonard découvre son *tempietto* de l'église San Pietro in Montorio, petit joyau de l'architecture Renaissance, mais s'intéresse plus encore à son projet de coupole géante pour la basilique Saint-Pierre, car celui-ci n'est pas sans rappeler l'œuvre de Brunelleschi. Atalante Migliorotti, le jeune musicien formé à Florence autrefois, est justement devenu surintendant des travaux basilicaux. Entre Michel-Ange et Léonard, une antipathie était née en 1504 alors qu'ils travaillaient tous les deux à leurs fresques du Palazzo Vecchio ; mais lorsqu'il visite la chapelle Sixtine, le second ne peut sans doute que reconnaître le talent de son confrère.

À soixante et un ans, Léonard semble toutefois avoir plutôt envie d'étudier la géométrie des lunules par exemple, les fossiles qu'il ramasse à Monte Mario ou les expériences d'acoustique[159]. L'ambassadeur d'Urbino, Baldassare Castiglione, qui le rencontre alors, semble penser qu'il gâche son talent :

Un autre des meilleurs peintres de ce monde méprise un art où il excelle et s'est entiché de philosophie ; et il a dans ce domaine des idées si étranges et tant de chimères qu'il ne saurait les peindre avec sa peinture[160].

Au Belvédère, Léonard conduit également des expériences de mécanique et d'optique. À son service se trouvent deux mécaniciens allemands, l'un s'appelle Georg, et l'autre est surnommé Johann des Miroirs. Léonard travaille avec eux sur des miroirs paraboliques qui seraient capables d'incendier des bateaux, comme dans l'anecdote rapportée par Pline à propos d'Archimède[161].

Léonard ne sort de sa retraite que pour de brèves visites à Tivoli ou à la villa d'Hadrien ou pour accompagner Julien de Médicis dans ses voyages parfois assez lointains aux frontières des États pontificaux.

Ainsi, en 1514, les deux hommes se retrouvent à Parme dans une auberge à l'enseigne de la cloche[162]. L'humaniste Benedetto Varchi rapporte que Julien traitait Léonard « plutôt en frère qu'en compagnon[163] ». Léonard fait lui aussi allusion à cette relation patron-client lorsqu'il couche sur le papier, alors qu'il est malade, un jeu de mots amusant : « Les Medici [médecins mais aussi Médicis] m'ont créé mais les Medici [médecins] me détruisent[164]. »

Julien lui a notamment confié la tâche de travailler sur sa symbolique héraldique. Le nouveau blason représente un tronc de laurier coupé d'où émergent de nouvelles branches et la devise GLOVIS (palindrome de *si volg'* : « se tourne [vers l'espoir] ») : le message annonce symboliquement que la lignée de Laurent le Magnifique (le laurier) se régénérera[165]. De fait, la richesse de Julien ne cesse alors de s'accroître. En septembre 1515, Léon X lui attribue les Marais pontins, un vaste territoire au nord de Rome et au sud de la Toscane qui ne demande qu'à être asséché et amendé. Au printemps 1515, Léonard inspecte et cartographie pour le compte de son maître la zone nouvellement bonifiée. Il se rend également à Civitavecchia où il espère faire du site de cet ancien port romain un havre moderne, fortifié pour la flotte pontificale[166]. En décembre, cependant, Julien quitte Rome pour Turin pour y épouser sa fiancée, Philiberte de Savoie. Louis XII vient juste de mourir et Philiberte est la tante du nouveau roi, François Ier. Les noces prennent dans ce contexte un sens politique particulier et Julien part avec dans ses fontes les dessins d'une nouvelle version du lion automate de Léonard. Il s'agit de les faire parvenir à Lyon, chez les banquiers florentins, pour la réalisation d'une machine célébrant l'entrée royale du jeune François.

À Rome, sans son patron, Léonard connaît quelques difficultés avec ses apprentis allemands qui l'espionnent et surtout le calomnient auprès du pape à propos des expériences d'anatomie qu'il conduit alors[167]. Le problème n'est pas tant que Léonard pratique des dissections, ce qui est parfaitement autorisé à cette époque, mais plutôt qu'il étudie les embryons et développe des idées hétérodoxes par rapport à la bulle *Apostolici Regiminis* sur le moment du développement fœtal où Dieu lui insuffle son âme. Pour Léonard en effet, pendant la grossesse, l'âme du fœtus est liée à l'âme de la mère[168].

Quand Julien revient de France avec sa nouvelle épouse, le peintre retrouve un protecteur mais doit abandonner le portrait d'une dame florentine (Lisa del Giocondo, ou peut-être la *Monna Vanna*, un portrait de femme nue) que ce dernier lui avait commandé[169].

Le contexte politique change totalement le 13 septembre 1515 car les Français l'emportent lors de la bataille de Marignan et les Médicis, qui s'étaient engagés aux côtés des Suisses, doivent faire amende honorable. En octobre, Léonard suit la cour pontificale partie rencontrer le roi de France à Bologne. Le 30 novembre, le cortège passe par Florence : le pape a l'intention de transformer profondément la ville et Léonard prend part à la commission d'artistes et d'ingénieurs-architectes (Del Sarto, Pontormo, Peruzzi, Sansovino, Sangallo…) qui discutent des plans du nouveau quartier médicéen, autour de la basilique San Lorenzo. La proposition léonardienne articule une façade d'église, donnant sur une place, l'édification d'un palais jumeau de celui de la Via Larga, la restructuration des habitations autour de l'axe de cette rue et des écuries modernes placées entre San Marco et Santissima Annunziata[170]. Seules les écuries de ce plan grandiose furent construites en 1516. Elles se trouvent actuellement au sein de l'Istituto Geografico Militare de Florence.

Avant de repartir pour Bologne, Léonard revoit sa famille et ses amis. Le 7 décembre, il franchit les Apennins et gagne la capitale de l'Émilie-Romagne. Il y rencontre très certainement François Ier et se trouve approché, en tout cas, par Artus Gouffier, seigneur de Boissy, conseiller royal, dont il exécute le portrait à la sanguine[171]. C'est Guillaume Gouffier, le frère de ce personnage, qui avait dès novembre 1515 communiqué à Léonard l'invitation de François Ier et de Louise de Savoie pour qu'il vienne en France. Julien de Médicis, tombé malade en juillet 1515 et résidant pour sa convalescence en Toscane, ne pouvait plus assurer la protection de son ami ; il poussa de fait son dernier soupir en février 1516[172].

Quelques mois plus tard, Léonard décide de partir pour Amboise.

Notes

1. Carlo Vecce, *Leonardo da Vinci, op. cit.* p. 75-76 et Carlo Pedretti, *Studi Vinciani*, Geneva, 1957.

2. Charles Nicholl, *The flight of the mind, op. cit.*, p. 177-178.

3. Felix Gilbert, « Bernardo Rucellai and the Orti Oricellari », in *Journal of the Warburg and Courtauld Institutes*, XII, 1949, p. 101.

4. Carlo Vecce, *Léonard de Vinci, op. cit.*, p. 71.

5. Giorgio Vasari, *Les vies des plus excellents peintres, sculpteurs et architectes* [1568], traduction de Charles Weiss, 3ᵉ édition, Dorbon-aîné, Paris, 1952. On trouve dans le *Codex Ashburnam*, I. f. Cr, un dessin de lyre en forme de crane de dragon datant des années 1485-87.

6. Valeri Malaguzzi, *La Corte di Lodovico il Moro*, 4 vol. , Milan, 1913-1923.

7. William F. Prizer, «Music at the Court of the Sforza: The Birth and Death of a Musical Center», *Musica Disciplina*, vol. 43, 1989, p. 141-193.

8. David Fiala, «Le prince au miroir de la musique politique des xivᵉ et xvᵉ siècles», dans Ludivine Scordia et Frédérique Lachaud (dir.), *Le prince au miroir de la littérature politique*, Presses universitaires de Rouen, Rouen, 2007, p. 319-350.

9. Paul Jove, *Dialogi de viris et foeminis aetate nostra florentibus*, cité par Carlo Vecce, *Leonardo, op. cit.*, p. 357.

10. Bartolomeo Cincani, *Vierge à l'enfant, circa* 1498-99, Pinacothèque de Bréra, Milan.

11. *L'Orphée* de Politien semble avoir été joué une première fois en 1490 à Mantoue avec Atalante Migliorotti dans le rôle principal, voir à ce sujet Charles Nicholl, *op. cit., p. 434.*

12. *CA,* fol. 888r: Léonard mentionne le portrait qu'il exécute d'Atalante.

13. Carlo Vecce, *Leonardo, op. cit.*, p. 72.

14. Vincenzo Foppa (Brescia), *Madone à l'enfant avec des anges-musiciens.* Florence, Villa I Tatti, Harvard University. Circa 1490.

15. *Portrait d'un musicien*, vers 1485 détrempe et huile sur bois Milan Pinacotheca Ambrosiana, inventaire 99.

16. Isaacson, *op. cit.*, p. 474.

17. *CA* fols.34ʳ⁻ᵇ, 213ᵛ⁻ᵃ, 218ʳ⁻ᶜ; Ms. H, fols. 28ʳ⁻ᵛ, 45ᵛ, 46ʳ, 104ᵛ; e Ms. B, 50ᵛ; Cod. Madrid, vol. II, fol. 76ʳ. Emanuel Winternitz, «Musical Instruments in the Madrid», *Metropolitan Museum Journal*, II, 1969, p. 115 et du même auteur, *Strange Musical Instruments in the Madrid Notebooks of Leonardo da Vinci, Metropolitan Museum Journal*, II, 1969, p. 125-126 ainsi que *Leonardo's Invention of the Viola Organista*, 1964.

18. *Cod. Arundel*, fol. 175ʳ: tambour. Ms B 2184, Ashburnam, fol. D: cornets, *CA*, fol. 1106ʳ: flutes à dispositif pour glissando, Windsor R.L.12585: chalemie sous forme de trompe d'éléphant etc.

19. Kate Steinitz, «Leonardo architetto teatrale e organizzatore di feste», *IX Lettura vinciana*, 15 aprile 1969.

20. Luca Beltrami, *Documenti e memorie riguardante la vita e le opere di Leonardo da Vinci in Ordine Chronologico*, Milan, 1919, n° 23-24.

21. Pierluigi De Vecchi, «La Vergine delle Rocce», in *Leonardo a Milano*, sous la direction de G.A. dell Aqua, Milan, Banca Popolare di Milano, 1982, p. 46 et Pietro C. Marani, *Leonardo, la carriera di un pittore*, Federico Motta Editore, Milan, 1999, p. 343-344.

22. Sur la peste milanaise, voir Paolo Morigia, *Historia dell'antichità di Milano*, I, cap. XXVII, 1592, Forni, Bologna 1967, p. 165.

23. *CA,* fol. 184[v].

24. Ms. B, fol. 38[r].

25. Ms. B, fol. 37[v].

26. Ms. B, fol. 15[v], 16[r] et 36[r].

27. Carlo Pedretti, *Leonardo Architetto*, Electa, Milan, 1978 (réed. 1988).

28. Ms. B, fol. 2[v]. Cité par Carlo Vecce, p. 83. Sur la vision politique de la ville idéale chez Léonard, voir Eugenio Garin, *Scienza e vita civile nel Rinascimento Italiano*, Laterza, Bari, 1965 et Marco Versiero, *Il dono della libertà e l'ambizione dei tiranni: l'arte politica nel pensiero di Leonardo da Vinci*, Istituto Italiano per gli studi filosofici, Napoli, 2012, p. 110 et suivantes.

29. *Codex Forster* III, fol. 15[r] et 62[v]. Cesare Maffioli, « *Leonardo da Vinci* et le *savoir* des *ingénieurs*. Aménagement et *science* des eaux à Milan », *Revue d'histoire des sciences, tome 69, 2016/2, p. 209-243.*

30. D.A.Brown, « Madonna Litta », *Lettura Vinciana*, XXIX, Giunti, Florence, 1990.

31. Pietro C. Marani, *I Leonardeschi a Milano: fortuna e collezionismo*, Electa, Milan, 1991.

32. Bellincioni, fol. a 8r, (Gabriele Uzielli, *Ricerche intorno a Leonardo da Vinci*, séries 1 et 2, Florence, 1872 pour le vol. 1 et Rome, Salviucci, 1884 pour le vol. 2, p. 62 et 509).

33. Jean Guillaume, « Léonard et l'architecture », in Paolo Galluzzi, *Léonard de Vinci, Ingénieur et Architecte*, Catalogue d'Exposition, Montréal, 1987, p. 207-299.

34. Ms B, fol. 5[r].

35. Ms B, fols. 12[r], 53[r], 58[r].

36. Carlo Pedretti, « Il padiglione della Duchessa », in *Leonardo e Io*, Mondadori, Milan, 2008, p. 29-38.

37. *CA,* fol. 656b [r-v].

38. *CA,* fol. 852[r] et 265[v].

39. Elizabeth McGrath, « Ludovico il Moro and His Moors », *Journal of the Warburg and Courtauld Institutes*, vol. 65, 2002, p. 67-94.

40. Ms B, *Codex Trivulziano, passim.*

41. *Codex Trivulziano*, fols.23[v], 27[r], 34[v].

42. Ms M, fol. 58[v].

43. *CA,* fol. 370[r-a].

44. Windsor RL 12693-6, 12699; *CA,* fol. 207[v], *Codex Forster* I, fol. 41[r], II, 63[r]. Sur les rebus de Léonard, voir l'échange plaisant entre Carlo Pedretti et Marinoni dans le chapitre intitulé « I rebus dei tomi », in *Leonardo e io*, op. cit., p. 195-205.

45. Windsor, RL, fols. 912490[r], 912491[r], 912492[r], 912493[r]. The Duke of Devonshire and the Chatsworth Settlement Trustees, Chatsworth, 823 1, B, C,

D : quatre têtes grotesques. Kenneth Clark et Carlo Pedretti, *The Drawings of Leonardo da Vinci in the Collection of Her Majesty the Queen at Windsor Castle*, cit., p. 84.

46. Johannes Nathan, « Profile Studies, Character Heads, and Grotesques », in Frank Zöllner e Johannes Nathan (dir.), *Leonardo da Vinci. The Graphic Works*, Taschen, 2014, p. 366. Michael Kwakkelstein, « Leonardo da Vinci's grotesque heads and the breaking of the physiognomic mould », in *Journal of the Warburg and Courtauld Institutes*, 54, 1991, p. 135 ; Varena Forcione, « Leonardo's Grotesques : Originals and Copies », in Bambach, p. 203.

47. Carmen Bambach, « Laughing Man with Busy Hair, Old Woman with Beetling Brow, Snub-Nosed Old Man, Old Woman with Horned Dress, Four Fragments with Grotesque Heads, Old Man Standing to the Right, Head of an Old Man or Woman in Profile », in Bambach, *op. cit.*, p. 453. « De' visi mostruosi non pàrlo, perché sanza fatica si tengano a mente », Cod. Urbinate Latino, 108v-109r.

48. Carmen Bambach, ibid., p. 678-722 ;

49. Giambattista Giraldi Cinzio, *Discorsi*, Venise, 1554, p. 193.

50. Paolo Lomazzo, *op. cit.*, p. 106-107. Edmondo Solmi, *Ricordi della vita e delle opere di Leonardo da Vinci raccolti dagli scritti di Giovanni Paolo Lomazzo*, Milan, Tipografia Editrice L.F. Cogliati, 1907, p. 30.

51. Windsor, RL, fol. 12276[r] cité par Domenico Laurenza, *in Gli studi anatomici, la vita, l'arte, Lettura Vinciana*, Giunti, Firenze, 2003.

52. Michael Kwakkelstein, *Leonardo as a Physiognomist : Theory and Drawing Practic*, Primavera, 1994.

53. *Codex Urbinate Latino*, fol. 109[v].

54. Charles Nicholl, *Leonardo da Vinci, the Flight of the Mind, op. cit.*, p. 204-209. Christ Church, Oxford, inventaire n° JBS 17[r-v], 18[r-v]. Allégories sur l'envie, 1490-1494, Christ Church, Oxford, Inv. JBS 17r ; Zöllner, *op. cit.* p. 494.

55. Carlo Pedretti, « La dama a l'ermellino come allegoria politica » in *Studi politici in onore di Luigi Firpo*, dir. Rota Ghibaudi, Milan, 1990, p. 161-181.

56. Bellincioni, *op. cit.*, fol. c6[v]-c7[r].

57. M. Rzepinka, « The Lady with the Ermine revisited », *Accademia Leonardi Vinci*, VI, 1993, p. 191-199, Daniel Arasse, *Léonard de Vinci*, Hazan, 1997, p. 307-308, et Carlo Vecce, *Leonardo, op. cit.*, p. 96-98.

58. Maria Moczulska, « The most graceful and the most exquisite Gallée in the portrait of Leonardo da Vinci », *Folia Historiae artium*, I, 1995, p. 77-86.

59. Sabba de Castiglione, *Ricordi overo ammaestramenti di Monsignor Saba da Castiglione*, Venezia, Paolo GHerardo, 1555.

60. Firenze, Archivio di Stato, Mediceo Avanti il Principato 50, 155.

61. C. Munro Pyle, « Una relazione sconosciuta delle nozze di Isabella d'Aragona con Giangaleazzo Sforza in febraio 1489 : Giovanni II da Tolentino a

Baldassare Castiglione », in *Libri e Documenti*, XVIII, 1993, p. 20-26 et R. Schofield, « A humanist description of the architecture for the wedding of FIovan Galeazzo Sforza and Isabella d'Aragona », in *Papers of the British School at Rome*, LVI, 1988, p. 213-240.

62. *L'Historia di Milano volgarmente scritta dall'eccellentissimo oratore Bernardino Corio*, Stamparia di Paolo Frambotto, Padoue, 1646, p. 882-883

63. Ms C, fol. 15^{v}.

64. Laurie Fusco et Gino Corti, « Lorenzo di Medici on the Sforza Monument », in *Achademia Leonardi Vinci Journal*, V, 1992, p. 11-32.

65. Carlo Vecce, *Leonardo, op. cit.*, p. 99-100.

66. Isabelle d'Aragon en Vierge vers 1493, par Giovanni Boltraffio, huile sur toile, National Gallery, Londres.

67. Gian Galeazzo Sforza par Ambrogio de Predis, huile sur toile, Musée de Cleveland. Ludovic Sforza : Miniature de la grammaire latine d'Elio Donato par Ambrogio de Predi, fin xve siècle, bibliothèque du château Trivulzio (codex 2167). Pour comparaison de ses protraits avec d'autres sources, voir les testons d'argent (médailles) de la collection Robert Schonwalter, Crippa II pg. 247, 3 ; CNI V pg. 189, 19 ; Morosini III p. 264.

68. Voir à ce sujet le récit du scribe de la chancellerie ducale, Tristano Calco, in : Jacopo Trotti, « The party of Leonardo da Vinci's « Paradise » and Bernardo Bellincore (January 13, 1490) », in *Journal of the Historical Society of Lombardy*, quatrième série, vol. I, 1904, p. 75-89, ma traduction.

69. Bibliothèque Estense, Cod. Italiano n.52, fol. 283-287, Transcription d'Edmondo Solmi, « La festa del paradiso di Leonardo da Vinci e Bernardo Bellincioni, 13 janvier 1490 », *Archivio Storico Lombardo : giornale della Societa Sorica Lombarda Serie Quarta*, Volume I, Anno XXXI, 1904, p. 75-80. Ma traduction.

70. *CA*, fol. 571rb.

71. *CA*, fol. 110^{v} : forme semi-ovoïde. *CA*, fol. 956^{r} : référence au Zodiaque et aux planètes. *CA*, fols. 878^{v} et 999^{r}, mécanismes. Musée des Offices, fol. 9^{r}. Luca Garai, *La Festa del Paradiso di Leonardo da Vinci*, Milan, La Vita Felice Editore, 2014.

72. *CA*, fol. 304^{r}.

73. Bernardo Bellincioni, *Rime dell'arguto et faceto poeta Bernardo Bellincione fiorentino*, Milan, 1493. Bibl Estense, Cod. Italiano n.521 J 4.21, transcription Edmondo Solmi, *op. cit.*

74. Leon Battista Alberti, *Momo*, traduction de M. Martelli et note de F. Furlan, Milan, Mondadori, 2007. Cité par Carlo Vecce, *Leonardo, op. cit.*, p. 107.

75. Le *Paragone* est un ensemble de textes dispersés entre le Ms A et le *CA*, fols. 81^{r}-113^{v}, 323^{r}, 327^{v}, 380^{r-v}, 372^{v}, 677^{v}, 729^{v}. Carlo Dionisotti, « Leonardo, Uomo di Lettere », *Italia Medioevale e Umanistica*, V, 1962, p. 183-216.

76. Sur le jugement porté par Léonard sur le jeune garçon, voir les *Carnets*, II p. 508.

77. Ms L, fol. 94r.

78. Tristani Chalci, *Nuptiae Mediolanensium et Estensium Principum : scilicet Ludovici Mariae cum Beatrice, Alphonsi cum Anna Ludovici nipote*, in Residua e Biblioteca Lucii Hadriani Cotta, Milan, 1644.

79. Martin Kemp et Pascal Cotte ont identifié Bianca Sforza dans un portrait d'une collection privée, mais cette identification et l'authenticité du tableau sont toujours discutés aujourd'hui. Martin Kemp et Pascal Cotte, *The Story of the New Masterpiece by Leonardo da Vinci, la Bella Principessa*, Hodder et Stoughton, London, 2010.

80. Giuseppina Fumagalli, « Gli « omini salvatichi » di Leonardo », *Arte Lombarda*, vol. 10, Studi in onore di Giusta Nicco Fasola, promossi dall'Università di Genova, II (1965), p. 231-252.

81. *Codex Arundel*, fol. 250[ar] ; Arasse, p. 235.

82. Une idée du costume des hommes sauvages est donnée plus tard par une allégorie portant la devise de Charles d'Amboise avec un personnage portant une massue. Kenneth Clark et Carlo Pedretti, *The Drawings of Leonardo da Vinci in the collection of HM the Queen*, London, 1968, vol. I, p. 116.

83. Windsor, RL, 12585[r].

84. Windsor, RL, 12367[r].

85. *Codex Arundel*, fol. 250[r].

86. Carlo Vecce, *Léonard, op. cit.*, p. 123.

87. *Codex Forster*, III, fol. 88r : « Le 16 juillet. Catherina vint le 16e jour de juillet 1493 ». Il est assez probable compte tenu du bégaiement de Léonard, et de la mention dans une feuille voisine des membres de sa famille naturelle, que ce prénom désigne bien la mère venue de Campo Zeppi. Par précaution, Charles Nicholl, *op. cit.* p. 286-287 propose néanmoins d'autres identifications possibles, par exemple cette Catherina pourrait être simplement une cuisinière, d'autres historiens ayant fait valoir que Léonard dépense bien peu pour son enterrement en 1495. Nicholl ne semble cependant pas prêter foi à cette hypothèse.

88. Ms H, fol. 37r.

89. *Codex Arundel*, fol. 148[r] et Ms H, fol. 137v. Voir Pascal Brioist, « Léonard et la cuisine, de la Toscane à la France », in *La Table de la Renaissance*, Presses universitaires François Rabelais, Tours, 2018, p. 89-102.

90. En juillet 1492, par exemple, le numéraire disponible en caisse est de 811 livres. Ms A, fol. 114[v]. Sur les décorations du château de Vigevano, voir Ms H, fols. 41[r], 48[r], 64[v], 65[v], 109[r] et 124[v].

91. Sur la conscience que les Français avaient de l'illégitimité de Ludovic, voir les *Mémoires* de l'historien Philippes de Commynes, traduction par J. Blanchard, Paris, Pocket *Agora*, 2004 (2e éd. 2009).

92. *CA*, fol. 914[r].

93. Jean-Louis Fournel et Jean-Claude Zancarini, *Les Guerres d'Italie, des batailles pour l'Europe*, Gallimard, 2003.

94. Du côté des coalisés, on considère d'ailleurs que la victoire est italienne, comme le rappelle le tableau de la *Madonna alla Vittoria* de Mantegna peint à la gloire du général en chef, le marquis de Mantoue, François II Gonzague.

95. Charles Nicholl, *op. cit.*, p. 292-299.

96. *CA*, fol. 866ʳ.

97. Pascal Brioist, *Léonard, homme de guerre*, Alma, Paris, 2013, p. 94-99.

98. Luca Beltrami, *Documenti e memorie riguardanti la vita e le opera di Leonardo da Vinci in Ordine Chronologico*, Milan, 1919, n° 70, 71, 72, 74, 80.

99. Carlo Vecce, *Leonardo da Vinci, op. cit.*, p. 143-144.

100. Sur la dimension curiale de l'amitiés entre Pacioli et Léonard, voir Monica Azzolini, « Anatomy of a Dispute : Leonardo, Pacioli and Scientific Courtly Entertainment in Renaissance Milan », *Early Science and Medicine*, vol. 9, n° 2, 2004, p. 115-13 ;

101. Biblioteca Ambrosiana, inv. n° 059595 et 059596 A-E.

102. Girolamo Borsieri, *Supplimento della nobilità*, Milan, 1619, p. 57-58, cite par Nicholl, *op. cit.* p. 306.

103. Nino Pirotta, *Music and Theatre from Poliziano to Monteverdi*, Cambridge University press, Cambridge, 1982, p. 295 *et seq.*

104. A. G. Spinelli, *Per le nozze Mazzacorati-Gaetani dell'Aquila d'Aragona*, Bologna, 1888, première édition imprimée de la Danaé de Baldassare Taccone.

105. Viktoria Tkaczyk, « Which Cannot Be Sufficiently Described by my Pen. The Codification of Knowledge in Theatre Engineering 1480-1680 », dans Matteo Valleriani (dir.), *The Structure of Practical Knowledge*, Cham, Springer, 2017, p. 77-115.

106. CA, fol. 996ᵛ et manuscrits du Metropolitan de New york, Rogers Fund, 1917, inv.17.142.2.

107. Inscriptions sur le manuscrit du Metropolitan qui donnent des indications sur les répartitions de rôles : *Acrisse Giancrisstofaro. Sire, Tacho, Danae, Franco Romano, Mercurio, Gianbattista Daossmo, Jupiter Gianfranco Tantio/ domestique, qui on veut, annonciateurs de la fête, plus ceux qui s'émerveillent de la nouvelle étoile et s'agenouillent et ceux qui adorent les anges…*

108. Marie Herfeld, « La rapprezentazione della Danae organizzata da Leonardo », *Raccolta Vinciana*, XI, 1922, p. 226-228. Et Kate Steinitz, « Le dessin de Léonard pour la représentation de la Danae de Baldassare Taccone », in *Le lieu théâtral à la Renaissance*, Paris, 1964, p. 35 et seq. Voir aussi Carlo Vecce, « The Sculptor Says », in Moffatt e Taglialagamba, *op. cit.*, p. 229

109. Texte cité par Kate Steinitz, « Leonardo architetto teatrale e organizzatore di feste », *IX Lettura vinciana*, 15 aprile 1969, p. 35-37.

110. L'anecdote est empruntée par Vasari, *op. cit.*, à Cinzio Giraldi dans ses *Discorsi*, Venezia, 1554, p. 193-176. Le père de Cinzio, diplomate et historien

ferrarais, avait en effet assisté à la scène et s'en était amusé. Elle est aussi rapportée par Lomazzo, dans son *Trattato, op. cit.*, p. 53 et par plusieurs autres auteurs.

111. Sur la plomberie pour la Duchesse, voir *CA*, fol. 289r et le Ms I fol. 28v.

112. *CA*, fol. 1033ʳ.

113. *CA*, fol. 1033ʳ.

114. *CA*, fol. 1033ʳ

115. Marc Rosheim, «Leonardo's lost robot», in *Achademia Leonardi Vinci*, vol. 9 (1996), p. 109-10.

116. Maria Teresa Florio, «... promete finirla per tuto Septembre»: Leonardo nella Sala delle Asse, *LVI Lettura Vinciana*, Giunti, Firenze, 2017. Angela Ottino della Chiesa, *Leonardo Pittore*, Rizzoli, Milan, 1967, p. 99-100 et Carlo Vecce, *op. cit.*, pp. 153-154.

117. *CA*, fol. 457ᵛ.

118. Sylvie Béguin, *Léonard de Vinci au Louvre*, 1983, Luke Syson et Larry Keith. «Leonardo Da Vinci: Painter at the Court of Milan», *Exhibition Catalogue*, London: National Gallery, 2011, et Vincent Delieuvin, «Les secrets de la Belle Ferronnière», dans *Grande Galerie, le journal du Louvre* n° 2, juin-août 2015, p. 74-75.

119. Luca Beltrami, *La Vigna di Leonardo*, Milan, 1920 et Charles Nicholl, *op. cit.*, p. 312-314.

120. *CA*, fol. 773r et Beltrami, *op. cit.* n° 95.

121. Pour une discussion sur l'historiographie concernant l'apolitisme de Léonard, voir Marco Versiero, *Il dono della libertà e l'ambizione dei tiranni. L'arte della politica nel pensiero di Leonardo da Vinci*, Istituto Italiano per gli studi filosofici, Napoli, 2012, chapitre I.

122. Pascal Brioist, *Léonard, homme de guerre*, Alma, Paris, 2013, p. 142-143.

123. Bernardino Corio, *L'historia di Milano*, Venise, 1554, P.49ᵛ.

124. *CA*, fol. 628ʳ.

125. Sur Léonard et sa proximité d'avec les Français voir Patrick Boucheron, *Léonard et Machiavel*, Verdier, Lagrasse, 2008.

126. Lettre de Charles d'Amboise au Gonfalonier Soderini, 16 décembre 1506, citée par Beltrami, 1919, *op. cit.*, doc. n° 180. Archivio di Stato di Firenze, filza 62. Ma traduction.

127. Sabine Frommel, «Léonard et la villa de Charles d'Amboise», in *Léonard et la France*, dir. Carlo Pedretti, CB éditeurs, 2011, p. 113-132.

128. *CA*, fol. 732 ᵇ⁻ᵛ et Carlo Pedretti, *Leonardo Architetto*, Milan, 1978, p. 205-207.

129. *CA*, fol. 732ᵇ⁻ᵛ et 629ᵇ⁻ᵛ.

130. Une copie d'une lettre de Pier Soderini à Charles d'Amboise se plaignant des devoirs non accomplis de Léonard à Florence se trouve dans les Archives de Florence: Archivio di Stato Firenze, Minute di Pier Soderini, Filza 121, 9 octobre 1506.

131. Jean d'Auton, *Chroniques du règne de Louis XII*, édition publiée pour la Société de l'Histoire de France par R. De Maulde de la Clavière, Librairie Renouard, Paris, 1896, vol. IV.

132. Jean d'Auton, *op. cit.*, vol. IV, p. 313

133. Gerolamo Calvi, *Famiglie notabili milanesi*, Milan, 1879 et Pietro Marani, « Francesco Melzi », in, *Giuli Boro Maria Teresa Fiorio, Pietro C Marani et Janice Shell, Janice (1998). The Legacy of Leonardo : Painters in Lombardy 1490-1530, Skira, Milan, 1998, p. 116.*

134. CA, fols. 254[r], 872[r] et 1037[r].

135. Windsor, RL, 12343[r], 12354[r], 12355[r], 12356[r], 12360[r] et Frank Zöllner, *Leonardo da Vinci, the complete Paintings and Drawings*, London, 2003.

136. *Codex Arundel*, fols.231[v] e 224r et Angelo Poliziano, « La fabula d'Orfeo » in *Poesie italiane*, Milan, BUR, 2001.

137. *Codex Arundel*, fols.231[v] cité par Kate Traumann Stenitz, « Quando s'apre il paradiso di Plutone », dans Augusto Marinoni et al. (dir.), *Leonardo da Vinci, letto e commentato da Marinoni, Heidenreich, Brizio, Reti, De Toni, Mariani, Salmi, Pedretti, Strinitz, Maccagni, Garin, Vasoli*, Florence, Giunti e Barbera, 1974.

138. *Codex Arundel, ibid.* fols.231[v] e 224r.

139. Carlo Pedretti, « La macchina teatrale per l'« Orfeo » di Poliziano », in *Studi Vinciani, documenti, analisi*, Droz, Genève, 1957, p. 90-98 et K.T. Steinitz, « A Reconstruction of Leonardo da Vinci's Revolving Stage », in *The Art Quarterly*, Detroit 1949, p. 325-338.

140. Windsor, RL, 12282[r]. Une représentation contemporaine de *La Fabula d'Orpheo*, est offerte par La Compagnia dell'Orpheo, dir. Francis Biggi, disque, K. 617, 2007. Pour un commentaire de la méthode employée pour la reconstitution, voir Francis Biggi, « La *Fabula di Orpheo* d'Ange Politien ou comment rendre une œuvre à l'espace de l'interprétation ? », Rémy Campos et Xavier Bisaro, dir., *La Musique ancienne entre historiens et musiciens*, Genève, Droz – Haute école de musique de Genève, 2014, p. 491-512.

141. Windsor, RL, 12356[r].

142. *Codex Arundel*, fols. 139[r] et 140[r].

143. *CA*, fol. 131[v]. Pascal Brioist, « Les machines de spectacle de Léonard de Vinci », *Revue d'Histoire du Théâtre*, 2017, p. 39-58.

144. *A. Uzzielli, Leonardo e l'automobile, in Raccolta Vinciana, fasc. 15-16, 1935-1939, p. 191-199. M. Angiolillo, Leonardo. Feste e teatro, Prezentazione di Carlo Pedretti, Società Editrice Napoletana, Napoli, 1979 et Mark Rosheim, « L'automa programmabile di Leonardo. C.A. fol. 812r », XL Lettura Vinciana, Giunti, Firenze, 2001.*

145. Stefano Meschini, « Luigi XII, Massimiliano e la Lombardia », in *L'architettura militare nell'età di Leonardo : guerre milanesi e diffusione del*

bastione in Italia e in Europa, a cura di Marino Vigano, Casagrande, Bellinzona, 2008, p. 35-63.

146. Frederick Lewis Taylor, *The art of war in Italy, 1494-1529*, Cambridge University Press, Cambridge, 2010 [1921], p. 117-118.

147. Florence Alazard, *La bataille oubliée: Agnadel, 1509: Louis XII contre les Vénitiens*, Presses universitaires de Rennes, 2017.

148. Marino Sanuto, *op. cit.*, vol VIII, col. 511

149. Biblioteca Nazionale di Firenze, Ms. F.P. II. IV, 171, folios 16 et 17 cité par Jill Burke, dans «Meaning and Crisis in the Early Sixteenth Century: Interpreting Leonardo's Lion» *Oxford Art Journal (March 2006) 29(1): 77-91*. Comme la date d'une reconnaissance de dette inscrite sur l'un des deux folios du manuscrit est le 24 mars 1509, on suppose que la description destinée à figurer dans une histoire de Florence, est pratiquement contemporaine de l'entrée royale.

150. *Chronaca dei Milanesi*, 1509, *Archivio Storico Italiano*, 3, 1842 p. 207.

151. *CA*, fol. 1067r et A da Paulo, *Cronaca*, 1872, p. 37. Pour les travaux sur la cathédrale, voir les paiements mentionnés par Jean D'Auton, *Chroniques de Louis XII*, vol. 2, p. 386: IIII c XXXVI, A Me Léonnard, peinctre IIIJc L et en 1511, A Me Léonard Vincy, peintre, IIIJc livres tournois.

152. Windsor, RL fols.12410-16 et Windsor, RL fol. 12416^r.

153. *CA*, fol. 260^v.

154. Huile sur toile, 83 X 66 cm, Metropolitan Museum, New York.

155. Baldassare Castiglione, *Le Livre du Courtisan*, présenté et traduit de l'italien d'après la version de Gabriel Chappuys par Alain Pons, Edition Ivrea, 2009; deuxième livre: «propos plaisants».

156. Beltrami, *op. cit.*, document 219. Travaux au Belvédère décrits par Giuliano Leno.

157. Domenico Laurenza, «Leonardo nella Roma di Leone X [circa 1513-1516]», *XLIII Lettura Vinciana*, Giunti, Firenze, 2004.

158. Giorgio Vasari, *Vies des artistes*, op. cit.

159. *CA*, fols. 124v et 244^v pour les jeux géométriques. Pour les fossiles, voir le *CA*, fol. 253^v.

160. Baldassare Castiglione, *Il Cortegiano, op. cit.*, livre II, chapitre XXXIX.

161. *CA*, fols. 750r et

162. Ms E, fols.80^r, 96^r.

163. Benedetto Varchi, Due lezzioni di m. Benedetto Varchi: nella prima delle quali si dichiara un Sonetto di m. Michelagnolo Buonarroti, nella seconda si disputa quale sia più nobile arte la scultura, o la pittura, con una lettera d'esso Michelagnolo, et più altri eccellentiss. pittori et scultori, sopra la quistione sopradetta, Florence, 1549 cité par Carlo Pedretti, «Li Medici mi crearono e destrussono», *Achademia Leonardi Vinci*, VI, 1993, p. 182.

164. *CA*, fol. 429^r.

165. Domenico Laurenza, *op. cit.*, *XLIII Lettura Vinciana, p. 36-37.*

166. Une cartographie des marais pontins figure sur les manuscrits de *Windsor Castle, RL* 12683 et 12684 ; cat. IV.4. Voir là-dessus Edmondo Solmi, « Leonardo da Vinci e i lavori di prosciugamento delle paludi pontine ai Tempi di Leone X (1514-156) », [1911], in *Scritti Vinciani*, La Nuova Italia Editrice, Firenze, 1976. Voir aussi Andrea Cantile, *Leonardo Genio e Cartographo, La Rappresentazione del Territorio tra scienza e arte*, Istituto Geografico militare, Firenze, 2003, p. 292-295. Ludwig. H Heydenreich, « Studi Archeologici di Leonardo da Vinci a Civitavecchia », *Raccolti Vinciani*, XIV, 1930-1934, p. 39-53 et A. Bruschi, « Leonardo e Francesco di Giorgio a Civitavecchia », in *Studi bramanteschi*, p. 535-65.

167. Voir les brouillons de lettres envoyés par Léonard à Julien de Médicis pour se plaindre de Georg et Johann : *CA*, fols. 252^r, 334^r, 500^r, 671^r et 1079^v.

168. Windsor, R.L., fol. 19115r cite in Domenico Laurenza, *Lettura Vinciana, op. cit.*, p. 16-20.

169. Voir le carton dans le Arundel, fol. 79v et deux copies du tableau conservées à Chantilly, au Musée Condé et à Saint Petersbourg, au Musée de l'Hermitage, cités parCarlo Vecce, *Leonardo, op. cit.*, p. 278

170. Carlo Pedretti, *Leonardo Architetto*, Electa, Milan, 1978.

171. Carlo Pedretti, *Documenti*, p. 117-120.

172. Jan Sammer, « L'invitation du Roi », in *Léonard de Vinci & la France*, sous la direction de Carlo Pedretti, Cartei et Bianchi, éditeurs, 2010, p. 29-33.

VIII

Comment devient-on ingénieur militaire?

Premiers contacts avec la guerre

Quand Léonard eut vingt-quatre ans, les premiers échos de la possibilité d'une guerre parvinrent à ses oreilles. Le bourg de Vinci avait bien été assiégé en 1364 par le *condottiere* anglais John Hawkwood (Giovanni Acuto), mais la mémoire de la guerre menée au XIVᵉ siècle entre guelfes et gibelins commençait à s'effacer et, grâce à la paix de Lodi (1454), les puissances locales italiennes vivaient dans un équilibre politique et militaire assez serein, Venise et Milan ayant notamment renoncé à s'affronter. L'habileté diplomatique de Laurent le Magnifique était telle que la paix entre Florence et Milan était parfaitement entretenue.

Toutefois, en 1476, les relations avec la papauté se mirent à dégénérer. Sixte IV avait pris à son service le duc d'Urbino comme *condottiere* et tâché d'accroître ses territoires du côté d'Imola d'une part et de la Toscane d'autre part. Le pape, à Florence, s'appuyait sur la famille des Pazzi qui souhaitaient renverser les Médicis[1]. Après l'attentat raté contre Laurent et son frère Julien, dont Léonard avait pu mesurer les conséquences jusque sous les fenêtres du Bargello, le pape excommunia les Florentins et lança ses forces, alliées à celles du duc de Calabre, contre les frontières de la Toscane[2].

On se souvient peut-être qu'à l'occasion de cette offensive, les troupes des Médicis durent défendre la ville de Colle Val d'Elsa, à une quarantaine de kilomètres de Florence[3]. D'après l'historien Carlo Vecce, Léonard séjournait dans cette place forte au moment où le duc d'Urbino disposait ses bombardes pour le siège[4]. Si cette hypothèse, qui ne repose toutefois que sur une citation infime du *Codex Atlanticus*, était avérée, ce fut le premier contact direct du jeune homme originaire de Vinci avec les furies de Mars.

L'intérêt pour l'art de la guerre peut aussi avoir été éveillé chez Léonard par un autre biais. Certains hommes d'atelier, qui comme lui concevaient des dispositifs scéniques pour la ville, avaient en effet prêté leur talent à la conception de maquettes architecturales militaires. C'est le cas par exemple de Francesco di Giovanni, dit «le Francion» (1428-1495) ou de Francesco d'Angelo, dit «le Cecca» (1446-1488), deux menuisiers experts qui dessinent des machines de siège puis se qualifient en tant qu'experts en fortifications nouvelles[5]. En 1479, ces deux personnages se retrouvent à Colle Val d'Elsa pour consolider les tours et les remparts de la ville, en piteux état après les tirs d'artillerie de Frédéric de Montefeltro.

Un autre personnage, d'une génération précédente, peut avoir servi de modèle à Léonard : le sculpteur Antonio Averlino, dit «le Filarète» (1400-1464). Celui-ci avait été engagé à la fin de sa vie par les Sforza pour diverses réalisations architecturales : l'hôpital de Milan, mais aussi les décorations de la tour d'entrée du château de Porta Giovia[6].

En 1473, Bartolomeo Gadio (1414-1482), ingénieur militaire en chef de Galéas Marie Sforza, directeur des travaux du château qui avait donc bien connu le Filarète, vint à Florence chercher un artiste capable de réaliser un monument équestre à la gloire des Sforza, et fit miroiter devant Léonard les promesses d'une carrière milanaise[7].

En 1483, en pleine crise existentielle, Léonard se souvint à l'évidence de la proposition puisque, dans la lettre qu'il adressa à Ludovic Sforza, il se déclarait capable de relever ce défi :

> En outre, j'entreprendrai l'exécution du cheval
> de bronze qui sera gloire immortelle, hommage
> éternel à la bienheureuse mémoire du Seigneur
> votre père et à l'illustre maison des Sforza[8].

De cette lettre, nous ne disposons que d'un brouillon préparatoire écrit d'une autre main que celle de Léonard. La copie définitive envoyée à Ludovic le More n'a pas été retrouvée. Au départ, elle ne fut semble-t-il pas prise au sérieux par le maître de Milan qui avait à son service de vrais ingénieurs comme Ambrogio Ferrari. L'auteur de la lettre avait pourtant bien choisi son contexte pour sa demande. Milan venait de déclarer la guerre à Venise à cause d'une rivalité concernant la Ferrare de la famille d'Este alliée des Milanais[9]. Le *condottiere* Girolamo Riario et les Vénitiens avaient marché avec leurs troupes contre cette ville qui tomba en 1481. La campagne militaire qui s'annonçait était d'autant plus difficile que la relève des ingénieurs lombards de la génération précédente (comme Bartolomeo Gadio, qui mourut précisément en 1482) n'était pas assurée[10].

Laurent le Magnifique envoya pour cette raison deux de ses ingénieurs, Fiorentino da Firenze et Domenico da Firenze, afin d'aider son allié[11]. Léonard pouvait concevoir qu'une proposition adaptée aux besoins de la guerre contre les Vénitiens, sur terre comme sur mer, pourrait convaincre Ludovic Sforza de l'embaucher.

La lettre envoyée à Milan cherche à démontrer la compétence paradoxale, en matière militaire, du peintre formé dans l'atelier de Verrocchio. Parmi les propositions, certaines semblent spécialement adaptées au terrain de la guerre ferraraise : les ponts, par exemple, répondent aux besoins tactiques de capacité de franchissement dans le delta du Pô, les catapultes et autres trébuchets à la nécessité de compenser le déficit en artillerie du duché pour un programme de sièges ; enfin, les machines propres à l'engagement sur mer présentent un intérêt dans le contexte soit d'une guerre navale contre Venise, soit d'un affrontement contre les corsaires génois ou corses qui depuis 1480 s'en prennent aux marchands lombards[12].

Influence siennoise

Où Léonard a-t-il trouvé l'inspiration de ces machines ? La réponse est évidente pour un grand nombre d'entre elles : dans des livres ou des manuscrits de ses contemporains. Certains dispositifs dérivent directement des ingénieurs siennois en contact avec leurs confrères florentins. Béliers couverts, tours d'assaut, mantelets et échelles d'escalade couvrent par exemple les pages du *De rebus militaribus* de Taccola[13]. Leurs dessins sont fort proches de ceux des années 1480 de Léonard dans le *Codex Atlanticus* ou le *Manuscrit B*[14]. De la même façon, les techniques de sapes et de mines décrites dans la lettre offrent une certaine similarité avec des dispositifs décrits par Taccola[15]. Elles sont malgré tout d'une grande modernité et il faut attendre quelques années pour que Pedro Navarro, un capitaine navarrais mercenaire, les utilise à grande échelle contre les places de Sarzanello puis du Castelnuovo de Naples ; encore le fait-il avec quelques maladresses, preuve que l'idée seule ne suffit pas à une mise en pratique efficace.

Il faut sans doute penser que les savoirs siennois circulent à Florence, ce qui n'est guère étonnant quand on connaît les liens de Taccola avec les chantiers de Brunelleschi et Ghiberti et quand on sait que Léonard est ami d'un descendant de Ghiberti. De plus, les armes nouvelles conçues par les Siennois ont pu être admirées de (trop) près par l'ex-apprenti de Verrochio lors du siège de Colle Val d'Elsa. En effet, les bombardes sortent de l'arsenal de Frédéric de Montefeltro, piloté par Francesco di Giorgio Martini. Les manuscrits de ce dernier, datés de 1482 et que Léonard a l'occasion de consulter dans les années 1490 quand il devient son collègue, décrivent la typologie de ces bombardes, armes de bronze de quinze à vingt pieds envoyant des boulets de pierre de cent livres. Les passe-volants, également mentionnés dans le *Codex Atlanticus*, sont un autre type de pièce appartenant à cette époque à l'arsenal du duc d'Urbino[16].

Le De re militari

La principale source d'inspiration léonardienne est toutefois un ouvrage imprimé : le *De re militari* de Valturio, publié à Vérone en 1472 et réédité en 1483 à Venise par Paolo Ramusio[17]. Roberto Valturio (1405-1475) avait été formé en humaniste pour devenir secrétaire de la curie romaine mais entra finalement au service de Sigismondo Pandolfo Malatesta, *condottiere* de Rimini. En 1446, le nouveau conseiller du prince compose pour lui, à des fins de propagande, une manière de traité militaire saisissant l'état des capacités techniques des Malatesta. Valturio n'étant pas un ingénieur mais plutôt un rhétoricien, il met son maître en valeur en l'inscrivant dans la lignée des auteurs de l'Antiquité, Végèce et Frontin. Il a soin néanmoins de se renseigner précisément sur les armes modernes et se fait seconder par un sculpteur de Vérone plus au fait que lui pour graver sur bois des machines de guerre : canons, catapultes, trébuchets, tours d'assaut fantastiques à tête de dragon, chars à faux, galères cuirassées, navires à aubes et même scaphandres de plongeurs.

Il y résume toute la technologie militaire des années 1450-1460 de l'homme qui combattit successivement les Sforza et Alphonse d'Aragon et comptait même affronter Mehmed II. Le char à faux, par exemple, est inspiré des techniques de combat d'Isidore de Kiev qui installait des arbalétriers crétois sur de tels engins pour tuer les Turcs au siège de Constantinople ; et les bombardes représentées dans l'édition princeps étaient effectivement présentes dans l'arsenal de Rimini. En 1462, Malatesta et le pape Sixte IV se brouillèrent et le pape envoya contre son ancien allié son nouveau *condottiere* : Frédéric de Montefeltro. La défaite des Malatesta explique que le duc d'Urbino se revêtit de la dépouille de son ennemi en faisant sculpter les illustrations du *De re militari* sur les bas-reliefs de son palais.

On reconnaît ces mêmes figures, plus ou moins revisitées, dans les feuillets de Léonard. Le char à faux décrit dans la lettre à Ludovic le More, représenté sur un dessin conservé à la Bibliothèque royale de Turin, porte sur ses roues les mêmes ergots que celui de Valturio[18]. Le feuillet 141ʳ du

Codex Atlanticus présente pour sa part une grande catapulte dont le principe est de profiter de l'élasticité du bois pour tirer en arrière avec un treuil un arc puissant avant de le relâcher brutalement afin qu'il percute l'empennage d'un javelot. Il se trouve que ce dessin correspond exactement à une gravure du *De re militari*.

Ce genre d'engin, assimilable aux catapultes, mangonneaux, trébuchets et espringales que Léonard mentionne dans la lettre, peut paraître anachronique en un temps où l'on a déjà accès aux bombardes, mais il faut comprendre que ces armes balistiques mécaniques présentent l'intérêt d'être bien moins coûteuses que des armes de bronze de très haute technologie, très consommatrices de poudre, et qu'elles peuvent malgré tout envoyer des projectiles pyrotechniques. L'arbalète géante du *Codex Atlanticus* fut d'ailleurs sans doute conçue avec des mensurations extrêmement précises dans le contexte bien concret de la guerre de Ferrare, tout comme l'espingarde flanquant une réflexion sur les moulins équipant le Pô[19].

Progrès et limites des améliorations léonardiennes

Parmi les « engins variés » encore évoqués dans la lettre, il faut peut-être ranger les divers orgues d'artillerie dessinés dans le *Codex Atlanticus*, capables de tirer plusieurs salves de plus de dix coups de suite[20]. Ces tubes multiples, très utiles pour défendre des portes ou des ponts, étaient déjà connus dans le nord de l'Europe. Les Bourguignons les appelaient des ribaudequins et, dans l'Empire germanique, ils étaient fréquemment mentionnés dans les traités manuscrits des artilleurs professionnels[21]. Dans une forteresse de Croatie, on a même découvert en 2011 une espingarde à trois volées du xve siècle assez proche d'un dessin de pièce d'artillerie léonardienne[22].

Si Léonard n'a donc pas inventé la « mitrailleuse », il a en revanche essayé d'améliorer la puissance de feu des orgues d'artillerie en multipliant les salves déjà prêtes à l'emploi et en travaillant sur la dispersion en éventail des projectiles. On ignore cependant où il découvrit ses modèles initiaux.

Le char d'assaut de Léonard de Vinci est tellement iconique de nos jours que l'on imagine très bien ce que l'auteur de la lettre avait en tête lorsqu'il parlait de « chars inattaquables[23] ». On sait moins que ces véhicules automoteurs renforcés contre les tirs ennemis, destinés à porter le dégât dans les lignes d'infanterie adverses, étaient déjà en usage depuis le début du xve siècle, notamment en terre d'Empire où l'ingénieur Konrad Kyeser et le maître artilleur Philippe Mönsch en avaient déjà dessiné, sans parler des chariots de guerre servant de plate-forme de tir, employés par les Tchèques et les Hongrois durant les guerres hussites (vers 1420).

Le char d'assaut de Léonard est certes original dans sa forme de cône aplati, mais lorsque l'on se penche sur les détails de sa mécanique, toute une série de problèmes commencent à apparaître. Tout d'abord, les engrenages qui devraient lui permettre de se mouvoir seul par l'action de manivelles sont montés à l'envers, ce qui immobilise le véhicule. Léonard a peut-être introduit volontairement cette erreur mais rien n'est moins sûr. De plus, si l'on place une trentaine de bouches à feu dans le char comme le suggère le dessin, le poids à mouvoir devient très considérable, sachant qu'une simple arquebuse à croc pèse plusieurs quintaux – seules des escopettes sont en réalité envisageables pour l'armement. C'est à l'évidence une utopie que de prétendre vaincre l'inertie d'une masse aussi considérable roulant sur terrain accidenté au moyen de simples engrenages en bois actionnés par huit hommes.

Par ailleurs, un double problème se pose : d'une part, le chargement des pièces par la gueule suppose de sortir du véhicule après la première salve et, d'autre part, les vapeurs méphitiques de la poudre concentrée dans un petit espace ne peuvent qu'asphyxier les artilleurs. Pour tout homme de guerre un peu familier des combats, le plan de Léonard semble absurde. Les chars germaniques du xve siècle ou ceux qu'utilise Pedro Navarro à Ravenne en 1509, armés de faux et de quelques escopettes, sont infiniment mieux conçus dans leur économie générale. Le char léonardien reste un beau rêve mécanique qui part sans doute des récits de l'Antiquité où les éléphants d'Hannibal affrontent l'infanterie romaine, où des chars-tortues servent à combler des fossés et où les chars à faux du roi Antiochos sont attaqués par des archers[24].

Combler ses lacunes : les techniques de fortification

En tout état de cause, au début des années 1480, Léonard n'est pas encore tout à fait crédible en tant qu'ingénieur militaire. Son rapprochement des experts milanais change pourtant la donne lors de la décennie suivante.

Entre 1485 et 1490, Léonard essaye de démontrer la réalité de ses compétences dans le domaine militaire à celui qui est en train de devenir son patron, Ludovic Sforza. De cette époque datent non seulement le dessin du char d'assaut, mais encore de nombreux dessins de ponts, de pièces d'artillerie, d'affûts divers pour les transporter, de catapultes ou encore d'arbalètes[25]. Une arbalète de rempart à répétition et une arbalète géante de siège ont été conçues de façon exactement contemporaine et portent la marque d'un travail de mesure extrêmement précis qui visait nécessairement une application concrète[26]. Les béances de sa culture sont néanmoins très nettes, notamment dans le domaine de l'art de bâtir des fortifications auquel Francesco di Giorgio consacre alors un traité présenté au duc d'Urbino. C'est aussi en 1485 que Leon Battista Alberti offre son *De re aedificatoria* à Laurent le Magnifique.

Plusieurs dessins prouvent que Léonard cherche à apprendre les bases de ce savoir, peut-être auprès de ses compatriotes ingénieurs florentins embauchés par les Sforza ou encore de l'architecte Angelo di Pascuccio, dit Bramante (1444-1514)[27]. À vrai dire, la fortification ne se pose pas dans les mêmes termes en Toscane où les forteresses occupent en général à cette époque des points surélevés, comme Colle Val d'Elsa, et en Lombardie, région de plaine où l'art militaire doit faire appel à des formes géométriques plus pures entourées de larges fossés[28].

Dans un feuillet du *Manuscrit B*, Léonard étudie l'approche du château des Sforza en figurant des lignes de feu partant des tours et couvrant les fossés. Dans un autre, consacré à la même forteresse, où tout est mesuré avec rigueur, il commence à utiliser le vocabulaire technique de ses nouveaux collègues : chemin secret, guirlande, chemin des chats, casemates[29]. Il s'empare peu à peu de tout un outillage conceptuel nouveau et hasarde des propositions sur les emplacements de l'artillerie défensive, sur les rondes de nuit, les portes dérobées ou sur les moyens de sécuriser les galeries de contre-mine[30].

Dans les années 1490, son savoir-faire s'améliore encore au contact de nouveaux amis, tel Francesco di Giorgio Martini, consulté par Ludovic le More à l'occasion de l'érection de la tour-lanterne coiffant la cathédrale de Milan[31]. Léonard jouit alors enfin du titre d'ingénieur ducal (*Leonardus de Florentia, ingeniar et pictor*) et rejoint l'équipe de Bramante et Francesco di Giorgio dans le grand projet urbanistique de réfection du quartier de Santa Maria delle Grazie[32].

Après cette date, Léonard commence à changer d'approche sur la fortification et prend de plus en plus en compte la nécessité de contrer l'artillerie adverse par des masses de terre maçonnées placées en avant des remparts traditionnels et de contrôler les fossés par des casemates[33]. C'est un « ravelin » triangulaire de ce genre qu'il propose pour protéger l'entrée du château Sforzesco[34].

Léonard est aussi en train de remplacer le principe d'une défense verticale depuis un point élevé (par exemple la tour d'entrée décorée par Bramante) par une défense horizontale profitant de la saillie de tours basses ou de ravelins pour garantir la sécurité des fossés et des courtines. Le fol. 18^v du *Manuscrit B*, de ce point de vue, présentant des défenses avancées avec embrasures de tir donnant sur les bases des courtines, est parfois perçu comme anticipant le principe de la fortification bastionnée, mais il faut se méfier de cette vision téléologique car, pour parler de front bastionné, il faudrait un système de défense réciproque de deux bastions, ce qui n'est pas ici avéré[35].

De plus, Léonard continue d'hésiter entre les solutions et, dans les années 1490, il valide encore les défenses verticales de plusieurs enceintes emboîtées. Les lignes extérieures offrent des plans fuyants au lieu de créneaux, ce qui permet à celles du centre de prêter secours par leurs feux à celles qui les entourent[36]. Les études balistiques l'amènent en 1497-1498 à chercher dans la forme même des courtines des techniques pour absorber le feu ennemi en minimisant l'effet des boulets par des arêtes sommitales en dos de dauphin ou par des éperons demi-cylindriques supposés jouer un rôle de déflecteurs[37]. L'enjeu est alors de défendre la côte ligure menacée par les Français et de faire du port de Gênes « un bastion contre les barbares[38] ».

Armements et artillerie

Pendant toutes ces années, Léonard fréquente également les armuriers et les fabricants d'armes à feu. Milan est alors une capitale de l'industrie d'armement et ses ateliers de forge sont admirés dans toute l'Europe[39]. Dans le quartier de la Porta Romana, à la périphérie de la ville, le Toscan a l'occasion de visiter les ateliers des meilleurs batteurs d'armures du temps : les Capelli, les Armaroli, les Camponi et les Missaglia. Il fréquente aussi le frère de l'un d'eux, Gentile Borri, maître d'armes des Sforza, pour lequel il écrit un traité d'escrime « à pied et à cheval » aujourd'hui perdu[40]. Dans les années 1490, Léonard est en relation avec un *condottiere*, Pietro del Monte (1457-1509), qui, dans ses *Exercitiorum collectanea*, consacre justement un chapitre aux astuces pour combattre un cavalier lorsque l'on est à pied, à grand renfort de détails.

De telles techniques sont également abordées, mais avec moins de précisions, par Fiore dei Liberi (1350-1420) dans son *Flos duellatorum*[41]. Ce maître d'armes de Nicolas III d'Este, marquis de Ferrare, avait combattu dans le Frioul vers 1384. Il résume bien les techniques de combat du Quattrocento et son traité nous aide à comprendre les rudiments de l'escrime de guerre auxquels Léonard a pu s'intéresser à l'époque où il voulut se forger une culture des armes.

Léonard n'a sans doute jamais présenté son travail à Gentile Borri et l'on pense même qu'il s'en servit encore pour des figures de sa *Bataille d'Anghiari* en 1503. Par le biais de son ami Bramante, il fut peut-être aussi en contact avec d'autres maîtres en faits d'armes de la cour de Milan : Pietro Suola (dit Strenuus) et Beltramo de Stuchis. Ces derniers sont identifiés par Giovan Paolo Lomazzo comme étant les personnages virils portraiturés à la fresque par Bramante au début des années 1480 pour le palais de Gaspare Ambrogio Visconti[42]. La hallebarde, la masse et la forte épée ainsi que la pose de l'escrimeur se retrouvent dans des dessins de Léonard, ce qui établit tout au moins sa familiarité avec ces fresques si ce n'est avec leurs modèles[43].

La fascination pour les armes de Léonard à cette époque est patente dans les feuillets du *Manuscrit Ashburnam* de l'Institut de France[44]. On y voit en effet dessinées avec un soin tout particulier toutes sortes d'armes d'hast fantastiques aux lames acérées. Le *Manuscrit B* produit pour sa part, à partir des auteurs cités par Valturio, un index illustré des armes communes dans l'Antiquité, avec leurs noms latins[45]. Les dessins d'arbalètes sont aussi très nombreux dans les folios de ces années 1480-1490, peut-être parce que Léonard est alors assez proche de Biagio Crivelli, capitaine de la garde et surtout des arbalétriers montés de Ludovic le More[46]. L'arbalète, cette « arme du diable », est un objet extrêmement technique capable de percer bien des armures à longue distance. Elle équipe notamment la cavalerie légère lombarde, une unité d'élite chérie du prince. Léonard témoigne de l'extrême variété de ses types : arbalètes légères, arbalètes à ressort, arbalètes de muraille, arbalètes de siège géantes, arbalètes individuelles à levier, à poulies ou à crane-quin[47]. L'ingénieur s'intéresse aux modes de rechargement, aux façons de relâcher la corde par ce qu'on appelle une noix, à la force déployée lors d'un coup, à la trajectoire d'un carreau et même aux tactiques des arbalétriers montés désirant organiser un tir roulant[48].

Dans son atelier, Léonard, assisté par un serrurier spécialiste des métaux nommé Giulio Tedesco, conçoit des pièces originales, comme ce cranequin d'arbalète (crémaillère à engrenage pour tendre la corde) du *Codex Atlanticus*, généralement pris pour un cric, dessiné par la main de l'ouvrier qui commente : « Ceci est un martinel[49]. » C'est sans doute avec le même homme que Léonard fabrique des prototypes d'arquebuses à mèche et à rouet, concurrençant les très compétents artisans milanais[50]. Une des innovations concerne un système d'allumage automatique à ressort qui, dans le même temps qu'il ouvre la gargousse où se trouve la poudre, abaisse un levier en forme de serpent porteur de la mèche enflammée : une simple action sur une gâchette déclenche donc le tir là où plusieurs opérations étaient jusque-là nécessaires[51].

Ce mécanisme avec levier et contre-levier, fort analogue à celui d'une serrure, est cependant bien moins sophistiqué que le mécanisme à briquet élaboré plus tard, vers 1513, alliant pour l'ignition ressort solénoïdal, chaîne-bielle et rouet tournant rapidement dans un réceptacle contenant de la pyrite[52]. Le principe du briquet était en réalité déjà posé vers 1490, preuve que la collaboration entre Léonard et son serrurier allemand, qui a facilité toutes sortes de transferts de savoir-faire d'un champ à l'autre, a été extrêmement productive durant cette période[53].

L'arquebuse et le pistolet à rouet, malgré la difficulté de leur réalisation, connurent un énorme succès à partir des années 1520. Ils résolvaient le problème de la dangerosité d'une mèche qu'on garde toujours sur soi allumée et éliminaient celui de la percussion violente du chien (ou du serpent!) qui fausse le tir. Le remplacement de la lance, chez les reîtres, dans les années 1550, par le pistolet d'arçon découle de cette percée de Léonard et Giulio Tedesco que l'on voit resurgir en Allemagne vers 1505 chez le fabricant Martin Löffelholz[54]. Dans le domaine des petites armes à feu, Léonard avait donc laissé son empreinte.

La fonte des canons

Dans les années 1490, Milan est aussi une ville de fondeurs de canons et Léonard, qui a promis à Ludovic le More de couler une statue équestre colossale trois fois plus grande que nature, a accès à l'arsenal où ceux-ci travaillent[55]. On connaît les noms des grands maîtres de ce lieu très privé sis dans l'enceinte du château : Giovanni Ferlino, Alexis da Bertagna, Zanin, Albergeto. Ils sont capables de prodiges : fondre par exemple des bombardes de bronze pesant plus de dix tonnes[56].

Léonard noircit des dizaines de pages pour détailler le mode de fabrication de ces monstres de bronze coulés en deux parties vissées : la culasse et la volée[57]. Sans lui, nous ignorerions les secrets de cette technologie des plus complexes[58]. La première phase concernait la fabrication de la forme du canon avec un noyau en bois à ailettes. Autour de ce tourillon monté sur deux chevalets, on enroule une corde que l'on enduit d'une couche en argile fin. Un gabarit dessine le profil désiré. Le modèle est lubrifié et recouvert de cendres (*sevo*) puis l'on applique des strates de terre mélangée à divers matériaux fibreux qui vont constituer la contre-forme (le moule dans lequel on coulera le bronze). Après séchage, on complète le moule en l'armant de barres et de cercles d'acier, comme s'il s'agissait d'un tonneau.

On recouvre l'ensemble d'argile de fonderie et d'un dernier cerclage.

La culasse est réalisée de la même façon. Les moules de la culasse et de la volée sont ensuite cuits en plein air sur un feu puis, après avoir rapproché ces éléments des puits de fusion, on dégage la forme interne en se servant de la corde. La forme creuse, négatif du canon, ainsi préparée, est basculée verticalement, grâce à un engin de levage, dans la fosse de fusion. À l'aide de deux couvercles, on centre à l'intérieur du moule un noyau qui correspondra à la chambre du boulet. Le couvercle du dessus, qui soutient le noyau dans l'axe du moule, est percé d'évents pour évacuer les gaz produits durant la fusion et de canaux pour verser le bronze liquide. La coulée est lancée depuis des fours à réverbération à chambre sphérique portés à plus de 1 400 degrés, où l'on vérifie préalablement l'homogénéité de l'alliage cuivreux. Le bronze (92 % de cuivre et 8 % d'étain) remplit alors le moule de la culasse et celui de la volée. Après refroidissement, on vide la fosse et on procède à la finition avec des machines à aléser et des brosses de fer. Il ne reste plus qu'à visser avec un pas de vis moulé dans les deux formes de la volée et la culasse, pour obtenir ces armes redoutables qui font trembler les murailles les plus vénérables.

Léonard ne s'est pas contenté d'observer un processus pour l'adapter à la sculpture civile. Il a décrit toutes ses phases, qui relevaient du domaine du « secret défense ». Il a acquis en outre tout le vocabulaire technique des fondeurs de canons et appris toutes les dimensions des diverses parties de tout type de pièces à la culasse, à la corniche, à la culée, etc. Il a même proposé des améliorations au chantier de son patron en imaginant une machine de tréfilerie pour affiner progressivement les sections des barres composant les bombardes en fer forgé. Même les technologies plus archaïques que celle des nouvelles pièces coulées l'intéressent donc[59]. Le projet est extrêmement sérieux puisque y sont pensés non seulement la source d'énergie (une roue hydraulique) mais également le système de transmission de la force par vis et pignons ainsi que les calculs des rotations nécessaires pour obtenir la puissance voulue. Léonard a assurément alors gagné sa place et sa réputation auprès de maître Zanin et de maître Albergeto.

Au fil du temps, le Toscan est devenu un tel spécialiste que, pendant sa période romaine, il dessine avec exactitude les canons du roi de France, qui incarnent l'ultime modernité en matière d'artillerie, et donne toutes leurs spécificités techniques. La description de ces faucons et autres couleuvrines grandes et moyennes, alors qu'il se trouve encore au service de Julien de Médicis et de Léon X, s'apparente alors à du renseignement militaire[60].

La balistique

Léonard ne s'arrête pas à la fabrication de l'artillerie ; il veut également tout savoir des usages des armes nouvelles, depuis leur placement sur affût avec des poulies, jusqu'aux systèmes de pointage et aux problèmes liés au recul en passant par la logistique de leurs munitions[61]. Surtout, il veut enquêter sur la portée des pièces et se passionne pour les questions de balistique.

Ici, le rapprochement avec le *condottiere* Pietro del Monte, qui a lieu dans les années 1490, lui donne la possibilité d'échanger avec un interlocuteur très au fait de la pratique comme de la théorie. Les intérêts communs des deux hommes à cette époque peuvent être démontrés par des références identiques : ils écrivent tous les deux sur le combat entre fantassin et cavalier, et renvoient même souvent l'un à l'autre, par exemple, sur la méthode qu'ont les lansquenets de croiser leurs piques en croix de Saint-André pour se mettre en défense ou encore sur les armes blanches dont ils cherchent tous deux à produire un lexique latin[62]. C'est toutefois sur la balistique que leurs études ont le plus de chances de s'enrichir mutuellement.

Comment Léonard rencontra-t-il un *condottiere* de bonne lignée et fut-il en position de lui demander des conseils sur le combat à la *jinetes*, consistant à lancer des dards depuis un cheval[63] ? Pietro et Leonardo sont tous les deux des anciens résidents de Florence et sont pratiquement de la même génération. Pietro est aussi très proche de Galeazzo Sanseverino, lui enseignant l'escrime et l'équitation (l'une des figures de voltige de Del Monte s'appelle justement la *galeazzia*)[64]. Or Sanseverino est l'un des patrons de Léonard. Ce dernier connaît bien l'écurie et les chevaux de son maître et organise pour lui, en 1491, un tournoi agrémenté d'un «spectacle des hommes sauvages[65]». Del Monte est un personnage considérable, impressionnant par sa carrure (il se compare à une statue d'Hercule du Vatican!), par son statut (il est marquis) et par son expérience de la guerre (il revient juste d'Espagne où il a participé à la campagne de Grenade dans l'armée d'Isabelle de Castille).

Le charisme des deux hommes les a rapprochés tout autant que leur curiosité insatiable. Mais leur communauté d'intérêts ne signifie pas nécessairement qu'il y ait eu une grande densité d'échanges, compte tenu de la courte période durant laquelle ils se trouvent tous deux à Milan. À une époque ou Léonard se préoccupe de règles de trois pour résoudre, à la manière des maîtres d'artillerie, des problèmes de portée pour une charge donnée Del Monte, lui, assiste à Worms à des expériences de tir menées avec les canons de Maximilien, futur empereur[66]. Les deux savants se posent des questions identiques sur la nature du son des canons et surtout sur la vitesse de la chute des corps ou encore sur les courbes balistiques. Leur approche est la même et a recours non seulement à la pensée aristotélicienne des *calculatores* médiévaux, mais encore à la vérification par l'épreuve des faits.

De la cour de Laurent le Magnifique à celle de Louis XII : la trahison de Léonard

L'invasion du Milanais par les troupes de Louis XII, en 1499, ne stoppe pas la carrière d'ingénieur militaire de Léonard, bien au contraire.

Dès septembre 1494, Léonard avait pu prendre la mesure de la puissance de l'armée française et de ses canons en accueillant Charles VIII à Asti[67]. C'est alors qu'il entre pour la première fois en relation non seulement avec le peintre Jean Perréal mais aussi avec Louis de Luxembourg, comte de Ligny[68]. En 1499, quand les Français sont de retour et chassent Ludovic le More de ses terres, Léonard réactive ses anciennes relations. Beaucoup de ses amis ont fait un choix différent, tels Biagio Crivelli et Sanseverino qui suivent le More dans son exil à Innsbruck. La preuve de la trahison de Léonard par rapport à son ancien maître est donnée par une petite note du *Codex Atlanticus* :

> Va trouver Ligny (*Ingil*) et dis-lui que tu l'attendras à Rome (*amorra*) et l'accompagneras à Naples (*Ilopanna*). Aie soin de t'occuper de la donation et prends le livre de Vitolone et les mesures des édifices publics. Aie deux coffres recouverts, prêts

pour le muletier ; des couvertures de lit rempliront fort bien cet office ; il y en a trois mais tu en laisseras un à Vinci ; prends les poêles des Grazie. Fais-toi donner par Giovanni Lombardo la maquette du théâtre de Vérone. Achète quelques nappes et serviettes, chapeau, souliers, quatre paires de chausses, un grand manteau en peau de chamois, et du cuir pour en faire de neufs. Le tour d'Alexandre. Vends ce que tu ne peux emporter[69].

Léonard s'apprête donc, après avoir réglé ses affaires à Milan et sécurisé une petite vigne concédée par son ancien patron (la « donation »), à prendre la route de Naples pour le compte de Ligny, général du roi de France. Le fait qu'il surcode le texte (« Ingil » au lieu de Ligny, « amorra » au lieu de « à Roma » et « Ilopanna » au lieu de « Napoli ») laisse penser qu'il veut garder ses intentions secrètes, parce qu'il s'agit d'une opération militaire dans le sud de l'Italie. Un feuillet du *Codex Atlanticus* rédigé d'une autre main que celle de Léonard, sur lequel sont portés des schémas de fortification, indique que Ligny attend de son nouvel ami des renseignements sur la situation politique à Florence[70].

Léonard, à quarante-sept ans, se transforme donc en espion dans la ville qu'il connaît si bien, et doit renseigner son commanditaire sur la transformation du gouvernement depuis l'exécution du prédicateur Savonarole en 1498. À Naples, on compte aussi sur lui pour ses talents d'ingénieur, de dessinateur et de cartographe ; mais, en septembre 1499, Ludovic le More et Maximilien de Habsbourg ont joint leurs forces et engagé vingt mille Suisses pour une contre-offensive en Valteline. Ligny ne part dès lors plus pour Naples, car il doit à son tour contre-attaquer dans la région du lac de Côme après avoir raccompagné le roi en

France. Bérault Stuart d'Aubigny et César Borgia, eux, se sont réfugiés à Ferrare.

C'est finalement sous les ordres de Louis II de La Trémoille que les troupes de Louis XII, rassemblées, rencontrent en avril 1500, sous les remparts de Novare, l'armée levée par Ludovic. Les Suisses des Milanais font défection, car ils ne veulent pas se battre contre d'autres Suisses au service des Français. Tous les mercenaires se débandent alors et Ludovic Sforza est capturé, ignominieusement déguisé en simple soldat helvétique. Il cherche à gagner Ligny, mais est jeté en prison avant d'être acheminé vers le château de Loches, sa dernière demeure.

Léonard, qui avait pris la route pour Mantoue et Venise en décembre 1499, apprend cette capture et tire le bilan de ce désastre :

> Le gouverneur du château fait prisonnier.
> Visconti traîné en prison et son fils mort. Gian della
> Rosa dépouillé de son argent ; Borgonzo commença,
> ne voulut pas, et pourtant sa fortune lui échappa ;
> le duc a perdu son État, ses biens et sa liberté, et il
> n'acheva rien des œuvres qu'il entreprit[71].

Bien qu'il ait choisi de servir le roi de France, Léonard ne peut s'empêcher d'éprouver de la compassion vis-à-vis de ceux qui subissent la répression française. Pour certains, comme son collègue l'ingénieur Giacomo Andrea, décapité et écartelé, le sort fut en effet particulièrement cruel.

En février 1500, après avoir brièvement séjourné à la cour d'Isabelle d'Este à Mantoue, Léonard se rend à Venise, une cité alliée du roi de France qui avait permis à ce dernier d'ouvrir un front à l'est contre Ludovic Sforza. Comme c'est le comte de Ligny qui a originellement négocié avec la

Sérénissime, il est possible que Léonard ait été l'homme de ce général. Quand Léonard parvient à Venise avec ses lettres de créance, les États de la Sérénissime sont menacés par les Turcs en raison d'une alliance conclue quelque temps auparavant avec eux par le duc Sforza. L'ingénieur toscan propose alors ses services pour renforcer les défenses du Frioul, au débouché des cols de montagne dont les troupes du sultan Bajazet II peuvent surgir à tout moment : une armée constituée de six mille cavaliers turcs campe pour l'heure sur les rives du Tagliamento[72].

Le Sénat envoie son nouvel expert en mars 1500 dans la région de Gorizia et de Gradisca d'Isonzo pour mettre en défense les forteresses locales, verrous de la plaine frioulane[73]. Un feuillet plié en six, qui devait se trouver dans la poche du manteau du rédacteur, porte le brouillon d'un rapport sur la faisabilité du détournement des intrépides torrents locaux afin de noyer les envahisseurs[74]. Le fantasme léonardien est ici de reprendre une idée mise en œuvre maladroitement par Brunelleschi lors du siège de Lucques en 1430 : détourner la furie d'un fleuve en utilisant des barrages mobiles[75]. Les hésitations de la plume évoquent avec un bel effet de réel ce moment terrifiant où l'ingénieur cherche dans l'urgence une solution pour engloutir l'armée ottomane dont la fumée des feux de camp est visible dans les lointains.

Quelques jours plus tard, l'auteur de la lettre rentre à Venise et fait son rapport de vive voix au Conseil des Dix. Celui-ci décide d'envoyer un *condottiere* accompagné d'ingénieurs pour mettre en œuvre le plan de leur collègue. Las, le temps qu'ils retournent sur l'Isonzo, en avril, les Turcs d'Iskender Pasha sont passés à l'offensive et un tiers de la population frioulane trépasse.

Il est curieux que Léonard n'ait pas été de l'expédition. Peut-être les Vénitiens se méfiaient-ils d'un homme trop proche à leurs yeux des Français ? Dans leur ville, ils peuvent contrôler ses faits et gestes. Il n'en continue pas moins de travailler pour eux dans son atelier et dessine des stratagèmes dans l'éventualité d'une guerre sous-marine dans la lagune si les galères de Bajazet II tentaient un coup de force. Parmi ces inventions, on trouve des tubas, des outres remplies d'air, des scaphandres, des couteaux anti-filets et des tarauds pour percer les coques ennemies et les faire sombrer[76].

Certains historiens suggèrent que Léonard avait en tête une action commando pour délivrer un ambassadeur vénitien que les Turcs tenaient prisonnier, mais les archives du Conseil des Dix ne gardent trace d'aucun projet de ce genre[77].

Retour à Florence

Lassé de n'être pas écouté, convaincu qu'il est impossible de s'imposer comme peintre dans l'univers extrêmement compétitif des grands ateliers familiaux de la Sérénissime, Léonard décide de reprendre la route fin avril. Ludovic le More a été capturé par les Français, une atmosphère de vengeance contre ses partisans pèse lourdement sur Milan, et Ligny est reparti en France ; donc Léonard, privé de patron, décide de chercher refuge à Florence où des commandes lui permettraient de renflouer ses caisses.

L'une des premières fait appel à l'ingénieur plutôt qu'au peintre. Il s'agit de consolider la colline de San Miniato affectée par des glissements de terrain[78]. Les autres émanent des Gonzague avec lesquels Léonard a gardé des liens depuis son passage par Mantoue et l'exécution d'un retable pour Santa Maria Annunziata.

Les revenus de Léonard fondent cependant comme neige au soleil et rien n'est à la hauteur du talent de l'ex-artiste favori de Ludovic le More. Après un bref voyage à Rome où il visite le château Saint-Ange et la forteresse de Civita Castellana, des contacts se nouent à Florence entre Léonard et deux *condottieri* au service de César Borgia, prince de Romagne[79]. Léonard l'avait sans doute déjà rencontré, lorsque ce dernier marchait aux côtés de l'armée de Louis XII en 1499[80].

Borgia, fils du pape Alexandre VI qui lui avait concédé le titre de duc du Valentinois, est en train de se tailler une immense principauté dans le centre de la péninsule italienne qui couvre la voie d'accès de Florence à l'Adriatique. Il devient dès lors le nouvel astre de la politique italienne. Il a récemment épousé la cousine du roi de France, Charlotte d'Albret, et des soldats gascons portent sa livrée. Son armée, aux portes de la Toscane, commence à inquiéter la République de Florence et son secrétaire Nicolas Machiavel.

Le 4 juin, la ville d'Arezzo se soulève contre la République florentine, encouragée par un capitaine du Valentinois, Vitellozzo Vitelli, et par Pierre de Médicis. Léonard est alors déjà au service de Borgia ; il opère pour lui, en ce même mois de juin, des relevés cartographiques autour du port de Piombino[81]. Il rejoint bientôt Arezzo avec pour mission d'observer le comportement de Vitellozzo et de cartographier le Val di Chiana tout proche[82].

L'ingénieur s'acquitte parfaitement de cette tâche d'espionnage avec un goniomètre (sorte de boussole pour mesurer les angles) et un odomètre (pour compter les milles). Borgia a besoin de toutes les informations tactiques possibles sur la région pour déplacer rapidement ses troupes et surtout, il se méfie de la trop grande indépendance de Vitelli.

Les cartes réalisées à cette occasion par Léonard sont d'une très grande précision et leur perspective cavalière permet de comprendre au premier coup d'œil les difficultés liées au relief[83]. C'est toutefois ailleurs que le Valentinois décide de frapper le 23 juin 1501 : sur la ville d'Urbino. Mille huit cents hommes d'armes et quatre mille fantassins y surprennent le duc, Guidobaldo de Montefeltro, qui se trouve contraint de s'enfuir en abandonnant son palais et tout ce qu'il contient.

Au service de César Borgia

Léonard se voit alors confier le titre d'architecte et ingénieur général dont il rêvait, avec la charge de contrôler et remettre en état toutes les forteresses des Marches. Il rejoint son nouveau maître à Urbino, chevauchant promptement à travers les Apennins par Borgo San Sepolcro (où il récupère un manuscrit d'Archimède), Pérouse et Foligno[84]. Machiavel lui aussi se rend en ambassade à Urbino cette semaine-là, car la République de Florence a besoin de percer le dessein de cet homme providentiel qui, comme dit Léonard, « saisit la fortune par les cheveux[85] ». Le carnet de notes qui, durant toute cette période, reste attaché à la ceinture de l'ingénieur contient des dessins des remparts de la ville et du palais ducal dans lequel il pénètre en juillet 1502 : le grand escalier droit dessiné par Bramante l'impressionne tout particulièrement[86].

La nouvelle rencontre avec Borgia n'est pas documentée, mais Léonard a sans doute pris la mesure de l'homme providentiel qu'il a devant lui. Quelques jours plus tard, il en réalise le portrait à la sanguine sous trois angles (de face, de trois quarts et de profil) : un jeune homme barbu de vingt-quatre ans aux longs cheveux, inquiet mais d'allure volontaire, à la paupière légèrement tombante[87]. Auprès des auteurs florentins, comme Guichardin et Machiavel, il a la réputation d'être brutal et débauché mais aussi charmant, et redoutablement intelligent. La puissance physique de ce chasseur et amateur de corridas, sa haute taille et ses yeux bleus perçants, contribuent à son charisme de guerrier et apportent crédit à sa devise : *Aut Caesar aut nullus* (« César ou rien »). Le 26 juin, c'est au tour de Machiavel de rencontrer le Valentinois. L'échange qu'il rapporte dans une lettre à la seigneurie de Florence montre le goût de Borgia pour les coups de force :

> Je sais que votre cité n'est pas bien disposée à mon égard et serait prête à m'abandonner comme un assassin. Si vous refusez de m'avoir pour ami, vous me connaîtrez en ennemi[88].

Borgia joue ici un bluff car, en réalité, sa position n'est pas si forte étant donné que plusieurs de ses lieutenants commencent à jouer cavalier seul et que Guidobaldo de Montefeltro fait appel à la justice de Louis XII pour récupérer ses terres. Le Valentinois gagne néanmoins son pari quand le chancelier de Florence accepte de le payer grassement pour sa protection et le laisse s'emparer de Piombino.

Léonard le Florentin est au service de cet homme terrifiant. Il est difficile de mesurer la position exacte de l'ingénieur toscan dans la mesure où il a l'habileté de ne pas confier ses états d'âme au papier. On soupçonne que ses fidélités peuvent être multiples : à son nouveau maître le Valentinois, qui le tient en haute estime, à Florence, sans doute, où vit sa famille et où il a reçu sa formation, mais aussi peut-être à la couronne de France avec laquelle il garde des liens[89]. À Urbino, en tout cas, il procède à des relevés de fortifications et fait préparer de la poudre à canon dans les moulins prévus à cet effet pour que la ville soit en mesure de se défendre au mieux[90]. Fin juillet 1502, il reprend la route, pour inspecter les forteresses des Marches.

À Pesaro, par exemple, il visite la citadelle bâtie sur les plans de Francesco di Giorgio Martini et surtout la bibliothèque, comme à Rimini quelques jours plus tard. Au mois d'août, pour la Saint-Laurent, il est à Cesena, dont Borgia veut faire la capitale de la Romagne. Il ne cesse de noter des observations sur le carnet qu'il porte à la ceinture : sur la fontaine sonore de Rimini, sur les hottes pour transporter le raisin à Cesena ou les chariots bizarres des paysans romagnols, sur les portes d'accès fortifiées, sur les créneaux gibelins, sur la forteresse perchée sur la colline[91].

Ensuite, pour s'assurer de l'obéissance des lieutenants de César, Léonard demande à son patron de lui envoyer depuis Pavie (Borgia s'y trouve à la demande de Louis XII) un laisser-passer très officiel[92]. Le texte laisse entendre que les places fortes que Léonard visite ne sont pas toujours très accueillantes ; le ton menaçant du prince suffit sans doute à aplanir les difficultés.

À Cesena, le gouverneur de la ville est un des lieutenants les plus féroces de Borgia, Ramiro de Lorqua. Cet homme cruel qui fait régner une discipline de fer dans la région ne voit certainement pas d'un bon œil que l'envoyé de son chef vienne inspecter les canonnières de sa citadelle et les tours d'artillerie de la ville, puis lui dise de prévoir la construction d'une université et d'un palais de justice. Mais que faire quand les ordres viennent d'un colérique comme Borgia ? De fait, quelques mois plus tard, pour d'autres raisons, ce dernier fait exécuter Lorqua.

Dans la ville de Cesenatico, l'ingénieur prend des dispositions pour l'aménagement portuaire et le percement d'un canal jusqu'à Cesena, à quelques kilomètres de là. Pour cela, il construit des excavatrices et gère minutieusement les ouvriers sur le chantier pour le canal et la défense du port[93]. Dans ce contexte, il étudie les formes idéales pour dévier les boulets de canon[94].

En octobre, Borgia est revenu en Romagne avec ses troupes et Léonard, semble-t-il, est avec lui. Il faut l'imaginer à cheval sur les routes de la guerre, chaussé de bottes de cuir et portant une luxueuse cape à la française dont le prince lui a fait présent, l'épée au côté et le carnet à la couverture de carton bleu clair toujours attaché à la ceinture[95]. Sans doute porte-t-il aussi une cotte de mailles mais le laisser-passer suggère surtout qu'il est entouré d'une petite troupe de soldats et de maîtres d'œuvre ou apprentis. Quelques lignes d'un ouvrage de Luca Pacioli, qui était probablement de l'expédition si l'on considère le *verbatim* rapporté, lèvent le voile sur l'utilité d'un homme tel que Léonard pour une armée en campagne :

> Caesar Valentino, duc de Romagne, à présent seigneur de Piombino, alors qu'il devait passer un fleuve large de 24 pas avec son armée et ne trouvant pas de pont pour le faire, mais seulement un tas de troncs d'arbres d'une seule mesure qui venaient d'être coupés dans le bois local et qui étaient d'une longueur telle (16 pas) qu'il leur manquait un tiers de longueur pour traverser le fleuve, fit appel à son noble ingénieur. Celui-ci ne se servant d'aucun instrument, ni de fer, ni de corde, construisit un pont suffisant pour faire passer le cours d'eau[96].

Léonard utilise pour son engin de franchissement le principe de ponts à contrepoids que l'on retrouve dans un dessin fameux de pont tournant de l'époque milanaise[97].

Pendant cette phase offensive de la campagne du Valentinois, certains de ses lieutenants ourdissent une conjuration contre lui en Ombrie, au château de la Magione. Ils ont l'appui de la puissante famille romaine des Orsini et essayent de fédérer derrière leur bannière Guidobaldo de Montefeltro, mais aussi les républiques de Florence et Venise, qui ont la prudence de ne pas les suivre.

Le Valentinois se réfugie alors dans sa forteresse d'Imola, mais il a perdu la main, et les partisans de Guidobaldo, duc d'Urbino, prennent par surprise la forteresse de San Leo, puis les places de Città di Castello et d'Urbino, massacrant au passage les partisans de Borgia.

Une partie des troupes de ce dernier battent encore la campagne et se vengent des rebelles, en passant au fil de l'épée les habitants de Fossombrone et de Pergola, dans la région de Pérouse. Léonard est semble-t-il présent lors des atrocités commises par les hommes de Don Michele, un lieutenant castillan du Valentinois[98]. Il ne s'étend que sur l'aspect technique de la prise du fort de Fossombrone, mais a nécessairement assisté au carnage.

Après ces événements, les conjurés de la Magione en viennent à douter de leur capacité à renverser Borgia, mais sont vite rassurés par le duc d'Urbino qui leur promet le soutien des Vénitiens ; ils décident alors de faire payer ses crimes à Don Michele. L'armée de ce dernier est mise en déroute du côté de Fano et Léonard rejoint sans doute le Valentinois à Imola dès la fin d'octobre.

L'hivernage dans la citadelle du Valentinois se passe à attendre une attaque qui ne vient pas. César Borgia commande à son ingénieur en chef une carte de la ville et de ses fortifications, réalisée à partir d'un plan radial à l'échelle où apparaissent toutes les défenses, jusqu'aux ravelins extérieurs du château qui pourraient couvrir les fossés de leurs feux[99]. Léonard consacre de nombreux autres feuillets à des aménagements d'un quadrilatère protégé par des *torrioni* (grosses tours rondes) et un fossé, comme à Imola, mais songe à des améliorations, tel un donjon central avec des renforcements en tambour pour absorber les coups de l'artillerie[100].

Dans cette retraite forcée, Léonard approfondit les concepts des défenses concentriques autour d'un point panoptique, des structures fuyantes, des galeries cachées dans la maçonnerie avec canonnières ou encore des murs à éperons ou des formes en étoile[101]. Il entretient aussi la très belle artillerie de Borgia fabriquée à Ferrare que Machiavel décrit dans une lettre à Soderini, gonfalonier de Florence :

> Il a tant de canons, si bien ordonnés, qu'il semble à lui tout seul en posséder plus que tout le reste de l'Italie[102].

L'ingénieur du Valentinois connaît parfaitement, depuis ses années milanaises, les techniques de fonderie de canons ; les passe-volants d'Imola, qui appartiennent à cette catégorie d'armes envoyant des boulets de huit à douze livres introduite par les Français, lui sont tout aussi familiers et il ne reste qu'à préparer la logistique[103].

Toutefois, les conjurés de la Magione, malgré leur puissance de feu, n'osent pas attaquer et Borgia les affaiblit peu à peu par des manœuvres diplomatiques. En novembre déjà, il obtient que Bologne et Pérouse se rangent derrière lui. Comme dit Machiavel, il « mange l'artichaut feuille à feuille », tant et si bien que les seuls à garder toute leur agressivité contre Borgia sont le duc d'Urbino, Vitellozzo Vitelli d'Arezzo, et certains Orsini.

Le Valentinois a desserré l'étau qui le tenait et oblige Vitelli à demander le pardon de son ancien maître. Don Ramiro de Lorca, gouverneur de Cesena, qui était passé aux conjurés, est décapité en place publique après avoir confessé sa trahison sous la torture, et pratiquement toute la Romagne retombe sous le contrôle de Borgia. Fin décembre, César passe en revue ses troupes et son artillerie, probablement avec son ingénieur général à ses côtés. Léonard constate la puissance de ces huit mille hommes de troupe et de la cavalerie lourde réunis ce jour-là à Cesena, sous les murs de la vieille citadelle des Malatesta.

Lorsque l'armée s'ébranle vers Pesaro, les anciens ennemis, Vitellozzo Vitelli, Paolo Orsini et Oliverotto da Fermo, font amende honorable et proposent d'aider César à conquérir Sinigallia, leurs troupes étant malgré tout plus nombreuses que celles du Valentinois. On assiste alors à un jeu de dupes : César accepte l'offre et entre avec ses anciens officiers dans la ville qui se rend. Il laisse l'armée planter ses tentes hors les murs et, en un instant, les portes sont fermées, les anciens ligueurs plaqués à terre et désarmés par des troupes complices[104]. Les rebelles et leurs fidèles, qui comptaient originellement se livrer à un attentat à l'arbalète contre Borgia, sont jetés en prison puis exécutés, sauf les jeunes Paolo et Francesco Orsini.

Le 1er décembre 1503, l'armée des anciens conjurés accepte de lier son destin à celle de Borgia, qui part ensuite à la reconquête de sa principauté. En janvier, il assiège Sienne qui finit par se rendre devant le récit des exactions des troupes du Valentinois dans la région – la ville n'est sauvée d'une occupation que par la protection du roi de France. Léonard décrit néanmoins le palais communal et les cloches de la ville et cartographie toutes les défenses des murailles[105].

L'étape suivante pour Borgia est d'anéantir les derniers Orsini qui sont partis se réfugier dans leurs forteresses autour de Rome ; aussi est-il temps pour César de retrouver son père au Vatican. Léonard le suit, mais dans la cavalcade effrénée qui passe par Pérouse, il semble le perdre et s'interroge dans son carnet : « Mais où donc est le Valentinois ?[106] »

Depuis Rome, César ronge son frein car Louis XII lui interdit de s'attaquer aux Orsini qui appartiennent comme lui à l'ordre de Saint-Michel. Toutefois, un des Orsini, Giulio, reste une cible légitime dans sa forteresse de Céri, à une trentaine de kilomètres de la Ville éternelle, sur la route menant à Piombino, le port du Valentinois sur la Méditerranée. La capture de Céri représente un énorme enjeu stratégique et, en février 1503, dans les ateliers des faubourgs de Rome, l'ingénieur Léonard prépare des moyens considérables pour faire tomber la forteresse : de l'artillerie mais aussi de nombreuses machines de bois, catapultes, mantelets, et une immense tour d'assaut[107].

Le siège est entrepris début mars, et la ville pilonnée par l'artillerie. La tour est acheminée sur une route spécialement aménagée par des pionniers, tirée par des dizaines de bœufs. Une rampe d'accès est réalisée pour hisser l'engin jusqu'au pied des courtines mais l'ingénieur qui mène l'entreprise est tué. Ce n'est pas Léonard, mais un autre expert en poliorcétique, car le Toscan de cinquante et un ans a finalement quitté César Borgia pour retourner à Florence, lassé par d'épuisantes et traumatisantes années de guerre, par le quotidien des camps et par la cruauté des soldats.

Le moment pour sortir de l'orbite du Valentinois est bien choisi car, l'année suivante, la mort d'Alexandre VI et l'élection sur le trône pontifical de Jules II della Rovere scelle le destin de Borgia qui, après avoir été jeté en prison, doit s'enfuir en Navarre[108]. Léonard, dans cette affaire, s'est considérablement enrichi et dépose à l'église Santa Maria Novella de Florence, qui lui sert de banque, quelque cinq cents ducats, une véritable fortune équivalente aux émoluments reçus par Michel-Ange pour la décoration du plafond de la chapelle Sixtine[109]. Le métier des armes est particulièrement rémunérateur, d'autant qu'à présent la réputation de l'ingénieur est faite. Il envisage même à cette époque de proposer au sultan Bajazet la construction d'un pont sur le Bosphore.

C'est toutefois de la République que vient en juin une demande d'expertise. Florence est en effet entrée en guerre contre Pise et a besoin de sécuriser les défenses d'une forteresse qui verrouille la vallée de l'Arno et les collines pisanes, qu'elle vient de capturer[110]. Le 21 juin, Léonard est envoyé sur place par le secrétaire de la Seigneurie, Nicolas Machiavel, avec une petite troupe, afin de rendre le site de la Verruca inexpugnable, les fortifications en ayant été affaiblies lors de la prise florentine[111].

Quelques dessins du *Codex Madrid* saisissent l'aspect du lieu : une tour quadrangulaire ceinte de murailles tirant parti d'un impressionnant piton rocheux. On peut encore aujourd'hui visiter les galeries et les casemates où furent placés les canons ainsi que deux *torrioni* qui peuvent avoir été aménagés sur les instructions déri Léonard. Le 23 juin, celui-ci retourne dans la zone avec un entrepreneur de transport pour étudier la possibilité de dériver l'Arno (un projet qui fait de nouveau écho à la solution mise en pratique par Brunelleschi à Lucca en 1420). La discussion qui s'ensuit avec les officiers du camp de Riduccio et le commissaire Francesco Guiducci amène Léonard à proposer au gonfalonier Soderini diverses hypothèses de dérivation du fleuve[112].

On peut les reconstituer à partir de dessins du *Codex Madrid* et de feuillets de Windsor[113]. La première solution présentée au Conseil des Dix en juillet 1503 consiste à creuser un canal entre l'Arno et un large étang situé au nord, en contournant par l'est les collines pisanes ; la seconde est celle d'un canal principal et de deux fossés parallèles partant de l'amont de Cascina pour déboucher sur un autre étang au sud de Pise.

Dans un premier temps, aucune décision n'est prise, car l'on espère encore faire s'écrouler les remparts de Pise par l'artillerie ; Léonard conseille alors des travaux de sape et l'usage de mortiers[114]. Face à la menace d'une armée faisant marche depuis Naples pour secourir les Pisans, puis à l'abandon de cette offensive aragonaise, en août 1504, le Conseil des Dix considère qu'il a le temps d'une approche plus subtile. Il met finalement en place le chantier de détournement du fleuve qui privera Pise de ses ressources.

Léonard pense que ces grands travaux hydrauliques peuvent être l'occasion d'aménager l'Arno sur tout son cours avec des écluses et des moulins et de donner par là même à Florence un accès maritime au niveau de l'étang de Livourne[115]. La prise d'eau sur le fleuve, estime-t-il, peut être réalisée par une série de digues brisant le courant, ensuite par un barrage contenant le flot furieux puis par la mobilisation de la force du fleuve afin de briser un talus le séparant d'un fossé creusé en contrebas. Tous les détails du chantier sont minutieusement collationnés, jusqu'à l'évaluation du coût du travail des ouvriers dans un temps donné. Léonard propose encore des machines excavatrices afin d'accélérer l'entreprise[116].

Bien que tout ceci soit présenté très pédagogiquement à la République de Florence sur des cartes en couleurs affichées sur un mur (des traces de cire au dos des feuillets le suggèrent), les décideurs estiment que le plan de Léonard est bien trop ambitieux et confient le 20 août une version plus modeste de la dérivation à un maître des eaux ferrarais nommé Colombino. Pour gagner du temps et de l'argent, ce dernier élimine les précautions de Léonard, notamment les fossés parallèles au canal et le grand fossé recueillant l'eau qui devait être creusé en contrebas du fleuve[117].

Les rapports que Machiavel reçoit de son assistant sur l'avancée des travaux l'inquiètent suffisamment pour qu'il réprimande Colombino sur sa gouvernance inefficace et sur les dangers qu'il fait courir au projet en comptant trop sur la seule force du fleuve pour achever le travail d'excavation[118]. Léonard est sans doute sollicité par Machiavel pour une contre-expertise, si l'on en juge par la technicité des remarques du secrétaire de la République. Alors que les difficultés s'accumulent, qu'une partie des berges s'écroulent et que les Pisans multiplient les attaques pour retarder les travaux, Colombino est remplacé par un expert lombard, Marcantonio Colonna. Malheureusement pour les Florentins, en octobre 1504, des pluies diluviennes et une terrible tempête finissent par emporter les digues et avec elles le rêve de Léonard et Machiavel[119]. Les Pisans profitent de la débâcle et lancent leurs troupes sur le chantier. Le 16 octobre, la bataille de l'Arno est définitivement perdue pour les Florentins qui abandonnent le terrain.

Léonard peut démontrer qu'il n'est pas responsable de cet échec qui fait perdre soixante-dix mille ducats à la République. Sa réputation d'ingénieur n'est ainsi pas remise en cause, comme le prouve le fait qu'à la Toussaint il est envoyé à Piombino par le Conseil des Dix afin de rectifier le circuit de fortification de la ville.

Le chantier est considérable. Le seigneur de la ville désire un front sur le plat pays avec double fossé, une grande tour à canons à éperons triangulaires avec des passages cachés dans la courtine, des galeries de contre-mine couvrant les fossés de leurs lignes de feu, des ravelins triangulaires massifs accessibles par voies souterraines pour protéger les portes des tirs d'artillerie, une porte fortifiée en U et surtout une colline artificielle où sera bâtie une citadelle[120].

Beaucoup d'innovations sont apportées ici par l'ancien ingénieur de César Borgia, notamment dans la tour à éperons et les ravelins. Son expertise est telle que certains de ses plans sont copiés par Antonio da Sangallo, un architecte florentin qui l'accompagne alors et qui devient par la suite l'inventeur de la fortification bastionnée moderne[121].

Sur le terrain, Léonard est capable de calculer très concrètement les quantités de déblais et de remblais et les coûts opératifs de la force de travail ; il est donc à la fois concepteur et chef de chantier, probablement comme il l'avait été dans les places fortes de César Borgia[122].

Presque plus rien ne subsiste aujourd'hui des travaux entrepris par Léonard à Piombino entre octobre et décembre 1504. Seule une fresque de Stradan, au Palazzo Vecchio, montre encore la disposition de ses ravelins.

De retour à Florence, c'est dans ce même Palazzo Vecchio que Léonard troque la tenue d'ingénieur pour celle de peintre et entame la fresque de la bataille d'Anghiari.

Il faut attendre 1507 pour qu'on fasse de nouveau appel à lui comme spécialiste des fortifications. Cette fois, il est au service du gouverneur de Milan, Charles d'Amboise, et travaille à la fortification de la Lombardie française : des ravelins autour du château de Milan (il aurait simplement alors conseillé l'ingénieur local) et un bastion donnant sur le lac pour la ville de Locarno[123].

La superbe forteresse de montagne dessinée dans le *Codex Atlanticus* serait, d'après l'historien Marino Vigano, parente des travaux réalisés à Locarno[124]. En 1509 encore, les savoir-faire de l'ingénieur toscan sont requis pour une expertise dans le Val Trompia et le Val Canonica, pour les mines de fer de la région (les chemins décrits par Léonard passent par certains sites miniers et sidérurgiques) mais aussi pour l'aménagement de la rivière Adda, non navigable dans son cours supérieur[125].

La vie de Léonard a été traversée par les guerres d'Italie. En 1482, il fait le choix de proposer ses services à Ludovic Sforza en tant qu'ingénieur militaire, alors qu'il ne l'est pas vraiment. Malgré sa fascination pour la performativité des armes et des machines de siège, l'expérience de la guerre est cependant traumatisante, ce que trahissent ses écrits et surtout la conception de sa grande œuvre disparue dans la grande salle du Palazzo Vecchio : *La Bataille d'Anghiari*.

Notes

1. Paul Strathern, *The Medici, Goldfathers of the Renaissance*, Vintage Books, London, 2007 [2003].

2. Lauro Martines, *Le sang d'avril. Florence et le complot contre les Médicis*, essai, Albin Michel, *Histoire*, Paris, 2006.

3. M. Barsacchi, *Cacciate Lorenzo. La guerra dei Pazzi e l'assedio di Colle Val d'Elsa*, Colle Val d'Elsa, 2007.

4. Carlo Vecce, « Le battaglie di Leonardo » LI *Lettura Vinciana*, Giunti, 2012, p. 24-25.

5. Daniela Lamberini, « Alla bottegha del Francione : l'architettura militare dei maestri fiorentini », in *Francesco di Giorgio alla corte di Federico da Montefeltro* ; Atti del convegno internazionale di Studi, Urbino, Monastero di Santa Chiara 2001, L.S.Olschki, Firenze, 2004, p. 493-516 et de la même auteure, *Architetti e architettura militare per il Magnifico*, in *Lorenzo il Magnifico e il suo mondo, Atti del Convegno, Firenze 1992*, a cura di G. Garfagnini, Firenze 1994, p. 407-425. Sur le Cecca, voir Giorgio Vasari, *Les vies des meilleurs peintres*, traduites par André Chastel, Thesaurus, Actes Sud, vol. 1, 2005 et surtout l'article de Francesco Quinterio, « Francesco d'Angelo detto il Cecca », Dizionario Biografico degli Italiani, vol. 49, 1997

6. Luca Beltrami, *Il castello di Milano sotto il dominio degli Sforza (1450-1535)*, Milan, 1885 et du même auteur *La Torre del Filarete nella fronte del Castello di Porta Giovia verso la città*, Milan, 1889.

7. Maria Cristina Loi, « Bartolomeo Gaddio », in *Dizionario Biografico degli Italiani*, vol. 51, 1998. L. Lucchini, *B. G. architetto militare cremonese*, in *Arte e storia*, XXVII (1908), 15-16, p. 117-123 ; F. Malaguzzi Valeri, *La corte di Ludovico il Moro*, II, Milano 1915, *ad indicem* ; R. Giolli, *B. G. e l'architettura militare sforzesca*, I, *La rocca di Cassano d'Adda*, Milan, 1935

8. *CA*, fol. 391[r.a]. Traduction de Louise Servicen in *Les carnets de Léonard de Vinci*, 2, *op. cit.*, p. 534-535. Sur la datation de la lettre, cf. Girolamo Calvi, *I Manoscritti di Leonardo da Vinci : dal punto di vista chronologico storico e biografico*, N. Zanichelli, 1925, p. 65-70 et Carlo Pedretti, *The literary works of Leonardo da Vinci, compiled and edited from the original manuscripts by Jean-Paul Richeter*, vol. *II*, University of California Press, Berkeley, 1977, p. 295.

9. Thomas Tuohy, *Herculean Ferrara, 1471-1505, and the invention of a Ducal Capital*, Cambridge University Press, 1996.

10. Nino Valeri, *L'Italia nell'età dei principati dal 1343 al 1516*, vol. 5, A. Mondori ed., Verona, 1949, p. 611-615 et Matthew Landrus, *Leonardo da Vinci's Giant Crossbow*, Springer, Berlin, 2010.

11. Pascal Brioist, *Léonard homme de guerre*, Alma, Paris, 2013, p. 57.

12. Les divers types de ponts mentionnés par Léonard sont figurés notamment dans le Ms B, fol. 23*r* et dans le CA, fols. 55ʳ, 57ᵛ, 58ᵛ, 183ʳ, 855ʳ et 902ᵇ⁻ᵛ. Sur le contexte de la guerre avec les pirates Ligures, voir Mario Scalini, « L'arte della guerra per terra e per mare nell'età di Ciriaco », in *Ciriaco d'Ancona e il suo tempo*, Canonnici, Ancona, 2000, p. 223.

13. Paolo Santini, copie du *De Rebus militaribus* ou *De Machinis* de Taccola, manuscrit latin n° 7239, Bibliothèque Nationale, Paris, édité par Eberhard Knobloch sous le titre *L'art de la Guerre*, Découvertes Gallimard, Paris, 1992.

14. *CA*, fols. 868ʳ, 1084ʳ et 1087ʳ : échelles d'assaut. Ms B fol. 59ᵛ : pitons de fer pour prendre d'assaut une forteresse.

15. Taccola, *De Rebus militaribus*, fol. 52ᵛ.

16. Francesco di Giorgio Martini, Ms Ashburnam 361.

17. D. Zancani, « Leonardo and De re militari » in *Leonardo artista delle macchine e cartografo*, a cura di R. Campioni, presentazione di Carlo Pedretti, Giunti, Florence, 1994, p. 29-30.

18. Turin Bibl. Reale, fol. 15583ʳ.

19. Pour l'arbalète, voir le *CA*, fol. 146ᵇᵛ et 149ᵇʳ. Pour l'espingarde, voir le fol. 47ʳ. Voir Mathew Landrus, *passim*.

20. *CA*, fol. 16ʳ et fol. 157ʳ : « Espingarde à forme d'orgue faite de 33 escopettes qui tirent 11 coups à chaque fois »,

21. *Kriegsbuch* de Philip Mönsch, Cod. Palat. Germ.126, Heidelberg, 1496 ou inventaire de l'arsenal de Maximilien dépeint par Bartolomaus Friesleben : *Zeugbuck Kaiser Maximilians I*, du *Codex Icon 222*, de la bibliothèque d'état de Bavière.

22. Musée de Benkovak, Croatie.

23. Ms Popham n° 1030, British Museum, Londres.

24. Dans le Ms B, Léonard explique que ces chars remplaceraient avantageusement les éléphants. Sur les tortues et les chars à faux, voir Vitruve, *De Architectura, op. cit.,* Livre X, cap. XIII et XIV.

25. *CA*, fol. 71ʳ ᵉᵗ ᵛ : ponts et mortiers. Fol. 85ʳ, arbalètes et mortiers. Fol.88ᵛ : pièces d'artillerie et moyens pour les soulever, fol. 113ʳ : idem et machine pour jeter des pierres depuis des créneaux. Fol.141ʳ : catapulte, fol. 142ʳ : arbalète de fortification sur pied, fol. 143r : arbalètes. Fol.149r : baliste. Fol. 152ʳ : catapulte. Fol.154ʳ : système pour transporter des canons. Fol. 155ʳ : arbalète. Fol.160ʳ catapultes. Fol.168ʳ : affût pour le transport de canons. Fol 175r : mécanisme de déclenchement d'une arbalète… Tous ces feuillets datent de 1485 ou 1487.

26. *CA*, fol. 1070ʳ et fol. 182ʳ pour la roue porteuse de 16 ou 4 arbalètes se rechargeant en tournant et *CA* fols.147ᵛ et 149ʳ pour l'arbalète sur chariot à 6 roues. Cf. Mathew Landrus, *The Giant Crossbow, op. cit.*

27. Windsor, RL 12652ᵛ, Ms B, fol. 23ᵛ, et Cabinet des dessins du Louvre n.2282. Pietro C. Marani, *L'architettura fortificata negli studi di Leonardo da Vinci*, Firenze, 1984, p. 11. Dans le *Ms M*, fol. 53ᵛ, Léonard se souvient d'« un

pont levis [que lui avait montré] Donnino [Dontato Bramante]» à l'occasion de travaux à la Porta Giovia.

28. Ignazio Calvi, *L'architettura militare di Leonardo da Vinci*, Libreria Lombarda, Milan, 1943, p. 75-76.

29. Ms B, fol. 36ᵛ.

30. Ms B, fol. 18ᵛ et 36ᵛ.

31. Pietro Marani, «Leonardo e Francesco di Giorgio. Architettura militare e territorio», in: *Raccolta Vinciana* 22 (1987), p. 71-93

32. Archivio di Stato di Milano, Serie Autografi, cart. 87, cité par Luca Beltrami, *Documenti e memorie riguardante la vita e le opere di Leonardo da Vinci*, Milan, 1919, doc.23 et par P. Marani, *ibid.*, p. 12.

33. Ms B, fols.11ᵛ, 12ʳ, 19ʳ, 24ʳ, 24ᵛ, 28ᵛ, 49ᵛ et 57ᵛ.

34. Ms B, fol. 5ʳ et fol. 24ᵛ.

35. Jean Baptista Venturi, *Essai sur les ouvrages physico mathématiques de Léonard de Vinci*, Duprat, Paris, 1797. Ignazio Calvi, *L'architettura Militare*, *op. cit.*, p. 78.

36. *CA,* fol. 806ʳ et 1060ʳ.

37. Pietro Marani, *Architectura fortificata negli studi di Leonardo da Vinci*, Olshchki, Firenze, 1984, p. 44. Sur l'expression «bastion contre les barbares», voir *Le Rime di Bernardo Bellincioni*, ed. Fanfani, 1876-78, Sonnet XVII, p. 45-46

38. Ignazio Calvi, *op. cit.*, p. 120-123.

39. L. Gelli et G. Morelli, *Gli Armaroli milanesi. I Missaglia e la loro casa*, Hoepli, Milan, 1902.

40. Giovan Paolo Lomazzo, *Trattato dell'arte della Pittura*, Milan, *volume II, 1584, p. 335*. Sur le traité perdu de Léonard, voir Marco Versiero. «Risistere alla furia de' cavagli e degli omini d'arme: A lost book for a "condottiere" by Leonardo da Vinci», Harrasowitz Verlag, *Books for Captains and Captains in Books. Shaping the Perfect Military Commander in Early Modern Europe*, 2016.

41. Daniel Jaquet, *L'art chevaleresque du combat: le maniement des armes à travers les livres de combat (XIVᵉ-XVIᵉ siècles)*, Neuchâtel, 2013.

42. Ces œuvres sont conservées de nos jours à la Pinacothèque de Brera. Nous devons l'identification à Suola et Stuchis à Lomazzo, voir Gabriella Ferri Piccaluga, «Gli affreschi di casa Panigarola e la cultura milanese tra Quattro e Cinquecento», in *Arte Lombarda* 86/87, 1988, p. 14-25. Voir aussi Richard Schofield, «Gaspare Visconti, mecenate del Bramante», in *Arte, committenza ed economia a Roma e nelle corti italiane del Rinascimento*, Turin, 1995, p. 297-324 ainsi que Luisa Giordano, «Vedendosi aver speso i giorni bene: l'esperienza di Bramante pittore», in *La pittura in Lombardia*. Il Quattrocento, Milan, 1993, p. 315-328.

43. Voir les commentaires de Pietro Cesare Marani sur ces dessins, notamment le fol. 61r du Ms B, dans le catalogue de Françoise Viatte et Varena Forcione (eds.), *Léonard de Vinci. Dessins et manuscrits*, Paris 2003, p. 144-146.

44. Ms B, Ashburnam fol. A.1, A.2, B.1, B.2.

45. Ms B, fols.40ʳ à 47ʳ. Claudio Pelucani, *Il lessico delle armi: alcune osservazioni leonardiane*. Studi di Filologia Italiana, vol. LXVII, Accademia della Crusca, Centro Studi di Filologia Italiana, Firenze, 2009.

46. Matteo Bandello, *Novelle*, Mondadori Editore, Milan, 1943 [1554], Nouvelle XXVI.

47. *CA*, fol. 142ʳ, fol. 149ʳ, fol. 153ʳ, fol. 175ʳ, fol. 998ʳ etc.

48. CA, fol. 142ʳ et fol. 149ᵇʳ, *Codex de Madrid* I, fol. 51ʳ et fol. 59ʳ, et Ms B fol. 46ᵛ.

49. CA, fol. 998ʳ.

50. Angelucci. *Gli schioppettieri milanesi del sec. XV.* Politecnico, Milan, 1865 et I. Gelli. *Gli archibugieri milanesi,* Hoepli, Milan, 1905.

51. *Codex de Madrid* I, fol. 18v

52. CA, fol. 158ʳ. Vernard Forley, « The invention of the wheellock », *Journal of the Arms and Armour Society*, 1984.

53. *CA*, fol. 175r et 957v, daté par Pedretti de 1490. Bernard Foley, Steven Rowley, David F. Cassidy et F. Charles Logan, « Leonardo, the Wheel lock and the Milling process », *Technology and Culture*, vol. 24 n°3 Jul.1983, p. 399-427.

54. Marco Morin, « The origins of the wheellock: A German Hypothesis: An Alternative to the Italian Hypothesis », *Art, Arms and Armour* 1 (1979-80): p. 80-99

55. Andrea Bernardoni, *Leonardo e il monumento equestre a Francesco Sforza*, Giunti, Florence, 2007.

56. Luca Beltrami, *Le bombarde milanesi a Genova nel XV secolo,* in Archivio. Storico Lombardo, 1887, XIV.

57. *Codex de Madrid* II, fol. 98ʳ.*CA* fols. 37ʳ, 46ʳ, 54ʳ, 60ʳ, 61ʳ, 83ʳ, 937ᵛ. *Codex Trivulziano*, fols.15ᵛ, 16ʳ, 16ᵛ, 53ʳ, 56ʳ.

58. Andrea Bernardoni, « Léonard et la technique de construction de pièces d'artillerie », dans *Les rêves mécaniques de Léonard de Vinci: des croquis aux machines*, catalogue d'exposition réalisé sous la direction de Pascal Brioist, Rombas, 2008, p. 52-60.

59. *CA*, fol. 41ᵃʳ. Andrea Bernardoni, « A machine to build artilleries », in *Illuminating Leonardo. A Festschrift for Carlo Pedretti Celebrating his 70 years of Scolarship (1944-2014)*, ed. Par Constance Moffat et Sra Taglialagamba, Brill, Leiden-Boston, 2016, p. 201-209.

60. *CA*, fol. 62ʳ et 63ʳ, circa 1513-1515.

61. Mise sur affût: *CA*, fol. 59ʳ, *CA* fols.88ʳ ᵉᵗ ᵛ. Recul *CA*, fol. 114ʳ et Ms I fol. 134ʳ. Mire et pointage: *CA* fols.32r, 47v, 75v.

62. Pascal Brioist, « Leonardo da Vinci à Milan et le Condottiere Pietro Monte », *CROMOHS*, Firenze University Press, 2014 et du même auteur, « Bombards and Noisy Bullets: Pietro Monte and Leonardo da Vincis collaboration », in Constance Moffat et Sara Taglalagamba, *Illuminating Leonardo.*

A Festschrift for Carlo Pedretti Celebrating his 70 years old scholarship (1944-2014), Brill, Boston, 2016, p. 210-215.

63. Marie Madeleine Fontaine, *Le Condottiere Pietro del Monte*, vol. 6 de Textes et Etudes, Centre d'études franco iraliennes, Universités de Turin et de Savoie, Editions Slatkine, 1991.

64. Marie Madeleine Fontaine, « La voltige à cheval chez Pietro Monte (1492 et 1509), Rabelais (1535) et Montaigne (1580-1592) », in *Les arts de l'équitation dans l'Europe de la Renaissance*, Actes Sud, 2009. Pp. 197-252.

65. *Codex Forster* III, fol. 88 dessin *du « grand genet de messer Galeazzo »*, RL 12358 r.

66. Ms. I, fol. 130[r].

67. Un indice sur la présence de Léonard à Asti est donné par l'esquisse de chevaux équipés d'un harnachement pour tracter l'artillerie légère de campagne des Français. Ms H fol. 82r. Sur l'artillerie vue par Léonard, on peut consulter la mise au point de Philippe Contamine, « L'artillerie royale française à la veille des Guerres d'Italie », *Annales de Bretagne*, LXXI, 1964.

68. Patrick Boucheron, *Léonard et Machiavel*, Verdier, Lagrasse, 2008, p. 31.

69. *CA*, fol. 669[r.a].

70. *CA*, fol. 628[r]. Ernst Herzfeld, « Noch einmal, Leonardo und Ligny », *Raccolta Vinciana*, XII, Giunti, Firenze, 1930, p. 53-62.

71. *Ms L*, page intérieure de la couverture. Ma traduction.

72. Sanudo, *Diarii*, vol. III, p. 20

73. *CA*, fol. 79[ar].

74. *CA*, fol. 638d[v]

75. Paola Benigni et Pietro Ruschi, « Brunelleschi e l'Arno : l'acqua e l'asse-dio », in *Leonardo e l'Arno*, Pacini Editore, Pisa, 2015, p. 99-129.

76. *CA*, fol. 909[v], 953[r] et 950[v]. Edmondo Solmi, « Leonardo da Vinci e la Repubblica di Venezia (novembre 1499-1prile 1500) », *Archivio Storico Lombardo*, Milan 1908, réédité in *Scritti Vinciani*, La Nuova Italia Editrice, Firenze, 1976

77. Cf. Edmondo Solmi, *ibid.* et G. Calvi, *I Manoscritti di Leonardo da Vinci dal punto di vista chronologico e biografico*, Zanichelli editore, Bologna, 1925.

78. Carlo Pedretti, *Leonardo Architetto, op. cit.*, p. 137.

79. Sur Léonard à Rome en 1501, voir le fol. 618r du CA.

80. Windsor, RL fol. 12675, Edmondo Solmi, *Scritti Vinciani*, La Nuova Italia, Florence, 1976, p. 351-352

81. Ms L, fol. 66[v].

82. *CA*, fol. 628[r].

83. Windsor, RL 12682r et RL 12278. Carlo Starnazzi, *Leonardo Cartografo*, Istituto Geografico Militare, Firenze, 2003.

84. Ms L fol. 2[r].

85. Patric Boucheron, *Léonard et Machiavel*, Verdier, Lagrasse, 2012.

86. Ms L fol. 19[v]-20[r], 36v, 37[r], 40[r], 73[v], 74[r].

87. Trois études de tête masculine. Sanguine sur papier blanc jauni, vers 1502. Portrait présumé de César Borgia. Turin, Bibliothèque Royale, inv. D.C. 15573.

88. Niccolò Machiavelli, *Legazioni e commissari*, ed. Sergio Bertelli, Milan, 1964, I, p. 267-268.

89. Sur ces ambiguïtés, voir Patrick Boucheron, *op. cit.*

90. Ms L, fol. 4v : recette de poudre à canon.

91. Ms L, fols. 9[r], 10[r], 15[v]. 39[r], 72[r], 77[r].

92. Catalogue d'exposition : *Il lasciapassare di Cesare Borgia a Vaprio d'Adda e il viaggio di Leonardo in Romagna*, Carlo Pedretti, F. I. M. Vaglienti, S. Faini, L. Grossi, A. Cerizza, Firenze Giunti, 1993.

93. Ms L, fols. 25r, 76v, 89r. Andrea Bernardoni, Alexander Neuwahl, «Automatizzare lo scavo : genesi di una gru scavatrice del codice Atlantico», in Leonardo e l'Arno, op. cit., p. 132-146.

94. Ms L, fol. 44[r].

95. Ms L, fol. 1[v] et *Codex de Madrid* II, fol. 4[r], qui décrit ces objets gardés dans un coffre.

96. Luca Pacioli, *De viribus quantitatis*, fol. 193v et 194r. transcription de Maria Garlaschi Peirani à partir du *Codex* n. 250 de la Biblioteca universitaria di Bologna.

97. *CA*, fol. 855[r], circa 1485-89.

98. *CA*, fol. 121[v].

99. Andrea Cantile, *Leonardo genio e cartografo, la rappresentazione del territorio tra scienza e arte*, Istituto Geografico Militare, Firenze, 2003.

100. *CA*, fol. 120[v] et 121[r].

101. *CA*, fols. 121[v], 132[r], 133[r], 135[r], 767[r]. Pietro Marani, *L'architettura fortificata di Leonardo da Vinci con il catalogo completo dei disegni*, Firenze, 1984.

102. Cf. Niccolò Machiavelli, « La legazione al Valentino, 9 Ottobre 1502 », in *Legazioni, Commissarie, scritti di governo*, vol. II., p. 206.

103. Francesco Locatelli, La Fabbrica ducale Estense delle artiglierie da Leonello ad Alfonso II d'Este, Capelli Editore, Bologna, 1985.

104. Paul Strathern, *The artist, the philosopher and the warrior, Leonardo, Machiavelli, Borgia*, Vintage Books, London, 2009.

105. Ladislao Reti, « Leonardo da Vinci and Cesare Borgia », in *Viator 4*, 1973, p. 133-168

106. Ms L. fol. 94v.

107. Guichardin, Histoire d'Italie, Livre V, chapitre XIII, J.-L. Fournel et J.-C. Zancarini [éds], *Paris*, Laffont, collection *Bouquins*, 1996, 2 vols. Paris. Pour un modèle plus modeste de tour d'assaut dessiné par Léonard, voir le

folio 9ᵛ du CA. C'est un ambassadeur Vénitien à Rome qui rapporte les travaux menés à Rome : Giustinian, *Dispacci di Antonio Giustinian, ambasciatore veneto in Roma dal 1502 al 1505* Per la prima volta publicato da Pasquale Villari, succession le Monnier, Roma, 1876.

108. Guy le Thiec, *Les Borgias, enquête historique*, Tallandier, 2011.

109. *CA,* fol. 211r.

110. Francesco Guicciardini, *Histoire d'Italie, 1492-1534* vol. 1, Bouquins, Robert Laffont, Paris, 1996, p. 383

111. Florence, Bibliotecca Nazionale, MS. Ginori Conti 29/108, n° 13. Texte cité in Pedretti, Carlo, « La Verruca », in *Renaissance Quarterly*, vol. 25, n° 4, 1972, p. 417-425.

112. Edoardo Villata, *Leonardo da Vinci : I documenti e le testimonienze contemporanee*, Milan, 1989, n° 180

113. *Codex de Madrid* II, fol. 22ᵛ et 23ʳ et fol. 52ᵛ et 53ʳ.

114. *CA,* fol. 72ʳ et 72ᵛ.

115. Windsor, R.L. 12279 et *CA,* fol. 210r.

116. *CA,* fol. 562ʳ et fol. 4ʳ pour l'excavatrice.

117. Biagio Buonaccorsi, *Diario dall'anno 1498 all'anno 1512 e altri scritti*, a cura di Enrico Niccolini, Roma, Istituto Storico Italiano per il Medio Evo, 1999, fol. 89ᵛ, p. 147.

118. *Ibid.* p. 141.

119. Roger D. Masters, *Fortune is a river : Leonardo da Vinci and Niccolo Machiavelli's magnificent dream to change the course of Florentine History, ibid.* p. 131-133.

120. Amelio Fara, *Leonardo a Piombino e l'idea della città moderna tra quinto e cinquecento*, Leo S. Olschki Editore, Firenze, 1997. *Codex de Madrid* vol. II, fol. 37ᵛ, 38ʳ, 38ᵛ et 62ᵇᵛ.

121. Antonio da Sangallo, Gabinetto Disegni e Stampe, Galleria degli Uffizi, Florence, 813A.

122. *Codex de Madrid* II, fol. 32ᵛ.

123. Marino Vigano, « Baluardi in Lombardia e nel Genovese », in *l'Architettura Militare nel'tempo di Leonardo, op. cit.*, p. 181-182.

124. *CA,* fol. 117ᵛ.

125. Windsor, RL 126736. Marani, Pietro Cesare, *L'Adda nelle carte e nei disegni di Leonardo*, dans *L'Adda trasparente confine*, d'après A. B. Mazzotta, G. L. Daccò, Oggiono, 2005, p. 187-205 ainsi que Beltrame, Gianni, *Leonardo, i navigli milanesi e i disegni* Windsor, RL *12399* et Ms H *f 80 r*, dans « Raccolta Vinciana », XIII (1987), p. 271-289.

IX

Faire de l'art du peintre une science
et de l'artiste un démiurge

Les abondantes notes de Léonard sur la peinture et surtout son traité portant sur le sujet, dans ses diverses versions, donnent les clés de sa méthode et révèlent que, pour lui, la frontière entre les sciences et les arts est extrêmement poreuse.

La peinture est-elle ou non une science?

Dans le *Traité de la peinture* du *Codex Urbinas*, conservé au Vatican, il rejette la classification traditionnelle de cette discipline au sein des arts mécaniques en arguant du fait qu'elle relève de la géométrie :

> Si la peinture est ou non une science ? La science est, dit-on, le discours mental qui trouve ses origines dans ses ultimes principes, desquels, dans la nature, nulle autre chose ne se peut trouver qui fasse partie de cette science, que la quantité

387

continue, c'est-à-dire la géométrie, laquelle commence par la surface des corps, étudie d'abord la ligne et se termine par l'étude des surfaces ; et de cela nous restons insatisfaits, car nous savons que la ligne est elle-même composée de points, et que le point est cette composante qui est la plus petite qui soit [...]. Le premier principe de la science de la peinture est le point, le deuxième la ligne, le troisième la surface, le quatrième est le corps qui se vêt de cette surface[1].

Lier l'activité de l'atelier aux conceptions d'Euclide est quelque peu provocateur mais permet à l'auteur de revendiquer la noblesse qui, selon les contemporains, est attachée aux arts majeurs. Bien sûr, Léonard reconnaît que la pratique du peintre s'inscrit dans la matérialité, mais il emprunte à Thomas d'Aquin et à Alhazen la notion de science intermédiaire ou mixte qualifiant les disciplines où savoirs théoriques, spéculatifs et pratiques s'interpénètrent[2]. La peinture est en effet pour lui une science mathématico-physique fondée sur la perspective où l'expérience au contact de la chose même est décisive. La peinture est affaire de vérité, pas seulement de plaisir[3].

On dit que telle connaissance est mécanique parce qu'elle naît de l'expérience tandis que telle autre est scientifique car elle naît et finit dans l'esprit, ou que telle autre encore est à moitié mécanique parce qu'elle naît de la science et se termine en opération manuelle. Mais il me semble que ces sciences qui ne procèdent pas de l'expérience sont vaines et pleines d'erreurs, car l'expérience est mère de toutes les certitudes[4].

Tout part de l'œil, réceptacle des impressions. En étudiant attentivement le rôle de la pupille dans la fonction visuelle, Léonard découvre que cet organe se dilate lorsque la lumière se raréfie. Mais ce qui compte surtout, c'est la façon dont les rayons lumineux parviennent à l'œil.

De la perspective

Si la géométrie est aussi importante pour Léonard dans la peinture, c'est qu'elle commande la perspective, cette discipline connue des Anciens que le xve siècle redécouvre et théorise à nouveau. Leon Battista Alberti en avait ainsi collationné les bases théoriques en 1435 dans son *De pictura*, où il expliquait que les rayons lumineux entre une scène observée et l'œil forment une pyramide et que tout tableau figurait une section-plan de cette pyramide. Piero della Francesca, dans son *De prospectiva pingendi*, vers 1460-1480, avait précisé les techniques de peinture qui en découlaient[5]. Léonard connaissait bien ces textes, notamment le second, d'ailleurs plagié par son ami Luca Pacioli. À ses débuts, par exemple, quand il peignit *L'Annonciation* de la Galerie des Offices, Léonard se fondait totalement sur les préceptes albertiens et intégrait également ce que le maître disait de la réception de la lumière sur les surfaces :

> La science de la peinture doit s'entendre comme celle des couleurs des surfaces et des figures des corps et de leurs vêtements, et à leur agrandissements et éloignements en fonction des degrés de diminution liés à la distance ; et cette science est la mère de la perspective, c'est-à-dire des lignes visuelles. Cette perspective se divise en trois parties,

la première est celle des lignes des corps, la deuxième concerne la diminution des couleurs selon
les distances, la troisième concerne la perte de la
connaissance des corps aux diverses distances. Mais
la première, qui concerne seulement les contours
et les lignes des corps, est dite *disegno*, c'est-à-dire
figuration des corps. De celle-ci dérive une autre
science qui est celle de l'ombre et de la lumière, je
veux dire du clair et de l'obscur, science qui est un
grand discours[6].

La perspective artificielle mise en œuvre par le peintre
est d'abord une perspective géométrique ou linéaire, c'est
celle qui diminue sur un plan de la pyramide visuelle les
dimensions apparentes de l'objet perçu, faisant du tableau
une sorte de fenêtre sur la scène représentée. Léonard en
perçoit néanmoins les limites : tout d'abord, on exige que
l'œil soit fixe et on ne prend pas en compte le fait que la
vision humaine est binoculaire ; d'autre part, on requiert de
l'observateur du tableau qu'il se tienne exactement à la place
du peintre ; enfin, on ne diminue les objets qu'en profondeur alors qu'il faudrait les diminuer aussi en hauteur et en
largeur. Léonard résoud ce dernier problème en combinant
perspective artificielle et perspective naturelle (celle de l'œil),
ce qui revient à assigner un point de fuite au spectateur.

Du dégradé atmosphérique

Les effets de perspective sont atteints par Léonard
par d'autres moyens encore. Le premier consiste à poser
que l'acuité visuelle diminue avec la distance et qu'il
faut par conséquent rendre compte de cette déperdition

d'information en altérant la netteté des objets lointains[7]. Cette perspective « *di spedizione* » ne doit pas être totalement confondue avec la perspective aérienne (*prospettiva aerea*) même si les deux se combinent :

> Ce qui est plus loin estompes-en les contours, et fais-le plus bleu, recommande Léonard, [...] ce que tu veux représenter comme étant cinq fois plus lointain, fais-le cinq fois plus bleu[8].

L'artiste doit en effet tenir compte de l'interposition de l'air entre l'œil et les objets et du fait que le média traversé, chargé d'humidité, bleuit la vision.

Bien avant Léonard, les Flamands, comme Jan van Eyck ou Hans Memling, avaient compris que, pour représenter au plus juste les paysages, il fallait altérer les couleurs en fonction de la distance de leurs éléments. Léonard s'inspire aussi des écrits d'Alberti quand il considère que l'air non seulement n'est pas transparent, mais se caractérise par une couleur bleuâtre produite par un mélange de la lumière et des ténèbres de la sphère céleste décrite par la physique aristotélicienne.

> J'affirme que l'azur que nous voyons dans l'atmosphère n'est pas sa couleur propre, mais est causé par une humidité chaude qui s'évapore en particules très fines et invisibles et qui est frappée par les rayons du soleil et devient lumineuse sous le noir des immenses ténèbres de la sphère de feu qui enveloppe l'extérieur[9].

Le dégradé atmosphérique des couleurs est donc un principe fondamental. Léonard l'applique aussi bien de façon précoce, dans *L'Annonciation*, que plus tard, dans *La Vierge aux rochers*, la *Sainte Anne* et *La Joconde*. De plus, comme l'air est plus dense au contact des sphères terrestres et aqueuses décrites par Aristote, les parties inférieures des choses lointaines, pour obéir aux lois de l'optique, doivent être d'un bleu plus clair que les parties supérieures où l'air est plus diaphane.

> Et donc, toi le peintre, quand tu représentes les montagnes, fais en sorte que, de collines en collines, les bases soient toujours plus pâles que les sommets; plus tu accentues leur éloignement, plus tu les feras pâles; plus elles s'élèveront, plus elles révèleront la vérité de leurs formes et couleurs[10].

La maîtrise de l'ombre

Pour compléter cette approche des trois perspectives (perspective linéaire, perspective d'effacement et perspective aérienne), Léonard se concentre sur l'ombre car c'est sa maîtrise qui permet au peintre de conférer à son tableau l'illusion tridimensionnelle du relief[11].

Pour démontrer que l'ombre « manifeste la forme des corps », il multiplie les expériences de manière à appréhender toutes les lois de la physique de la lumière[12]. Il fait ainsi varier les sources lumineuses, leur nombre, leur intensité, les distances à l'objet éclairé, fait passer la lumière par des fentes, des trous ronds, triangulaires ou des opercules en croix, ou interpose divers types d'obstacles[13]. Il découvre à cette occasion que, dans le cas de plusieurs sources lumineuses, certaines ombres, les plus obscures, sont primitives tandis que d'autres, plus pâles, sont dérivées ou mixtes[14].

Les expériences de lumières composées concernent d'abord des objets simples comme une sphère ou des marches d'escalier[15]. Léonard, à la suite d'Alberti, est convaincu que la première peinture naquit de l'ombre quand l'un des premiers hommes décida de délimiter d'un trait au charbon l'ombre portée d'un autre homme sur une paroi[16].

Il découvre peu à peu l'artifice qui lui permet de faire émerger de l'obscurité un corps ombré. *La Dame à l'hermine* offre un exemple très évident des complexes calculs d'intensité de lumière auxquels se livre Léonard. Le tableau du Louvre représentant saint Jean-Baptiste levant le doigt au ciel, dont les contours sont gommés, est lui aussi une magnifique illustration de la compréhension acquise par Léonard des modulations infinies de l'ombre et de la lumière, qui débouche dans le *Traité de la peinture* sur une définition du phénomène du clair-obscur[17] :

> La lumière et les ombres ont une moyenne, que
> l'on ne peut qualifier ni de claire ni d'obscure, mais
> qui participe à la fois du clair et de l'obscur[18].

Grâce à ce dispositif, le personnage du saint semble émerger des ténèbres et son volume est rendu perceptible par la variation de l'intensité lumineuse.

Pour Léonard, un tableau ne peut être réussi que si l'artiste maîtrise parfaitement la représentation des ombres et, pour ce faire, assimile une véritable géométrie des ombres dérivées ou médianes, sachant que « toujours les lumières composées et les ombres composées confinent les unes aux autres[19] ». *La Vierge aux rochers*, de ce point de vue, est en quelque sorte un palimpseste sur la question des intensités de lumière provenant de diverses sources d'illumination : une source lumineuse émane des rochers de l'arrière-plan et une autre, située dans le dos de l'artiste en train de peindre, éclaire les visages, créant des effets de clair-obscur et de gradation de la couleur qui donne du volume aux personnages.

L'art des couleurs

Les relations qu'entretiennent l'ombre et les couleurs sont également l'objet d'une expertise léonardienne. Pour obtenir une correspondance entre l'image peinte et l'expérience optique directe, Léonard souhaitait définir la couleur selon des principes optiques aussi rigoureux que ceux de la perspective en posant que la couleur est un élément immatériel couvrant la matérialité des surfaces[20].

Partant de la lecture des grands textes de l'Antiquité, il essaye tout d'abord de comprendre comment les couleurs s'arrangent selon une échelle linéaire. Pour Aristote, dans le *De sensu*, les gradations vont du noir à la pleine lumière et se décomposent en sept teintes principales ; et les mélanges de couleurs produisent des combinaisons qui sont à l'œil comme des accords de musique à l'oreille. Platon estime lui aussi que la gradation doit être pensée par luminosité. Pour Démocrite, en revanche, il y a quatre couleurs fondamentales : le blanc, le noir, le rouge et le vert. Léonard a accès à ces discussions grâce aux auteurs sur lesquels il prend des notes, tels le Pseudo-Aristote, Peckham et Witelo[21]. Le Toscan résume ainsi sa propre conception :

> Il y a six couleurs simples dont la première est le
> blanc, bien que certains philosophes n'admettent
> pas le blanc ni le noir dans le nombre, puisque
> l'un est cause des couleurs, l'autre leur absence

[…] ; nous dirons que, dans cet ordre des couleurs simples, le blanc est le premier, le jaune le deuxième, le vert le troisième, le bleu le quatrième, le rouge le cinquième, le noir le sixième[22].

Cet ordre ne fournit pas les règles d'une échelle chromatique régulière ; Léonard constate simplement que chaque corps présente des parties qui sont dans la lumière et des parties qui sont dans l'ombre, ce qui affecte nécessairement les couleurs. Il analyse les reflets de couleur selon les angles et remarque que la plus grande illumination d'une surface survient quand la lumière le touche à angle droit. Il note que des angles d'incidence différents produisent des intensités différentes. De plus, des couleurs claires reflètent la lumière mieux que les autres. Enfin, des surfaces éclairées produisent des couleurs dérivées : ainsi un corps rouge diffuse-t-il de l'ombre ou de la lumière rouge. Dans *La Belle Ferronnière*, par exemple, la robe rouge de la jeune femme crée une teinte rougeâtre sur la peau du cou et le dessous du visage.

L'on ne perçoit donc jamais la vraie couleur d'un corps mais une couleur mélangée avec la couleur des autres corps qui l'entourent. Le problème se complexifie encore s'il y a plusieurs sources de lumière[23].

> Quand une face est disposée dans un lieu obscur et qu'il est en partie éclairé par un rayon de l'air et de l'autre par un rayon de la chandelle allumée, sans aucun doute il semblera être de deux couleurs […] et ainsi on ne peut jamais dire que la surface des corps éclairés est de leur vraie couleur propre[24].

Le problème du lustre

Un autre problème, proche de celui de la couleur réfléchie, est celui que Léonard dénomme le problème du lustre, une condition de la couleur qu'il apprécie tout particulièrement[25]. Il s'agit de ce point de lumière qui scintille sur les surfaces dans la ligne de vision de l'observateur et qui diffère selon que l'on a affaire à des corps opaques ou des corps transparents[26].

Le lustre, ou brillance, au départ, est toujours blanc et procède de la mise en lumière des corps, mais il prend ensuite sa couleur de l'endroit où il naît, par exemple les surfaces argentées ou dorées, les joyaux ou le verre, et du média traversé par le rayon lumineux (air ou eau). La source de lumière joue par ailleurs un rôle fondamental dans cette altération chromatique. Le traitement de la sphère du *Salvator Mundi* offre un bon exemple de la maîtrise léonardienne de ce phénomène optique.

Splendeur des couleurs

Léonard, conscient du rôle de l'optique naturelle, c'est-à-dire de ce qui se passe dans l'œil, considère enfin la question de la dilatation des pupilles en fonction de la lumière, observée chez l'homme comme chez les animaux nyctalopes tels les chats ou les chouettes[27]. Il comprend que les couleurs ne trouvent leur vérité, leur «splendeur», qu'en pleine lumière. Il en déduit que l'on peut proportionnellement représenter la lumière altérée par l'ombre selon des principes optiques rigoureux. Mais si tout corps est entouré d'ombre et de lumière à la fois, la solution de continuité entre les deux est complexe en raison de l'interaction entre le milieu ambiant (l'air) et le corps. L'œil se trouve incapable de percevoir les contours à cause de la faible intensité lumineuse[28].

C'est pourquoi le peintre doit trouver un moyen de passer progressivement de la zone éclairée à l'obscurité et soigner particulièrement les contours :

> Pour les contours, observe de quel côté ils se dirigent ; et pour les lignes, quelle partie de chacune s'incurve dans un sens ou dans l'autre ; où elles sont plus ou moins visibles et épaisses ou fines ; enfin, veille à ce que tes ombres et lumières se fondent sans traits ni lignes, comme une fumée. Quand tu te seras fait la main et le jugement avec soin, tu en viendras bientôt à ne plus y songer[29].

La fusion sans rudesse entre l'ombre et la lumière s'obtient par un effet de *sfumato*, c'est-à-dire de dilution des contours dans l'air qui entoure le corps représenté. Tout comme la fumée finit par disparaître dans l'atmosphère, la lumière disparaît peu à peu dans l'ombre sans que l'on puisse dire où commence le corps et où il se termine. Ainsi, le mystère du sourire de la Joconde est-il en partie dû à la quantité infiniment divisible de lumière éclairant les lèvres qui se dissout dans l'ombre des commissures[30]. Léonard n'a pas tout de suite compris la puissance de cette idée. En effet, les premiers tableaux florentins, *L'Annonciation* ou le portrait de Ginevra de' Benci, par exemple, ne semblent pas fondre l'ombre et la lumière. Les couleurs y sont plutôt juxtaposées. Il semble que ce soit à partir des premières années milanaises que Léonard se lance dans ses premières expériences de fondu, lorsque les franciscains de l'Immaculée Conception lui demandent de représenter le mystère de la pureté de Marie pour un maître-autel. Il choisit de représenter la mère du Christ sortant du ventre de la terre. Dans *La Vierge aux rochers*, la figure de Marie émerge en effet de l'obscurité de la caverne, si bien que la silhouette aux contours estompés et l'air qui l'entoure semblent se confondre, et il en va de même pour les montagnes à l'horizon[31].

Dans le fameux visage de jeune fille baptisé *La Scapigliata* (l'échevelée), réalisé pour les Gonzague vers 1500, c'est le même procédé qui est à l'œuvre. Sur un fond à la céruse, Léonard fait affleurer sa figure monochrome à partir de jeux de reflets, d'ombres et de lumières, créant l'indétermination des contours[32].

Peu à peu, Léonard va faire de ce *sfumato* une règle pour toutes sortes de corps à représenter :

> Ne cerne pas tes corps d'un trait, notamment les choses plus petites que nature, car non seulement elles ne peuvent montrer leurs contours latéraux mais, à distance, leurs parties mêmes seront invisibles[33].

Dans ses tableaux, pour obtenir l'effet de fondu, Léonard pose les couleurs en multiples glacis de pigments dilués dans l'huile sur un fond au blanc de plomb. Il soigne avec habileté les zones où les couleurs s'effacent de façon indistincte en se coulant dans l'obscurité[34]. Si dans un premier temps, lors de la période florentine notamment, il se servait de ses doigts pour altérer la matière de la peinture à l'huile, comme on le faisait à Venise, il élabora bientôt une méthode bien à lui pour obtenir par d'infimes touches de pinceau des effets de vibration lumineuse[35].

Le modelé vaporeux que l'on retrouve dans la *Sainte Anne* ou *La Joconde* est ainsi plus précisément obtenu par de multiples couches de microtouches recouvertes d'une pellicule translucide de blanc de plomb. Le microdivisionnisme des touches de pinceau est aussi particulièrement efficace pour représenter les ombres dans les draperies, ce que font apparaître les études de plissés de la collection des dessins léonardiens au Louvre[36].

De l'observation à l'imagination

Mais toute cette technique n'est évidemment rien sans la fantaisie de l'artiste, qui naît de l'imagination et s'exprime par le dessin. Cette activité, là encore, n'est pas sans lien avec les sciences puisque tout l'art de l'observation passe chez le Toscan par l'acte graphique qui fait surgir l'intelligibilité d'un phénomène naturel à partir des apparences, que ce soit un tourbillon d'eau, une plante ou un détail anatomique. La main qui dessine, en relation avec l'œil qui voit et l'esprit qui ordonne, est un instrument d'enquête servant à faire émerger la vérité des apparences[37].

Dans le domaine de l'art, il s'agit par ailleurs de faire advenir la forme parfaite à partir d'un désordre apparent, comme dans cette rêverie fameuse décrite dans le *Codex Urbinas* :

> Si tu regardes des murs souillés de beaucoup de taches ou faits de pierres multicolores avec l'idée d'imaginer quelques scènes, tu y trouveras l'analogie de paysages, ou décors de montagne, rivières, rochers, arbres, plaines, larges vallées et collines de toutes sortes. Tu pourras y voir aussi des batailles et des figures aux gestes vifs et d'étranges visages et costumes et une infinité de choses que tu pourras ramener à une forme nette et compléter[38].

Léonard, qui entend faire de la fantaisie une faculté conceptuelle, est fasciné par la puissance créatrice de l'imagination, car elle procure au peintre, lui semble-t-il, les facultés d'un démiurge :

> Si le peintre peut voir des beautés capables de lui inspirer l'amour, il a la faculté de les engendrer, et s'il veut voir des choses monstrueuses qui font peur, ou bouffonnes pour faire rire, ou propres encore à inspirer la pitié, il est leur maître et Dieu. [...] S'il veut des vallées, s'il veut des hautes cimes de montagne, découvrir de grandes étendues, et qu'il veut ensuite voir l'horizon de la mer, il en a la puissance[39].

Le dessin préparatoire

Le dessin préparatoire est un moment clé de la gestation du tableau. Léonard conseille de laisser la main errer. Il s'agit pour lui de chercher la forme parfaite à partir d'une esquisse qui doit explorer tous les possibles d'une figure en mouvement ou d'une hypothèse mentale. Le trait n'a pas besoin ici d'être précis, il peut hésiter entre plusieurs tracés sur lesquels l'artiste reviendra, peu importe si le résultat premier paraît illisible. Par exemple, dans un dessin préparatoire *a priori* confus de la *Madone au chat*, la plume de Léonard semble en train de chercher la configuration juste de la tête de la Vierge et hésite entre trois positions. L'artiste fait confiance à l'énergie du premier jet pour explorer les configurations potentielles avant de préciser son intention par une technique au lavis.

Cette méthode extrêmement originale à la fin du XVe siècle devient un trait caractéristique du travail de

Léonard, que l'on retrouve aussi bien dans ses dessins pour le monument équestre dédié à Jacques de Trivulce, que pour les esquisses de *La Bataille d'Anghiari* ou de la *Sainte Anne* et même dans certains de ses dessins scientifiques[40]. Pour la *Sainte Anne* par exemple, nous disposons de plusieurs études de composition préparatoires non finies et les trois esquisses, parfois très informes, de la *Sainte Anne* trinitaire témoignent chacune, par leur « magma fertile », du processus même de la création léonardienne[41]. Les hésitations concernent le mouvement des deux femmes mais aussi de l'enfant lui-même qui, dans un cas, en caressant le museau de l'agneau, embrasse son destin, et dans les autres cas semble être représenté seul ou avec un autre enfant[42].

Léonard invente une expression pour qualifier cette organisation du chaos par un acte graphique d'une grande liberté, il l'appelle *componimento inculto*, la « composition inculte ». Un détour par la rhétorique lui permet de justifier son procédé :

> N'as-tu jamais regardé les poètes qui composent des vers ? Ils ne se fatiguent pas à tracer de belles lettres, et ne se font pas scrupule de barrer certains vers, pour les refaire meilleurs [...]. Ô toi, peintre de compositions, ne dessine pas avec des contours définis leurs éléments, car il t'arrivera ce qui arrive à beaucoup de peintres : souvent la créature représentée n'a pas les mouvements adaptés à l'intention, et, quand l'artiste a mené à terme une belle et agréable disposition des éléments, il lui semblera injuste de déplacer ceux-ci plus haut ou plus bas, ou plus en arrière qu'en avant[43].

La peinture est chose de l'esprit et, tout comme le vers mûrit peu à peu dans l'imagination du poète grâce aux raturages, Léonard est persuadé que la forme parfaite, présente inconsciemment dans l'esprit du peintre, est susceptible d'émerger de façon harmonieuse dans le mouvement fluide de la main. C'est uniquement dans un second temps que la ligne définitive exprime par sa netteté le choix de la perfection. Dans un troisième temps, le *sfumato* apporte la richesse d'une indécision différente, celle qui imite les imperfections de la perception de celui qui regarde.

Le sens des motifs

Toutefois Léonard travaille toujours, en réalité, à partir d'un répertoire de motifs qu'il adapte sans cesse : par exemple des études de têtes, de postures, de chevaux cabrés, de plis de vêtements ou d'éléments de décors naturels[44]. Ces motifs sont parfois produits *ad hoc*, comme cette plante nommée étoile de Bethléem destinée à la *Léda* ou les éléments géologiques et les arbres destinés à documenter la *Sainte Anne*, mais ils circulent aussi facilement d'une œuvre à l'autre.

Ainsi, toujours pour la *Sainte Anne*, des études pour le bras de la Vierge reprennent une version élaborée pour celui de saint Pierre dans la *Cène* de Milan[45]. Daniel Arasse remarque que des pans de tissu doré de la robe de Marie empruntent des éléments que l'on trouve aussi dans *L'Annonciation* et dans *La Madone à l'œillet*[46]. Martin Clayton, grand spécialiste des dessins de Windsor, a également découvert que des éléments de l'attitude de la madone de *L'Adoration des mages* se retrouvent dans le *Saint Jérôme* et *La Vierge aux rochers*[47].

Ces généalogies traquées par les historiens de l'art dessinent d'invisibles réseaux entre des œuvres séparées parfois de plusieurs années et prouvent que la pensée combinatoire de Léonard ne concernait pas seulement les éléments de machines dans le domaine de la mécanique. La méthode des arrangements élémentaires est chez lui une forme mentale matricielle.

Les circulations sont d'autant plus fluides, d'un tableau à l'autre, que, souvent, Léonard entreprend plusieurs œuvres en même temps, qui se contaminent l'une l'autre, comme *La Madone aux fuseaux* qui partage avec la *Sainte Anne* l'idée d'associer un personnage à un accessoire symbolique, le dévidoir pour la première œuvre, l'agneau pour la seconde (dans sa version du carton de Burlington House), ce qui a pour conséquence de donner à la scène une dynamique particulière, quasi cinématographique[48].

Mieux même, Léonard teste ses idées de composition par des prototypes expérimentaux servant à explorer le sujet, dont il confie la réalisation à ses disciples. C'est la raison pour laquelle nous disposons de tant de versions de la *Sainte Anne* et même de plusieurs versions de *Saint Jean-Baptiste* ou de *La Joconde* réalisées par des apprentis comme Salaï, Boltraffio, Luini ou Melzi[49]. Chacune de ces étapes permet à Léonard de tester des idées différentes et les copies d'atelier montrent l'évolution de la pensée du maître au fil du temps.

Parfois, la composition se transforme radicalement alors que le tableau est déjà entamé, ce qui explique, par exemple, que l'on dispose à Londres et à Paris de deux versions différentes de *La Vierge aux rochers*.

Ces multiples essais expérimentaux expliquent aussi l'attitude très originale de Léonard vis-à-vis de l'inachèvement, un défaut que lui reproche amèrement Vasari. Il n'est jamais totalement satisfait de ses réalisations et tend à vouloir constamment les améliorer. Léonard préfère conserver les œuvres qu'il considère comme non abouties, plutôt que de les céder à leurs commanditaires, ce qui explique peut-être la disparition de certaines toiles, telle la *Léda* qu'on ne connaît que par les versions de ses apprentis[50]. La *Sainte Anne* et *La Joconde*, qu'il emmène en France, sont à ses yeux toujours susceptibles d'améliorations et, de fait, si la robe de sainte Anne est finalement terminée à Amboise, certaines parties du paysage de *Mona Lisa* restent inaccomplies[51].

L'approche combinatoire de Léonard se dévoile également dans sa volonté de recenser dans la nature divers types de formes observables afin d'en construire des typologies. C'est pourquoi il collectionne les dessins de plantes ou de formes géologiques ou encore les représentations de mouvements harmoniques des tourbillons afin d'en posséder un répertoire et d'agencer les configurations. Cette approche est particulièrement nette dans son étude physiognomonique des visages, fondée sur la théorie des humeurs. Une page du *Codex Urbinas* entend ainsi présenter tous les types de nez, anticipant en quelque sorte l'anthropométrie judiciaire d'Alphonse Bertillon du tout début du XXᵉ siècle[52] :

> Il faut, pour cela, se bien souvenir des quatre principales parties du visage, qui sont le menton, la bouche, le front et le nez ; et premièrement, à l'égard du nez, il s'en trouve de trois différentes sortes : de droits, de concaves ou d'enfoncés, et de convexes ou de relevés[53]…

L'encyclopédisme léonardien cherche aussi à rendre compte de toutes les sortes de mouvements du corps humain.

Le livre qu'il a voulu consacrer à la question a disparu, mais on dispose d'une copie de certains passages, connue sous le nom de *Codex Huygens*, qui a été réalisée dans la seconde moitié du XVIᵉ siècle par le graveur Carlo Urbino.

L'idée centrale en est de considérer que chaque articulation du corps humain, épaules, coudes, poignets, hanches, genoux et chevilles, détermine des déplacements circulaires des membres résultant d'une mécanique simple[54]. De cette idée procède une série de diagrammes simplifiés où les membres sont représentés par des segments de droites à l'intérieur d'une sphère[55].

Cette base théorique était complétée d'études particulières d'effets de torsion et de *contrapposti* (hanchements), qui nourrissent chacune des œuvres de Léonard. Ainsi, dans la *Sainte Anne*, plusieurs dessins préliminaires représentant l'Enfant Jésus révèlent la longue enquête menée sur la position du buste de l'enfant qui saisit l'agneau, et, dans la *Léda*, la pose agenouillée de l'épouse du roi de Sparte séduite par un cygne est préfigurée par une étude de la Vierge Marie datant de 1478[56].

Les mouvements des animaux, d'ailleurs, n'intéressent pas moins l'artiste que ceux des hommes, ce qui est tout particulièrement évident dans ses études sur les chevaux et leurs façons de galoper ou de se cabrer, utilisées pour les monuments équestres et la *Bataille d'Anghiari*[57].

Représenter les mouvements de l'âme

Toutefois, la représentation des formes et des mouvements n'est rien par rapport à un autre défi que Léonard se lance dès *L'Adoration des mages* : représenter les passions, c'est-à-dire les mouvements de l'âme. Il s'agit de faire coïncider la vie intérieure des personnages avec ses signes extérieurs, gestes et mimiques du visage. Cette idée a peut-être été reprise de Pline l'Ancien, qui, dans son *Histoire naturelle*, louait le peintre grec Aristide pour avoir su capter les troubles de l'âme.

Pour Léonard, cette aptitude relève d'abord des études anatomiques qui rendent compte des effets des muscles sur les gestes et les expressions faciales[58]. Léonard indique par exemple comment peindre un homme en colère :

> Comment représenter un personnage en colère ?
> Tu me montreras un personnage en colère tenant
> quelqu'un par les cheveux, lui tirant la tête vers
> la terre, pressant un genou sur ses côtes, levant le
> bras droit avec le poing serré. Qu'il ait les cheveux
> ébouriffés, les sourcils baissés et contractés, les dents
> serrées et les coins de la bouche arqués[59].

Léonard distingue bien ici la capacité à décrire l'humeur ou *ethos* d'un individu (irascible, mélancolique, timide, etc.), qui participe de la science physiognomonique, et la capacité à saisir les émotions accidentelles provoquées par un événement extérieur[60].

Peindre le rire et les pleurs présente ainsi des difficultés particulières car les causes des troubles émotionnels, explique Léonard, produisent des états psychiques différents :

> Du rire et des pleurs et de ce qui les distingue ;
> tu ne donneras pas au visage de celui qui pleure les
> mêmes mouvements que celui qui rit, bien qu'en
> réalité ils se ressemblent souvent, car la bonne
> méthode est de les différencier, tout comme l'émo-
> tion du rire est différente de l'émotion des pleurs :

chez ceux qui pleurent les sourcils et la bouche
varient suivant les différentes causes des pleurs car
l'un pleure de colère, l'autre de peur et certains
d'attendrissement et de joie, d'autres d'inquiétude,
d'autres de peine et douleur, et d'autres par pitié ou
par deuil[61][…].

La fresque de *La Dernière Cène*, réalisée à Milan en 1495,
dérive directement des recherches de Léonard sur la meilleure façon de dépeindre les mouvements de l'âme. Pour
comprendre l'enjeu, il faut rappeler la signification théologique du dernier repas du Christ, construite à partir des
récits évangéliques. Deux événements se combinent : d'une
part, Jésus annonce à ses disciples que l'un d'entre eux le
trahira et désigne Juda ; d'autre part, en communiant avec
eux au pain et au vin du calice qu'il leur montre, il institue
l'Eucharistie. Simultanément, la Cène donne à la religion
chrétienne les signes extérieurs qui attestent de la foi des
disciples, c'est-à-dire les gestes de la messe qui glorifiera la
mémoire de celui qui s'est sacrifié pour enlever les péchés du
monde, et donne naissance à la communauté des croyants
en excluant celui qui ne croit pas.

Le choix narratif de Léonard, son *historia*, est très particulier, car Judas se trouve du même côté de la table que les
apôtres. La désignation du traître n'est performée que par
un signe presque invisible de Jésus, qui tend à ce dernier un
morceau de pain trempé dans le vin. D'une part, cela crée
une indécision, un trouble, chez les apôtres, mais d'autre
part, c'est tout de même Jésus qui suscite la trahison de
Judas. Par son exclusion même, c'est lui qui définit l'Église
nouvelle. La fresque a donc pour fonction de montrer le
moment où est née la religion chrétienne en condensant en
un instantané puissant toutes les actions des protagonistes.

Léonard a reçu les conseils d'un théologien, Vincenzo Bandello, mais avant d'en arriver à cette solution, il a longuement hésité entre les versions des évangiles de Jean, Marc et Mathieu qui ne précisaient pas de façon cohérente l'ordre des événements. Ensuite, il a voulu représenter le trouble des apôtres à l'annonce faite par le Christ et, pour cela, s'est servi de la tradition hagiographique pour préciser la personnalité de chacun. Il écrit alors un scénario en distribuant les rôles de chacun au moment où les paroles du Christ sèment le trouble dans l'assemblée :

> Un qui buvait laisse sa tasse et tourne sa tête vers celui qui parle. Un autre, entrelaçant les doigts de ses mains, se tourne, les sourcils froncés, vers son compagnon. Un autre, les mains ouvertes, montrant ses paumes, soulève ses paumes jusqu'aux oreilles et fait une bouche étonnée. Un autre parle à l'oreille d'un voisin et celui qui l'écoute se tourne vers lui en tendant l'oreille, tenant d'une main un couteau et de l'autre un pain à moitié coupé. Un autre se retourne le couteau en main, renverse un verre sur la table. Un autre pose les mains sur la table et regarde, un autre souffle sur une bouchée ; un autre a un mouvement de recul derrière l'homme penché et, entre lui et le mur, il observe celui qui parle[62].

Les cartons d'ensemble qui découlent de cette mise en scène associent les personnages en groupes signifiants, notamment celui des trois figures à la droite du Christ : Jean, le premier disciple, Judas, reconnaissable par la bourse à laquelle il s'agrippe contenant les trente deniers de sa trahison, et Pierre, sur lequel sera bâtie l'Église à venir[63].

Ce dernier se penche vers Jean et lui suggère de demander à Jésus quel est le nom du traître, mais Jean n'est pas troublé car il partage avec le Christ la prescience du nécessaire sacrifice à venir.

Des dessins préparatoires à la sanguine tâchent ensuite de percer le mystère de l'état psychologique de chacun des autres apôtres alors que la parole se propage. Les uns sont surpris, sceptiques ou accablés, les autres suspicieux, indignés ou en colère[64].

L'œuvre, en saisissant parfaitement les changements instantanés troublant l'âme des protagonistes, constitue, selon l'expression de l'historien Pietro Marani, un véritable « manifeste de la manière moderne[65] ».

On retrouve cette façon qu'a Léonard de représenter la vie intérieure de ses personnages par des gestes, des attitudes et des faciès altérés dans La *Bataille d'Anghiari*, commencée entre 1503 et 1506, mais jamais achevée[66]. Ici encore, tout part d'une *historia*, en l'occurrence une intrigue imposée à l'auteur par le commanditaire, la République de Florence. Il s'agissait d'orner le mur ouest de la grande salle du Conseil du Palazzo Vecchio par l'évocation géante (sur plus de quarante mètres) d'une victoire des Florentins contre les Milanais, obtenue en 1440 (en réalité une petite escarmouche). L'*exemplum* patriotique que souhaitaient voir les prieurs de la République devait représenter la harangue du *condottiere* employé par les ennemis de Florence et la façon dont les braves citoyens florentins, inspirés par saint Pierre et menés par leur patriarche, ont réussi à défaire la soldatesque lombarde.

Léonard recopie dans le *Codex Atlanticus* la demande explicite et circonstanciée de ses patrons[67]. Mais il décide de procéder autrement. Lui qui a connu la guerre de près avec les troupes de César Borgia n'a que mépris pour cette vision héroïque attendue. Impossible pour lui de penser que la guerre serait une simple ordalie donnant aux justes leur dû et leur permettant de triompher des forces du mal. Il sait bien que toute bataille est l'expression non seulement de la fortune mais aussi des passions déchaînées des hommes dans leur folie « des plus bestiales ». Par conséquent, les cartons qu'il présente en 1504 proposent un cheminement différent où l'affrontement est montré dans sa cruauté et sa réalité les plus crues. Un passage du *Codex A* destiné à figurer dans le *Traité de la peinture* explicite « comment représenter une bataille ? » et dit bien les intentions de l'artiste à propos de la représentation des protagonistes[68].

> Tu feras les vaincus et les battus pâles, avec les
> sourcils levés à leur conjonction ; et que la peau
> au-dessus soit pleine de plis douloureux, et qu'il
> y ait des deux côtés du nez quelques rides qui
> montent en arc depuis les narines jusqu'aux coins
> des yeux. Les narines montent – c'est ce qui cause
> ces plis – et les lèvres arquées découvrent les dents
> supérieures ; les mâchoires s'écartent pour un cri
> douloureux. Qu'une main fasse bouclier devant les
> yeux apeurés, la paume tournée vers l'ennemi, que
> l'autre soit par terre, pour soutenir le buste levé. Tu
> feras d'autres criant la bouche ouverte, et fuyant.
> [...] Tu verras les troupes de secours attendant
> pleines d'espoir et prêtes à réagir, ombrant avec
> leurs mains leurs sourcils rapprochés, perçant de
> leur regard la mêlée dense et noire, et attentives
> à l'ordre du capitaine ; et de même le capitaine,
> le bâton de commandement levé, courant vers la
> réserve pour lui montrer l'endroit où l'on avait

besoin d'elle. […] D'autres, mourants, serrent les dents, roulent des yeux, crispent leurs poings contre leurs corps et tordent les jambes. On pourra voir un homme désarmé, abattu par l'ennemi, se tournant vers lui pour se venger cruellement et amèrement, avec les dents et les ongles.

Ce riche passage aide à comprendre les quelques dessins préparatoires conservés au musée des Beaux-Arts de Budapest, tels celui d'un visage de jeune capitaine hurlant un ordre ou celui d'un soldat aux sourcils levés criant sa douleur et son inquiétude.

On dispose aussi de copies, contemporaines comme la *Tavola Doria*, ou tardives (1603) comme celle de Peter Paul Rubens (musée du Louvre), qui détaillent la scène particulière où les Florentins s'emparent de l'étendard du *condottiere* des Milanais, Niccolò Piccinino[69]. On y voit que la guerre transforme les hommes en bêtes, submergés qu'ils sont par la peur et la rage. Le porteur de l'étendard subit, par l'artifice de la perspective qui cache la tête de la monture derrière le torse du cavalier, une sorte de centaurisation. Cette animalisation est redoublée par les pièces d'une armure évoquant un monstre marin. Les chevaux eux-mêmes ont un regard fou et hennissent de terreur, tandis que leurs antérieurs se heurtent en un duel bien à eux, piétinant des fantassins. Le chaos indescriptible de cette mêlée n'est cependant que l'*acmè* d'une action se déroulant sur un paysage bien plus large, que l'on peut reconstruire à partir d'autres études particulières[70]. Toutes les scènes s'agencent pour construire sur dix-sept mètres de long une narration rythmée par l'ambulation du spectateur. Certains personnages du drame qui se noue, tels les *condottieri* et les principaux capitaines, sont conçus pour être reconnus par le visiteur de la salle des Cinq-Cents, mais mieux encore, leurs affects deviennent lisibles dans le récit de l'horreur du combat[71].

Léonard prévoit également d'insérer ses acteurs dans une nature qui doit participer du chaos général :

> Tu feras d'abord la fumée de l'artillerie, mêlée dans l'air avec la poussière soulevée par le mouvement des chevaux et des combattants ; et tu feras ce mélange comme suit : la poussière, étant de nature terrestre et pesante, bien qu'elle soit facilement soulevée à cause de sa finesse et dispersée dans l'air, tend cependant volontiers à retomber en bas ; c'est sa partie la plus fine qui monte le plus haut, d'où suit que son sommet est moins visible et paraîtra presque couleur d'air. [...] Ce mélange d'air de fumée et de poussière sera plus clair du côté d'où vient la lumière que du côté opposé, et à mesure que les combattants seront plus plongés dans ce tourbillon, on les distinguera moins, et il y aura moins de différences entre leurs parties éclairées et ombrées[72].

La méthode conçue pour cette œuvre, perdue mais décrite dans le *Traité de la peinture*, est si bien pensée qu'elle a inspiré en 1933 le cinéaste Serguei Eisenstein pour la fameuse scène de la bataille sur la Neva de son *Alexandre Nevski*, où les visages sont filmés avant le choc pour saisir le trouble des combattants[73].

Le peintre démiurge

En voulant tout représenter de la bataille, non seulement l'ire guerrière mais aussi les tourbillons de fumée et de poussière, les rivières de sang, le vol des flèches et les tirs des balles d'arquebuses, selon les règles de la physique telle qu'il la comprend, Léonard adapte à sa fresque la consigne qu'il s'impose pour toutes ses œuvres : le peintre doit être si fidèle à la nature et à ses lois qu'il devient dans son acte de création une sorte de démiurge[74].

L'artiste doit tout maîtriser, non seulement les arcanes de l'art de la guerre, mais aussi la physique des fluides, la dynamique des corps en mouvement, comme chez Aristote, la psychologie, l'anatomie humaine et animale, la science de l'optique, et le reste à l'avenant. La fréquentation des routes poudreuses de Romagne a habitué Léonard à la compagnie des hommes d'armes, mais il a aussi perfectionné sa connaissance de l'art de la guerre en lisant Tite-Live, Lucien, Valturio ou l'*Histoire d'Attila* de Losola qui nourrissent son propos (par exemple sur les nuées de flèches). Plusieurs dessins préparatoires de *La Bataille d'Anghiari* analysent également diverses figures du corps humain ou du cheval au combat[75].

Les tourbillons sont par ailleurs une forme étudiée de façon obsessionnelle dans ses carnets et l'on n'est pas étonné que l'artiste leur confie un si grand rôle dans sa mise en scène afin de mélanger la fumée diaphane des armes et la poussière lourde déplacée par les sabots de la cavalerie. Tout se passe comme si la peinture devait en quelque sorte subsumer toutes les sciences et se nourrir d'une curiosité absolue et omnidirectionnelle :

> Combien le peintre ne doit pas être loué s'il n'est pas universel. On peut dire clairement que certains se trompent, qui qualifient de bon maître le peintre dont la seule capacité est de bien dessiner une tête ou une figure. Et certainement, ce n'est pas une si

grande chose qu'ayant étudié une chose toute sa vie, on soit capable de la réaliser à la perfection ; mais sachant nous-mêmes que la peinture embrasse et contient en elle toutes les choses que produit la nature et, à la fin, tout ce que l'on peut saisir et comprendre par les yeux, il me semble que c'est un triste maître celui qui est juste capable de bien peindre une figure. [...] La belle représentation de toutes ces choses doit être une capacité de celui que tu désires appeler le bon peintre[76].

La terre et les hommes

Le portrait de *Mona Lisa Gherardini*, épouse du marchand florentin Francesco del Giocondo, traduit une conviction exprimée par Léonard dans le *Manuscrit A* selon laquelle la terre est un macrocosme qui fonctionne en parfaite analogie avec le corps humain, avec des respirations et des circulations de liquide, même si les années 1500 correspondent à une crise de cette pensée analogique pour Léonard[77]. Il est néanmoins parfaitement justifié de mettre en parallèle l'histoire d'un paysage et l'histoire d'un individu[78].

Pour cette raison, selon Daniel Arasse et Carlo Pedretti, le paysage de *La Joconde* dédouble symboliquement le thème du vieillissement de la jeune femme dépeinte peu après l'accouchement de son troisième enfant[79]. Ce n'est pas tant l'association du pont et du paysage à des éléments réels qui est intéressante ici, que la question des interactions entre le personnage et les éléments du décor naturel[80].

Ainsi, les spéculations sur la naissance du paysage toscan mènent le peintre à dessiner d'un côté une rivière brune qui, les eaux chargées de terre, serpente et cherche, dans ses anastomoses, le cours de son lit, tandis qu'à droite un chenal plus jeune et moins torturé transporte une eau plus claire. Pour qui connaît les recherches contemporaines de Léonard sur les corps qu'il dissèque dans les hôpitaux, l'analogie avec les corps humains jeunes ou vieillissants est assez transparente[81]. La perspective aérienne transcrit également les idées de l'artiste-savant sur l'atmosphère et son rôle dans les phénomènes optiques et, en vérité, on n'épuisera pas en ces quelques lignes la richesse des théories que le peintre a investies dans ce seul tableau.

Il est clair que les sciences n'éloignent pas Léonard de la peinture, comme on pourrait parfois le croire en lisant les plaintes de l'émissaire d'Isabelle d'Este qui écrivait en 1501 à sa maîtresse que Léonard ne peignait plus parce qu'il s'égarait dans des élucubrations mathématiques ; au contraire, les intérêts scientifiques alimentent constamment le génie du praticien.

Représenter l'eau

Entre 1508 et 1513, Léonard, de nouveau à Milan, mais cette fois sous la protection de Charles d'Amboise, explore, par des études savantes, les difficultés liées à l'exécution d'un paysage[82]. Il se penche aussi bien sur la question des éboulements de rochers, sur le surgissement énergique de formations sédimentaires des profondeurs de la terre, que sur les plans d'eau et les courants aquatiques, sur les arbres et leur croissance que sur la lumière dans les feuillages[83]. La représentation de l'eau qui perle dans les strates rocheuses sur lesquelles se tient la Vierge, récemment redécouverte grâce à la restauration de l'œuvre, traduit le rôle que Léonard attribue à l'eau dans la formation des paysages.

Tous ces éléments peuvent être rapprochés des recherches que Léonard mène alors ou antérieurement sur les végétaux, la géologie et les phénomènes d'érosion[84].

Religion et nature

Parmi les tableaux créés entre 1500 et 1519, on doit encore citer le *Saint Jean-Baptiste* et le *Saint Jean/Bacchus* (c'est cette dernière pièce que François Iᵉʳ achète à Salaï en 1518, en même temps que *La Joconde* et la *Sainte Anne*)[85]. Le *Saint Jean-Baptiste* du Louvre, avec son geste bien reconnaissable pointant le ciel du doigt, incarne une figure androgyne de l'amour chrétien. Carlo Pedretti va même jusqu'à y reconnaître une figure païenne de l'amour néoplatonicien chanté dans les vers de Bembo[86]. De fait, Platon, dans *Le Banquet*, a fait l'éloge d'un androgyne originel à l'origine de l'amour humain. Le peintre a travaillé ici, par une recherche poussée sur le clair-obscur, à créer chez le spectateur un effet psychologique d'appel sensuel à la dévotion[87].

Bacchus, le dernier tableau auquel Léonard aurait travaillé à Rome, est assez différent puisqu'il semble avoir pour thème saint Jean-Baptiste, jeune homme, au désert et que, de nouveau, le paysage naturel joue un grand rôle dans la composition. Pour camper son personnage, présenté presque nu, le sexe seulement couvert d'une discrète fourrure de fauve, le peintre utilise toutes les ressources de sa connaissance des statues antiques, tels le *Tireur d'épine* et le *Diomède*. Le saint biblique s'apparente, à cause de ce choix étonnant d'un éphèbe, à la figure païenne de Bacchus. Le message est peut-être ici, comme le suggère Daniel Arasse, que la religion que le spectateur est invité ici à embrasser est celle de la nature médiatisée par la culture dans toute son ambiguïté – un message peut-être déjà présent dans *La Vierge aux rochers*[88]. Les éléments que Léonard a tant étudiés pour ses autres tableaux, les plantes, les arbres, la terre d'un tertre percée par des racines, le plan d'eau, les montagnes évanescentes des lointains, et même quelques rares animaux, dont un cerf christique, sont de nouveau agencés mais sous une forme originale.

On le comprend ici, si Léonard s'attarde sans se lasser sur des tableaux qu'il considère comme n'étant jamais finis, c'est que ceux-ci sont pour lui des fenêtres sur des univers et que son ambition démiurgique et la démesure de son envie de savoir ne sont jamais satisfaites. Il finit même par considérer que le « *non finito* » qualifie la grande œuvre car sa subjectivité en souligne paradoxalement la plénitude[88]. Le peintre, aux yeux de Léonard, n'est pas un artisan, il est d'abord un penseur qui doit sans cesse remettre en question les vérités acquises et transmettre son savoir à d'autres. Même les méthodes les plus techniques doivent être constamment améliorées, une tendance qui explique sans doute les diverses erreurs qu'on lui a reprochées parfois, notamment pour le support de la fresque de *La Cène* et peut-être de *La Bataille d'Anghiari*. Vasari rapporte que le pape Léon X était lui-même agacé de voir son artiste expérimenter de nouvelles recettes d'huiles et de couleurs plutôt que de peindre. Mais Léonard n'en a cure et condamne les attitudes paresseuses de ceux qui acceptent trop facilement la routine.

« Si tu es seul tu seras tout à toi »

Bien que Léonard ait toujours travaillé en atelier et qu'il ait expérimenté avec ses apprentis diverses pistes d'achève-ment pour un tableau, la peinture est bien non seulement une chose de l'esprit, *una cosa mentale*, comme il aimait à le dire, mais aussi une aventure individuelle relevant de l'introspection, de l'étude de la nature et de la concentration la plus extrême.

> Le peintre ou le dessinateur, conseille-t-il à son lecteur, doit être solitaire pour que le bien-être de son corps n'altère point la vigueur de son esprit ; et en particulier, quand il s'adonne à la spéculation et à l'étude des choses qu'il a sans cesse sous les yeux et qui procurent à sa mémoire un aliment à conserver précieusement. Si tu es seul tu seras tout à toi ; accompagné, fût-ce d'un seul compagnon, tu ne t'appartiendras qu'à moitié, ou même moins, d'autant que sera plus grande la discrétion de son commerce[89].

Malgré cette volonté affirmée de retrait sur soi, Léonard contredit souvent cette position de principe. D'une part, il éprouve un plaisir évident à transmettre son savoir à ses apprentis ou aux lecteurs virtuels de ses traités ; d'autre part, dans un autre texte, il se livre à une apologie en règle du travail d'atelier, le lieu où il a lui-même été formé :

> Je dis et maintiens qu'il est beaucoup mieux de dessiner en compagnie que seul, pour plusieurs raisons ; la première est que tu aurais honte de te montrer inférieur aux autres dessinateurs, et cette honte t'amènera à bien étudier ; en deuxième lieu, l'émulation te poussera à égaler ceux qui sont plus estimés que toi, et l'éloge donné à autrui sera pour toi un éperon. Une autre raison est que tu peux apprendre les procédés de ceux qui font mieux que

toi, et si tu es meilleur que les autres, tu profiteras
de leurs défauts, et les éloges des autres te donne-
ront courage[90].

En réalité, la contradiction n'est qu'apparente : dans la
première citation, Léonard évoque le moment solitaire de
la recherche, celle qui exige le retrait dans le for privé, dans
le deuxième cas, il désigne la pratique collective du dessin
d'atelier au moment de l'apprentissage.

Léonard est aussi professeur, et de surcroît un excellent
professeur. Il est extrêmement fier de former une nouvelle
génération d'artistes et de faire école, au point qu'au détour
d'un rébus, il invente en plaisantant le mot « léonardesque »
pour décrire les jeunes « clones » sortant de sa boutique[91].
C'est un véritable nouveau langage pictural, celui que
Vasari appelait le « troisième style, moderne », qui se diffusa
grâce à Léonard en Lombardie. Ce courant se mit à prendre
de l'ampleur quand Léonard quitta Milan pour Rome puis
Amboise et regroupa des artistes de plusieurs générations
qui avaient été ses élèves : Giovanni Antonio Boltraffio,
Marco d'Oggiono, Francesco Napoletano, le maître de la
Pala Sforzesca, Andrea Solari, Giovanni Agostino da Lodi
ou, pour les plus jeunes, Cesare da Sesto, Giampietrino et
Bernardino Luini.
Les deux plus proches disciples de Léonard, ceux qui
l'accompagnèrent en France, étaient eux-mêmes de deux
générations différentes. Le premier, issu d'un milieu
modeste, Gian Giacomo Caprotti, surnommé Salaï, était
entré au service du maître dès ses quinze ans, vers 1490[92].
On lui doit plusieurs *Vierges à l'Enfant*, un *Saint Jean-
Baptiste* et un portrait de femme nue, dit *Monna Vanna*.
Le second, bien plus jeune, puisque né en 1491, s'appelait

Francesco Melzi et était un gentilhomme milanais. En peinture, il s'illustra en peignant au Clos Lucé un tableau exposé aujourd'hui à Berlin, inspiré d'un carton de Léonard : *Vertumne et Pomone*[93].

Léonard ne fut donc pas le peintre de génie isolé qu'il paraît, même dans la dernière partie de sa vie passée en France.

Notes

1. *Codex Urbinas* fol. *1ʳ et 1ᵛ*, traduction Brioist. Pour une lecture continue de ces textes en français, voir Anna Sconza, *Traité de la peinture/Trattato della pittura*, Les Belles Lettres, Paris, 2012 et André Chastel & R. Klein, *Léonard de Vinci. La peinture*, Paris, 1964, rééd. 1984 et Hermann, 2004. Voir aussi en Italien : Leonardo da Vinci, *Libro di pittura, transcribed by Carlo Vecce*, ed. CarloPedretti, facsimile edition, 2vols., Florence, 1995.

2. William Laird, «The Scientiae Mediae in Medieval Commentaries of Aristotle's Posterior Analytics,» Ph.D. diss., University of Toronto, 1983 et Jean Gagne, «Du Quadrivium aux Scientiae Mediae,» in *Arts liberaux et philosophie au Moyen Age* (Actes du Quatrieme Congrès International de Philosophie Médiévale, 1967) Montréal-Paris, 1969, 475-486 et secolo XVI, Padua, 1983.

3. ClaireJ. Farago, «Leonardo's Color and Chiaroscuro Reconsidered : TheVisual Force of Painted Images», *The Art Bulletin*, vol. 73, n° 1 (Mar., 1991), p. 63-88.

4. *Codex Urbinas* fol. 33r. traduction Brioist.

5. Sur les liens entre Piero della Francesca et Alberti, voir Judith V. Field, «Alberti, the Abacus and Piero della Francesca's proof of perspective», *Renaissance Studies*, Wiley, vol. 11, n° 2, 1997, p. 61-88 et du même auteur, *Piero Della Francesca : A Mathematician's Art*, Yale University Press, 2005.

6. *Codex Urbinas* fol. 2ʳ.

7. Ms A fol. 88ʳ,

8. *Codex Urbinas* fol. 262.

9. *Codex Leicester*, fol. 4ʳ.

10. Ms 2038 Bibliothèque Nationale, fol. 18ʳ.

11. *CA*, fol. 250ʳ et B.N.2038 fol. 22a.

12. Maria Rzepinska, «Light and Shadow in the Late Writings of Leonard da Vinci», in *Racolta. Vinciana*, vol. XIX, 1962 et de la même auteure,

«Leonardo's Colour Theory», *Achademia Leonardi Vinci: Iournal of Leonardo Studies and Bibliography of Vinciana* 6, 1993, p. 11-33.

13. Ms A fol. 94ʳ, *CA,* fol. 546ʳ, Ms C fol. 10ᵛ, *Ms H* 227 fol. 47v-48ᵛ.

14. *CA,* fol. 320ʳ et 513ʳ Sur la lumière et les ombres chez Léonard, voir l'étude extensive de Linda Luperini, *L'ottica di Leonardo*, Skira, Milan, 2008., p. 88-101 et 124-133.

15. Ms A 94r: ombre d'une sphère portée sur un plan incliné ou *CA,* fol. 658v: ombre sur des marches d'escalier.

16. *Codex Urbinas*, fol. 129 et RL, 19149ᵛ. Voir aussi la représentation de l'académie de peinture dans le *Codex Huygens,* fol. 90ʳ.

17. *Codex Ashburnam* II 14r, Ms C fol. 12r., Codes Atlanticus fol. 88r

18. *Codex Urbinas*, fol. 672ʳ.

19. Windsor RL, 19149v. *Codex Urbinas* fol. 559ʳ Traduction Pascal Brioist.

20. *CA,* fol. 277ᵛ.

21. Claire Farago, «Leonardo's Color and Chiaroscuro Reconsidered: The Visual Force of Painted Images».
The Art Bulletin, vol. 73, n° 1 (Mar., 1991), p. 63-88.

22. *Codex Urbinas*, fols. 75-76r. Voir Maria Rzepinska, «Leonardo's Colour Theory», *op. cit.*

23. John Shearman, «Leonardo's Colour and Chiaroscuro», in *Zeitschrift für Kunst*, XXV, 1962. Les idées de Léonard sur la couleur dérivée dérivent de celles de ses prédécesseurs tels Alhazen dans le *De aspectibus*, Peckham, dans sa *Perspectiva Communis*, 88-89, Proposition 1.14 ou Witelo dans son *Opticae,* livre. IV, cap. 156.

24. *Codex Urbinas*, fol. 465ʳ.

25. Ms A, fols.100, 113ᵛ,

26. *Codex Urbinas*, fol. 227ᵛ, 228ʳ.

27. Ms E, fol. 17ᵛ.

28. Janis Bell, "Sfumato and Acuity Perspective," in Leonardo da Vinci and the Ethics of Style, ed. Claire Farago, Manchester University Press, Manchester, 2008.

29. Ms A fol. 107ᵛ et *Codex Urbinas* fol. 70a. Traduction Louise Servicen.

30. Pietro Marani, «Le Sfumato de Léonard de Vinci», in *Léonard de Vinci, la nature et l'invention*, Universcience, éditions de la Martinière, 2012, p. 177-183

31. Edward J. Olszewski «How Leonardo invented sfumato», *Notes in the History of Art*, vol. 31, n° 1, 2011, p. 4-9.

32. *Scapigliata*, huile sur bois, Galerie Nationale de Parme.

33. Ms G, fol. 37r.

34. Jacques Franck, «L'invenzione dello sfumato», dans P. Galluzzi, *La Mente di Leonardo. Nel laboratorio del Genio Universale*, Florence, Galerie des

Offices, 2006-2007, p. 338-357 et du même auteur, « Le sfumato de Léonard de Vinci et la couleur », *Double liaison, physique, chimie et économie des peintures et adhésifs*, T. XLIV, n⁰ˢ 492-493, 1997, p. 40-44.

35. Sur l'habitude de Léonard de peindre en utilisant sa main droite, voir Thomas Brachert, « A Distinctive in the Painting Technique of the Ginevra da Benci and of Leonardo's other Early Works », *Report and Studies of the History of Art*, National Gallery of Art, Washington, 1969, p. 85-104.

36. Etude de draperie d'une figure assise, le Louvre, inv.2555 et dessin préparatoire de la robe de la Sainte Anne, le Louvre, inv.2257.

37. Daniel Arasse, « Les desseins du peintre », in *Léonard de Vinci, le rythme du monde*, Hazan, 1997, p. 225.

38. B.N. 2038 22b, texte commenté par Carlo Pedretti, in « Le macchie di Leonardo », XLIV *Lettura Vinciana*, Vinci, 2004.

39. *Codex Urbinas* fol. 5r.

40. Ernst Gombrich, « Leonardo's method for Working out Compositions », in *Norm and Form Studies in the Art Renaissance*, Londres, 1966.

41. Etude de composition pour la Sainte Anne, vers 1500, a) Londres, Le British Museum, 1875, 0612.17, b) Paris, Musée du Louvre, département des arts graphiques, RF 460 et c) Venise, Galerie de l'Académoe, cabinet des dessins et des estampes, n° 230.

42. Johannes Nathan, « Some Drawing Practices of Leonardo da Vinci : New Light on the St Anne », *Mitteilungendes Kunsthistorischen Institutes in Florenz*, H.36.Bd., H.1/2(1992), p. 85-102.

43. *Codex Urbinas*, 61v-62r.

44. Ernst Gombrich, *op. cit.*

45. Windsor Castle, RL 12532 et RL 12546.

46. Daniel Arasse, *op. cit.*, p. 254-255.

47. Martin Clayton, « Studi per l'Adorazione », dans *Leonardo e Venezia*, Milan, 1992, p. 188-205

48. Martin Kemp, *The mystery of the Madonna of the Yarnwinder*, Edimbourg, 1992 et *Leonardo dopo Milano, La Madonna dei Fusi, 1501*, catalogue ed. par C. Vezzosi, Giunti, Florence, 1982.

49. Vincent Delieuvin (dir.), *La Sainte Anne, l'ultime chef d'œuvre de Léonard de Vinci*, Editions du Louvre, Paris, 2012, voir particulièrement les versions d'atelier présentées p. 162-197 : « L'original à travers les copies d'atelier ».

50. Nanni Romano, *Leda : storia di un mito dalle origini a Leonardo* Zeta Scorpi ed., Firenze, 2007 et Jonathan K. Nelson, « Leonardo e la reinvenzione della figura femminile : Leda, Lisa e Maria », *Lettura Vinciana*, XLVI, Giunti, 2006.

51. Arasse Daniel, « La Joconde », in *Histoires de Peintures*, Folio Essais, Gallimard, Paris, 2006.

52. *Codex Urbinas*, fol. 289.

53. *Moyen de retenir les traits d'un homme, et de faire son portrait, quoiqu'on ne l'ait vu qu'une seule fois. Traité élémentaire de la Peinture, chapitre CLXXIX.* Deterville, Libraire, 1803.

54. Simona Cremante, Le «figure del moto» nel codice Huygens, in *La mente di Leonardo, op. cit.*, p. 280-283. Erwin Panovski, *Le Codex Huygens et la théorie de l'art de Léonard de Vinci*, Idées et Recherches, Flammarion, Paris, 1996, [1940].

55. *Codex Huygens*, New York, Morgan Pierpoint Library, fols. 6, 12 et 26.

56. Venise, Galerie de l'Académie, Cabinet des dessins et des estampes, n. 257.Los Angeles, Getty Museum, n. 86GG.725.

57. Carlo Pedretti, *Leonardo da Vinci: Drawings of Horses and other Animals from the Royal Library at Windsor Castle,* 1984. A titre d'exemples, le folio RL12331 de Windsor rassemble sur une même page différentes attitudes de chevaux tout comme l'Etude pour la bataille d'Anghiari de la Galerie de l'Académie de Venise, inv.215a.

58. Windsor, RL 19037[v] et RL 19102v

59. B.N. 2038, fol. 29v, cité et traduit par Chastel *op. cit.*, p. 127.

60. Domenico Laurenza, «Moti Mentali», in *La mente di Leonardo, op. cit.*, p. 292-301.

61. *Codex Urbinas* fol. 127r, cité et traduit par Chastel *op. cit.*, p. 129.

62. *Codex Forster* II, fols., 62v et 63r.

63. Windsor, RL 12542 et Galerie de l'Académie de Venise.

64. Windsor, RL 12548 : Saint Barthélémy, RL 125552 : Saint Jacques le Majeur, RL 12551 : Saint Philippe etc.

65. Pietro Marani, *La Cène de Léonard de Vinci*, Skira, Milan, 2009.

66. L'improbable conservation de la bataille d'Anghiari derrière un mur du Palazzo Vecchio a fait couler beaucoup d'encre mais on pense aujourd'hui que la fresque est définitivement perdue et n'a survécu que par des copies contemporaines ou tardives. Voir Alfonso Musci et Alessandro Savorelli (appendice), «*Giorgio Vasari. «Cerca Trova». La storia dietro il dipinto*», *Rinascimento*, 2011, p. 237-268 ainsi que la mise au point de Stéphane Toussaint, «*L'affaire de la Bataille d'Anghiari*», *La Tribune de l'Art*, 12 juin 2012.

67. *CA,* fol. 202[r].

68. Ce texte a été magnifiquement analysé ligne à ligne par Carlo Vecce dans l'article intitulé «Le battaglie di Leonardo [Codice A, ff. 111r e 110v, *Modo di figurare una battaglia*] LI», *Lettura Vinciana* 16 aprile 2011, Olshky, Firenze, 2012.

69. Günther Neufeld, «Leonardo da Vinci's Battle of Anghiari : A Genetic Reconstruction», *The Art Bulletin*, vol. 31, n° 3 (Sep., 1949), p. 170-183.

70. Scènes de bataille, Venise, Galerie de l'Académie, inv.215 et 215A, Windsor, RL 12476[r] et RL 12339r.

71. Claire J. Farago, « *Leonardo's Battle of Anghiari : A Study in the Exchange between Theory and Practice* », *The Art Bulletin*, College Art Association, vol. 76, n° 2, juin 1994, p. 367-382, C., « Leonardo's great battle piece » in *The Art Bulletin*, vol. XXXVI, 1954 et Carlo Pedretti, *La Battaglia di Anghiari e le armi fantastiche*, Florence, 1992. Romano Nanni, « L'ira guerriera », in « Studi e riscroperte2, Cavalieri e zuffe » , in *Art et Dossier* A.20, n° 211, 2005 et Marco Versiero, « L'arte militare, tra virtù e bestialità. La concezione della guerra e la figura del guerriero nell'opera di Leonardo da Vinci » in Guerres et guerriers dans l'iconographie et les arts plastiques xve-xxe siècles Politique et représentations : de l'Italie de la Renaissance à l'Europe du Grand Siècle, vers une formalisation des codes, *Cahiers de la Méditerranée*, n° 83, 2011.

72. *Codex A*, fol. 111r, *Modo di figurare una battaglia*.

73. Sergei Eisenstein, *Stili di regia. Narrazione e messa in scena*, Venezia, 1993 p. 354-355, texte cité par Carlo Vecce dans sa *Lettura Vinciana*, « Le Battaglie di Leonardo » de 2012.

74. *Codex Urbinas* fol. *36^r*. Traduction Brioist.

75. Windsor, RL 12583^r, 12594^r et 12596^r. Pour le cheval, par exemple, RL 12334^r, 122336^r, 12338^r ou12328^v.

76. *Codex Urbinas*, fol. 73.

77. Ms A fol. 55r.

78. Chastel André, *L'Illustre incomprise Mona Lisa*, Gallimard, Paris, 1988.

79. Daniel Arasse, *Histoires de peintures*, Gallimard, Paris, 2015 et Carlo Pedretti, *Leonardo, a study in chronology and style*, Johnson Reprint Corporation, 1982. MC Cullen R., *Mona Lisa: the Picture and the Myth*, New York, 1977 (trad. franç.), Paris, 1981.

80. Sur l'identification hypothétique du pont, voir Carla Glori, Ugo Cappell, *Enigma Leonardo*, Cappello Edizioni, 2011 ou Carlo Starnazzi, « La Gioconda nella Valle dell'Arn », in *Archeologia Viva*, n° 57, 1996, p. 40-51. En ce qui concerne l'identification du paysage de l'arrière-plan, voir Daniel Arasse, op. cit. ou les hypothèses récentes qui y voient plutôt le territoire de Montefeltro : Rosetta Borchia et Olivia Nesci, *Codice P. Atlante illustrato del reale paesaggio della Gioconda*, Mondadori Electa, 2012.

81. Webster Smith, Webster Smith, « Observations on the Mona Lisa Landscape », *The Art Bulletin*, vol. 67, n° 2 June, 1985, p. 183-199.

82. Windsor RL 12405, RL 12414 et RL12387. Sur les études de formations rocheuses, voir notamment Windsor RL 12394 et RL 12397.

83. « L'ultime paysage », in Vincent Delieuvin, *La Sainte Anne, L'ultime chef-d'oeuvre de Léonard de Vinci*, Editions du Louvre, Paris, 2012, p. 144-161.

84. Le *Codex Leicester* et *Codex Arundel* regroupent les plus importantes recherches sur le corps de la terre et la géologie, le Ms M de l'institut de France contient les notes antérieures sur la croissance des arbres.

85. Bertrand Jestaz, «*Francois 1ᵉʳ, Salai, et les tableaux de Léonard*», *Revue de l'Art*, vol. 76, 1999, p. 68-72.

86. Carlo Pedretti, *Leonardo, op. cit.*, p. 167.

87. Claire J. Farago, «Leonardo's Color and Chiaroscuro Reconsidered : The Visual Force of Painted Images», *The Art Bulletin*, vol. 73, n° 1 (Mar., 1991), p. 63-88 et Daniel Arasse, *Le Rythme du monde, op. cit.*, p. 361-367.

88. Ernst Gombrich, «Conseils de Léonard sur les esquisses de tableaux», in *L'Art et la pensée de Léonard de Vinci, Études d'Art*, Alger, n° 8.

89. B.N., 2038 fol. 27ʳ⁻ᵛ·

90. B.N., 2038, fol. 36ᵛ.

91. Sur le léonardisme, voir Pietro C. Marani, *Leonardo e I Leonardeschi a Brera*, Milan 1987 et A. Ballarin, *Milano nell'età di Ludovico il Moro. Problemi di Leonardismo milanese in fine quattrocento*, Université de Padoue, 1997 et du même auteur, *Problemi di Leonardismo milanese tra quattro e cinquecento : Giovanni Antonio Boltraffio*, Citadella, Milan, 2005. Voir enfin Roberto Battaglia, *Léonard de Vinci et son héritage*, Les grands maîtres de l'art, Paris, 2008.

92. Janice Shell et Grazioso Sironi, «Salai and Leonardo's Legacy», in *Leonardo's Art Twentieth-Century Connoisseurship and Iconographic Studies : Leonardo's Projects, c. 1500-1519*, vol. 3, p. 397 à 410, Taylor and Francis, Inc, 1999

93. Carlo Pedretti, «*the Villa Melzi*», in *The Royal Castle at Romorantin*, Cambridge, Massachusetts, 1972 et Roberto Battaglia, *op. cit.*

X

L'ami du roi

Les prémices d'une rencontre

La bataille de Marignan, où les troupes françaises et vénitiennes parvinrent en septembre 1515 à repousser les Suisses, eut des conséquences indirectes sur la vie de Léonard[1].

En effet, jusque-là, Léon X appartenait à la Ligue catholique qui soutenait à Milan, contre les Français, l'héritier de Ludovic Sforza, Maximilien. En juillet 1515, le pape avait même ratifié un traité avec les Suisses lui permettant de garder la main sur les villes de Plaisance et de Parme en échange d'un soutien militaire et financier à ses alliés. En août, alors que les Français traversent les Alpes, Léon X rassemble des fonds à Rome pour payer un mois de solde à l'armée suisse mais a soin de garder les troupes pontificales en garnison à Parme et Plaisance et de ne pas les engager dans le combat.

Après la victoire française, Léon X négocie très rapidement la paix par le traité de Viterbe (13 octobre) qui reconnaît la domination de François Ier sur la Lombardie et lui cède Parme et Plaisance. Reste à signer un concordat pour redéfinir les rapports entre l'Église de France et Rome. L'entrevue a lieu à Bologne, terrain considéré comme neutre, et la cour pontificale quitte donc Rome pour l'Émilie-Romagne en passant le 30 novembre par Florence.

Au début du mois, la cour avait reçu à Viterbe la visite de l'amiral Guillaume de Bonnivet, proche du roi de France, venu avec l'ambassadeur Antonio Maria Pallavicini porter la parole de François I[er2]. Bonnivet indique alors la volonté de son souverain d'inviter en France le grand peintre et ingénieur. Pallavicini accompagne la cour pontificale à Bologne. Léonard fait partie de l'équipée et, lors de l'étape florentine, avance diverses propositions urbanistiques pour la capitale des Médicis : une nouvelle façade pour San Lorenzo, un nouveau palais en face de celui de la Via Larga, des écuries performantes non loin de la Piazza della Santissima Annunziata.

La venue du petit-fils de Laurent le Magnifique, Léon X, dans la ville où il est né est un événement pour les badauds, avec l'entrée princière et les processions dans les rues où flottent des bannières ornées de six boules à l'emblème des Médicis, mais aussi l'assemblée d'un consistoire au palais de la Seigneurie, devant les notables du lieu. Léon X préside l'événement sous la fresque inachevée de *La Bataille d'Anghiari* entamée par Léonard en 1504. Le 8 décembre, après avoir traversé les Apennins, le cortège de la cour pontificale passe les portes de Bologne.

La rencontre entre le pape et François Ier a lieu entre le 11 et le 15 décembre au Palazzo d'Accursio[3]. On suppose, sans en avoir vraiment la preuve concrète, que Léonard est alors présent et rencontre pour la première fois François Ier. Peut-être présente-t-il à Sa Majesté devant le pape les projets grandioses dont il est capable ? Il séduit en tout cas, notamment les gentilshommes de la cour dont il esquisse le portrait, tel Artus de Boissy, le camérier royal[4].

Les deux souverains expriment «un désir incroyable de faire amitié», selon l'expression de Guichardin, et le concordat confirme la pragmatique sanction qui concède au roi de France le droit de nommer les archevêques, les évêques et les abbés de France pour peu qu'il reconnaisse la suprématie du pape sur ses États et sur l'Église. Les conditions diplomatiques de la possibilité d'un départ de Léonard pour une terre étrangère sont réunies, mais ce dernier n'est pas encore tout à fait décidé. C'est une combinaison de facteurs divers qui va précipiter les choses.

Les conditions du départ

Tout d'abord, Léonard n'est plus aussi bien en cour qu'il ne l'a été, et l'étape florentine de Léon X n'a pas tout à fait porté les fruits escomptés. Giorgio Vasari rapporte :

> Il y avait une très grande rivalité entre Michel-Ange et lui ; raison pour laquelle Michel-Ange partit de Florence à cause de la concurrence, ceci avec l'excuse du duc Julien, étant appelé par le Pape pour la façade de San Lorenzo. Léonard, en entendant cela, partit et alla en France[5].

Michel-Ange a en effet été finalement chargé de la nouvelle façade de San Lorenzo. Le projet de Léonard avait paru trop complexe, ce que l'artiste prit pour une rebuffade. En réalité, ce fut une chance pour lui, car, en 1520, Léon X abandonna le projet et Michel-Ange travailla finalement en vain.

Le fait que Léonard n'ait pas achevé *La Bataille d'Anghiari* lui avait porté tort, d'autant que nombreux sont ceux qui se souvenaient qu'il avait consacré trois ans de travail à *La Cène* de Milan, qui commençait d'ailleurs à s'abîmer, alors que la nouvelle génération des Michel-Ange et des Raphaël travaillait de façon plus rapide et enchantait les commanditaires. Léonard est dès lors d'autant plus disposé à écouter Fra Giovanni Giocondo (1433-1515) vanter les charmes du mécénat français. Cet autre protégé de Julien de Médicis était devenu architecte de cour en France en 1495, sous Charles VIII. Éditeur de Vitruve et expert en fortifications, Fra Giocondo travaille à présent pour la fabrique de Saint-Pierre de Rome, s'intéresse comme Léonard à la philosophie humaniste ainsi qu'à la géométrie pratique, et peut évoquer avec enthousiasme ses travaux d'hydraulique menés à Paris, sur le pont Notre-Dame ou le Petit Pont, ou encore ses aménagements pour les jardins de Blois[6].

Enfin, Julien de Médicis, son mécène, tombé malade en juillet 1515, alors qu'il commandait la cavalerie pontificale censée contrecarrer l'invasion française, meurt d'une rechute le 17 mars 1516, à l'âge précoce de trente-cinq ans. Léonard est désormais sans protecteur. La nouvelle de ce drame parvient à Rome seulement quelques semaines avant une lettre adressée depuis Lyon par Gouffier de Bonnivet à l'ambassadeur de France à Rome, son ami Antonio Maria Pallavicini :

> Sollicitez maître Léonard pour le faire venir
> par devers le Roy, car ledit seigneur l'actend à une
> grande dévotion, et l'asseure hardyment qui sera
> le bienvenu tant du Roy que de madame sa mère[7].

La motivation de l'insistance royale est peut-être à chercher non seulement dans la réputation de l'artiste Léonard, mais encore dans les besoins de la duchesse d'Angoulême, Louise de Savoie, mère de François Ier, qui a entamé à Romorantin un projet de palais requérant de grandes capacités techniques[8]. Le message est transmis à l'intéressé qui ne se hâte toutefois pas de prendre une décision. Il sait, lui qui se sent malade et se prépare depuis octobre 1515 à l'art de bien mourir dans une confrérie laïque de compatriotes toscans, San Giovanni dei Fiorentini, que le départ pour la France sera probablement un voyage sans retour[9]. Il se trouve encore à Rome au mois d'août 1516[10]. Selon toute vraisemblance, c'est au début de l'automne qu'il entreprend le long voyage qui doit le mener à Amboise où la cour de François Ier s'est sédentarisée pour attendre la naissance de Charlotte de France prévue fin octobre[11].

L'aller sans retour pour la France

Aucune source ne nous permet d'identifier précisément l'itinéraire emprunté par Léonard. Une seule chose est certaine, un tel voyage demande de la préparation, car Léonard emporte assurément avec lui des livres, et sa bibliothèque est d'autant plus imposante qu'il faut y intégrer la quantité énorme des folios de ses études ainsi que ses dessins (les six mille feuillets qui ont survécu aujourd'hui, on s'en souvient, ne constituent qu'une part réduite de sa production totale). Léonard a également dans ses bagages un certain nombre de tableaux et du matériel de peinture, des outils, des éléments de mécanique et quantité de vêtements. Le déménagement suppose donc la mobilisation d'une petite caravane de chariots, sans compter que les membres de l'atelier qui accompagnent le maître, comme Francesco Melzi, et ses domestiques tel le fidèle Battista de Villanis, emportent eux-mêmes leurs effets personnels.

L'historien Louis Frank s'est hasardé à reconstruire les étapes du voyage en utilisant des cartes du temps comme la *Gallia Novella*, l'itinéraire du cardinal d'Aragon (qui vint rendre visite à Léonard à Amboise en 1518) et *La Guide des chemins de France*, un ouvrage publié à Paris en 1552 par Charles Estienne[12]. Il estime que la compagnie pouvait parcourir cinquante kilomètres par jour en terrain peu accidenté, soit l'allure d'un cheval au pas, et quarante kilomètres en zone montagneuse. Ce travail de reconstitution, extrêmement minutieux, prenant même en compte l'aspect des paysages au début du XVIe siècle, reste malgré tout très hypothétique. S'il est probable que Léonard ait quitté Rome pour régler ses affaires familiales, amicales et financières à Florence, Vinci et Milan, il n'est pas du tout certain, en effet, qu'il soit passé par le pas de Suse et le col du Mont-Cenis. Rien ne prouve qu'avec une telle cargaison, il n'ait pas été plus facile de faire le voyage par bateau de Gênes à Marseille, par exemple, puis de remonter le Rhône jusqu'à une rupture de charge, après Lyon : cette voie de communication était très fréquentée à la Renaissance dès lors que l'on avait de lourds chargements à transporter[13]. Les dangers d'une telle expédition maritime et fluviale n'étaient sans doute pas plus grands qu'une traversée des Alpes au risque d'attaques de brigands.

L'installation au Clos Lucé

Quoi qu'il en soit, Léonard arrive en Val de Loire à la fin de l'automne 1516. À l'invitation du roi et de sa mère,

Louise de Savoie, il s'installe à Amboise, au Clos Lucé, un manoir bâti initialement pour le compte d'Étienne Leloup, maître d'hôtel et bailli de Louis XI.

L'édifice, situé à dix minutes de marche du château royal d'Amboise, avait été ensuite la résidence éphémère du comte de Ligny jusqu'en 1503, puis du duc d'Alençon. En 1516, il appartenait à Louise de Savoie. Le bâtiment a été très retouché depuis le XVIIIe siècle, aussi est-il assez difficile de se faire une idée exacte du logis de Léonard entre 1516 et 1519[14]. À partir des témoignages du XIXe siècle et des photographies anciennes, toutefois, on peut déduire que l'aile droite du bâtiment est un ajout des années 1880, tout comme le rempart sur la rue, doté d'un chemin de ronde[15]. La structure en L du bâtiment principal à deux étages, en briques et en tuffeau, articulé sur la tour octogonale abritant un escalier à vis et flanquée d'un oratoire, est cependant probablement d'origine. Fenêtres, balcon de l'oratoire et chaînages de pierre sont en revanche l'objet de remaniements postérieurs, tout comme de nombreux aménagements intérieurs. Huit grandes pièces munies de vastes ouvertures, encore décrites en 1880, et une belle cuisine à cheminée médiévale offrent un certain confort au Toscan et à sa suite.

La ville d'Amboise est fort calme quand le roi n'est pas là, mais Léonard apprécie sans doute cette tranquillité, comme en témoigne un petit croquis réalisé alors, où les toits de la bourgade émergent des arbres[16]. Melzi, lui, regarde plus volontiers vers le palais du roi et en dessine une vue détaillée où apparaissent le logis des Sept Vertus, la tour Heurtault, le clocher de Saint-Florentin, et la porte des Lions avec son pont surplombant le fossé[17].

Au manoir, doté d'un cossu pigeonnier et d'un grand jardin que baigne une rivière, le roi accorde à Léonard une liberté absolue pour créer et verse à son « ami » une confortable pension dont les archives ont gardé la trace[18]. Léonard accède ainsi à une reconnaissance inespérée au vu de ses origines illégitimes. Son salaire, 1 000 écus soleil, soit 2 000 livres tournois par an, équivaut à celui que reçoit Stuart d'Aubigny, capitaine des archers de la garde. Certes, les grands aristocrates proches du roi, tels Artus Gouffier ou Galeazzo Sanseverino, grand écuyer de France, reçoivent cinq fois plus, mais les émoluments de Léonard sont bien ceux d'un noble et correspondent à plus du double de ce que lui donnait Louis XII en 1510. L'orfèvre Benvenuto Cellini, au début des années 1540, en était encore fort envieux[19].

Si François Ier se percevait tel un nouvel Alexandre, son invité revêtait volontiers la toge de son précepteur, le vieil Aristote[20]. Peut-être le jeune prince, orphelin de père depuis l'âge de deux ans, trouvait-il dans le peintre-philosophe une apaisante figure paternelle.

Romorantin

Léonard eut à peine le temps de s'installer dans ses nouveaux murs, de disposer la *Sainte-Anne* et ses autres tableaux sur des chevalets, d'ordonner ses manuscrits et sa précieuse bibliothèque, qu'il fut requis à Romorantin. Une lettre en français insérée dans le *Codex Atlanticus*, dont le papier a été récupéré comme brouillon d'exercices mathématiques, nous informe que l'Écurie royale lui prête à l'époque les montures dont il a besoin pour faire le voyage[21].

Deux petits schémas cartographiques, datant de janvier 1517, indiquent les localités qui ponctuent l'itinéraire emprunté depuis Amboise : Montrichard (*Moti Ricardo*), Pont-de-Sauldre (*Ponte Sodro*), Romorantin (*Romolantino*), Villefranche (*Villo Francho*)[22]. L'auteur transcrit dans sa langue les noms locaux et si le Cher et la Sauldre reçoivent un équivalent proche de leur nom français, la Loire est renommée par Léonard « fleuve Era » ou « Lo Era ». En désignant le fleuve français avec le toponyme d'un des affluents de l'Arno, le Toscan, par son erreur d'interprétation de ce qu'il entend (Lo Era = la Loire), redouble sur sa terre d'accueil la géographie familière de sa jeunesse.

On ignore à quelle date précise, en novembre ou décembre, il arrive dans la ville de Louise de Savoie, mais la reine mère est sans doute très pressée de le voir étudier la topographie des bords de Sauldre et le chantier de réfection et d'embellissement de la ville qu'elle a entamé depuis 1512. Sa correspondance prouve qu'en 1516 elle est elle-même très active dans l'inspection des travaux d'extension de son château, qui se voit adjoindre à un logis en L un prolongement sur soixante-dix mètres de l'aile sud[23].

Dans les années 1540, un ambassadeur de Ferrare décrit l'attachement affectif de François Ier à ce château en briques et en pierres, dont il détaille l'aspect :

> Sa Majesté aime ce lieu parce qu'il a été acheté par sa mère, d'heureuse mémoire, avec de l'argent de sa dot. Il aime également ce lieu parce qu'il y a un palais, plutôt une maison qu'un palais, avec un grand et beau jardin fermé sur trois côtés par une enceinte, toute de terre cuite, chose rare pour les constructions de cette région, où, si on élève des murs, on élève des pierres dures, c'est-à-dire des rocs venant de montagnes. Le quatrième côté de ce jardin est fermé par le cours de la Sauldre, [...] Sa Majesté aime beaucoup cette rivière. Une autre cause de l'affection [du roi à ce lieu] est que, le long du mur de sa garde-robe, il y avait une chambre très

longue, dans laquelle, dans plusieurs lits posés à la manière d'une salle d'hôpital, dormaient presque toutes les jeunes filles de la Cour. De la chambre où il dormait, Sa Majesté pouvait accéder à la garde-robe[24].

Léonard, invité de marque chargé de proposer une extension plus grandiose, à la hauteur des palais italiens qu'il connaît si bien, réside quelque temps sur place, peut-être dans une maison proche du palais dont il dessine dans le *Codex Arundel* un escalier de bois sculpté à double rampe, très caractéristique de la Sologne[25].

Début janvier 1517, Léonard a l'occasion de faire son rapport au roi en visite dans la ville, comme le mentionne le journal du secrétaire du chancelier Duprat[26]. Il semble que le roi soit revenu à Romorantin quinze jours plus tard, preuve de son intérêt pour les travaux en cours, avant de s'en retourner à Amboise, suivi cette fois par Léonard[27].

L'historien Carlo Pedretti est le premier à avoir enquêté sur l'implication du Toscan dans les projets romorantinais[28]. Menée entre 1517 et 1518, l'entreprise envisagée par le roi et sa mère était proprement herculéenne. Les papiers de Léonard contiennent plusieurs versions alternatives du palais neuf dont il rêve[29]. Tout d'abord, une vue en perspective montre un édifice situé sur une île accessible par deux ponts et présente trois étages à arcades. Les angles sont occupés par des pavillons que l'on retrouve à mi-distance des façades[30]. Le bord de la rivière sur laquelle donnent les fenêtres du château est aménagé en gradins, peut-être destinés à accueillir les spectateurs de joutes nautiques. Les autres propositions de Léonard n'existent que sous forme de plans : sur l'un d'eux, le palais est un quadrilatère doté de tours d'angle rondes et d'une grande cour intérieure (73 mètres sur 49) ainsi que d'une avant-cour flanquée d'écuries. Celle-ci aurait été ornée de deux fontaines circulaires[31]. Le texte d'accompagnement apporte des précisions intéressantes sur les structures et les aménagements intérieurs de l'édifice[32].

Un autre schéma offre une disposition similaire, à cette nuance près que le palais y est prolongé d'une place à colonnades, d'une longue avenue bordée d'une cinquantaine de maisons à colombages préfabriquées, ainsi que d'une église[33]. Comme à Milan dans les années 1490, Léonard n'a pas vraiment l'ambition, ni les moyens, de construire une ville idéale, plutôt d'aménager un quartier destiné à loger la cour qui, à cette époque, lorsqu'elle vient à Romorantin, est encore contrainte de descendre dans des auberges ou, pis encore, de camper dans les villages proches.

Les deux derniers dessins évoquent des projets assez différents, visant à aménager les deux rives de la Sauldre canalisée. Le premier situe le palais réservé à la cour et aux officiers sur la rive nord et les écuries sur la rive sud, le second prévoit des palais jumeaux, prolongés en longueur de leurs quartiers et de leurs places quadrangulaires[34]. Sachant que nous ne disposons que d'un seul dessin en élévation, assez flou, il est très difficile de connaître l'aspect détaillé de la résidence princière que Léonard envisageait. Il pouvait en tout cas s'inspirer de différentes solutions italiennes originales pour concevoir des espaces adaptés à la vie de cour : le château des Sforza de Milan, le palais de Montefeltro à Urbino, les villas des Médicis à Florence et le Belvédère de Léon X à Milan constituaient autant de modèles envisageables. La France offrait par ailleurs elle aussi des solutions architecturales, tel le château de Bonnivet, et Léonard était particulièrement attentif aux détails constructifs du château de Louise de Savoie : chambres carrées dans des tours rondes ou fenêtres à décor en coquille Saint-Jacques[35].

Certains croquis suggèrent que les écuries étaient extrêmement sophistiquées, avec leurs mangeoires et leurs systèmes
automatiques de nettoyage, et qu'il y avait peut-être plus
loin un monumental pavillon de chasse octogonal[36]. Ce
pavillon n'aurait évidemment aucun sens en ville, aussi
peut-on penser qu'il était destiné à la forêt toute proche de
Bruadan où se trouve aujourd'hui un carrefour de chasse
dénommé « le rond du roi »[37].

Les différents projets du titanesque chantier

Les archives municipales attestent que des travaux de
terrassement s'intensifièrent à Romorantin au moment
du premier séjour de Léonard[38]. Elles permettent aussi de
situer avec certitude les travaux du nouveau palais sur une
bande de terre appelée « le grand jardin », qui s'étendait le
long de la route d'Amboise entre les lieux-dits du « Grand
Mousseau » et de la « Fosse aux Lions », sur une distance de
quatre cents mètres en bord de rivière.

Entre 1516 et 1518, des centaines d'ouvriers s'activèrent
ainsi avec leurs tombereaux, leurs brouettes et leurs pelles,
rémunérés sur les revenus fiscaux d'un grenier à sel communal. On créa des carrières, on tira du sable et des cailloux
de la rivière et on pava les entrées de la ville. Les travaux,
qui au départ visaient simplement à aménager l'aile neuve
du château de Louise de Savoie, commencèrent à devenir
titanesques, impliquant un important quadrillage hydraulique de la région, destiné à la fois à multiplier de larges
voies navigables, à amender des terres, à nettoyer la ville et
à pourvoir en énergie des moulins encourageant l'artisanat.

Les dessins du *Codex Arundel* et du *Codex Atlanticus*
mettent en évidence trois projets. Le premier, de trois ou

quatre kilomètres, rattache la Sauldre au Cher, depuis le village de Pont-de-Sauldre. Le deuxième rattache les deux rivières par un canal joignant Villefranche et un point situé en amont de Romorantin. Le dernier, plus ambitieux, permet de joindre Lyon à Tours en passant par Romorantin, Blois et Amboise. Il s'agissait donc de dynamiser l'axe économique des bords de Loire, assez vivace depuis Louis XI depuis l'implantation d'industries armurières et textiles à Tours, en le rattachant à l'axe rhodanien (il ne s'agissait donc pas moins que de lier l'Atlantique à la Méditerranée, projet audacieux s'il en est!). La résidence royale dans la région constituait une autre puissante motivation de la monarchie.

Léonard semble avoir commencé par étudier de près les possibilités du deuxième projet, car un petit tronçon de ce canal orthogonal à la Sauldre correspond au cours d'un ruisseau qui existe toujours : le Mabon. Peut-être même s'agit-il d'une ébauche de canal creusée alors. Le problème est cependant qu'entre le cours du Mabon à l'endroit où il rejoint la Sauldre et la prise d'eau dans le Cher au niveau de Villefranche, le dénivelé s'avère extrêmement important (15 mètres). L'ingénieur se penche sur la question sans toutefois finir ses calculs :

Un trébuchet vaut quatre brasses, et un mile vaut trois mille de ces brasses. La brasse se divise en 12 onces et l'eau des canaux a de pente, tous les cent trébuchets, 2 desdites onces, donc 14 onces de pente sont nécessaires à deux mille huit cents brasses de mouvement dans lesdits canaux, s'ensuit que 15 onces de pente donnent le mouvement dû aux cours de l'eau des susdits canaux, savoir une brasse et demie par mile. Et pour cela nous conclurons que l'eau qu'on prend au fleuve de Villefranche et

qu'on donne au fleuve de Romorantin veut... là
où l'un des fleuves moyennant son altitude ne peut
entrer dans l'autre, il est nécessaire de le relever à
une hauteur telle qu'il puisse descendre dans celui
qui, avant, était plus haut[39].

Pour que le canal soit fonctionnel et que l'on puisse
l'amener au-dessus de Romorantin, il faut compenser la
déclivité par toute une série d'écluses à sas, idée précisée
par Léonard :

> Et il faut que les écluses soient à vannes mobiles
> comme celles que j'ai dessinées pour le Frioul,
> qui étaient faites de telle sorte que quand vous les
> ouvriez, l'eau jaillissait d'elles depuis le fond. Et en
> dessous des deux sites des moulins il faudrait qu'il
> y ait l'une de ces écluses, c'est-à-dire une écluse à
> vanne mobile sous chacun des moulins[40].

Les canaux étaient également pensés dans une perspective
hygiéniste afin de débarrasser la ville idéale de ses détritus et
de faire circuler l'eau stagnante, toujours cause de maladies.
Curieusement, Léonard semblait vouloir associer ses canaux
à des moulins, dont on peut penser qu'ils auraient été mis au
service de foulons, voire de machines textiles, mais Léonard
souhaitait aussi que le canal serve à transporter des matières
premières pour sa ville nouvelle[41].

Le pittore del re

Les capacités du cartographe se révèlent également précieuses. Un feuillet du *Codex Arundel,* portant l'écriture

de Francesco Melzi, correspond par exemple à une prise de mesures sur la route d'Orléans traversant la ville de Romorantin[42]. À chaque changement de direction, le membre de l'atelier indique le cap de la boussole. Le jeune homme se sert, pour ses relevés, du genre de goniomètre déjà employé par son maître à Imola vers 1503. Sur le plan apparaissent le pont sur la Sauldre, trois îles, l'église locale et la route élargie qui mène vers le terrassement.

L'entreprise léonardienne est extraordinairement cohérente. Elle est le fruit d'une adaptation aux conditions locales, d'une collaboration avec les terrassiers et maîtres des eaux de Sologne, d'une observation scrupuleuse des terrains et d'une connaissance précise du territoire.

Entre 1517 et 1518, Léonard effectue sans doute plusieurs allers-retours entre Romorantin et Amboise puisqu'il écrit, au-dessus de dessins géométriques dont il se délecte dans la perspective d'un livre à venir sur les transformations des surfaces et des volumes : « Le jour de l'Ascension à Amboise 1517, du mois de mai, au Cloux[43]. » Ces voyages s'expliquent par le patronage royal dont jouit le *pittore del re*. Benvenuto Cellini rapporte en effet, dans un témoignage un peu tardif, que le roi ne pouvait se passer de lui.

> Comme il n'était pas avare de son génie, qu'il possédait quelques rudiments de lettres latines et grecques, le Roi François, qui était gaillardement amoureux de son grand talent, prenait un immense plaisir à l'écouter parler, et il n'y avait guère de jour dans l'année où il se détachait de lui… Le roi dit qu'il ne pensait qu'il eût jamais existé un homme qui en sût tant que Léonard, non seulement en sculpture, peinture et architecture, mais aussi en philosophie où il excellait[44].

Alors que les travaux de terrassement allaient bon train dans la capitale de la Sologne, Léonard restait le plus souvent à portée de son mécène, à Amboise, et bénéficiait d'un peu de loisir pour ses recherches sur les forces de la nature et les déluges[45]. Il envisageait même de construire une fontaine pour orner le château et entreprenait des expériences de statique sur des poutres ou sur des liquides de densité différente[46]. Les tourbillons de la Loire l'intéressaient également et il se penchait sur les flux qui passent de part et d'autre de l'île surnommée «l'Île d'Or», sur laquelle s'appuie le pont, face au château royal[47]. On peut distinguer, sur le chemin qui traverse le fleuve, quinze petits carrés qui représentent des maisons ou des ouvrages de défense du pont[48]. On aperçoit aujourd'hui dans la Loire, à cet emplacement, des traces de charpente d'une superstructure avalée par le temps.

Fin septembre 1517, une nouvelle version du lion automate, supervisée par Léonard, est convoyée par le roi en Normandie, où il rend visite à sa sœur et son beau-frère, le duc d'Alençon. L'entrée royale à Argentan fut spectaculaire. L'ambassadeur de Mantoue, Rinaldo Ariosto, la raconte avec admiration[49].

Un ambassadeur vénitien, Zuan Badoer, mentionne pour sa part cet étonnant lion qui semblait se déplacer sur ses pattes (mais plus probablement sur des roues cachées) :

> Le Roi prétendit tuer un lion féroce qui terrifiait le royaume. Le lion ouvrit son poitrail et l'on put observer de magnifiques fictions et avec elles des propositions d'amour[50].

Le succès de ces effets spéciaux fut tel qu'on s'en souvenait encore sous Catherine de Médicis où l'automate servit pour de nouvelles fêtes[51].

En octobre 1517, Léonard était devenu si célèbre qu'il reçut la visite d'un éminent touriste : le cardinal Louis d'Aragon. Ce petit-fils du roi Ferrante était aussi le cousin d'Isabelle d'Aragon, l'épouse de Galéas Marie Sforza, une princesse dont Léonard avait été assez proche à Milan. Le cardinal, bien qu'auréolé d'une réputation assez sinistre, puisqu'il aurait commandité l'assassinat de sa sœur et de son beau-frère en 1513, était devenu l'un des principaux collaborateurs du pape. Son secrétaire et chapelain, Antonio de Béatis, narre dans le détail le voyage de son maître : la petite troupe était partie de Ferrare en mai 1517 et était passée par l'Allemagne et la Flandre avant de rejoindre la France, pour arriver le 10 octobre à Amboise[52].

D'après les termes de ce récit détaillé, Léonard, qui paraît à son visiteur plus vieux qu'il ne l'est en réalité, a gardé tout son enthousiasme. Peut-être l'artiste est-il fatigué parce qu'il a été récemment frappé d'une paralysie (liée à une attaque cérébrale ?), mais peut-être aussi Béatis a-t-il exagéré à dessein l'aspect vénérable du vieux sage.

Les visiteurs se voient présenter d'abord les tableaux de chevalet que le maître a emportés avec lui : une certaine dame florentine que l'on identifie parfois à la *Mona Lisa* (bien que la mention de la commande du portrait par Julien de Médicis semble en contradiction avec cette hypothèse), la *Sainte Anne* et le *Saint Jean-Baptiste/Bacchus dans un paysage*[53]. L'élève qui vient de Milan, mentionné dans le texte, n'est sans doute autre que Francesco Melzi, jeune noble milanais digne d'être présenté au cardinal et qui entame alors la réalisation de son œuvre maîtresse *Vertumne et Pomona*, inspirée d'un texte d'Ovide et d'un tableau disparu du maître[54].

Les visiteurs examinent ensuite les manuscrits anatomiques que leur présente un assistant et tombent en
admiration devant ces dessins destinés, leur explique-t-on,
à documenter le travail du peintre. Léonard se vante devant
eux non seulement d'être parvenu à un degré de précision
jamais atteint, mais aussi d'avoir pour cela disséqué trente
cadavres au cours de sa vie. Toutefois, visiblement, le peintre
ne souhaite pas apparaître comme un savant étudiant le
secret de la vie : on se souvient qu'à Rome, ses réflexions sur
la nature du fœtus lui avaient attiré quelques inimitiés au
sein du Vatican, donc la prudence reste de mise.

La présentation des travaux se poursuit avec l'initiation
du cardinal et de sa suite aux recherches du maître sur l'eau
et les tourbillons ou sur la mécanique des machines, sans
doute par le biais de dessins très explicites particulièrement
choisis pour leur effet spectaculaire ou pédagogique.

Béatis, s'il reconnaît la brillante réussite sociale de son
hôte, semble regretter que ces découvertes fantastiques ne
soient pas encore publiées : l'âge de l'imprimerie est en effet
en train de s'imposer et la seule circulation manuscrite au
sein de la cour est désormais moins bien comprise. Léonard
fait donc une promesse qu'il sait ne pouvoir tenir.

Le temps des fêtes

Quelques mois plus tard, le 16 janvier 1518, Léonard
est à nouveau sur la route entre Amboise et Romorantin,
preuve que les travaux continuent d'avancer dans la ville
de Louise de Savoie. Une note consignée dans le *Codex
Atlanticus* l'atteste : « Veille de la Saint-Antoine, je rentrai
à Amboise depuis Romorantin que le Roi a quitté deux
jours plus tôt[55]. » Le même mois, le maître se trouve chargé

de redonner au Cloux une nouvelle version de la fête du
Paradis de Bernardo Bellincioni, pièce qui avait connu un
énorme succès à Milan en 1490. C'est encore un ambassadeur, Galéas Visconti, qui rend compte de l'événement au
duc de Mantoue :

> Avant-hier, dimanche, le Roi très chrétien
> donna un banquet et une admirable fête, que vous
> connaîtrez par les paroles qui vont suivre. Et le lieu
> qui les abrita était nommé le Clous, un très beau et
> grand palais. D'abord, toute la cour était couverte
> de draps de couleur céleste avec des étoiles d'or, à
> l'imitation du ciel, puis on voyait les principales
> planètes, le soleil et de l'autre côté, à l'opposé, la
> lune, spectacle merveilleux à voir. Mars, Jupiter et
> Saturne étaient mis en scène en leurs orbes habi-
> tuels, ainsi que les 12 signes du zodiaque[56].

La date donnée par Visconti dans sa lettre pour ce spectacle joué dans un pavillon de toile reproduisant la voûte
céleste et l'Olympe, est le 19 juin 1518. Comme la cour
était alors en visite à Angers, l'on pense aujourd'hui que
l'ambassadeur a pu confondre deux fêtes, l'une donnée au
Cloux en janvier, l'autre à la Bastille plusieurs mois plus
tard, à l'occasion des noces de la jeune Marie Tudor et du
dauphin de France[57].

Au printemps, une autre fête a lieu à Amboise, plus
spectaculaire encore. Elle célèbre un double événement :
le baptême du dauphin François (le 25 avril), suivi du
mariage de Laurent de Médicis, neveu du pape, et de
Madeleine de La Tour d'Auvergne, fille du gouverneur
de Bologne. Les enjeux diplomatiques de ces réjouissances

sont d'importance. En effet, pour François Ier, se réconcilier avec la maison de Médicis et la papauté, dont les troupes, en 1515, avaient rejoint les Suisses qui occupaient Milan, permettait de stabiliser la situation géopolitique dans la péninsule italienne.

De plus, le jeune roi doit faire savoir à tous les ambassadeurs présents, par une fête militaire, qu'il a acquis l'envergure d'un roi de guerre maître d'une armée redoutable. La tâche est délicate car il ne faut pas blesser l'amour-propre des anciens ennemis, aussi ne doit-on pas citer la victoire de Marignan. Festivités, banquets, festins, bals, tournois et joutes se succèdent pendant quinze jours, comme Louis XII l'avait fait autrefois à Milan après les affaires de Gênes et d'Agnadel.

Dominique de Cortone, un artiste formé dans l'atelier de Francesco di Giorgio et maîtrisant notamment tous les arts de la menuiserie, travaille d'arrache-pied pour honorer la commande des décors festifs. Vingt-six journées et dix nuits, payées 60 livres au maître-d'œuvre, sont pour cela nécessaires[58]. Dans la cour du château d'Amboise, tout d'abord, sont construits les bâtiments éphémères appelés à accueillir la foule nombreuse venue assister au baptême et au mariage[59].

Au chemin couvert qui permet de descendre en pente douce du logis de Louise de Savoie au parvis de l'église Saint-Florentin, où auront lieu les cérémonies, on ajoute de grands pavillons fleur-de-lysés et ornés de tapisseries mythologiques pour recevoir dignement tous les convives et danseurs[60]. En ville, d'autres aménagements attendent les jouteurs sur la place du Vieux-Marché : un arc de triomphe, des lices, des tribunes et, au fond de la place, des bastions de terre palissadés ainsi qu'un château factice de bois et de toile.

Les joutes entre douze preux choisis dans la haute noblesse, dont plusieurs connaissaient bien Léonard, s'enchaînèrent pendant plus d'une semaine, au plus grand plaisir des Amboisiens juchés sur les toits ou se pressant aux fenêtres des maisons de la place pour voir le roi vêtu de toile d'or. La musique des trompettes, les discours des hérauts d'armes et les livrées splendides des chevaliers et de leurs suites qui descendaient du château et du camp d'artillerie par la tour-rampe de la porte Heurtault, magnifiaient ces glorieuses journées.

Le clou du spectacle fut présenté les 14 et 15 mai. Il s'agissait de la mise en scène d'une prise de château, dont l'ambassadeur Gadio dresse le récit circonstancié pour la cour de Mantoue :

> Votre Excellence, imaginez-vous une grande place avec, au bout, un espace clos haut comme un homme à cheval, cerné d'une fausse enceinte à créneaux recouverte à l'intérieur de toiles peintes à l'imitation des murailles. Entre les deux tours [donjons ?] érigées, la place a été surélevée en une motte haute comme un homme, au-dessus de laquelle s'élevait un poutrage en bois haut de deux brasses ; au-devant, il y avait une douve large de cinq brasses. [...] sur la motte on voyait quelques mortiers de bois cernés de fer qui tiraient en l'air, avec poudre et feu, en faisant grand bruit, des ballons gonflés qui, en retombant sur la place, rebondissaient au plus grand plaisir de tous et sans dommages.

Léonard de Vinci, qui mentionne en 1518 dans le *Codex Atlanticus* un « maestro Domenico » (possiblement Dominique de Cortone), avait été chargé, selon les historiens Edmondo Solmi et Luca Garai, de ces effets spéciaux à base de vessies gonflées d'air, une technique qu'il avait expérimentée à Rome[61]. Il conçut même une machine pour envoyer ces baudruches sur les troupes assaillantes depuis la forteresse[62]. Pour le roi François, il était crucial de démontrer la puissance de son artillerie, si performante à Marignan. Aussi voulait-il non seulement que sur scène l'on voie des pièces en action mais, de surcroît, que l'on entende les fleurons de son parc d'artillerie, canons et couleuvrines conduits depuis l'arsenal de Tours, qui tiraient à boulets réels sur une petite colline dite « Motte aux Connils[63] ».

Le bruit terrifiant des déflagrations faisait partie du spectacle, tout comme les feux d'artifice que l'on tirait périodiquement pour créer des effets scéniques, et les archives rapportent que les vitraux des églises de la ville n'y survécurent pas[64]. La prise du bastion impliqua des troupes nombreuses et extrêmement variées : hommes d'armes à cheval et en armure, arquebusiers, piquiers armés à la suisse, archers de la garde, estradiots albanais… Certains costumes dessinés par Léonard, comme celui d'un cavalier monté à la genette, javelot en main, peuvent avoir été destinés à des parades organisées alors[65]. Malgré les recommandations diplomatiques, certains chevaliers ne purent s'empêcher de faire de discrètes allusions à leurs exploits lors de la bataille de Marignan, au risque de froisser le marié…

À vrai dire, même dans les motets offerts par Léon X à son neveu à l'occasion du mariage, la référence à la victoire du noble roi François était transparente, car il fallait bien faire l'éloge des qualités guerrières du « subjugateur des Helvétiens ». Ainsi le maître de chapelle Jean Mouton met-il en musique une pièce dédiée à Louise de Savoie intitulée *Exalta regina Galliae*, dont les paroles renvoient clairement à ce qui s'est passé en septembre 1515 non loin de Milan[66] :

Que l'on exalte la Reine de France ! Et toi, Mère
d'Amboise, jubile !
Car ton glorieux François mène en vainqueur le
cortège triomphal,
Brise l'ennemi et met en fuite les troupes ;
Aucun revers ne perturbe le Roi, et, brillant
d'une blancheur de neige, il affronte à la tête de ses
troupes tous les dangers.

Le 16 mai, le spectacle s'acheva, comme il se devait, par
la victoire du roi :

À grands coups de piques, raconte Gadio, le roi
gagna la partie et sauva le château. Monseigneur
Connétable, Monseigneur de Lançon, Monseigneur
de Guise et Monseigneur le Prince d'Orange, sui-
vis de leurs soldats, combattirent à nouveau, et,
avec l'honneur du très invaincu et vertueux roi, se
finirent les simulacres belliqueux. Rien ne s'est fait
après ni ne se fera maintenant, parce que Sa Majesté
s'en ira en Bretagne[67].

Cette fête fut l'occasion pour Léonard de rééditer, plus
majestueusement encore, les spectacles militaires auxquels
il avait participé à Milan, mais aussi de collaborer avec
Dominique de Cortone, l'un des futurs concepteurs de
Chambord.

L'arrêt brutal du chantier de Romorantin

On peut conjecturer que les deux hommes échangèrent
alors des idées d'architectes à propos de Romorantin.

Quelques mois plus tard, néanmoins, le projet, qui aurait dû donner naissance au palais et au quartier curial de cette ville, s'écroule.

Pourquoi les travaux s'arrêtèrent-ils brutalement? Cela reste un mystère car les sources invalident l'hypothèse d'une épidémie: si Romorantin connut bien une peste dévastatrice, ce fut beaucoup plus tard, sous les derniers Valois. La réponse est sans doute par conséquent à chercher dans la volonté vacillante du roi ou encore dans la maladie de Léonard. Sans ce dernier, en effet, l'entreprise, aux exigences techniques considérables, notamment en termes d'hydraulique, ne pouvait raisonnablement être menée à terme.

Léonard passa donc vraisemblablement la main à un plus jeune que lui, Dominique de Cortone, qui reprit ses idées pour une solution de rechange à peine moins somptueuse: Chambord. La maquette, réalisée pour François Ier, que Cortone laissa en 1521 dans son domicile de Blois et que l'on retrouva en 1682 seulement, constitue le chaînon manquant entre Romorantin et ce que devint Chambord[68].

C'est en fait le temps des grands renoncements. Léonard sait, par exemple, qu'il ne touchera plus à ses tableaux, aussi décide-t-il de les céder au roi de France. Le 14 juin 1518, François Ier verse pour cette raison à Salaï une importante somme d'agent, 2 604 livres tournois, en contre-don des tableaux que lui a offerts Léonard: *La Joconde*, le *Jean-Baptiste/ Bacchus dans un paysage*, une *Vierge à l'Enfant avec sainte Anne*, un portrait d'une dame nue et une *Léda debout*[69].

Le 24 juin, jour de la Saint-Jean, Léonard est toujours à Amboise, et dessine des figures géométriques en rapport avec un théorème d'Euclide sur la variation des deux dimensions d'un rectangle[70]. Quelques jours plus tard, il évoque par une planimétrie le souvenir de la ménagerie aux lions de Florence, peut-être inspiré par les lions que François Ier entretient à Amboise et Romorantin pour son divertissement[71]. La dernière page datée écrite par Léonard est de cette époque et suggère avec un bel effet de réel l'ambiance toute de méditation qui règne alors dans le manoir du Cloux. Au beau milieu d'une nouvelle réflexion géométrique sur des rectangles aux bases de longueurs différentes, la plume s'interrompt en effet et inscrit en bas de la page l'annotation suivante : « etc. parce que le potage refroidit[72] ». Le maître est sans doute dérangé par son serviteur Battista de Villanis qui vient le prévenir que la cuisinière française, Mathurine, s'impatiente : l'heure du souper est largement entamée.

Le testament de Léonard

Le seul document ultérieur à celui-ci est le testament que Léonard dicte au notaire d'Amboise, Guillaume Boreau, le 23 avril 1519, veille de Pâques, en présence de Francesco Melzo, nommé exécuteur testamentaire, Battista de Villanis et cinq religieuxn dont deux franciscains italiens[73] :

> Qu'il soit manifeste à chacun, présent et à venir, écrit Boreau, qu'à la cour du roi notre Seigneur à Amboise, devant nous personnellement constitué Messire Léonard de Vinci, Peintre du Roi, ici présent, demeurant à l'endroit dit du Cloux, près Amboise, lequel, considérant la certitude de la mort et l'incertitude de son heure, a reconnu et confessé devant nous dans ladite cour à laquelle il a soumis et soumet ce qui suit : avoir fait et ordonné, par le contenu de la présente, son testament et l'ordre de ses dernières volontés ont la manière qui suit.

Le texte énumère ensuite toute une série de mesures destinées à assurer à Léonard sa tranquillité dans l'autre monde et tout particulièrement la réduction de son temps de purgatoire.

D'abord il recommande son âme à Dieu notre Seigneur, à la glorieuse Vierge Marie, à Monseigneur saint Michel et à tous les bienheureux anges, saints et saintes du paradis. Item le testateur veut être enseveli dans l'église Saint-Florentin d'Amboise et que son corps soit porté par les capucins de cette église. Item, que son corps soit accompagné dudit lieu jusqu'à l'église Saint-Florentin par le collège de ladite église, à savoir le recteur et le prieur ou des vicaires et prêtres de l'église Saint-Denis d'Amboise et avec eux les frères mineurs dudit lieu, et, avant que son corps soit porté dans ladite église, ledit testateur veut que soit célébrée dans ladite église Saint-Florentin trois grandes messes avec diacre et sous-diacre ; que le même jour que les trois grands messes susdites seront dites, l'on dise encore 30 messes de Saint Grégoire. Item, que dans ladite église de Saint-Denis le même service soit célébré comme dessus. Item, que dans l'église desdits frères et religieux mineurs le même service soit célébré. [...] Item, il veut qu'à ses obsèques il y ait 60 cierges lesquels seront portés par 60 pauvres auxquels il sera distribué de l'argent pour les avoir portés ; ce sera le susdit Melzo qui le leur distribuera à sa volonté ; ces cierges seront répartis entre les quatre églises ci-dessus nommées. Item, le susdit testateur accorde à chaque église ci-dessus nommée, 10 livres de grosses bougies en cire qui seront mises dans lesdites églises pour servir le jour où on célébrera les services sus désignés. Item, qu'il soit donné aux pauvres de l'hôpital de Dieu, aux pauvres de Saint-Lazare d'Amboise et pour ce faire qu'il soit donné et payé au trésorier de ces confréries la somme et quantité de 70 sous tournois.

Peut-être le peintre du roi ne fait-il qu'honorer les conventions, mais il organise en tout cas ses obsèques en bon chrétien, comme il l'avait fait pour sa mère Catherina à Milan, en parfaite conformité avec les croyances de son temps qui veulent que, pour réduire le temps de purgatoire, un lieu entre l'enfer et le paradis où les âmes des justes attendent d'être lavées de leurs péchés et où l'on souffre des supplices dont les théologiens prétendent qu'ils sont infiniment plus douloureux que les plus terribles souffrances terrestres, on doit multiplier les gestes et les bonnes actions ou faire en sorte que les vivants s'acquittent pour vous de la dette contractée envers Dieu.

Cette religion contractuelle explique les pratiques recommandées par le testament : dons aux pauvres et aux confréries, processions, chandelles, messes et recommandations[74]. D'après Vasari, Léonard, à la fin de sa vie, malade et alité, avait voulu « s'informer scrupuleusement des pratiques catholiques et de sa bonne et sainte religion chrétienne ; puis, après bien des larmes, se repentit et se confessa ». Ce récit de conversion exemplaire ne tient pas compte du fait que déjà, à Rome, Léonard avait rejoint une corporation pour apprendre l'art de bien mourir ; aussi a-t-on sans doute affaire à une fiction moralisatrice du biographe décidé à laver son héros de tout soupçon d'hérésie.

La volonté de rachat, il est vrai, peut surprendre de la part d'un homme qui prenait ses distances avec le culte des saints et qui avait sur l'âme des conceptions toutes personnelles ; il n'en reste pas moins qu'au seuil de la mort, il souhaitait s'accorder avec la religion. Être enseveli à Saint-Florentin, loin de chez lui, était la garantie de jouir des prières de cette cour de France qui l'adulait. Suivent toutes les dispositions visant à remercier ses amis et ses élèves. Le premier d'entre eux est Francesco Melzi, son fils adoptif, qui reçoit surtout un héritage intellectuel, les livres, et artistique, les dessins. Au fidèle Battista de Villanis, rencontré plus récemment, reviennent un droit d'eau sur les canaux de Milan, c'est-à-dire un revenu régulier, ainsi que les meubles et objets conservés au Clos Lucé. Il lui donne également une moitié de sa vigne à Milan, l'autre moitié revenant au bien-aimé Gian Giacomo Caprotti, surnommé Salaï, tour à tour modèle, serviteur et assistant.

S'il semble que Salaï n'ait reçu qu'une portion congrue de l'héritage malgré l'attachement du maître à sa personne, il faut se souvenir en réalité qu'en juin 1518, François Ier lui avait versé 100 écus pour son travail et que la cession de *La Joconde*, du *Bacchus*, de la *Sainte Anne* et de la *Léda* lui avait rapporté quelques 2 604 livres tournois, une somme colossale[75]. Salaï avait également récupéré diverses copies des tableaux de son maître qui apparaissent encore dans son testament en 1525[76]. Le partage de la propriété milanaise entre Salaï et Villanis fut par ailleurs source de dissensions à venir entre les deux hommes.

La cuisinière française, Mathurine, n'est pas oubliée, mais se trouve récompensée bien plus modestement :

> Item, le susdit testateur donne et accorde à Mathurine sa servante une robe en drap noir doublé de poils, un manteau de drap et deux ducats, le tout payable en une seule fois et cela en

reconnaissance des bons services à lui rendu par la susdite Mathurine.

Léonard recommande en outre à Melzi de léguer de sa part aux autres fils de Ser Piero, ses frères, une terre qui lui venait de l'oncle Francesco, à Fiesole, et tout l'argent dont il disposait à l'église Santa Maria Novella de Florence, qui lui servait de banque. Ce legs devait avoir été stipulé dans un document légal qui nous échappe.

Après la mort de Léonard, Melzi s'acquitte poliment de cette tâche en rappelant aux frères de son ami, qui avaient été assez odieux avec ce dernier et l'avaient en leur temps dépouillé de tout héritage, à quel point Léonard était apprécié des grands de ce monde, auxquels ils n'avaient pas accès. Tout en semblant justifier le fait qu'ils ne recevaient rien d'autre que les biens florentins à cause du droit d'aubaine qui soumettait toutes les successions des étrangers au roi de France, il leur signifiait néanmoins que François Ier avait fait exception dans le cas de son peintre favori et que, par conséquent, si les biens détenus en France leur échappaient, c'est que leur parent avait souhaité qu'il en fût ainsi.

De fait, Léonard n'avait sans doute qu'à moitié pardonné la mesquinerie de ses frères, et ses amis, sa vraie famille, en étaient parfaitement au courant. Au demeurant, quand les frères voulurent vider le compte, en 1520, il s'avéra qu'il n'y avait plus là que 325 florins, soit une somme inférieure à celle déposée par Léonard en 1513. Ils s'en plaignirent amèrement à l'Anonyme Gaddiano, l'un des premiers biographes de leur frère[77].

Derniers instants de Léonard de Vinci

Léonard rendit son dernier souffle le 2 mai 1519 au manoir du Cloux à l'âge, vénérable à cette époque, de soixante-sept ans. Ici encore, la version des faits donnée par Vasari demande à être corrigée :

> Le roi qui le visitait souvent de la façon la plus amicale survint sur ces entrefaites ; par respect, Léonard se dressa sur son lit, lui exposant la nature et les vicissitudes de sa maladie, et montrant en outre combien il avait offensé Dieu et les hommes en n'ayant pas œuvré dans l'art ainsi qu'il convenait. Il lui prit à ce moment un spasme avant-coureur de la mort et le roi se leva et lui prit la tête pour l'aider et pour lui témoigner sa faveur afin de soulager ses souffrances mais ce divin esprit reconnaissant ne jamais pouvoir recevoir d'honneur plus grand expira dans les bras du roi au soixante-quinzième an de son âge[78]…

En vérité, cette image, reprise notamment par Jean-Dominique Ingres dans un tableau célèbre, est aujourd'hui discréditée, et pas uniquement en raison de l'âge au décès qui est donné dans le texte[79].

On sait en effet qu'en mai, François Ier résidait à Saint-Germain-en-Laye en prévision des festivités données pour la naissance de son deuxième fils, le futur Henri II, et comme le 3 mai il rédigeait en ce château un édit, il ne pouvait donc être à Amboise. Ce fut semble-t-il Melzi qui informa le souverain du décès de son ami et, d'après Lomazzo, il « pleura de tristesse » à cette nouvelle[80].

Léonard fut enterré selon son désir dans l'église Saint-Florentin, dans la cour du château d'Amboise. Le document d'inhumation, daté du 12 août 1519, ce qui laisse imaginer qu'il y eut un enterrement provisoire, le présente comme « Messer Lionard de Vincy, noble milanois, Ier peintre et ingénieur du Roy, meschanicien d'estat et anchien directeur de peinture du Duc de Milan »[81]. Si, aujourd'hui, on montre à Amboise la tombe de Léonard dans la chapelle Saint-Hubert, c'est que la collégiale Saint-Florentin souffrit des guerres de religion et de la Révolution française et fut démontée en 1808, les Amboisiens s'en servant comme d'une carrière de pierres. Quelques années plus tard, un jardinier retrouva sur le site quelques ossements et notamment un gros crâne qu'il déposa là où se trouvait initialement le chœur de l'église. Il n'en fallut pas plus pour qu'en 1863, le poète Arsène Houssaye rapproche ces reliques d'une pierre tombale à demi illisible et n'affirme véhémentement qu'il s'agissait bien du crâne du grand homme[82].

Il est de nos jours régulièrement question de déterrer le cercueil de la chapelle Saint-Hubert et de comparer ses vestiges humains à l'ADN d'hypothétiques descendants collatéraux de Léonard. Nous préférons, quant à nous, prendre une fameuse phrase du maître comme une injonction à laisser sa dépouille en paix :

> Comme une journée bien remplie apporte un paisible sommeil, ainsi une vie bien employée nous mène à une mort paisible[83].

L'héritage du maître

La trace la plus riche de l'intelligence de Léonard est évidemment à chercher ailleurs, dans les œuvres peintes et dans les milliers de feuillets qui furent soigneusement rangés par Francesco Melzi dans deux caisses expédiées en 1520 dans sa villa de Vaprio d'Adda. Le fidèle légataire garda jalousement ce trésor et le protégea des princes italiens, tels les Este, qui voulaient s'en saisir. Il s'acquitta également de la promesse qu'il avait faite à son vieil ami de compiler un livre de peinture dont le manuscrit est conservé aujourd'hui à Rome sous le titre *Codex Vaticano Urbinate Latino 1270*. Curieusement, le livre ne fut pas imprimé avant le siècle suivant, en 1651.

Les manuscrits anatomiques, scientifiques et techniques, eux, restèrent pour un temps dans leur forme originale, classés simplement par thèmes par Melzi. Entre le XVIe et le XIXe siècle, l'histoire de leur dispersion, après qu'ils furent vendus par Orazio Melzi (le fils de Francesco) entre l'Italie, la France, l'Angleterre et l'Espagne, est assez complexe. On peut simplement retenir qu'en 1797, Jean-Baptiste Venturi publia quelques bonnes pages transcrites dans ses *Essais sur les ouvrages physico-mathématiques de Léonard de Vinci* et qu'il fallut attendre 1883 pour que Jean-Paul Richter publie à Londres une première anthologie.

Parallèlement, entre 1880 et 1891, Charles Ravaisson-Mollien fut chargé à Paris de l'édition en fac-similé du corpus des *Carnets* tandis qu'en Italie, l'Accademia dei Lincei (Commissione Vinciana) se lança dans la transcription diplomatique de tous les manuscrits et notamment du *Codex Atlanticus*[84]. La résurgence publique de l'essentiel des écrits de Léonard fut donc extrêmement tardive et la réception massive de ces derniers attendit le début du XXe siècle.

Notes

1. Amable Sablon du Corail, *1515 Marignan*, Tallandier, Paris, 2015.

2. Marino Sanudo, dans ses *Diarii* (vol. XXI, 9 novembre 1515), date du 4 novembre l'arrivée de Monsignor di Boivet « (sic) orator dil Christinaissimo re ».

3. Naomi Rubello, « Da Marignano a Bologna. Il riavvicinamento diplomatico tra Leone X e Francesco I », in *Aevum*, 89/3, 2015, p. 609-627.

4. Carlo Pedretti, *Documenti*, p. 93-129.

5. Giorgio Vasari, *Vies des plus illustres peintres*, livre IV, 1976, p. 35.

6. Pier Nicola Pagliara, article « Fra Giocondo » in *Dizionario Biografico degli Italiani*, Volume 56, Roma, Istituto dell'Enciclopedia Italiana, 2001 et Adolfo Tura, *Fra Giocondo et les textes français de géométrie pratique*, Librarie Droz, 2008.

7. Lettre de Gouffier de Bonnivet, le 14 mars 1516, Calendar of Letters and Papers, 1864, n° 1670, Ian Sammer, « The Royal Invitation », in *Leonardo and France*, Carlo Pedretti ed., CB edizioni, 2009, p. 29-33.

8. Pascal Brioist, « Le palais et la ville idéale de Romorantin », in Carlo Pedretti, *Léonard de Vinci et la France*, Cartei & Bianchi éditeurs, 2011, p. 70-91.

9. C.L.Frommel, « Leonardo fratello della Confraternita della Pietà dei Fiorentini a Roma », *Raccolta Vinciana*, XX, 1964, p. 369-373.

10. Léonard fait en effet allusion à Saint-Paul-hors des murs à cette date dans le *CA*, fol. 471 [r-v].

11. *Catalogue des actes de François Ier*, VIII, 1905, p. 419-420.

12. Louis Frank, « Gallia Novella. Dernier voyage de Léonard de Vinci », in *Léonard en France. Le maître et ses élèves 500 ans après la traversée des Alpes, 1516-2016*, Skira, 2016. La *Gallia Novella* est extraite de la *Geographia* (Firenze, 1480) de Francesco Berlinghieri, conservée au département des cartes et plans de la Bibliothèque Nationale de France, GE DD-1990, pl.5.

13. Marjorie Meiss, *Les Guise et leur paraître*, Presses universitaires François Rabelais, Tours, 2014. Dans cet ouvrage, l'auteure démontre par exemple que les chevaux et les animaux exotiques importés par les Guise des rives de la Méditerranée empruntaient cet itinéraire.

14. Anatole de Montaillon, « Le testament de Léonard de Vinci », *Réunion des sociétés des beaux-arts des départements*, XVIIe session, Plon, Paris, 1893, p. 780-800.

15. Louis Auguste Bosseboeuf, *Clos Lucé, séjour et mort de Léonard de Vinci, Tours, 1893, p. 409 et 430*. L'auteur tient à remercier ici feu le Professeur Pedretti de lui avoir laissé accéder en 2005 dans sa villa de Lamporecchio à sa collection personnelle de cartes postales et gravures représentant le Clos Lucé.

16. *CA,* fol. 246r.

17. Windsor, RL, 12727.

18. Archives nationales de France, Série KK//289/1, Languedoil et Guyenne, recette générale des finances 1517-1518. Fol.352, verso – fol. 353 recto, transcription de Faustine Migeon (CESR).

19. Benvenuto Cellini, *Discorso dell'Architectura,* in *Opere,* ed. B. Maier, Milan, 1968, p. 858-860

20. *Codex de Madrid,* vol. II, fol. 24r : « Aristote et Alexandre furent précepteur l'un de l'autre ».

21. *CA,* fol. 476[r].

22. *CA,* fol. 920 [r].

23. Pascal Brioist, « Le projet de Léonard de Vinci à Romorantin », in *Louise de Savoie* (sous la direction de P. Brioist, L. Fagnart et C. Michon), Presses universitaires François Rabelais, Tours, 2015, p. 74-90.

24. Modène, Archivio di Stato, Cancelleria ducale, Ambassiatori, Francia, B21, fasc.1, p. 119-126.

25. *Codex Arundel,* fol. 262[v].

26. *La veille de Saint Antoine (le 16 janvier, N.D.T.) je retournai de Romorantin à Amboise, le roi partit deux jours avant de Romorantin CA,* fol. 920 r.

27. Voir note 22.

28. Carlo Pedretti, *Leonardo da Vinci, the Royal Palace at Romorantin,* Cambridge, Massachussets, 1972.

29. Les documents principaux concernant Romorantin dans les manuscrits de Léonard sont au nombre de 7 : le feuillet 12292 v de la Bibliothèque Royal de Windsor nous fournit une précieuse élévation. Le feuillet 582 r

du *CA* fait apparaître un palais double avec canaux. Le feuillet suivant, 583 r, porte deux plans d'une cité sur canaux et une curieuse façade en élévation. Le feuillet 209 r du même codex montre en revanche un palais simple qui porte des instructions se rapportant à la construction. Sur le feuillet 270 r-b du *CA* apparaît un palais prolongé d'un quartier long qui n'est pas sans rappeler des études architecturales du feuillet 806 r. La dernière représentation se trouve dans le *Codex Arundel* au feuillet 269 r, on y voit un palais double. La feuille porte par ailleurs divers dessins relatifs à un bâtiment octogonal.

30. Windsor RL 12585

31. *CA,* fol. 209[r].

32. *ibid.*

33. *CA,* fol. 806[r] palais, quartier neuf et basilique.

34. *CA,* fol. 582[r] : palais et écurie de part et d'autre de la rivière. *Codex Arundel* fol. 270[r] : figure avec palais double et bâtiment octogonal.

35. Carlo Pedretti, *The Royal Place at Romorantin, op. cit.*

36. Il faudrait ici rapprocher la mention d'écuries des projets plus anciens, renvoyant aux années 1490 présents dans le Manuscrit B fol. 38[v].

37. Voir ici le débat à ce propos entre Carlo Pedretti, 1975, *op. cit.*, et Jean Guillaume, « La villa de Charles d'Amboise et le château de Romorantin : Réflexion sur un livre de Carlo Pedretti », *Revue de l'Art*, 25, 1974, p. 71-91.

38. Pascal Brioist, « Le palais et la ville de Romorantin », *Léonard de Vinci et la France* (dir. Carlo Pedretti), Cartei & Bianchi editore, 2010, p. 34-45. Les feuillets 98r du registre CC11 et 114ʳ et 114ᵛ du volume CC8 des archives de Romorantin prouvent que des terrassements importants se sont poursuivis en 1517-1518.

39. *CA,* fol. 920ʳ.

40. *Codex Arundel* fol. 270ᵛ.

41. Ibid.

42. *Codex Arundel,* fol. 263ʳ.

43. *CA,* fol. 284ʳ. Le Cloux est l'ancien nom du Clos Lucé.

44. Benvenuto Cellini, *Discorso dell'Architettura*, 1568 (ed. par Ferrero, p. 819 ; ed. fr. par Goetz, 1992, p. 187).

45. Windsor, RL 12338 12376, 12380, 12381, 12383, 12384, 12385 et Margaret Mathews-Berenson, « Leonardo da Vinci and the « Deluge Drawings » : Interviews with Carmen C. Bambach and Martin Clayton », *Drawing Society*, 1998, p. 7.

46. *Codex Arundel,* fols.118ᵛ et 211ʳ.

47. *Codex Arundel,* fol. 269ʳ.

48. Lucie Gaugain, *Amboise, un château dans la ville*, Presses universitaires François Rabelais, Tours, 2014, p. 214-224, figs.38-39.

49. Edmondo Solmi, « Documenti inediti sulla dimora di Leonardo in Francia », in *Archivio Storico Italiano*, republié à Florence en 1976 dans les *Scritti Vinciani*, d'Arrigo Solmi. p. 612-613 puis p. 634.

50. Marino Sanuto, *Diarii*, Venise, 1889, vol. XXV, p. 32.

51. Serge Bramly, *Léonard de Vinci*, rééd. Paris, Livre de Poche, 1996.

52. Don Antonio de Beatis, *Voyage du Cardinal d'Aragon en Allemagne, Hollande, Belgique, France et Italie (1517-1518), réed. Hachette, Paris, 2019.*

53. Sur l'identification de la dame Florentine à la Joconde, voir Carlo Vecce, *Léonard de Vinci, op. cit.*, p. 287. Voir aussi Laure Fagnart, *Léonard de Vinci en France. Collections et collectionneurs (XVᵉ-XVIIᵉ siècles)*, Rome, L'Erma di Bretschneider (LermArte, III), 2009.

54. Pietro C. Marani, *Francesco Melzi* in *I leonardeschi – L'eredità di Leonardo in Lombardia*, Skira, Milan, 1998.

55. *CA,* fol. 337v.

56. Edoardo Villata, *Leonardo da Vinci, I documenti e le testimonianze contemporanee*, Milan, 1999a, p. 275, n° 321.

57. Ian Sammer, intervention au 62ᵉ colloque humaniste de Tours, *Léonard de Vinci et l'innovation*, juin 2019.

58. AN, Série KK//289/1, Languedoil et Guyenne, recette générale des finances 1517-1518. Fol.512ʳ.

59. A.S. Mantoue, A.G. 85, f°88-91. 1518, 26 avril, Amboise, Stazio Gadio.

60. *Le Baptesme de monseigneur le Daulphin de France…*, s.l.n.d. (non paginé) repris dans T. et D. Godefroy, *Le cérémonial…*, *op. cit.*, Tome II, p. 140

61. *CA*, fol. 475^v, « memoria a nostro maestro Domenico ».

62. Luca *Garai*, « The Staging of The Besieged Fortress, » in Pedretti, *Leonardo da Vinci and France, op. cit.*, p. 141.

63. ADIL, C 950, f^{os}13r°-v°, 1761.

64. AN, KK 289, f°276v°, 1518 pour le charroi de l'artillerie, et pour la réparation des vitraux : *AN*, KK 289, f°, 1518.

65. Windsor, RL 12574.

66. Edward, A. Lowinsky, *The Medici Codex of 1518. Choirbook of Motets Dedicated to Lorenzo de' Medici, Duke of Urbino.* 3 vols. Chicago, 1968 et Tim Shepard, « Constructing Identities in a Music Manuscript : The Medici Codex as a Gift », *Renaissance Quarterly*, vol. 63, n° 1, 2010, p. 84-127.

67. Arch. Gonzaga, *Esteri* (Francia) XV, 3, 634, *op. cit.*, Stazio Gadio.

68. André Félibien, *Mémoires pour servir à l'histoire des maisons royales…*, 1681, publiées par A. de Montaiglon, Paris, 1874, p. 28-29 et Jean Bernier, *Histoire de Blois*, Paris, 1682, p. 83.

69. Etat des recettes, 14 juin 1518, Archives nationales, série J.910 fasc. 6, cité par Laure Fagnart, *Léonard et la France*, Presses universitaires de Rennes, Rennes, 2019.

70. *CA,* fol. 249^{r-b}.

71. *CA,* 673^r et 803^r.

72. *Codex Arundel*, fol. 245^r. Carlo Pedretti, *Introduzione a Il Codice Arundel 265 nella British Library*, Firenze, Giunti, 1998.

73. *Daté du XXIIIe jour d'avril 1519 avant Pâques et le XXIII dudit mois d'avril 1519 en présence de Monsieur Guillaume Boreau, Notaire Royal à la Cour du Baillage d'Amboise […] Fait en présence de M. François de Melzo et de moi, notaire, etc. […] Donné dans ledit lieu du Cloux en présence de maistre Esprit Fleri, vicaire de l'église de Saint-Denis à Amboise, M. Guillaume Croyant, prêtre et capucin, maistre Cyprien Fulchin, le Père François de Cortone et François de Milan, religieux du couvent des Pères Mineurs à Amboise, témoins appelés et cités pour ce par le juré de ladite Cour, en présence du susdit Messire François de Melzo, acceptant et consentant, lequel a promis par religion et serment de son corps, par lui donné corporellement entre nos mains, de ne jamais rien faire, aller, dire, ou aller à l'encontre, et a été scellé, sur sa demande, du sceau royal apposé aux contrats légaux dans la ville d'Amboise en signe de vérité. Signé,* Boreau, texte cité par Anatole de Montaiglon, « Le testament de Léonard de Vinci », *Réunion des sociétés des Beaux Arts des départements*, Plon, Paris, 1893, P.781et suivantes.

74. Jacques Chiffoleau, *La Comptabilité de l'au-delà*, Collections de l'Ecole Française de Rome, Rome, 1980.

75. Archives nationales de France, J.910, fasc.6 « autres parties diverses » (éd. Et commenté par Philippe Jestaz), « François Ier, Salai et les tableaux de Léonard », *Revue de l'Art* Année 1999, n° 126, p. 68-72, note 10.

76. John Shell e G. Sironi, *Salai and Leonardo's Legacy*, 1992. p. 95.

77. Carlo Vecce, *Léonard de Vinci*, Flammarion, *op. cit.*, p. 295.

78. Giorgio Vasari, « La vie de Leonardo da Vinci », in *Vite de più eccelentiachitetti, pittori etscultori italiani*, 1550 *op. cit.*

79. Gennaro Toscano, « La mort de Léonard. Un épisode de l'histoire de France », in *Léonard en France*, Skira, Milan, 2016.

80. Giovanni Paolo Lomazzo, *Rome*, Milan, 1587, p. 93.

81. Carlo Pedretti, Introduction à *Léonard de Vinci et la France*, Cartei et Bianchi Editeurs, Clos Lucé, 2010, p. 16.

82. Arsène Houssaye, *Histoire de Léonard de Vinci*, Paris, 1869, p. 312-319.

83. *Codex Trivulziano*, tav.28a.

84. Anna Sconza, « Recognizioni degli studi sulla tradizione manoscritta Leonardesca », in Romano Nanni et Maurizio Torrini (ed.), *Leonardo 1952 e la cultura dell'Europa nel dopoguerra*, Leo S. Olschki Editore, Florence, 2013, p. 416-426.

Conclusion

Pour comprendre l'homme, il faut renoncer à la contemplation éblouie de l'idole et aux épithètes laudatives. L'historien, dans son désir de contextualisation, entretient pour cette raison une grande méfiance vis-à-vis du vocable un peu flou de « génie », qui présente l'inconvénient d'ignorer l'importance des collaborations et de l'intelligence collective. Son travail consiste par conséquent à être attentif aux précédents et à identifier les chaînes causales qui font d'un individu ce qu'il est.

Toutefois, dans le cas de Léonard de Vinci tout particulièrement, il est extrêmement difficile de se départir de l'admiration commune, et la déconstruction de l'image portée au pinacle finit elle-même par être suspecte. Ce n'est sans doute pas par hasard si les critiques formulées par le chimiste Marcelin Berthelot en 1902 vis-à-vis du Toscan à l'Académie des sciences, ont été presque aussitôt oubliées[1]. Même les accusations souvent injustes de Giorgio Vasari sur la procrastination de Léonard, sur son incapacité à finir les tableaux, les statues ou les grandes entreprises techniques, suscitent l'indifférence.

L'éternel retour de cette admiration envers le génie se fonde sur diverses raisons. La première est que Léonard a été créatif dans trop de domaines pour être aisément rabaissé par ses détracteurs. On peut certes trouver des antécédents à certaines machines qu'il a dessinées, mais pas à toutes. On peut parfois mettre en doute les capacités de l'ingénieur, du physicien ou du mathématicien, mais peut-on aussi facilement rejeter les talents originaux de l'anatomiste et du peintre ? Les intérêts de Léonard sont trop multiformes pour tarir notre émerveillement devant la créativité de son esprit hors norme et universel. Le second type de raisons tient à la richesse de ses écrits qui résiste assez bien à toute réduction visant à condamner mesquinement ses erreurs. En 1894, Paul Valéry s'était lancé dans l'aventure ambitieuse de la reconstitution de la méthode de Léonard de Vinci. Il annonçait en ces termes son projet :

> J'essaye de donner une vue sur le détail d'une vie intellectuelle, une suggestion des méthodes que toute trouvaille implique, une, choisie parmi la multitude des choses imaginables, modèle qu'on devine grossier, mais de toute façon préférable aux suites d'anecdotes douteuses, aux commentaires des catalogues de collections, aux dates.

C'est certes là une approche de philosophe, rétive à la biographie traditionnelle, mais elle a le mérite d'aller au cœur du problème : qu'est-ce qui fait de Léonard un esprit si singulier ? Peut-être est-il possible, au terme de ce parcours, de faire nous aussi le point sur la méthode de Léonard de Vinci.

On l'a vu, tout part de la curiosité insatiable du Toscan, de sa volonté de tout questionner et de sa capacité singulière d'observation. Il regarde avec attention ce que les autres ne voient même pas, les mouvements cachés dans un tourbillon, la lumière mouvante dans les feuilles d'un arbre, les nappes d'air créées par le vol d'un oiseau ou la façon dont les insectes battent des ailes. Pour étudier la variation des choses, il distingue et collectionne les formes élémentaires remarquables[2]. Il saisit les rythmes, les mouvements les plus infimes grâce à cette rétine et à ce cerveau exceptionnels, capables de décomposer les instants successifs et de les restituer par le dessin.

De la poulie à la mécanique : à la recherche de la vérité

Sa pensée analytique est aussi combinatoire. Il ne se contente pas de distinguer les éléments simples, il opère aussi des reconfigurations. Ainsi, à partir des machines simples, le plan incliné, le levier, la poulie, les engrenages, les cames, il arrive à penser globalement la mécanique et à améliorer quantité de machines. Il passe avec fluidité d'une filière ou d'un champ d'application à l'autre, transposant des éléments de machines de guerre à des excavatrices ou des pompes et des techniques des soyeux à celles des artisans lainiers. En peinture, ses tableaux se composent pareillement à partir d'un répertoire de formes qu'il construit peu à peu et qui se retrouvent dans plusieurs œuvres selon des généalogies subtiles.

La recherche de la vérité commence selon Léonard non par l'acceptation servile des autorités mais par le respect des faits, aussi l'observation est-elle chez lui nécessairement complétée d'une vérification procédant par essais et erreurs. L'expérimentation léonardienne procède de la théorie mais réclame un détour par la pratique et le témoignage des sens. Léonard emprunte au monde des métiers dont il est issu ce fonctionnement par essais et erreurs, ce qui est original dans la pensée savante de son temps. C'est par ce biais que le Toscan parvient à se défaire des idées communément acquises, par exemple sur le déluge qui aurait transporté les fossiles sur les plus hautes montagnes, sur les tourbillons d'air qui porteraient la pierre que l'on jette, sur la façon dont l'air et le sang se mélangent dans le cœur pour produire les esprits vitaux. Il faut, pour remettre en cause les idées des néoplatoniciens, d'Aristote et de Galien, un grand courage car ces autorités sont défendues dans le monde des universités et par les élites du temps. Cette liberté d'esprit, Léonard l'acquiert avec le temps, après bien des hésitations. Elle caractérise les années de la maturité, après 1500, lorsque il a consolidé sa culture. Dans plusieurs domaines il atteint alors le point ultime de la connaissance de son temps.

Mais la créativité, qu'elle soit scientifique ou artistique, ne peut naître de la seule observation des faits, elle se nourrit également de l'imagination et de la fantaisie, car, comme le dit Paul Valéry :

> Toute grande nouveauté dans un ordre est obtenue par l'intrusion de moyens et de notions qui n'y étaient pas présents[3].

L'imagination débordante de Léonard est évidente, aussi bien dans ses rêves éveillés que dans ses facéties, ses prophéties, ses fables et ses grotesques, ou dans ses machines volantes. Elle est un jaillissement issu de l'esprit auquel l'artiste fait volontiers confiance, comme dans sa méthode de dessin dite du *componimento inculto* : ce genre d'esquisse est obtenu en laissant la main divaguer entre plusieurs propositions concurrentes. L'imagination, aux yeux de Léonard, est une force spirituelle, un mécanisme inconscient auquel il faut s'abandonner et qu'il faut même cultiver dans une nécessaire retraite méditative.

Les intuitions imaginatives partent par ailleurs de l'analogie, un processus auquel Léonard fait constamment appel dans toutes les disciplines, non seulement parce que c'est une façon de penser assez commune au Quattrocento, mais aussi parce qu'il s'agit chez lui du moment initial d'un processus mental familier aux artisans, pour lesquels la similitude et la comparaison sont un outil quotidien[4]. Sur une feuille de codex, un engrenage hélicoïdal peut ainsi se transformer en serpent en reptation, dans une lettre aux fabriciens de Milan, le corps de la cathédrale est présenté comme un malade à la manière d'un corps humain, les ondes sonores et lumineuses se propageraient à la manière des rides qu'une pierre forme dans l'eau, etc. Mais la pensée analogique, qui insiste sur des ressemblances parfois superficielles, n'est-elle pas finalement, comme l'ont suggéré certains auteurs, un handicap[5]? Cette pensée plus poétique que scientifique ne s'oppose-t-elle pas à la synthèse, ruinant du même coup d'excellentes observations? Ce n'est pas certain, car Léonard se sert de l'analogie avec discrétion, comme un instrument de recherche que l'on peut toujours critiquer après coup. Elle n'est jamais vraiment utilisée comme une explication, mais plutôt comme le moyen de confirmer certains postulats, voire de les mettre à l'épreuve[6]. L'homme est insatiable.

La pensée héroïque

Au-delà du parcours intellectuel que nous sommes parvenus à reconstituer, la pensée héroïque de Léonard se traduit enfin par l'assurance qu'elle lui donne. Quelle que soit la période de sa vie, le Toscan ne doute de rien, toujours prêt à rendre performatives ses idées les plus grandioses : peindre en un laps de temps limité une *Adoration des mages* capturant le mouvement de l'âme de dizaines de personnages, soulever le baptistère de Florence, noyer l'armée turque par un barrage, détourner le cours d'un fleuve, construire en France un palais gigantesque… Ce sont ces certitudes qui lui donnent la force d'inverser la trajectoire d'un destin tout tracé, celui d'un enfant né d'un couple illégitime dans la périphérie de sa province. Non seulement ce non-conformiste a échappé au monde rigide des corporations mais encore, ses différentes carrières ont fait de lui, de son vivant, un personnage célèbre libre de créer à sa guise, de repousser les propositions de travail d'Isabelle d'Este, marquise de Mantoue, et de devenir l'ami d'un roi.

Peut-on aller jusqu'à dire que la pensée de Léonard a été héroïque ? C'est ce que pensait Michelet qui faisait de lui le « frère italien de Faust », ce personnage qui avait échangé son âme avec le diable contre une connaissance illimitée et des pouvoirs magiques. Pour Michelet, l'esprit héroïque est celui par lequel l'humanité se façonne elle-même en mettant en œuvre une curiosité universelle et en manifestant sa puissance créatrice[7]. On reconnaît l'évidence de ces traits chez Léonard, sans cesse taraudé par l'urgence de la compréhension et de la création.

La pensée héroïque est aussi celle qui est dans l'action, celle qui tranche. Or Léonard ne semble pas toujours aussi énergique. Giorgio Vasari, en s'abritant derrière l'opinion des contemporains, est celui qui a le plus insisté sur l'incapacité de son artiste fétiche à terminer ses entreprises.

> Il proposa au duc de faire un cheval de bronze
> d'une grandeur extraordinaire, destinée à recevoir
> la statue du duc. Il le commença dans une telle
> dimension qu'il ne put jamais l'achever, et comme
> le génie est souvent en butte aux faux jugements et

à la méchanceté, certains prétendirent que Léonard, comme pour ses autres œuvres, l'avait commencé et ne voulait pas le finir.

Il rapporte encore une autre anecdote :

> On raconte que le pape lui ayant commandé un tableau, il se mit tout d'abord à distiller les huiles et des plantes pour faire le vernis, ce qui fit dire au pape : « Hélas, cet homme ne fera rien, puisqu'il pense à la fin de son ouvrage avant de l'avoir commencé. »

Depuis, l'idée que Léonard était incapable de réaliser ses intentions est devenu un véritable lieu commun et l'on prend fort injustement l'échec du détournement de l'Arno (qui n'est pas du fait de Léonard) ou l'absence supposée de réalisations architecturales (qui ne prend pas en compte les fortifications de Piombino) comme la preuve ultime de sa velléité. En réalité Léonard est simplement comme Hamlet, un personnage qui avant d'agir veut être sûr d'avoir épuisé toutes les facettes du problème et être certain de son fait. Léonard ne manque ni d'énergie ni de courage, comme il l'a prouvé notamment dans son implication auprès de César Borgia, lorsqu'il allait par exemple espionner un capitaine de ce dernier à Arezzo. Il n'est pas indécis non plus, il est perfectionniste, au plus haut point. Sa façon même de dessiner des esquisses, le fameux componimento inculto, est révélatrice d'un mode de pensée profond où l'hésitation précède nécessairement le choix du trait juste. Il en va de même pour l'exploration des idées scientifiques, Léonard est toujours prêt à remettre en question ses certitudes si cela peut lui permettre de mieux approcher la vérité des choses. La pensée héroïque est celle du sage, qui se connaît lui-même, elle n'est pas incompatible avec la vivacité mais l'action qu'elle détermine est toujours précédée de la réflexion, par la remise en cause des valeurs premièrement données par l'éducation.

La pensée héroïque implique par ailleurs une volonté d'être acteur de l'histoire en train de se faire. De ce point de vue, Léonard a appris à chevaucher dans un monde traversé par la guerre où il a dessiné les chemins de sa propre liberté. Il a échappé aux maîtres trop tyranniques, soit en les trahissant, comme il le fit avec Ludovic le More, soit en les évitant, comme il le fit avec Isabelle d'Este, soit en les quittant au bon moment, comme il le fit avec Cesare Borgia. Les patrons dont il fut le plus proche, Charles d'Amboise, Julien de Médicis et François Ier, furent ceux qui lui concédèrent la plus grande latitude de création, ceux qui lui permirent de bâtir son œuvre et d'aller jusqu'au bout de ses réflexions les plus théoriques. Le premier combat de Léonard fut en effet d'aller au bout de ses intuitions et de percer les secrets du monde, par l'art et la philosophie, avec intransigeance et une rigueur obstinée.

Notes

1. Marcellin Berthelot, « Les manuscrits de Léonard de Vinci et les machines de guerre », in *Le Journal des Savants*, 1902, p. 116-119.

2. Ernst Gombrich, « Leonardo da Vinci's method of analysis and permutation », in *The Heritage of Apelles, Studies in the Art of the Renaissance*, Oxford, 1976, p. 37-56.

3. Paul Valéry, *op. cit.*, p. 43.

4. Alessandro Nova, « Valore e limiti del metodo analogico nell'opera di Leonardo da Vinci, in Leonardo da Vinci », in *Metoto e techniche per la costruzione della conoscenza*, a cura di Pietro C. Marani e Rodolfo Maffelis, Nomos Edizioni, Milan, 2017, p. 25-36.

5. Leonardo Olschski, *Die Literatur des Technik und die Andegewandken Wissenschaft von Mittelalter zur Renaissance*, Heidelberg, 1919. Voir aussi la reprise de ces critiques sévères par Alexandre Koyré, dans Lucien Febvre et Alexandre Koyré (eds.), *Léonard de Vinci et l'expérience scientifique au* XVI*e siècle*, Paris, 4 au 7 juillet 1952, CNRS, Presses universitaires de France, Paris, 1953.

6. Cesare Luporini, *La mente di Leonardo*, Firenze, 1954 et Vasiliy Pavlovich, *Leonardo da Vinci*, traduit du russe en 1968 [1962] et réimprimé chez Metro Books, New York, 2002.

7. Jules Michelet, « L'Héroïsme de l'esprit » dans *Œuvres complètes*, Paul Viallaneix éd., Paris, Flammarion, t. IV, 1974, p. 41.

Remerciements

Je veux exprimer toute ma reconnaissance à ceux qui m'ont accompagné dans l'aventure de l'écriture de ce livre par leur écoute, leurs relectures et leurs conseils : Vincent Duclert et l'équipe de Stock, Jean-Jacques Brioist, Jean-Christophe Brioist, Pierre Iselin et les étudiants de l'université de Tours.

individuellement, auxquels on pense quand les certitudes se dérobent et qu'il faut reconstruire le bien commun.

L'attention portée aux vies personnelles et aux combats de vérité s'enrichit d'une grande connaissance des œuvres. Pour donner à l'entreprise biographique l'ambition de comprendre la liberté de l'esprit et la volonté d'agir. Les auteurs de la collection racontent la relation intime qui les lie à un univers de création, et analysent un engagement esthétique à la signification fortement politique. L'œuvre d'art, de pensée et d'écriture est une réponse aux vertiges du monde comme aux drames d'une époque. L'actualité profonde d'une œuvre, sa contemporanéité sans égal apparaissent alors en pleine lumière. Ce sont les livres de « La pensée héroïque ».

Table

*Cet ouvrage a été composé
par Soft Office (38)
et achevé d'imprimer en France
par l'imprimerie Bussière, Saint-Amand-Montrond (18)
pour le compte des Éditions Stock
21, rue du Montparnasse, 75006 Paris
en mars 2019*

www.ingramcontent.com/pod-product-compliance
Lightning Source LLC
LaVergne TN
LVHW010620060726
842527LV00013B/3055